清华

科技大讲堂

编程导论

——以 Python 为舟（第2版）

[美] 沙行勉　著

U0232928

清华大学出版社

北京

内 容 简 介

本书以大量的编程实例与作者多年编程实践的体会来揭示编程的本质，系统性地指导读者如何编程。书中所有代码都用 Python 语言编写，通过编程实例讲解 Python 语言的所有知识点，使读者在掌握编程思维和技巧(逻辑思维能力、计划构建能力、循环计算能力、递归求解能力等)的同时，自然而然地熟练掌握 Python 语言。

本书既适合作为"程序设计基础""编程导论""Python 语言程序设计"等课程的教材，也适合作为参加编程竞赛的、自学 Python 编程的中学生、大中专学生、程序员及普通读者的参考用书。

图书在版编目(CIP)数据

编程导论：以 Python 为舟/(美)沙行勉著. —2 版. —北京：清华大学出版社，2022.4
(清华科技大讲堂)
ISBN 978-7-302-59458-1

Ⅰ. ①编… Ⅱ. ①沙… Ⅲ. ①软件工具－程序设计 Ⅳ. ①TP311.56

中国版本图书馆 CIP 数据核字(2021)第 219218 号

责任编辑：付弘宇　李　燕
封面设计：刘　键
责任校对：刘玉霞
责任印制：杨　艳

出版发行：清华大学出版社
　　　　网　　　址：http://www.tup.com.cn，http://www.wqbook.com
　　　　地　　　址：北京清华大学学研大厦 A 座　　　邮　　编：100084
　　　　社 总 机：010-83470000　　　　　　邮　　购：010-62786544
　　　　投稿与读者服务：010-62776969，c-service@tup.tsinghua.edu.cn
　　　　质量反馈：010-62772015，zhiliang@tup.tsinghua.edu.cn
　　　　课件下载：http://www.tup.com.cn，010-83470236
印 装 者：三河市龙大印装有限公司
经　　　销：全国新华书店
开　　本：185mm×260mm　　印　张：27.5　　　　　字　　数：671 千字
版　　次：2018 年 10 月第 1 版　2022 年 5 月第 2 版　　印　　次：2022 年 5 月第 1 次印刷
印　　数：1～2000
定　　价：99.90 元

产品编号：093643-01

作 者 简 介

沙行勉(Edwin Sha),博士生导师,2000 年起任美国终身制正教授(Full Professor),长江学者讲座教授,海外杰出青年学者。于 1986 年获得台湾大学计算机科学系学士学位,1991 年和 1992 年分别获美国普林斯顿大学(Princeton University)计算机科学系硕士学位和博士学位。1992 年起任教于美国圣母大学(University of Notre Dame)计算机科学与工程系,并于 1995 年起担任该系副主任和研究生部主任。2000 年起作为终身制正教授任教于美国得克萨斯州大学达拉斯分校(UTD)计算机科学系,2001 年曾担任计算机科学部主任。任上海交通大学、山东大学、北京航空航天大学、湖南大学等客座、兼任教授或博导。2008 年被评为海外杰出青年学者。2010 年起任教育部长江学者讲座教授。2012—2017 年任重庆大学国家特聘教授和计算机学院院长。现全职任上海华东师范大学终身特聘教授。

截至 2020 年 4 月,已在相关国际学术会议及国际核心期刊上发表英文学术论文 450 余篇,其中包括 60 余篇 IEEE 和 ACM Transactions 期刊论文。共获各类国家级教学、科研奖项近 40 项,其中包括:美国 Oak Ridge 大学联盟颁发的杰出青年教授奖,美国国家科学基金颁发的杰出学术发展奖,美国圣母大学颁发的杰出教学奖,世界顶级期刊 ACM Transactions(ACM TODAES)颁发的 2011 年度最佳论文奖,以及 IEEE Transactions on Computers 颁发的 2016 年度代表论文等。多次以大会主席身份主持国际重要学术会议。沙行勉教授在教学方面深受中美学生的喜爱,如在美国从教期间,他在每学期由学生给老师打分的教学评鉴中都得到高分。沙行勉教授喜爱中国传统文化及儒释道哲学,以人才培养、教学育人为其终身的兴趣及志向。

前言
foreword

本 书主要教授学生编程原理、编程技术、Python 语言和基础算法，并辅以大量的练习和有趣的示例，内容生动，深入浅出，循序渐进，既可以作为一本体系完整的教科书（提供完整的 PPT、程序代码供授课使用），也可以作为一般读者的编程伴侣和参考资料，供读者自学使用。本书第 1 版出版后获得了热烈的反响，读者普遍认为该书带来了很大的帮助。为了精益求精，比第 1 版更加完善，本书第 2 版主要扩充了如下内容。

- 对二分法算法进行更广泛和深入的讨论。二分法是一种基础算法，二分法的计算中每步去掉一半的可能解集合，至于要去除哪一半的解集合，则是取决于一个"答案函数"的结果，第 5 章增加了这种算法的讲解和范例。

- 讨论了 Python 互动游戏是如何设计和完成的，非常有趣。第 9 章"设计有趣的游戏"是全新的一章，讲述如何设计互动类型的 Python 游戏，详细介绍 Pygame 工具库的使用方法，并利用 Pygame 设计、实现了一个简单的"坦克大战"游戏，希望读者能从玩游戏的兴致中激发出设计游戏的兴趣，进而大幅提升编程能力和编程热情；另外讲解了如何设计"五子棋"游戏，如何让机器借由有效的搜寻而知道如何下棋。从五子棋的原型代码中，读者可以精益求精，完善程序，提高程序智能，对读者编程能力的提升将有很大的助益。

作者有多年的教学经验，教授过多个年级的学生，包括本科生、研究生和博士生。这些年级中作者认为大一的计算机编程基础课对学生的专业发展至关重要。而要"学好"计算机专业，不仅仅要学会书本字面上所表达的知识，更要提升自己整体的素质。现在的学生从小接受应试教育，所有问题都必须在短时间内完成，要符合标准答案，不能互相合作，不能犯错，遵循"制式"思想。这种学习习惯到了大学就变成了进步的阻碍。其实学生们都很优秀，潜力无穷，身为老师，应该引导学生。在大一的时候，借由导论课程，提升同学们的学习热情，在编程学习中改变他们的学习态度。建议学生在课程中多做练习，多花时间设计一个较大的程序，从编程项目设计中进行团队合作，做分组报告。要知道一个良好的编程教育不是用传统"应试"方式来稳固的。编程语言的学习在于练习，在于模拟，在于仿效。程序的良好构建在于先制订计划，多做尝试，不惧怕错误，敢于找寻错误，进而弥补缺失和订正错误。希望读者们不要用"标准答案"的方式来学习编程，而应该要借此培养出正确的学习态度和良好的素质。

作者多次讲授大一学生的第一门计算机基础课，深获好评，虽然学生的课业负担是沉重的，但是学生们都甘之如饴、充满热情。课程有多达 10 次的大型作业，每次作业都包含不少编程练习，学生们都需要花很多时间来完成，大部分学生都需要在宿舍"开夜车"来完成。我也鼓励学生之间互相讨论,合作进步。随堂还有许多次小考,其目的是适时检查,以免有学生掉队,并在期末要求学生自行分组设计一个游戏。作者很惊喜,学生们经过短短一个学期的学习,从完全不知如何编程,到能够自行设计出一些有趣的 Python 游戏,这多么令人惊讶啊! 本书第 2 版新增的第 9 章即由此而生。学生们真的很优秀,也证实这本书确实是有用的。

　　本书第 2 版和第 1 版的信念是一致的,那就是写出一本最好的"编程导论"的书,为中国的编程教育做一点实质性的贡献。本书第 2 版的完成要特别感谢杨燕、戚潘杰、郝杉、宋玉红、许瑞、林靖智等人的协助。

　　本书的配套 PPT 课件、程序代码等资源可以从清华大学出版社官方公众号"书圈"(见封底)下载。关于本书及资源使用中的问题,请联系 404905510@qq.com。

作　者

2022 年 2 月

第1版前言
foreword

各位读者想要学习编程吗？不管你有没有编程基础，这本书都会满足你的需求。本书将会带领读者由浅入深地学习编程，通过大量有趣的编程问题以及对实例的分析、运用和解释，培养读者解决问题的能力（也就是计算思维能力），同时通过这些有趣的实例来指导读者学习如何具体地组织数据结构、构建各类函数与程序片段等编程技巧。计算思维的具体表现形式是算法，可以说，算法是程序的精神，而函数与数据结构是算法的具体实现，或者说是程序的"骨肉"。编程者需要兼顾程序的精神与骨肉。

本书作者希望以编程的实例和体验来传授编程的本质，而不是空谈编程理论。本书中所有的代码都用 Python 编程语言编写，同时本书也通过编程实例讲解了 Python 语言的所有重点。作者选择 Python 语言是因为 Python 已经成为世界上最通用的编程语言之一，它简单易学、功能强大。不同于市面上大部分的编程语言书，本书的特点是完整、系统地指导读者如何编程，使读者在学习编程的同时，自然而然地熟练掌握 Python 语言。

在这个信息化的时代，无论是大数据、物联网，还是人工智能等应用，它们已经深入千家万户的日常生活中，因此我们所有人都需要学习编程。因为只有学习了编程，我们才能对"信息社会"有真实的认知，而不会一直认为它是个"神秘"的事，甚至陷入"人云亦云"的窘境中。正是由于认识到编程教育的重要性，政府在 2017 年颁布了相关文件，计划逐步将编程教育纳入中小学的课程体系中。

为什么编程应该纳入课程体系中呢？其实编程本身具有更深层的教育意义。从中小学教育开始，这几十年来，学校所教授的必修课程，包括"数学""物理""化学""生物"等，都是"告诉"学生我们所知道的宇宙万物的一些道理，也就是一些我们所发现或观测到的事实（facts）。不管是数学的公式、定理的证明，还是物理的规律、化学的反应等，都是 facts。在我们所传授的知识体系中严重缺乏对创新能力和解决问题能力的培养，而编程过程中对每个程序的设计和实现，都是从无到有，也就是说，写程序的过程就是创新的过程。学习编程不仅可以学习如何解决问题，还可以更进一步地学习如何有效地解决问题。而这些能力的培养恰恰被我们的传统教育忽视了，因此有必要将"编程"纳入所有学生必修的知识和技能范围内。人类社会的变化是如此迅速，相对应地，我们的教育也应该与时俱进。

编程要怎么学呢？市面上有许多以讲解某一种计算机语言为目标的书，如 Python 语言学习、Java 语言编程、C 语言教程等。作者从事编程与计算机科学领域的相关教学已有20 余年，深感通过学习某种编程语言来学习编程是个错误的方式。这种方式常会使学生们陷入对某一种编程语言细枝末节的学习中，妨碍学生了解和体会编程的核心思想与本质。就算学生努力记住了某种编程语言的流水账细节，那又如何呢？在这种学习方式下，很可能使培养编程能力和理解能力变得更加困难。就算考试取得高分,难道就能证明学生已经拥有相应的编程能力吗？这样的编程学习方式甚至让学生自以为已经学会了编程,其实,还差得远呢。

这些年来,作者深切地觉得**我们缺少一本书——一本以学习"编程"为主、学习编程语言为辅的书**。我们需要这样的书来引导学生学习编程,并切实培养编程能力。本书是作者多年的心得汇集而成的,是一本教导编程原理和技巧的书,它以 Python 语言作为渡河之舟来辅助编程知识的学习和巩固。跟随本书的讲解,读者既可以学习编程知识,又可以同时掌握 Python 语言的使用。

问：我是个文科生,学习编程对我有用吗？

当然有用。

我们可以从两方面来看。第一,英文有一个词叫作 Logistics,意为组织计划、后勤管理。不管你是要开一家奶茶店,还是制订商品物流计划、组织活动、管理公司行政、策划旅行,或者规划孩子的学习,乃至家中的日常事务等,都属于 Logistics 的范畴。学习编程,可以直接增强组织、计划的能力,对自己的事业和家庭都有直接的益处,甚至教育孩子的功效也会上一个台阶；第二,学习编程让我们知道计算机是怎么运作的、机器中所谓的"智能"是怎么产生的等极为有用的知识,并且可以练习和活用这些知识。

希望通过本书的学习,读者能够跟上信息、智能时代的脚步。愿你们从学习这些知识中得到喜悦,所谓"学而时习之,不亦乐乎",我想就是这个道理吧。

问：读这本书之前需要什么预备知识？

只要读者有清晰的头脑和热爱学习的心就可以了。

很多人都有个错误的观念,认为学习编程或算法需要高深的数学知识,其实不然。阅读本书只需要读者逻辑清楚,学过初中的数学知识。读者可以用下例来检查是否有足够的数学知识来阅读这本书。你是否知道一个正整数可以分解成若干质数相乘？如 $15=3\times5$,$24=2\times2\times2\times3$。假如你知道这个数学道理,恭喜你,你完全有能力研读这本书了。本书的内容通俗易懂,目标是让一般读者也能通过本书学到编程的核心和技巧,同时也学会运用 Python 语言编程。

不仅一般读者会因为读本书而受益,学习计算机相关专业的读者也会因为研读本书而受益匪浅。希望读者能通过阅读本书喜欢上编程,感觉到学习编程是件具有艺术性的事,也是件可以作为休闲消遣的趣事。

问：以何因缘写这本书？

因缘千丝万缕,互相影响。任何事的成就必定是因人、因时、因事、因地等因缘影响而成的。纵然因缘深广复杂,暂缕其大纲,可以概括如下：

第一,我在完成《计算机科学导论——以 Python 为舟》一书之后,感觉我们还需要从软件编程的角度出发,再写一本书,它可以作为软件导论、程序设计课程的教材,或者是我之前撰写的计算机科学导论的姐妹书,用作计算机导论课程的辅助教材。

第二,我的女儿奕兰在上中学。我一直想教她一些编程知识,但是没有看到任何合适的书可以引导她学习基础编程,所以我决定写一本实际、有用、深入浅出、抓住重点的好书。对中学生(或任何人)而言,学习编程就一定要学真实代码的编写,因此我在本书中以 Python 为工具展示编程的美妙,这样读者就不需要浪费时间去学习一些非代码型的编程工具了,因为这些工具是无法尽显编程的原理和技巧的。

第三,Python 语言是一种简单易学、功能强大的语言,非常适用于编程基础的学习。已经有很多教学实践显示,初学者可以很快地掌握 Python 语言的基本功能,所以读者通过本书的学习,得以用 Python 语言练习各类计算思维方式和各种编程技巧。如今,Python 语言已经被广泛运用到科学计算、网站建设、机器学习、游戏开发等方面,成为全世界软件开发工程师们使用率最高的语言之一。

第四,编程绝对不是学习了一种编程语言后就能掌握的知识。编程语言(如 C、Python、Java 等)不过是编程的工具。学习语言是必需的,但更重要的是学习如何编程,学习解决问题的思维方式,学习如何设计数据结构和程序的架构。也就是说,不仅要学习如何编写正确的程序,更要学习如何才能编写出可以快速执行并且缜密周全的程序。

第五,近年来,会下围棋的计算机打遍天下无敌手,人工智能(或称机器智能)变得异常红火。在媒体、商业的各种炒作下,似乎很多人都成了人工智能的专家,对一些热门话题侃侃而谈,这使得普通人对"人工智能"产生片面的憧憬或者惧怕。事实上,绝大部分人还是雾里看花、人云亦云罢了。大家一定要了解,"人工智能"不是个"神奇"的事,通俗地说,它不过是一些程序的执行结果和效果——是人编写出来的程序的执行结果或效果罢了。"人工智能"要实现类似人类的逻辑推理、跨领域联想等功能,要达到那些电影情节所展示的境界,还有非常遥远的路要走。成为世界第一的围棋程序固然是惊人的,但是这个程序却不能玩其他的游戏。我希望大家能了解:"人工智能"是由程序计算出来的,进而对人工智能产生比较清楚和冷静的认知。学习好编程后,相信大家对国家和社会关于人工智能的发展战略会有正确的态度,进而产生莫大的动力。这是我写本书的动机之一。本书特别有一章"智能是计算出来的",就是讲解这些观念的。

问:这本书的特色为何?

作者撰写这本书的目的是希望读者利用此书打好编程的基础、掌握编程的核心基础技巧、体会编程的美,同时也能熟练地用 Python 语言编程。具体而言,本书的特色可以归纳成下列几点。

本书的第一个特点是教授用计算机程序解决问题的思维和技巧(或称为计算思维)。内容由浅入深,清楚易懂。读者们可以从书中学习到用编程解决问题的基本思维方式:

(1) 逻辑思维的能力;

(2) 组织架构的能力;

(3) 循环计算的能力;

(4) 递归求解的能力。

我们用以下例子来做解释(在第 1 章中有多个例子及详细的解释)。

问题描述:编写一个程序,计算出一组数字的总和。

当我们面对这样的问题时,要如何着手编程来解决问题呢?

(1) 首先要建立解决问题的基本思路,我们称之为"算法"。就是将这些数一个不漏地加起来,在这个把数加起来的过程中,既不能重复也不能遗漏任何一个数。这种既不重复也不遗漏地抓取一堆数字中的每个数字的过程称为"遍历"。

(2) 组织基本数据结构。要遍历一堆数字,首先要设计一个数据结构,将这堆数字保存起来,并且使得程序能方便地"遍历"它们,这样才能把这些数字一个个加起来。对于这个问题,最简单的数据结构就是用一个"列表"结构把这堆数字存储起来。

例如,在下面所列的 Python 程序"遍历加起来"中就有一个列表结构——在程序中用变量 L 表示——其中存储了需要相加的 5 个数字 [100,－100, 2, 10, 8]。Python 语言用"[ ]"来表示列表结构,其中所保存的对象被称为"元素",列表就是个有序的元素集合。这种列表结构非常有用,本书会对其做详细介绍。我们的程序可以用一种十分简单的方式获取列表中的任意元素。我们用 L[索引]来代表列表 L 中任意位置的元素。Python 中的序列编号都是从 0 开始的,那么 L[0]代表了列表的第一个元素,在此例中就是数字 100。以此类推,L[1]指向 L 中的第二个元素－100。L[2]指向第三个元素 2,L[3]指向 10,L[4]指向 8。有了数据结构后,我们的程序就可以累加列表 L 中的所有数字。

(3) 构建循环计算。Python 程序"遍历加起来"用 for 语句做循环计算,把列表 L 里的元素一一累加到变量 Sum 里。这个 Sum 变量称为"累积变量",重点是累积变量的初始值要设为 0,并且必须在循环开始执行之前完成初始赋值,也就是 Sum＝0。

我们在 Python 程序"遍历加起来"中还定义了一个 add_all (L)函数。Python 语言用def 这个关键字来定义一个函数,在此称为 add_all (L)函数,括号中间的变量会传入函数中,此变量称为"参数"。函数可以说是部分的程序,也就是说,一个程序可以由多个函数组成。所以编写程序的本质就是将原来的问题分解为多个小问题,再编写函数来解决这些小问题。本程序很简单,只有一个函数 add_all(L),作用是将所传参数 L 中的所有元素加起来,最后将其总和 Sum 作为返回值返回(用 return 关键字返回)。函数 print()是 Python 固有的函数,功能是把 print 括号中的结果在屏幕上显示出来。至此,各位读者只需大概了解编程即可,详细的解释请阅读本书前两章。

♯<遍历加起来>   行首是符号♯,代表这行是注释

```
L = [100, - 100, 2,10, 8]
def add_all(L):
    Sum = 0
    for e in L:
        Sum = Sum + e
    return Sum
print(add_all(L))
```

相同的计算思维和方式,也可以应用到其他问题上。再举例说明。

问题描述:在一堆的数字中,找到其中的最小值。

下面是 Python 的程序"遍历找最小值"。Min 变量作为累积变量,它的初始值设为L[0]。然后 Min 与 L 中所有的元素一个个地比较,一旦找到比当前 Min 小的值就将 Min赋值为新的数。遍历结束后,Min 必定保存 L 中最小的元素。

♯<遍历找最小值>

```
L = [100, - 100, 2,10, 8]
def find_min(L):
    Min = L[0]
    for e in L:
        if e < Min: Min = e
    return Min
```

本书第二个特点是强调递归求解的思维。

　　作者有 30 多年的编程经验、20 多年的教学经验,深以为所有同学一定要尽早熟悉"递归"求解的思维方式。递归求解的方式是将大问题分解成"同质"的小问题,大问题的解决是由这些小问题的解决构建而成的。大问题与小问题是"同质"关系,都是用相同函数的代码来解决,只是参数不同罢了,所以解决大问题时的函数(有较大的参数)会调用同名称的函数(有较小的参数),这种方式称为"递归"求解。目前,市面上很少有书强调递归求解。本书再三强调递归求解思维的重要性,在第 4～6 章中展示并解释了大量的例子来让读者熟悉递归求解的思维。只有熟悉了递归思维后,读者才会从一个编程的"工匠"升华成"艺术家",才会体会到这种解决问题思维的简单、明晰和美丽。本书的第 8 章主要讲解编程的核心——算法,其内容全部基于递归求解的思维。读者一定要与递归求解思维成为好朋友,而作为好朋友的唯一方式就是要多亲近它、理解它、熟悉它。

　　许多同学学习编程时,没有熟悉递归求解的思维方式,所以编程水平很难上一个台阶。多年以来,看到许多本科生如此,许多研究生也是如此,我很难过。我觉得是我们这些老师的错。

　　我用前面的例子"将列表中的所有数加起来",让读者初步体会递归求解的思维方式。

　　递归求解的思维方式:L 中元素的总和等于第一个元素(L[0])加上 L 剩下元素的总和,见 Python 程序"递归加起来"。是不是很简单? 定义一个函数 add_r1(L),其返回值是 L 中所有元素的总和。这个总和就是 L[0]＋add_r1(L[1:]),其中 L[1:]代表 L 从 L[1]开始到最后元素的列表。所以这个新的列表参数比较小,比原来的 L 少了第一个元素,重新调用 add_r1()函数。每一次调用,参数都会减少一个,直到只剩下一个,则传回这个值。我们用 len(L)(Python 的固有函数)来检查参数列表的长度。所谓"递归",是指函数内调用函数自身的方式(参数不同)。所以我们要算 L 的总和,递归的方式是算 L[去掉第一个元素]的总和加上 L[0]。这是多么简单易懂的方式!

```
♯<递归加起来>

def add_r1(L):
    if len(L) == 1: return L[0]
    return L[0] + add_r1(L[1:])
```

　　将大问题分解成小问题的方式有很多种。我们也可以用另外一种递归方式来求解——二分合并法。先将 L 分成两部分,再将返回值合并起来。所以对 L 求总和,就等于 L[前半部]的总和加上 L[后半部]的总和。在下面的 Python 程序"递归二分求和法"中,L[0:len(L)//2]代表 L 的前半部列表,L[len(L)//2:]代表 L 的后半部列表。这个程序与前面的程序都是用递归思维来求解的。而这个程序的好处在于,在多核的情况下,求 L 前半部的总和与求 L 后半部的总和可以并行计算。

```
♯<递归二分求和法>

def add_r2(L):
    if len(L) == 1: return L[0]
    return add_r2(L[0:len(L)//2]) + add_r2(L[len(L)//2:])
```

　　本书的第三个特点是以简洁的方式使读者熟练掌握 Python 语言。

Python 语言已经成为世界上软件工程师们使用最多的语言之一。市面上有不少讲解 Python 语言的书,但是许多都过于烦琐。本书整理出 Python 语言最重要的知识点,让读者在最短的时间熟悉 Python 语言的编程。第 3 章深谈 Python 函数、数据类型、输入输出和文件读写等重要知识,以及容易犯的错误。第 7 章讲解 Python 的面向对象的编程思维和技巧,同时讲授小乌龟画图的技巧。通过本书的学习,读者会自然而然地熟悉 Python 语言的编程,将来也更容易学习其他语言的编程,如 C、C++、Java 等。

本书的第四个特点是讲解了大量的实例。第 1、2 章展示了许多基本的编程例子和循环计算的例子。第 3 章针对 Python 语言的特性,讲解了大量例子和作者的 Python 使用经验。第 4 章展示了许多基本递归求解的例子。第 5 章讲解了比较复杂的各类递归求解的例子,其中包含二分法、求最大公因数、线性方程组求解、排序和排列组合求解等问题。第 6 章"智能是计算出来的"中的许多例子都非常有趣,都是展示计算机是如何表现出智能的,其中包括小老鼠走迷宫、过河问题、AB 猜数字游戏、24 点游戏、最后拿牌就输等智能游戏,这些编程的例子展示出机器智能是如何被计算出来、如何能战胜大多数玩家的。第 7 章讲解面向对象编程的思路,展示小乌龟画图的技巧,其中有大量画图和动画的例子。第 8 章讲解编程的核心——算法,其中运用到许多例子来教授一些基本的算法技巧。读者若是能熟练掌握这些技巧,不仅编程水平能提升到一定境界,参加编程比赛也必定能取得好的成绩。

问:请简介每章的主要内容。

1. 初探编程之境
2. 巩固编程基础
3. 深谈 Python 函数、变量与输入输出
4. 探究递归求解的思维方式
5. 熟练递归编程
6. 智能是计算出来的
7. 面向对象编程与小乌龟画图
8. 掌握编程的精华——算法

第 1 章:初探编程之境。首先讨论编程教育的必要性,以激发读者的兴趣。描述解决问题的各种思维方式,以知计算思维之大概。本章解释编程教育所能培养的各种能力:

(1) 逻辑思维的能力;

(2) 组织架构的能力;

(3) 循环计算的能力;

(4) 递归求解的能力。

本章用数个有趣的例子来描述解决问题的思维方式,包含鸡兔同笼问题、排序问题、菜鸡狼过河问题等,同时也讲述了编程教育对素质教育的重要性。

理解了解题的基本思维方式后,我们开始学习编程的一些基本技术,带领读者安装 Python 系统,试着运行 Python 程序,详细解释"a=a+3"这样的赋值语句,使读者得以了解变量和变量赋值的原理。变量所存的值可以是整数、浮点数(小数)或其他较复杂的数据类型(例如列表、字符串等)。再解释多个变量之间的运算,如加、减、乘、除等。数据类型的理解和使用对编程至为重要,这一章简单地介绍几种 Python 的基本数据类型,使读者能够尽快地编写较为简单的程序。在第 3 章会详细介绍 Python 的各类数据类型和相关函数。

完成基本数据类型的学习后,本书将讲解控制语句,从条件语句开始,到 for 循环语句和 while 循环语句。完成第 1 章的学习,就具备了最基本的编程知识。然而,读者尚需要做大量的练习以巩固编程的基础,那就是第 2 章的内容。

第 2 章:巩固编程基础。循环计算是编程中最基础的结构之一,读者必须能熟练地使用这种语句结构。利用循环语句结构进行数据的"遍历和积累"是循环计算的基础。许多问题的解决需要用"遍历和积累"的方式,然而编程需要考虑和比较不同的"遍历和积累"方式。本章以找列表中的最小值和最大值为例,来说明相同的问题可以用多种不同的思维方式来编程解决,极为有趣。我们比较不同程序的差异,哪一个程序执行起来会比较快速呢?它们的优劣之处在哪里呢?编程和其他科学类学科的差异也显现于此。物理、化学、生物等学科的评判标准,基本上是"对"或"错",或哪一种理论更能解释事实真相。计算机编程则不然,有多种"对",即使大家都对,但是在"对"的基础上,不同的程序各有其优劣。编程的创作性乃至于艺术性正是在其多样性中散发出光彩的。

作者小时候玩的余数游戏(或称为"中国余数定理")是本章编程的例子之一。已知两个质数,如 5 和 7,用这两个数做基准,找出一个 $0\sim34(5\times7-1)$ 的数,这个数对 5 取余为 a(除以 5 余 a 的意思),对 7 取余为 b,请问这个数为何?假设 a 是 1,b 是 2,最简单的方式是从 0 开始一个个找,检查是否对 5 取余和对 7 取余分别为 1 和 2,你会发现正确的数字是 16。但是当所要取余的除数不是如此小的 5 或 7,而是很大的数,这样逐个试的方式就太慢了。这一章使用循环求解法,在第 5 章会讲解中国余数定理的快速求解法。所谓快速求解法,是指即使这两个数是天文数字那么大,普通的计算机也能在一秒钟之内完成求解。

小女奕兰在中学时,刚好学习到多项式的加、减、乘、除,例如 $(x^2+3x-1)\times(x-1)$ 等于什么多项式呢?$(x^2+3x-1)/(x-1)$ 的商式和余式是什么呢?我见此,马上编程给小女使用,同时认为这是个很好的基础编程例子,所以在本书中作为例子来进行解释。本章还有许多例子,包含排序问题、二进制与十进制等进制转换问题、扑克牌 21 点游戏、老虎机游戏等,这些编程例子都能有效地让读者理解解决问题的思维方式和编程的基本技巧。各位读者要用 Python 多加练习,尝试改动所提供的 Python 程序,完成本书的练习题,以达到活学活用的目的。

第 3 章:深谈 Python 函数、变量与输入输出。有了前两章的编程基础后,本章深入学习 Python 语言的重要知识。首先要了解函数是怎么编写的,好的函数编写方式是什么,读者要养成好习惯,撰写较为"完美"的函数,而不要撰写出可能有"副作用"的函数;接着讨论全局变量和局部变量的差异,在函数中尽量少用全局变量;也会讲解参数的传递和嵌套函数的各种知识。

Python 语言的强大处之一是它的数据类型非常好用。Python 的数据类型有列表、字符串、元组和字典等。这一章除了详细描述这些数据类型的使用外,更强调了可能会出错之处和作为函数参数传递时的注意事项。

一个好的函数就如同一个黑盒子,我们用参数作为黑盒子的输入,然后接收黑盒子的输出。黑盒子在做运算时,不会改变外面环境的任何值。举例来说,我们写一个函数叫作 power(a,i),计算 a 的 i 次方。若在主程序中有变量 a、b,a=10,b=2,当在主程序中调用 power(a,b) 后,我们绝对不希望 a 与 b 的值会被 power() 函数偷偷地改变。然而,使用 Python 语言编程,最容易出现的错误就是如此,尤其是当参数属于列表数据类型时,而列表又是 Python 中最常用的数据类型,所以同学们经常会犯下错误(这种错误很难被发现)——在函数中不小心改动了所传参数的列表。本章有大量的例子和作者经验谈,读者一定要深入学习,这样在使用 Python 时才能减少错误。

本章讨论 Python 的输入、输出、文件操作与异常处理方式,这些 Python 语言的要点都在本章中清楚地呈现。至于 Python 面向对象编程的部分,则会在第 7 章中详细介绍。

第 4 章:探究递归求解的思维方式。这一章开始讲解递归求解的思维方式,也是本书的亮点之一。计算机科学的美尽在此显现。一个大问题的解决方案是由分立的同质小问题的解构建而成的,希望读者从本章开始就尽量用递归的思维方式来解决问题。这种思维方式是大部分同学以前较少学习到的方式。

以一个简单的数学问题为例。在一个平面上,一条线可以分出两个子平面,两条线最多可以分出 4 个子平面,3 条线最多可以分出 7 个子平面,那么 n 条线最多可以分出多少个子平面呢? 这个问题对有递归求解思维的人是非常简单的。假设函数 F(n)代表 n 条线最多分出的子平面个数,只要找出 F(n)和 F(n−1)的关系,这个问题就迎刃而解了。递归求解的思维就是找出这个关系来。不难看出,n 条线所能划分的子平面数一定比(n−1)条线能划分的子平面个数多,想想看,那第 n 条线每碰到原来(n−1)条线中的任意一条都多一个子平面,最后离开时,还要多一个子平面,所以这个关系便是 F(n) = F(n−1) + n。也就是我们要算 F(n),应先算 F(n−1),大问题 F(n)的解由小问题的解 F(n−1)构建而成。它们使用同样的 F 函数,只是参数不同罢了,这就是递归求解的思想。递归求解中除了需要有递归的关系外,还要有正确的"终结"条件,在这个例子中就是 F(1)=2。

熟练掌握递归思维的最好方式就是做大量的例题。本章将前面几章用循环求解的例子都转换为递归求解的方式,同时用递归方式来实现许多 Python 字符串和列表的内置函数,最后以排序问题为例,展示用 4 种不同的递归求解方式来实现排序的功能。这些排序算法都是有代表性的,也都是非常有教育意义的。

第 5 章:熟练递归编程。熟练递归编程是编程教育的重点。在第 4 章的基础上,这一章讲解多个较复杂并且完整的例子,使得读者能熟悉递归算法的思维。从这一章读者也会渐渐体会到计算思维和它的魅力。

首先讲解二分法的解题方式。其中包含二分查找、求解平方根、找硬币等问题。以找硬币问题为例,给你 n 个硬币,其中有一个硬币是假硬币(它比较轻),你要如何用天平最快速地找到假硬币? 二分法就是一个好办法。假如硬币个数为偶数,将硬币平均分成两部分,看哪一部分轻,假硬币就肯定在轻的部分,于是再将轻的那部分硬币分成两部分,重复上述步骤,以此类推,最后就能找到假硬币了。假如硬币个数是奇数,相信读者根据以上方法能够自行找到解决方法。这种二分法的递归思维是非常有效的,可以应用于各类问题,达到快速求解的目的,例如求解平方根、多次方根、对数等。

接下来的例子是求解两个数的最大公因数,除了让读者熟练递归求解的思维方式外,更是要展示不同"算法"结果的巨大差异。求最大公因数时,读者从小所学的方式是因数分解。例如要找出 24 与 30 的最大公因数,会将 24 分解成 $2^3 \times 3$,将 30 分解成 $2 \times 3 \times 5$,再从它们两个的因数集合中找出共同的因数来,可以看到这两个因数集合的交集中最大的数值是 2×3,所以最大公因数是 6。但是这个从小所学的方式效率十分低下,假如我们要找两个 200 位数以上的巨大整数的最大公因数,用这种因数分解的方式可能上万年也算不出来。

然而,我们用欧几里得(Euclid)方式,只用 3 行代码,1 秒内普通计算机就可以算出这两个巨大整数的最大公因数。多么神奇,多么有趣啊! 一个是上万年还不一定能算出的算法,一个是一秒必定能完成的算法。希望读者能从这个例子中体会计算机编程的神奇、美妙。

有了这个欧几里得算法的基础后,我们可以重新研究如何快速地解决前两章所说的中国余数定理问题。这里要设计一个函数来求一个数"取余"的倒数。先讲解倒数是什么意思。我们都知道如果 A 与 B 互为倒数,则 A×B 等于 1。那么什么是 3 对 11 取余的倒数呢? 这个倒数必定是个整数,答案是 4。简而言之,因为 3×4 对 11 取余等于 1,则 3 与 4 互为对 11 取余的倒数。本章会展示如何快速地找到对任何数取余的倒数。有了这个求解倒数的函数程序后,我们就可以快速地解决中国余数定理问题。即使是面对两个多达百位以上的巨大数字,也能在 1 秒之内解决余数问题。而理解这个部分后,信息安全领域最常用的 RSA 编码的编程问题也就自然解决了。

本书第 1 章中的例子解决了鸡兔同笼问题和任意 2 个未知数的线性方程组问题,而本章则展示用递归求解方式来解决任意多个未知数的线性方程组问题,非常简单、漂亮。

本章最后讲解使用各种不同的编程思维方式来解决排列问题和组合问题。这是本书的亮点之一,非常有教育意义。希望各位读者养成一个习惯,就是不要满足于一种思维方式,编写出一个程序就罢了,而是想想看有没有其他不同的思维方式来解决这个问题,你可能会惊讶地发现最初想到的方式不是最好的方式。无论如何,我相信你会惊讶于这个排列、组合问题竟然会有这么多不同的思维和编程方式。请读者也来挑战,设计出一个新的算法,好吗?

第 6 章:智能是计算出来的。一般读者都会认为计算机好厉害,和计算机对弈时,我们常常玩不过它。本章要强调计算机的这些智能都是我们编程而来的,也就是计算而来的。大体而言,主要分成两大类的编程方式。第一类是让程序在执行时动态地寻找最佳解;第二类是让程序先找出所有(或部分)会赢的中间解,然后将这些必赢的中间解存起来,当程序执行时,尽量达到任意一个必赢的中间解。只要达到一个必赢的中间解,程序就肯定能达到下一个必赢的中间解,从而得到最后的胜利。

对于第一类方式,本章展示和解释 4 个有趣的程序,包含小老鼠走迷宫、菜鸡狼过河问题、AB 猜数字游戏,以及大家从小熟知的 24 点游戏。其中老鼠走迷宫和过河问题是典型的动态深搜方式,重点在于不能产生无限循环的搜索。所谓过河问题,是指在河的一边有一些东西,彼此可能相克。例如有菜、鸡、狼,假如没有人在的话,鸡会吃菜,狼会吃鸡。有一条小船,有人划船,每一次船只能载一个东西过河,要如何将所有东西从左岸转移到右岸呢?编写程序输出可以过河的方案,或告知无解。这个程序也应该能解决当船可以载多个东西,或岸边有更多种(相克)东西的过河方案,或输出无解。

AB 猜数字游戏是作者小时候玩的猜数字游戏,很有趣。24 点游戏则是给你 4 张牌,每一张牌的点数可能是 1～13,你要将加、减、乘、除任意地作用于这 4 张牌上,最终得到 24 这个值。程序会利用第 5 章所讲授的排列组合,来找到所有可能解。读者可以容易地扩展本章 24 点的程序到任意点的游戏,例如 30 点、27 点游戏。即使读者很会玩 24 点游戏,还是会发觉计算机得出来的一些可能解是你想不到的,比较有教育意义。

对于第二类方式,本章用"最后拿牌就输"这个游戏作为例子。这个游戏是这样的:桌面上有 3 堆或 4 堆牌,你和机器轮流从一堆中(每次只能从某一堆中拿)拿掉任意牌数,谁拿最后的一张牌就输。例如桌面上现在有 3 堆牌,牌的个数为(2,2,2),如果机器先拿,它拿掉第一堆的全部牌,桌面上则剩下(0,2,2),假如你拿掉第二堆的一张牌,则桌面剩下(0,1,2),机器拿掉第三堆的全部牌,剩下(0,1,0),那么你只好拿最后一张牌,你就输了。从此例中,读者不难发现(2,2)是一个必赢的组合,谁留给对手(2,2),谁就会赢。程序会先算出所有必赢的组合,然后把它们存到一个文档中。当我们不知道所有必赢的组合时,就很难打败我们所编的程序。至于怎样找到所有必赢的组合是很有教育意义的,本章会详细解释。

第 7 章:面向对象编程与小乌龟画图。本章讲述 Python 的自定义数据结构——类(class)和面向对象编程的基本概念。Python 也如同 C++、Java 语言一样,提供了面向对象的编程方式。面向对象的编程方式是以(自定义)数据结构为主,然后再编写出与这个数据结构相关的各种函数,这些函数称为方法(methods)。究其根本,Python 本身是个大程序,称为解释器(interpreter),为 Python 程序提供了执行环境,实现了变量管理、数据类型定义和相关的函数调用。Python 本身的实现就是个面向对象编程的具体例子,其中 Python 的列表、字符串、字典等就是 Python 的“自定义”数据结构,每一个数据结构都有许多内置函数(也就是所谓的方法)供我们使用,这些函数在第 3 章都有详述。当我们需要某个已经定义的数据结构时,我们就定义一个变量,将它归属于这个数据类型,这个变量通常被称为“对象”(object)。取个特殊名字,是因为它不仅存有变量的值,也附带着所属数据类型的函数群。

读者要对面向对象编程有清楚的认知,它是个“高层”的编程架构。我们首先需要有坚实的编程基础,再学习这种概念才是正确的。一开始学习编程就直接跳入面向对象编程,容易陷入云里雾里,只会些花拳绣腿罢了。面向对象的编程方式比较适用于编写大型或多人合作的程序。用这种模式,大家都有统一的数据类型及其相关的函数,容易避免因沟通不畅而导致的错误。举例来说,假如有人需要在某个数据类型上做些特殊化,他可以方便地利用面向对象编程的“继承”特性来继承原有数据类型的方法并加上自己特殊的方法。这样,其他人的程序就不需要改变了,因为原有数据类型的函数等接口都没有改变。

另外,本章讲述如何用 Python 自带的有趣的小乌龟(turtle)来画图,因为小乌龟本身也是个典型的面向对象编程的产物。小乌龟形态是个类,利用一只或多只小乌龟对象可以画出很多美妙的图形。我们可以控制一只小乌龟在空中还是在画布上、往前走(画)多少距离、画成什么颜色、向左转或向右转多少角度等,这些都是小乌龟的基本函数(方法)。本章演示如何画出基本图形(如正多边形),以及用递归方式画出美丽多变的图形等,然后演示如何画出动画,例如前面章节中的小老鼠走迷宫、过河问题的动画展示,任意数学函数的绘图的展示,以及著名的生命(Life)的动态展示。

第 8 章:掌握编程的精华——算法。算法是编程的核心,而算法的优劣所造成的执行时间的差距可能是上万年。好的算法可以在 1 秒内完成程序的执行,基于不好的算法的程序可能上万年都完成不了。在第 5 章求解最大公因数时有清晰的讲解。这本书的美妙之处是让读者在学习前 7 章时,已经在潜移默化中学习到许多重要的算法思维方式,例如第 4 章排序问题所展示的分治法、第 5 章详解的二分法、第 6 章的搜寻法,归根结底都是递归求解方式的运用。这也是作者要在本书中花如此多的篇幅来展示递归、解释递归和让读者熟练掌握递归的原因。

本章所展示的算法是递归求解的精彩展现,是算法的精华所在。假如读者(包括中学生和大专学生在内)要参加程序大赛,这些算法都要娴熟于心。本章首先解释算法的特性和执行时间的复杂度,再说明"图"(graph)模型的重要性,很多实际的问题都可以转换为图的相关问题。请注意,图不是图像(image)。图是一种编程的模型,用来显示节点与节点间的关系(用两个节点间的"边"来表示)。例如,下面的问题就可以转化为图的问题。输入 n 个人$(x1,x2,\cdots,xn)$,假如两个人 xi、xj 有直接的亲戚关系,就写成 (xi,xj)。输入所有(xi,xj)直接亲戚关系组后,给定任意的两人 x、y,请问这两人是否有任何直接或间接的亲戚关系呢?这个问题就可以转化为图的问题。将每个人作为一个节点,两人的直接亲戚关系用"边"来表示。因为亲戚关系具有传递性,即如果(x,a)且(a,y),则 x 与 y 也是亲戚,所以 x 与 y 如果有亲戚关系,就代表在图中 x 肯定有一条路径到 y。因此,我们只要搜寻 x 是否有路径到 y,就知道 x 与 y 是否有亲戚关系了。可以用本章所讲解的深搜法来解决这个问题。

　　这一章讲解在图中最重要的解题技巧——深搜法(Depth First Search),从拓扑排序问题的快速解法,再导出最短路径问题在不同图模型上的各种解法,最后从最短路径问题的通用解法中引导出算法的利器——动态规划。

　　作者总结了几十年来的算法经验,深刻体会到动态规划是最有效的算法,读者一定要熟练掌握它。作者甚至认为,假如对于一个问题想不出动态规划的解决方案,那么要想找到这个问题的多项式时间内的有效算法基本上就希望渺茫了。动态规划其实就是基于递归求解,只不过它是用一个表来存取小问题的解值。前面章节所说的递归编程是大问题的解决调用小问题的解决再合成,例如,F(n)=F(n-1)+n,F(1)=2。而动态规划是基于相同的递归关系式,与递归函数的直接编程方式不同之处是动态规划会先算小的解,再用一个表来存这些小的解值,这样大的解就可以参照这个表方便地计算出来。以前例而言,先计算出F(1)、F(2)等,将它们的值存起来,则计算 F(n)时,F(n-1)的解值已经在表里了,所以F(n)就可以直接算出来了。又例如递归关系式是 F(n)=F(n-1)+F(n-2),F(0)=0,F(1)=1。假如用标准递归函数的方式求F(n),需要调用F(n-1)和F(n-2),而算F(n-1)时又会再调用F(n-2),所以会有大量的重复计算。而用动态规划方式则不会有重复运算,因为动态规划会先算F(2),再算F(3),将它们的值存在一个表里,所以在算F(n)时,F(n-1)和F(n-2)的值已经在表里了,这样可以方便地计算出F(n)来。

　　动态规划的基础在于对递归关系的熟悉。本章展示了多个例子,包含拦截导弹问题、背包问题、最短路径问题等,希望读者能对动态规划熟练掌握。完成第8章后,我相信读者的编程功力必定非同小可了。

　　问:这本书针对哪类读者?如何作为教材来使用?

　　这本书可以用作自学,也可以用作教科书。

　　第一类　作为"程序设计基础""编程导论"或"Python 语言编程"等类似课程的教材。本书是以作为单本教材为目标而撰写的,所以内容充分而完整。它可以作为 32、36、48 课堂学时或任意选择学时的教材。

　　可能的课程安排如下:第1章,4~6学时;第2章,6~8学时;第3章,6~8学时;第4章,4~6学时;第5章,4~6学时;第6章,4学时(可自学);第7章,4~6学时;第8章,4~任意学时。作者建议课堂教授和上机学习并重。所有本书中的 Python 程序例子,学生都应该要上机实际运行。

　　第1章和第2章一定要切实学习,这是基础中的基础。假如安排的课堂学时数较少,那么教师可以选择部分章节来讲授,其他部分让学生自学或上机自学。教师可以教授第1、2章(全部),第3章(函数、变量和一些数据类型部分),第4、5章(二分法和最大公因数部分),第7章(选择部分),并基于剩余时间长短来教授第8章的部分内容。

第二类 作为大一新生的基础导论课程的教材,本书是针对大类招生后,大一新生要获得清晰、有趣又全面的计算机编程知识的需求而撰写的。本书非常适合作为作者所撰写的《**计算机科学导论——以 Python 为舟**》的配套教材。学生们由这两本书的学习而明其理、感其美,从而更愿意选择计算机的相关专业。

第三类 想要用最短的时间了解和学会基础编程的一般读者。第1、2章为重点,第4、5章可以作为加强学习的内容。

第四类 想要学编程的中学生或非理工科专业的大专生。除了前4章的学习外,第5章是重点,再辅以第7章的小乌龟画图。

第五类 想要参加编程比赛的同学(包含中学生和大专生)。每一章都要研读,每一个例子都要练习,第8章的算法更是要深入研究。如此,肯定能得到好成绩。

第六类 学过其他语言的程序设计、想要学 Python 语言的读者。第1章和第2章可以略读,重点在第3章和第7章,但是作者强烈建议也要研读第4章、第5章、第8章,因为以作者多年在学校教学的经验来看,学生的主要问题不是对语言的不熟悉,而是编程知识的匮乏。即使是计算机相关专业的大学生,也常有同样的问题。

问:对老师的期许为何?

作者希望老师在授课时不要只是单方面传授,不要填鸭,要营造活泼的课堂气氛,引导学生学习,多在课堂上讨论,多问学生问题,多进行课堂小测试(测试他们的编程能力)。

作者从 1992 年起任教于美国和中国的高校,以教学为乐,无论在美国还是中国都常年被学生们评价为教学最好的老师之一。我喜欢在课堂上与学生互动,会准备许多问题在课堂上来问学生,这样的效果很好。我也会给学生布置较多的课程设计项目,需要他们实际动手来实现,他们要花不少时间来完成这些作业,甚至要"开夜车"来完成。我觉得老师在关怀学生的同时,更需要严格要求学生。学生很聪明,他们知道这个老师是认真的,是关怀他们的,是花时间和精力来教导他们的,他们会感激这样的老师。因此,我的建议如下:

(1)要让学生们知道这门课程内容的重要性,只有多花工夫才能学好这门课程。要多些随堂小考试,这样既可以达到点名的目的,又可以督促他们进行课后阅读与学习。

(2)书中所有的程序都要求学生去试验,去改进,要求学生去"玩"编程。

(3)上课要有趣,不要"教死书",要旁征博引,多互动,上起课来收放自如。先提问题,引起疑情,不讲答案,如侦探小说一般,埋设疑点;再铺陈开来,以激发学生寻求解答的好奇心;条理分明,例子多一些;气氛活泼,互动多一些。到了讲台上就要潇洒点,这潇洒是来自于自己的学识、素养和充分的准备。

(4)让学生养成编程的习惯,平时在家、在寝室或不上课时都可以编程。现在大多数学生都有计算机,Python 可以免费安装,学生不是必须到实验室才能编程。就算学生自己没有计算机,在任何学校的公共计算机实验室都可以进行 Python 的编程,所以老师给学生的作业不应该都是简单到能在短短的实验课堂内完成的,而是要学生自己找时间去完成作业。在美国的大学中,教授软件相关的课程没有所谓的"上机实验课",但教师都会给学生布置大量的编程作业。我在美国大学教书时,学生都要花很多时间,甚至是数天开夜车才有可能完成编程作业。我强烈建议减轻"上机实验课"的重要性,进而大幅增加学生的上机实验量,养成自己上机编程的好习惯。

为了让老师更方便地讲授,我们准备好了所有章节的 **PPT** 给老师们使用,也提供了书上的所有 **Python** 源代码供读者执行和修改。

致谢

本人是抱持着促进中国软件教育发展的极大热忱而写这本书的。写书是一件累事,写一本"原创"的好书更是一件累事。能完成这本书,要感谢几位同学的大力协助,有周易、李心池、高丽萍、孙雨欣、马竹琳、陈博、王之楚等。另外要感谢我的家人,我的妻子诸葛晴凤教授和我的女儿沙奕兰。她们的支持和鼓励使我可以有更多的时间和精力来完成这本书。本书大部分的 Python 程序都是由我本人撰写的。为了这本书,我经常工作到深夜,有时甚至工作到隔日早晨,谢谢家人的体谅和我妻子对撰写这本书的实质性帮助。

我们抱持的信念是一致的:那就是写一本最好的编程导论的书。我们觉得是时候有这样的一本书了。在写书的时候我常常问自己一些问题:某某同学的父亲能看得懂吗?某人的弟弟(一位中学生)能看得懂吗?这些自我要求和期许使得这本书很难写,因为既要写得简单易懂,又要有一定的深度;既要讲出精华之处,又要让读者能体会出精神,而不是填鸭式的罗列;既要有广度,又不能是流水账般的啰唆。本书教授的重点在于编程,但又不能忽略 Python 语言的学习。本书要教授 Python 语言,但是又要避免列出 Python 那些不重要的细枝末节,所以这本书难写。在此,我只希望通过我们的努力,让这本书能对中国软件教育做出实质而有影响力的贡献。

整本书的内容和例子是基于我几十年来的编程和教学经验而写的,没有复制世界上已有的任何一本书的内容。虽然这本书是我们耗费心血写成的,但是疏漏或错误之处在所难免,我们会持续改进。假如读者发现本书的 Python 程序有些疏误,希望你们能自行改正。我非常希望你们能发现本书任何程序的疏漏,这代表你们有花心思去理解和试验本书的程序。身为作者和老师,能看到你们的进步,就是本人写此书的最大安慰了。

作　者

2018 年 4 月

目录
contents

第 **1** 章

初探编程之境

引 言

　　计算机的应用,如人工智能、物联网、大数据等,已经渗透到社会的各个领域,改变着人们的工作、学习和生活方式,推动着社会的发展。这些神奇应用的出现,主要归功于它们智慧的创造者,这些程序的设计者才是真英雄。在当今时代,我们需要更多的英雄,每个人都应该学习基础编程,以应对日新月异的科技发展。无论你学什么专业,文科还是理科,无论你在哪个年级,中学还是大学,学习编程对你都有许多好处。学习编程还可以帮助你增强组织策划的能力,这对你的事业发展有直接的好处。在这个科技飞速发展的时代,如果你仍旧以为只要学会如何使用计算机就可以满足时代的基本要求,或学习编程只是计算机专业人士的事,那就大错特错了。本书将带领大家认识程序,学习编程,进而打好编程基础。在学习本书之后,你的编程思维和编程方法就会比没有学过编程的人强大许多。预祝你成功!

1.1　计算机编程的基本概念

现代IT科技产业是推动世界经济的主要动力,是主要的创新源泉。无论是大数据、物联网,还是人工智能等应用,都已经普及到千家万户的日常生活中。在IT技术如此发达的社会背景下,我们所有人都需要学习编程,因为只有学会了编程才知道"信息社会"是怎么回事,而不会一直认为它是件"神秘"的事,或陷入"人云亦云"的窘境中。无怪乎政府已逐步将编程教育纳入中小学的课程体系中。作者在美国和中国从事计算机教育20多年,发现市面上大多教材都是从某个编程语言的角度来讲解怎样编程,这是一个错误的方式,学生们只会陷入对一种语言细枝末节的学习中,往往并没有领悟到编程的精髓。所以本书本着以学习"编程"为主、学习语言为辅的理念,用Python语言作为桥梁教授大家编程的原理与技巧。相信读者在通过此书掌握Python语言的同时也能够领略到编程的魅力。

对于初学者来说,他们可能认为在日常生活中很少接触到程序。其实不然,随着计算机的广泛运用,程序已与人们的生活、工作、学习息息相关。程序其实就是设计者想要计算机执行的一系列任务步骤,而任务步骤需要用**计算机编程语言**(**Programming Language**)来表达,Python就是一种当下较流行的计算机编程语言。编程就是设计程序的过程,打个比方,为了要扫地机器人正确地工作,使其行走路径能最大化地覆盖需要清洁的面积,我们就需要用计算机编程语言来编写程序,制定机器人的行驶路线及转向,控制扫地机器人内嵌入的微型计算机,进而完成我们的目标。

> **兰　兰:** 那我们应该如何学习编程呢?
>
> **沙老师:** 我们学习编程,绝对不仅仅是学习了一种编程语言就可以的。
> 当然,学习语言是必需的,但是更重要的是学习通过编程解决问题的思维方式,学习如何设计程序的架构和数据结构。不仅要编写出正确的程序,更要学习如何才能编写出可以快速执行并且缜密周全的程序。
>
> **兰　兰:** 那么我们是否需要学习类似《Python入门指南》这样的书呢?
>
> **沙老师:** 学习编程就好比学习一门外语,这些书就好像字典,可以作为学习语言的参考书,但单独背诵字典是不可能学会外语的,只有在学习听说读写的过程中,将字典作为参考,才是我们学习外语的正确方式。

仅仅对程序和编程的概念有初步了解是远远不够的,我们还要深入探究它们的内在精髓。就像要了解一个人,需要由外而内地全面了解他的特性,如他长什么样子,有什么才艺,性格如何,等等。同样,要想学会如何编写程序,我们也需要了解程序的特性。下面先介绍一下一个程序需要具备的基本属性。

(1) 要有输入和输出。一个正常的程序需要有输入和输出。输入可以是键盘、文档、外界信号(如温度、湿度、电波)等,没有输入的程序只能每次做相同的工作,功能受到限制。正常的程序是一定要有输出的,没有输出,你用这个程序干什么?输出的形式多种多样,可以是屏幕输出、文档输出,也可以是信号输出,用来控制机器人、仪器设备等。

（2）程序解决的是一类问题。由于要处理不同的输入，一个程序解决的不只是一个特定的问题。比如计算2＋3的值，编写一个程序可以很容易得到结果5，但该程序不是只能输出5，利用这个程序我们还能做更多的事，如1＋7、3.24＋1.2等加法运算。针对不同的输入，该程序都可以计算出输入的数据之和并输出。解决一类的问题，这才是编写这个程序的目的所在。

（3）面面俱到。编写程序一定要考虑周全，例如，输入的格式对不对，输入是否满足要求，什么时候有正确的结果，什么时候无法求出结果，都要能够判断出来。例如，求解二维线性方程组，我们编写的程序不仅要能够求出方程组的解，还要能够判断有没有解，有几个解就输出几个解，没有解就要输出"No solution!"等提示性语句。另外，还要能够判断程序输入满不满足要求，如程序要求输入一个整数，使用者却输入了一个小数，这时候程序就要能够输出提示性语句，提醒使用者输入不符合规范等。

1.1.1 编程如何解决问题

编程是用来解决问题的，我们在学习编程的过程中可以培养与锻炼4种解决问题的能力：逻辑思维能力、组织架构能力、循环解决问题能力、递归解决问题能力。我们从小到大所学的知识对这4种能力的全面培养是有所欠缺的。

1. 逻辑思维能力

逻辑思维能力是指正确、合理地思考问题的能力，即对事物进行观察、分析、抽象、判断及推理等的能力。我们从小到大的数学教育主要就是训练大家的逻辑思维能力。下面举几个例子，带领大家更形象、深入地理解逻辑思维能力。

先来看一个例子，某学校开了两门课外兴趣班，分别为画画班及篮球班，现要求每个班的所有同学至少选修一门。已知某个班学生中选画画班的有 n 人，选篮球班的有 m 人，两门都选的有 k 人，那么这个班一共有多少人？

这是一个很简单的数学题目，当然日常生活中也经常见到这种情况。如何解决这个问题呢？我们先将它抽象成数学模型：选画画班的同学我们用集合 A 表示，那么$|A|＝n$，选篮球班的同学用集合 B 表示，那么$|B|＝m$。在集合两边加上"｜｜"符号表示集合中元素的个数。可以用图 1-1 来表示两个集合的关系。

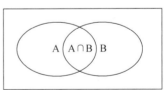

图 1-1 两班同学集合关系

由图 1-1 可以很清楚地知道，同时选两门的同学的集合就是 A 集合与 B 集合相重合的部分，用 A∩B 表示，那么，同时选两门的人数为$|A∩B|＝k$。而两个集合加在一起并减去重合的部分就是这个班的所有同学的集合，用 A∪B 表示，班级总人数即$|A∪B|＝|A|＋|B|－|A∩B|＝n+m-k$。如此我们通过简单的抽象就轻松将问题解决。

再来看一个问题，从这个问题中可以看出，逻辑思维最好不要由语文老师来教，因为逻辑是极为严谨的数学知识，不是我们"以为"的结论。

假如已知：小明爸爸答应小明，如果小明数学考 90 分以上，他就带小明去游乐园。请问：

（1）如果小明没有去游乐园，能不能确定小明数学没有考90分以上呢？答案是：当然能。

（2）如果小明去了游乐园，那么能不能确定小明数学必定考了90分以上呢？答案是：不能，因为小明的妈妈也有可能带小明去游乐园，即使小明数学没有考90分以上。

（3）如果小明数学没有考90分以上，能不能确定小明爸爸没有带他去游乐园呢？答案是：也不能，因为小明数学考90分以上，只是小明爸爸答应的一种条件，有可能小明的英语考了80分以上，爸爸也答应带他去游乐园。

> **兰　兰**：上面的例题我好像似懂非懂，可以再举个例子吗？
>
> **沙老师**："若是正常人，则有两只眼睛一张嘴"，从这句话中，你能推断出什么？
>
> **兰　兰**：只能推断出，如果没有两只眼睛一张嘴，则不是正常人。
>
> **沙老师**：兰兰很聪明！只能推出这个结果，其他的都是不确定的。例如，"如果有两只眼睛一张嘴，则一定是正常人"，这句话是错误的，有两只眼睛一张嘴的也有可能是猫或狗。再如，"如果不是正常人，那么没有两只眼睛一张嘴"，这句话也是错误的，也许这个人不是正常人的原因是有三只手，而不是缺少眼睛或嘴。

对于语言中的逻辑，口语化形式的表达很容易导致思维的不严谨，程序中的逻辑一定要严谨并且百分之百正确，我们会在下面详细探讨。

2. 组织架构能力

随着计算机技术的飞速发展，程序已经不仅限于解决小问题。我们往往需要花费大量的时间，解决更加复杂的问题。所以，在面对非常复杂的问题的时候，组织架构能力显得至关重要。

在解决大问题时，首先要理清脉络，将它划分成较为简单的小问题，通过解决小问题来解决大问题。如果我们要比较两堆数字，找出它们之间的差异（数字的顺序与差异无关），例如，第一堆数字为2、3、1、6、5，第二堆数字为3、3、5、1、6、4，那么它们之间的差异是第二堆比第一堆多了一个3和一个4，少了一个2。

要想在两堆无序的数字中找出差异还是有一定难度的，一种比较笨的方法就是从第一堆中取出一个数，然后与第二堆中的数字逐一进行比较，找到与之相等的数就分别在两堆数字中将该数删去，如果没有找到则说明第一堆中比第二堆中多了该数。重复上述过程，直到第一堆中的数都已经取出，最后第二堆剩下的数就是第二堆比第一堆多的数。这种方法在数字个数较少的时候尚可执行，但是要在成千上万个数字中找出差异将会耗时很大。

比较快捷的一种方式就是先将两堆数字分别排好序，排好序后就可以很方便地一对一地进行比较，而不需要像上面的方式那样一对多地进行比较，能够节省大量时间。所以根据组织架构上的思考，需要先解决排序问题（排序算法有很多种，后面会有详细介绍），当程序做完排序后，这个问题也就迎刃而解了。在后面的章节中，还有很多相对复杂的例子能锻炼同学们组织架构的能力。

3. 循环解决问题能力

学习编程，最重要的目的就是解决问题。可能读者会问："学习数学不也教会了我们如何解决问题吗?"其实,我们所学的数学只是让我们能用纸笔在有限的时间内解决一些相对简单的问题。能套用公式就套用公式,所需的计算步骤一般也是比较少的。但是在解决真实问题时,常常不能简单地套用公式,而编程恰恰能补足并加强我们所欠缺的解决问题能力。

我们试试看如何不套用公式来解决问题。举例而言,一个最简单的计算是求 $1+2+3+\cdots+100$,数学中称为等差数列求和问题,在上课时老师会教我们一个计算公式,以后遇到任何同类的问题直接套用公式即可。但在实际应用中,却并不一定都是计算有这样规律的数列和,如要算一下数列和: $1^4+2^4+\cdots+100^4$,数学中并没有教我们该使用何种公式来解决这个问题,这就需要编写程序来解决问题。在编程中,我们会引入循环控制结构,循环100次,依次求出 $1^4,2^4,3^4,\cdots,100^4$,在循环期间会设置一个累加变量,记录加到当前为止的和。

又如上面讨论的排序问题,这是一种很常见的问题,如老师按照总成绩给学生排名,老板按照员工的总业绩给员工排名,并给前10名依次发放金额递减的奖金……这些都是我们日常生活中所经历的一些问题,但在数学中是找不到具体的解决方法和步骤的。在这本书中,你会看到多种多样的计算机算法来解决排序问题,比如每次选择剩下的数中最小的数,依次排下来就是一个递增序列,这种方式就叫作循环解决问题的方式。

用循环解决问题的方式在本书后面的章节会有详细的介绍,此处不再赘述,只是想让同学们了解利用循环解决问题的编程能力的重要性。

4. 递归解决问题能力

用递归的思想解决问题更是计算机程序的一种强大能力的体现。各位在从小到大的教育中普遍缺少对此种能力的训练。递归就是将待解决的问题分解成若干相似的小问题,最终通过合并小问题的解得到大问题的解。需要注意的是,在程序中运用递归时必须要定义递归的结束条件,否则大问题将会永无休止地分解下去,产生无限递归的情况。本书从第4章开始就会大量训练各位用递归解决问题的能力。

这里先来看一个例子:求 n 条直线最多能够将平面分割成多少个小平面。对于这个问题,我们肯定会在纸上画画看,发现 n=1 时,平面最多划分成两个小平面;n=2 时,平面最多划分成 4 个小平面;n=3 时,平面最多划分成 7 个小平面,如图1-2所示。

很明显,只能在直线条数很少的情况下使用上面的方法,有什么方法才能解决大量直线划分平面这类问题呢?用递归的思维就可以快速解决此类问题。

用递归方式解决问题的关键就在于找到大问题与小问题之间解的关系。可以用 f(n) 来表示 n 条直线将平面划分成小平面的最多个数,那么解决该问题的关键就是找出 f(n) 和 f(n-1) 之间的关系。通过图1-2中的试验,可以很容易地找出一种关系: $f(n)=f(n-1)+n$。那么,这种关系到底对不对呢?不妨来深入思考一下。假设平面上已经有 n-1 条线划分出 f(n-1) 个子平面,在此基础上多一条直线与之前的所有直线相交,而每交一条直线就相当于多一块子平面,但是与最后一条直线相交时会多出两个平面,所以第 n 条直线去切前 n-1 条直线就表示 f(n) 比 f(n-1) 多了 n 块平面,即 $f(n)=f(n-1)+n$。

我们也可以来验证一下初始状态的平面数 f(0),最初时没有直线切割平面,所以 f(0)=1,此为起始条件(或称为递归终止条件)。接下来依次增加 n 的数值并按照 f(n)=

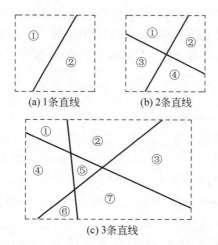

图 1-2   平面划分问题示例

f(n−1)+n 求最多平面数,即 f(1)=f(0)+1=2, f(2)=f(1)+2=4, f(3)=f(2)+3=7,……
这些结果与之前通过画图得到的数据完全一样,所以我们有信心确认 f(n)=f(n−1)+n 这
个递归关系式是正确的。因此,对于任意整数 n,都可以通过该递归公式求得最终结果。有
了这个递归关系式后,就可以很容易地用编程解决问题了。

再来看一个问题,要将一堆数字(用 L 表示)全部加起来,假设 f(L)为这堆数字全部的
和,那么用递归的想法可以把 L 分成两堆数字,称为左堆和右堆,左堆用 L1 表示,右堆用
L2 表示,那么 f(L)=f(L1)+f(L2)。从这个问题可以看出,求解递归问题 f(L)就是通过解
决它的子问题 f(L1)和 f(L2)来完成的。

又如,我们要将一列数字(用 L 表示)从原本无序的状态输出成为由小到大的有序序
列。假设这个程序叫作 sort(L),它的功能是将 L 中的数字排成从小到大的有序数列。那
么,这个问题如何用递归的思路求解呢?其实很简单,可以用前面递归求和的思维来解决这
个问题。首先在 L 中随便选一个数字称为 a,把所有比 a 小的数字放在一堆,称为 L1,把所
有比 a 大的数字放在一堆,称为 L2。排序完成后,a 必定在 L1 和 L2 之间。整个排序
sort(L)必定是 sort(L1)、a、sort(L2)的组合。所以,递归思维就是大问题的解是小问题解
的合并。在本段所讲的排序叫作**快速排序**(Quick Sort),是排序中效率最高的算法之一。
本书会详细介绍这个算法的编程。

练习题 1.1.1   有这样一组数 1,1,2,3,5,8,…,数学上将之称为"斐波那契(Fibonacci)
数列"。请找出规律,并写出递归推导式。

【解题思路】从上面给出的数列当中,不难找到一种规则:从第三个数起,每个数均为
前两个数之和。所以可以设 f(n)表示第 n 个数的值,f(1)=1,f(2)=1,当 n>2 时,f(n)=
f(n−1)+f(n−2)。

编程教育带给同学们的收获不止这 4 种能力的锻炼,此外,它还能提升我们的整体素
质,如下所述。

(1)培养创新能力。编程的过程是个从无到有的过程,同学们可以方便地编写出各类
程序来做试验,完成各种想象。

(2)锻炼沟通能力。团队合作必不可少的就是交流,既需要读懂他人的程序,又要让别

人能够理解自己的程序,这是沟通能力的锻炼。

（3）锻炼勘误纠错的能力。程序很少能一蹴而就,它需要我们不断地进行调试、改错,常常需要花较长的时间来完成,所以这同时也是耐力的培养。

（4）培养艺术修养。何为"艺术"？艺术就是精益求精的过程。编程是一个追求美的过程,在编写程序时同学们需要考虑如何使程序更加简练易读、更加高效,从中得到美的享受,体会什么叫作编程之美。

下面用编程来解决几个简单问题,锻炼一下同学们以上 4 种解决问题的能力。编好程序后,还需要依据前面提到的程序基本特征来衡量程序的正确性。

1.1.2 解决鸡兔同笼问题的编程思维

我们在小学时都听到过鸡兔同笼问题,下面就从这个问题来谈起。

【问题描述】 一个笼子里装着若干只鸡和兔子,在上面数共有 k 个头,在下面数共有 n 只脚,请问笼子里有几只鸡几只兔子？

大家都学过如何用方程式来解决问题。这里请大家打开思路,看看如何用计算机编程的"遍历"的方法找到正确的解。

所谓"遍历",就是将问题所有可能的解一个一个去尝试。这里要尝试从 0 只鸡到 k 只鸡的所有情况。第一次试 0 只鸡时,就有 k 只兔子。再根据 1 只鸡有 2 只脚、1 只兔子 4 只脚,求得在这种情况下的总脚数 $2 \times 0 + 4 \times k$,判断是不是与给出的总脚数 n 相等。如果不相等,则表示笼子里不是 0 只鸡、k 只兔子,那么我们就要做第二次尝试;第二次试有 1 只鸡、k−1 只兔子的情况,同样按上述方法求得总脚数 $2 \times 1 + 4 \times (k-1)$ 并与给出的总脚数 n 比较,判断是否相等;以此类推,直到找到满足总脚数等于 n 的情况,这表示求出了鸡和兔子的只数;或者鸡的只数超过了头的总数 k,但还没有找到总脚数等于 n 的情况,这表示输入的总头数 k 和总脚数 n 不对,没有正确解。

综上所述,可以使用两种方式解决这个问题:第一种是使用如上所述的遍历方式;第二种方式是使用解方程组的方式。下面先用自然语言给出遍历方式的伪代码,在本书后面会给出真实的程序。

【方式一】 遍历求解鸡兔同笼问题的代码描述如下:

输入:k 个头,n 只脚

输出:鸡的数量与兔的数量

1. 设鸡的只数为 a(第一次 a 为 0),则兔子的只数为 k−a。

2. 求得此情况下总脚数 $m = a \times 2 + (k-a) \times 4$。

3. 判断上面求得的总脚数 m 是否等于 n。若等于,则输出鸡的只数为 a、兔子只数为 k−a,结束程序;若不等于,则鸡的只数增加一只,即 a＝a+1。

4. 如果 a≤k,重复执行步骤 2～4;否则执行步骤 5。

5. 如果鸡的只数一直增加到比 k 大,即 a＞k,则输出"没有结果!",结束程序。

现在再来具体分析这个程序有没有满足前面所说的程序的基本属性。

　　第一,有输入和输出。这点很明显是满足的,输入为鸡和兔的头的总数以及脚的总数,输出是鸡的只数以及兔子的只数,当然在没有结果时,会输出提示性语句"没有结果!"。

　　第二,解决的是一类问题。上面解决的不只是鸡和兔的头共有 4 个、脚共有 12 只这样一个问题,而是解决任意输入的鸡兔同笼问题。

> **兰　兰**:那是不是意味着如果我随便输入头和脚的个数,都可以找到答案呢?
>
> **沙老师**:不一定。答案肯定不能是 1.5 只鸡这样的小数,也不可能是负数。我们要考虑各方面的可能,这就是我们在"面面俱到"中所要讲到的。

　　第三,面面俱到。在我们小学阶段解这类问题时,可能根本没有考虑没有结果这种情况,因为老师出的题目必定有最后结果,否则如何判断学生会不会解题、做的对不对、如何打分。但是,编写程序不同,它需要把所有的情况都考虑到。实际情况如下:

- 脚和头的数量必须是 0 或正整数,脚的数量必须是偶数;
- 鸡和兔子求出来的只数必须是正整数或 0。

　　所以,在求解问题之前要判断输入是否符合如上所有实际情况,只要有一点不符合就要输出"没有结果!"并结束程序,避免做不必要的计算。当然程序运行到最后,鸡的只数都超过头的总数了,这表示没有找到解,最终也只能输出"没有结果!"并结束程序。

　　由此可见,简单的鸡兔同笼问题的程序完全满足了上述特征。当然,这种一个解一个解地试的遍历算法较为笨拙。如何编写程序求解二维线性方程组呢? 这个程序在本章的后面会有详细的介绍,下面同样用自然语言的伪代码描述程序。

　　【方式二】 方程组求解鸡兔同笼问题代码描述如下:

输入:k 个头,n 只脚

输出:鸡与兔的数量

1. 列出对应方程组,即 $x+y=k$,$2x+4y=n$(x 为鸡的只数,y 为兔子的只数)。
2. 求得 $y=(n-2k)/2$(根据解二维线性方程所推导的公式)。
3. 如果 $y<0$ 或 y 不是整数,则输出"无解",程序结束;否则,执行第 4 步。
4. 将第 2 步求得的 y 的值代入原来第一个式子,得到 $x=k-y$。
5. 如果 $x<0$ 或 x 不是整数,则输出"无解",程序结束;否则输出 x、y 的值。

　　第一个特点和第二个特点都很明显符合,但对于第三个特点"面面俱到"所提到的限制条件,需要有额外的考虑。比如 $n-2k$ 必须是正偶数或 0 才符合我们的条件,否则 y 就变成了非整数。

　　从上述两种解法的程序我们可以知道组成程序的一些要素,如下所述。

　　(1)变量:从前两种方式我们知道程序一定要有变量,变量可以存输入的值、输出的值或程序执行期间暂时需要存储的值,变量所存的值是可能在程序执行中发生改变的,如第一种方式中的 a 就是一个变量。

　　(2)条件控制语句:我们还需要条件语句,即 if-else 这样的语句。例如,判断 x 和 y 是否小于 0,或判断 x、y 是否为整数。

　　(3)循环控制语句:相同的工作重复运行,如在第一种方式中第 2 步到第 4 步需要循环执行。请注意,循环一定要有结束的条件,否则会形成无限循环。结束的条件需要应用条件控制语句。

以上3种程序要素在本章后面的几节会有更为详细的介绍,在这里同学们只要有大致的了解即可。

练习题 1.1.2　输入 n 个数,找出这 n 个数中所有在 0~100 的偶数。如 n=5,这 5 个数分别为 12、340、55、78、−11,那么这 5 个数中既是偶数又在 0~100 的数为 12 和 78。

【解题思路】　首先需要用到循环结构,对输入的数一一进行判断。每循环到一个数时,都要判断该数是否满足以下两个条件:第一,是偶数;第二,范围在 0~100。当两个条件都满足时才输出该数,否则进行下一次循环。

1.1.3　解决排序与合并问题的编程思维

在日常生活中还经常会遇到排序和合并的问题,如老师对同学们按照总成绩进行排名,这是一个排序问题;又如已知两个班同学的成绩排名,要对两个班所有同学进行排名,只需对两个班的排名表进行合并即可,这是一个合并问题。那么,如何运用编程思维解决排序和合并问题呢?

【问题描述】　有 n 个数 a_1,a_2,…,a_n,将这组数按从小到大的顺序(本书出现的排序全部为从小到大的顺序)排序。例如,n=5,这组数为 21、13、5、34、2,那么排序后的顺序为 2、5、13、21、34。

【算法描述】　要解决这个问题,有许多种解法。最简单的一种就是"选择排序"。首先在要排序的一组数中选出最小的数,与第一个位置上的数进行交换;然后在剩下的数中再找最小的数,与第 2 个位置上的数进行交换;以此类推,直到比较第 n−1 个元素和第 n 个元素为止,这种方法称作**选择排序**(Selection Sort)。

如题目中给出的示例,首先在这 5 个数中找出最小的数 2,与第一个位置上的 21 交换,顺序变为 2、13、5、34、21;第二次在剩下的数中找出最小数 5,与第二个位置上的 13 交换,顺序变为 2、5、13、34、21;第三次在剩下的数中找出最小数 13,与第三个位置上的 13 交换,顺序不变;第四次在剩下的两个数中找出最小数 21,与第四个位置上的 34 交换,如此就找出了从小到大的顺序:2、5、13、21、34。

下面用自然语言对这个方法进行描述:

输入:n 个数

输出:这 n 个数按从小到大排序的数列

1. 排序次数用 i 表示,初始时 i=1。
2. 找出从第 i 个数到第 n 个数中最小数的位置,用 j 表示。
3. 将第 i 个数与第 j 个数进行交换。
4. 判断 i 是不是小于 n−1,如是则 i 值加 1,继续执行上述步骤 2~4;否则结束循环,输出排好序后的数列。

解决了排序问题之后,再来看看如何解决两组排好序的数列的合并问题。

【问题描述】　有两个递增数列,如何将它们合并成一个数列,使得合并后的数列仍然递增? 例如,第一个递增数列为 1、3,第二个递增数列为 2、4、5、10,则合并后便成了 1、2、3、4、5、10。请用自然语言描述该程序。

【解题思路】　通过分析,我们知道要解决该题需要满足两个条件:一是将两个数列合并成一个数列;二是新数列仍然保持递增。合并数列的方式有很多种,比如将两个数列首尾连接,题目中的两个数列就合成为 1、3、2、4、5、10;又如将一个数列插到另一个数列的中间;等等。但是,可以发现这些合并后的新数列可能并不是递增的,所以在合并时需要对插入新数列中的元素进行比较。

算法是用两个指针(可以理解为标志,标识数列当前元素的索引)分别指向这两个有序数列的第一个数,就是这两个数列的最小数。比较两个数的大小,将较小的数取出,放入合并的数列(第三个数列),并把相应的指针指向下一个数(另一个指针不动)。重复前面的步骤,继续比较两个指针所指的数,直到比较完两个数列中所有的数,把所有的元素都放入新的数列。合并过程如图 1-3 所示。

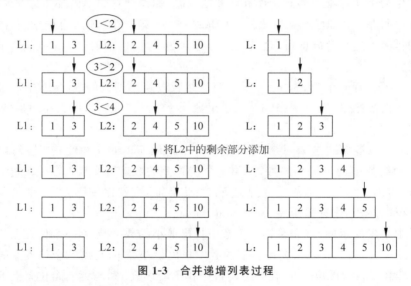

图 1-3　合并递增列表过程

综上所述,归并操作的算法描述如下:

输入:两个递增数列

输出:合并后新的递增数列

1. 创建新的数列,用来存放合并后的序列,初始值为空。

2. 设定两个指针变量 P1 和 P2,初始值分别指向两个递增数列的第一个元素。

3. 如果某一指针变量指向的元素为空(表示已经比较完一个数列中所有的数),则直接将另一个指针变量指向的元素及后面所有元素赋值到新数列中,输出新数列并结束程序,否则执行步骤 4。

4. 比较两个指针变量所指向的数列元素,选择相对较小的元素放入合并数列中,并将指向较小数的指针变量指向后一个元素,然后再执行步骤 3。

上述合并操作是用归并排序算法解决排序问题时的重要组成部分,在之后的章节里会有更为详细的介绍,这里只需要建立对合并操作的初步了解。

从以上两个问题中可以发现程序的两个要素:数据结构和算法。具体解释如下。

(1) 数据结构:数据结构是计算机存储、组织数据的方式,其中列表(List)是一种很常见的数据结构。例如,待排序的数列在程序中可以用一个列表表示,即 L=[21,13,5,34,2],其中 L 是列表名。引入列表这种数据结构在很大程度上方便了在程序中表达数列中的每一个数,如想使用数列中的第一个数时可以用 L[0]表示(注意,[ ]内的数称为索引,列表的索引从 0 开始),同样可以用 L[1]表示数列中的第二个数,L[2]表示第三个数,以此类推,仅仅用一个列表 L 就可以表示出这个数列里所有的数。假如没有列表这个数据结构,想表示成百上千个数就需要成百上千个不同名字的变量,这是一件非常烦琐的事情,让程序变得复杂而且容易出错。

(2) 算法:算法是为解决问题而精心设计的计算步骤和方法,是计算机科学的一个美丽之处。要用计算机软件解决问题,就要把算法理解透彻,进而成为我们的习惯思维。注意,算法是超乎于程序语言之外的,设计好算法后,用哪种程序语言来编程(如 Python、C、C++、Java)就是个直接而相对简单的事了。同一个问题也可以有不同的算法,而算法有好有坏,一个好的算法能够节省大量的时间与空间,让程序准确而高效。学习如何设计好的算法,在之后的章节会有更为详细的介绍。

本书用以下的例子来让读者练习编程的要素。

练习题 1.1.3　一个班有 n 个学生,已知每个学生的数学和英语成绩,请编程分别求出两门课程的及格(分数大于 60)人数,以及两门课都及格的人数。为了方便起见,我们用列表 M 和 L 分别存储学生的数学和英语成绩,列表的索引表示学生的学号顺序,即两个列表中相同索引的元素表示同一个学生的成绩。

例如:n=5,M=[34,86,59,62,12],E=[39,71,66,57,90],那么数学及格人数为 2,英语及格的人数为 3,两门课都及格的人数为 1。

【解题思路】　经过分析不难发现,只需要用一层循环,依次对两个列表中的成绩进行判断。若列表 M 中的元素大于 60,则表示数学成绩及格的人数加 1,若列表 E 中元素大于 60,则表示英语成绩及格人数加 1;若在循环时,相同索引的两个列表元素均大于 60,则表示两门课都及格的人数加 1。同学们可以尝试使用上述自然语言来描述程序。

练习题 1.1.4　求练习题 1.1.3 中每个人每门成绩的平均分数,编程统计出有多少人数学成绩高于平均分数,有多少人英语成绩高于平均分数,有多少人数学和英语成绩均高于平均分数,最后分别求两门成绩的方差。

【解题思路】　本题和练习题 1.1.3 的思路差不多,只是需要先求得每个列表的平均值,也就是将每个列表的所有元素都累加起来然后除以列表长度即可。然后以平均值为标准,循环判断列表中的元素与平均值的大小关系。需要注意的就是如何利用平均值来求方差。求方差公式为

$$S=\frac{(a_0-x)^2+(a_1-x)^2+\cdots+(a_{n-1}-x)^2}{n}\quad(x\ 为平均值)$$

根据上述公式,可以使用循环依次求得列表中元素与平均值差的平方,然后使用一个变量将这些值累加起来,最后在循环外将累加变量除以人数 n 就得到方差。

1.1.4　解决过河问题的编程思维

学习了经典的鸡兔同笼问题、排序与合并问题,下面再来学习一个很经典的益智问题——菜鸡狼过河问题,以巩固对程序以及编程的了解。

【问题描述】　农夫需要把菜、鸡、狼运到河对岸去,只有农夫能够划船,而且船比较小,除农夫之外每次只能运一种东西。还有一个棘手问题,就是如果没有农夫看守,鸡会吃菜,狼会吃鸡。请考虑一种方法,让农夫能够安排这些东西和他自己安全地过河。

【基本思想】　先用一般情况下人的逻辑思维方式分析一下这个问题,在"狼→鸡→菜"这个食物链条中,"鸡"处在关键位置,解决问题的指导思想就是将"鸡"与"狼"和"菜"始终处于隔离状态。然而通过程序解决这个问题的编程思维方式却未必如此。我们可以利用计算机的运算能力快速搜索到所有可能的安排组合。需要注意的是,在搜索的过程中应避免进入不安全的状态(如鸡和狼单独在同岸等),也要避免进入已经搜索过的状态(防止无限循环)。

根据农夫、菜、鸡和狼的位置关系可以有很多个状态(即左岸、船上以及右岸的物品情况),初始状态就是左岸(起点)有农夫、狼、鸡和菜,船上和右岸(终点)没有任何物品;终止状态为左岸和船上没有任何物品,右岸有农夫、狼、鸡和菜。这些状态的总数目是有限的,算法就是搜索这些有限的状态,直到找到一条从初始状态转换到终止状态的"路径",并且根据题目的要求,这条"路径"上的每个状态都应该是安全的状态。

"安全状态"就是指当农夫不在时,不会同时将一个物品及它的"天敌"放在岸的同一边。那么是否只要保证农夫将岸边的一样物品带上船(或什么都不带)后两岸都是安全状态,就可以开船到对岸,完成一次渡河?

如果编程的时候只考虑这么多,那么就永远别想让程序终止了。例如,农夫先将鸡从左岸运送到右岸,紧接着又将鸡从右岸运送到左岸。虽然这两次渡河两岸状态均为安全状态,但是这样的渡河却是违规的,因为如果农夫重复执行上述渡河状态,将会陷入无穷无尽的循环中,永远不能完成将全部物品运送到右岸的目标。所以,还需要记录出发后到结束前发生过的渡河状态。

综上所述,每次农夫进行一次选择后,在保证两岸均是安全状态的同时,保证此次渡河状态与之前渡河状态没有重复,才能让农夫出发到对岸,完成一次渡河。如果所能做出的选择都为重复的状态或都为不安全状态,则返回到上一次渡河状态,重新选择。重复上述过程,直到所有物品都已运到对岸(也就是说到达"终止状态"),返回结果("初始状态"到"终止状态"的渡河过程);如果搜索完所有状态都没能到达"终止状态",则说明无法完成渡河,输出"无解"并结束程序。

至于如何用程序实现,本书中会有详细的介绍。在这里引入这个问题,主要是带领大家认识编程,学习怎样思考问题、解决问题。

1.1.5　程序的基本要素

通过前面的学习,我们已经初步了解程序和编程是什么、为什么要学习编程,还通过几个经典实例初步领略了编程思维的特点。那么接下来要如何学习编写程序呢?

我们应该知道"**程序＝输入与输出＋数据结构＋算法＋系统**"。在这 4 个程序的要素中,数据结构是计算机软件存储、组织数据的方式;算法是对解决方案的准确而完整的描述,主要由一系列清晰的计算和步骤构成。下面继续了解"输入与输出"和"系统"这两个重要概念的含义。

1. 输入与输出

在程序中,输入与输出可以分为两个层面来理解。

(1) 从问题定义上来看,输入与输出就是问题的已知条件以及需要达到的目的。程序的设计者必须对输入和输出很明确。

> 兰 兰:问题定义为什么要单独列出来? 编程不就是给定一个问题,找出并实现解决方法就可以了吗?
>
> 沙老师:因为有的时候给问题本身一个恰当的定义比解决问题更具有挑战性,而且对问题定义不清往往会造成解决问题时的困难。比如控制空调温度的问题,在"加热"模式下,程序内应该设定一个阈值(如 24℃),当室温高于 24℃时应该停止加热,当室温低于 24℃时应该开始加热,但这会造成空调频繁开关。如何设定温度的缓冲区,可能需要通过大量的实验来确定。所以对于温度控制器来说,给出问题的定义本身就是个具有挑战性的问题,它决定了解决问题的效果。
> 再以共享单车为例,车子的解锁、上锁、付费等使用方式都需要清晰而且恰当的应用功能定义,一旦这些功能确定了,用程序来实现这些功能就不是难事了。由此可见,问题的定义非常重要,需要同学们加以重视。

(2) 除了对定义的理解之外,程序本身对输入输出代码的定义也需要特别注意。程序的输出是多种多样的,不仅仅是打印到屏幕上的结果,也可以是对温度的控制、对机器人的行动方向的控制等,还包含人机界面上的输出,如游戏画面的变化、手机屏幕上 App 的位置变化等。

一个程序的输入输出部分很重要,尤其对于信息安全问题,程序需要做到面面俱到,一旦有所疏漏,造成的后果将难以想象。很多黑客利用输入的漏洞对程序进行攻击,假设一个程序需要输入一张图片,黑客就输入一张空图片,假如程序没有考虑这种意外情况,就会造成错误,而且很可能会影响到其他程序的正常运行。又如,一种常见的计算机病毒——蠕虫所用的一种攻击方式就是使输入的长度超出程序预先设定的可处理的最大容量,造成了程序缓冲区的溢出,其根本原因就是编程者忽略了在程序中对输入的长度进行判断,这样的错误曾多次导致世界各地计算机系统的大面积崩溃,造成了极大的损失。

2. 系统

任何程序都必须在系统的支持下才能运行。常见的系统有 Linux、Windows、iOS、Android 等,同一个程序在不同的系统上运行时,程序中的语句会有所差异。

了解了程序的基本要素以及编写程序的基本步骤,下面以 Python 为工具,通过大量Python 程序实例带领大家探索编程的世界,具体学习程序构建过程中涉及的重要基本语句,学习如何使用 Python 编写程序,了解程序中体现的算法思想。

　　本章主要介绍计算机语言中最常用的基础知识:表达式和基本运算,再简单介绍 Python 中应用广泛的数据结构——列表和字符串,最后介绍程序中的 3 种控制语句——if 条件控制语句、for 和 while 循环控制语句。

　　"写一个程序"和"写一个好程序"之间有很大的差距,这种差距需要通过扎实的计算机科学基础知识和日积月累的练习来填补,下面就让我们乘坐 Python 之舟探索神奇的编程之境吧!

1.2　乘 Python 之舟进入计算机语言的世界

　　"工欲善其事,必先利其器。"想要学好编程,就必须了解编程的一大学习"利器"——Python。对于初学者来说,一看到这个陌生的名词肯定就会产生一些疑问:什么是 Python? 如何写 Python? 汉语、英语都有各自的语法,那 Python 的语法是什么样的呢? 本节将简单描述一些 Python 的最基本的概念,了解何为 Python、如何使用 Python,并通过一个非常熟悉的"Hello World!"的例子带大家认识 Python 程序。至于如何用 Python 编写程序将会在后面的章节具体阐述。

　　兰　兰:为什么要选择 Python 这门语言呢? 是因为它是最好的吗?
　　沙老师:Python 简单、易入手,对于初学者来说是一个很好的选择。但对于"最好"一词,
　　　　　　这里就"仁者见仁,智者见智"。在编程的世界里,不存在"最好",只有"最适合",
　　　　　　每一门语言存在即合理,它们都有各自适用的领域。至于为什么选择 Python,
　　　　　　这就要大家和沙老师一起去探索,领略 Python 之美!

1.2.1　什么是 Python

　　Python(/ˈpaɪθən/)是一种非常接近程序执行步骤描述的语言,它去除了编程过程中的很多"繁文缛节",让初学者可以直接接触程序的实质计算,而不需要考虑过多的变量类型定义、内存分配等传统 C 或 Java 编程者已经习以为常的"负担"。它的简洁可以大大提高初学者的学习速度,它丰富而且强大的类库(Class)操作可以大大提高编程者的工作效率。用十分正式的语言来说,Python 是一种"面向对象"的解释型计算机程序设计语言。Python 语言由 Guido van Rossum 于 1989 年年底发明。由于 Python 语言的简洁、易读以及可扩展性,国内外用 Python 程序做科学计算研究的机构日益增多,一些知名大学都在采用 Python 语言教授"程序设计"课程。

　　本书将以 Python 语言作为入门的工具,引导读者的学习之路。让我们一起乘坐 Python 之舟,亲临计算机科学的海洋。

1.2.2 如何在 Windows 中使用 Python

在 Windows 中使用任何软件,都必须首先进行程序运行环境的搭建。因此,要使用 Python 进行程序开发,必须先安装 Python 的运行环境。

安装 Python 是一件非常容易的事,即便是新手跟着安装步骤也能轻松完成。

首先,Python 的安装包可以从 Python 官方网站中下载,地址为 https://www.python. org/downloads。但这里要提醒同学们:Python 3.x 与 Python 2.x 有较大差别,Python 3 不完全兼容 Python 2 的语法。本书使用 Python 3.x 版本,请读者使用 Python 3.0 以后的 版本,本书中涉及的程序都可以在 Python 3.0 以后的版本上执行。

其次,进入 Python 官网后,通过 Latest Python 3 Release,找到 download page,然后下 载适合自己计算机的安装包。以本书为例,编者所使用的计算机是 Windows 64 位系统,所 以要选择对应的安装包来下载和安装。

最后,安装 Python 3 非常容易,只要打开下载好的安装包,按照默认选项安装即可。

至此,Python 的环境就搭建完成,下面使用它来编写程序,开启美妙的 Python 之旅。

为了方便编辑程序,Python 自动安装了一个 Python 编辑器——IDLE,本书中所有的 程序都是在 IDLE 中编辑的。那么,如何在 Windows 系统中打开 IDLE 呢? 在安装好 Python 的 Windows 系统中,选择"开始"→"所有程序"→Python→IDLE(Python GUI)命 令,这时候一个 Python 的命令 shell 窗口就建立好了,其界面如图 1-4 所示。

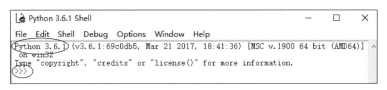

图 1-4 Python 3.6.1 IDLE 界面

Python 的命令 shell 就像是一个计算器,能够方便地完成"一次性"的运算,利用它可以 给计算机下达简单的命令,然而,较为复杂的程序必须利用 IDLE 的文件编辑器来编写,这 在后面会有详细的介绍。在此,先利用命令 shell 与 Python 进行简单的交流。

打开命令 shell 后,首先会看到当前安装的 Python 版本号,如图 1-4 所示,本书执行代 码使用的 Python 版本号为 3.6.1,Python 版本号 3.0 以后的环境都可执行本书代码。然 后,在界面中最后一行有 3 个连续的大于号">>>",这是一个提示符,提醒我们命令 shell 已经准备好了,等着我们输入指令、一起互动。

在提示符后面输入指令后按 Enter 键,即可运行该语句,如果运行成功,立刻就能看到 运行结果,否则会报错。如图 1-5 所示,执行 a+b 时运行成功,所以屏幕上立刻就打印出了 正确答案 15,但是由于除数 c=0 违反了除法规则,所以执行 a/c 时屏幕上返回了程序异常 的报错信息。

以上是命令 shell 的简单介绍,它能够实时将程序运行结果打印到屏幕上,方便了对程 序输出的查看。但是,它不能将程序保存下来,且修改已经编写好的语句比较麻烦,所以接 下来本书中所有的例子都不会在命令 shell 上直接编辑,而是在 IDLE 的 File 编辑器中来编

```
Python 3.6.1 Shell
File  Edit  Shell  Debug  Options  Window  Help
Python 3.6.1 (v3.6.1:69c0db5, Mar 21 2017, 18:41:36) [MSC v.1900 64 bit (AMD64)]
 on win32
Type "copyright", "credits" or "license()" for more information.
>>> a = 3
>>> b = 12
>>> a + b
15
>>> c = 0
>>> a/c
Traceback (most recent call last):
  File "<pyshell#4>", line 1, in <module>
    a/c
ZeroDivisionError: division by zero
>>>
```

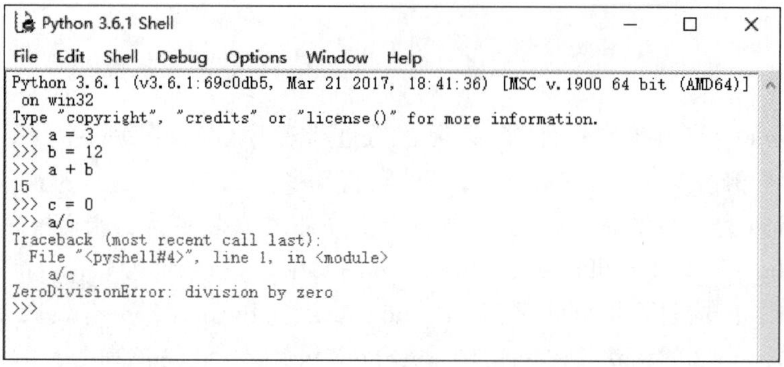

图 1-5　在 Python 3.6.1 IDLE 界面上输入命令

写程序，其好处是程序能够保存并且能很方便地更改程序、做不同的实验。而命令 shell 仅作为一个结果显示工具，方便查看程序运行结果，从而让我们知道程序是否出错，进而修改程序。

首先，在 IDLE 界面中，选择 File→New File 命令，创建一个新文件，就会出现一个编辑窗口。在该编辑窗口中输入“print("Hello World!")”，选择 Run→Run Module 命令(或按快捷键 F5)运行。第一次执行该程序时，Python 会先询问此文件的名称，再将此程序自动保存起来，所以应输入一个文件名称，例如，输入 text1(Windows 会自动加上扩展名.py，所以全名为 text1.py)。然后可以看到，Python Shell 窗口中打印出了“Hello World!”字样，表示程序成功执行。在 print 语句中，包含在两个双引号(或两个单引号)中间的字符叫作字符串，关于字符串的结构会在后面加以解释。

具体的 Python 代码如<程序：Hello World>所示。

```
#<程序：Hello World>
print("Hello World!")
```

上述语句使用 Python 内置的 print()函数完成了字符串“Hello World!”在屏幕上的打印。

兰　兰：为什么我的输出 Hello World 程序会报错呀？

沙老师：建议兰兰看一下编程的时候用的是什么输入法，是不是英文的？如果不是，那么这个双引号就会报错。请同学们谨记，编程的时候一定要事先切换到英文输入法，因为 Python 中的符号是不支持中文的。

1.3 解释 a=a+3

我们已经准备好了编写程序的工具——Python，接下来围绕 Python 中最简单的语句“a=a+3”来学习 Python 的基础知识。

我们把"a＝a＋3"称为**赋值语句**（assignment），它被赋值号"＝"分成了两个部分："＝"左边的"a"称为变量；"＝"右边的"a＋3"称为表达式（expression），它会计算出一个值并将该值赋给"＝"左边的变量a。此外，表达式"a＋3"又是由3部分组成，由算术运算符"＋"连接了变量"a"和整数"3"，如图1-6所示。

下面具体解释何为"变量""表达式""赋值语句"以及算术运算符。

图 1-6　在 Python 3.6.1 IDLE 界面上输入命令

1.3.1　介绍变量

表达式语句"a＝a＋3"中最必不可少的当属"变量"，初学者可能要问：为什么叫"变量"呢？关键在这个"变"字，也就是因为这个量是可变的。

变量由变量名表示，例如，上述表达式"a＝a ＋ 3"中，a就是一个变量的变量名，赋值语句"b＝1"中 b 也是一个变量名。当程序中需要用到某个变量或者修改某个变量时，都可以通过这个名字来操作。与其他计算机编程语言不同的是，在 Python 中变量的使用更为灵活且方便，当需要使用一个变量时不需要对其提前进行类型声明，而是在给变量赋值时自然而然地决定变量的类型。因此，变量不仅值是可变的，类型也是可变的。例如，当一个整数赋值给某个变量，这时该变量就是整数类型的。在后面的语句中将一个浮点数（小数）赋值给同一个变量，这时该变量就变成了浮点类型。同样，若是将一个字符串赋值给该变量，则该变量就变成了字符串类型。变量的数据类型在后面会有详细的介绍。

下面通过几个简单的例子体会"变量"的变化。请同学们用前面所教授的方式编写并执行＜程序：变量输出实例＞。

```
♯＜程序：变量输出实例＞
a = 1               ♯第一次给 a 赋值
a = 2               ♯第二次给 a 赋值
print(a)            ♯输出 2
a = "Hello!"        ♯第三次给 a 赋值
print(a)            ♯输出 Hello!
```

请注意：在 IDLE 编辑器上编写程序时，Python 要求同一层级的语句缩进的空格数必须是一样的，上述例子中由于这些语句都属于同一个层级，所以缩进完全一致。另外，为了加强程序的可读性，可以给程序加上注释语句，以"♯"开头的语句就是注释语句，注释语句是不会被执行的。

在上面的例子中，先是创建了一个变量a，并给它赋值1，然后又给它赋值为2，这时a就丢弃了原来的值1，它的值变成了2。这说明同一个变量可以反复赋予不同的值，最终该变量的值表示为最后一次的赋值。通过输出语句 print(a)，可以很明显地在屏幕上看到a的值变成了2。变量不仅可以在数值上进行变化，类型也是可变的，在上面例子中将字符串"Hello!"赋值给 a，输出的就是一个字符串。

Python 为什么可以做到这些？因为 Python 是一个动态类型语言，解释器会根据赋值或运算来自动推断变量的类型。其实这跟 Python 的存储原理有关，我们将在第 3 章详细讲解这个问题。这里只需要了解变量和变量名所指的值是存放在不同的存储位置的。例如，数值 5 和字符串"Hello!"是存放在不同大小的存储块中的；而变量 a 其实就是一个指针，指针的内容是一个存储**地址**(address)，指向相对应的值所在的存储块。所以"a=2"代表变量 a 指向存放数值 2 的存储地址，而"a="Hello!""代表变量 a 指向存放字符串"Hello!"的存储地址。在 64 位的 CPU 架构中，所有的地址都是以 64 位表示，所以不管变量所指的值是多大，变量本身都是 64 位长的指针。

Python 中的变量还有很多特有的属性，在后面的章节会逐一介绍，本章只要求大家对变量有个初步印象。下面列出了给变量命名时的一些注意事项，应切忌在这些小细节上犯错。

变量定义的注意事项如下：

(1) 变量在使用前一定要赋值，赋值号为"="，左边是变量，右边是值。变量的赋值不能写反，如"3=a"就会报错。也不能不赋值，如在程序中只写一个 num，没有任何赋值操作，程序同样会报错。

(2) 变量名必须以字母和下画线开头。首先，不能以数字开头，这一点与大多数的高级语言一样。如 a2、_a、a_2 和 student 等均为合法变量，但是 2a 就是一个不合法的变量名。其次，不能有空格以及标点符号，如 a student's 就是一个不合法的变量名，因为 a 和 student 之间有空格，而且出现了不合法的符号即单引号。此外，变量中的字母可以是大写或小写，但大小写不同，变量也是不同的，如 Apple 和 apple 就是两个不同的变量。

(3) 变量名不能使用 Python 中已有的关键字，其他任何合法的名字理论上都是可以的。变量取名时最好能体现其具体的含义，方便其他人读懂程序。如求和的变量最好命名为 sum，最大数的变量最好命名为 MAX。

1.3.2　关于 a＝a＋3

介绍了"变量"，现在来谈谈"a=a + 3"的含义。

对于初学编程的同学而言，"a=a + 3"这个表达式在数学上是不通的。但是，计算机语言和我们学习的数学还是有区别的。在编程语言中，其实这个式子中的"="并不是数学上的"等于"关系，严格来讲，这个符号应该是左箭号"←"，代表赋值的意思，英文称为 assignment。"a=2"是 a 被赋值为 2 的意思，用英文表示就是"Variable 'a' is assigned with 2"。

兰　兰：数学家看到 a＝a＋3 肯定要疯掉。

当我们用"a=2"来将变量 a 赋值为 2 时，Python 解释器做了以下两件事(如图 1-7(a)所示)：

(1) 在内存中创建了一个空间，内容是数值为 2 的整数；

(2) 在内存中创建了一个名字为 a 的变量，并将其指向了保存 2 的空间。

之后，当我们在程序中写"a=a + 3"这个语句时，Python 解释器又做了以下两件事(如图 1-7(b)所示)：

(1) 在内存中创建另外一块空间，保存 a 所指的数值加上数值 3 的结果，即数值 5；

（2）将变量 a 由指向原来数值 2 变为指向新数值 5。

对于初学者而言，可以暂时不管 Python 中的变量和变量所指的值是如何存放的，而是可以假想变量所指的值就存放在一个容器中，变量就是指向这个容器的指针。在"a＝a＋3"中，"＝"右边的表达式代表一个值，"＝"右边的 a 代表变量 a 原来所指的数值 2，把这个值加上 3 以后所得到的值放入一个新的容器，这个新容器里的数值是 5；"＝"左边的变量 a 是一个指针，a 是这个指针的名称，最后赋值语句让这个变量 a 指向新的容器。这样，赋值就完成了。

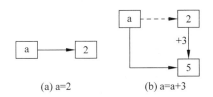

(a) a=2   (b) a=a+3

图 1-7   在 Python 中"a＝a＋3"的存储方式

注意：a＝a＋3 在 Python 中也可以写成 a＋＝3。也就是说，当左右两边都是同一变量的时候，就可以使用＋＝、－＝、＊＝、/＝这类的方式来表示赋值运算。

1.3.3 常用算术运算符

在"a＋3"中我们看到了一个非常熟悉的符号"＋"，本节就来谈谈 Python 中包括"＋"在内的常用算术运算符。

和其他大多数编程语言一样，Python 支持大多数算术运算符、逻辑运算符以及关系运算符等，并遵循运算符的优先级。然而在 Python 中很多运算符具有多种不同含义。例如，"＋"在数值计算当中作为加法运算符，即 2＋3 值为 5；但在列表和字符串中，"＋"就作为连接符出现，如[2]+[3]结果为[2,3]，"Hello"＋"World"结果为"Hello World"。列表和字符串会在后面的章节具体介绍。下面先来看几个例子，带领大家了解算术运算符的作用。

```
#<程序：加法运算实例>
a = 99999888887777766666555554444433333222221 1111
b = 1234567890987654321012345678909876543210 12345
sum = a + b
print(sum)
```

上例的输出结果如下：

```
112345567797654309876679011233532098654322 3456
```

这是一个加法操作，但令人惊讶的是，变量 a 和 b 的值非常大。学过其他语言的读者就会知道，使用其他语言如 C、C++或 Java 等实现这么大数的加法运算是困难的，但这对于 Python 来说是简单的。我们不妨再试试 a＊b：

```
#<程序：乘法运算实例>
a = 99999888887777766666555554444433333222222111111
b = 12345678909876543210123456789098765432101232345
product = a * b
print(product)
```

上例的输出结果为：

```
123456651923183566543209986273429377640851853381 3
672841803852469251715864209396438271652 95
```

这意味着读者可以将 Python 当作一个超大数运算的计算器。

综上所述，加、减、乘都是比较容易的运算，这里需要注意的是除法运算，Python 中用"/"表示(注意：除数不能为 0，否则会报错)。首先来看一个简单的求两门功课平均成绩的例子，Python 代码如<程序：求平均成绩实例>所示。

```
#<程序：求平均成绩实例>
grade1 = 90                        # 第一门成绩
grade2 = 89                        # 第二门成绩
sum = grade1 + grade2              # 两门成绩总和
average = sum / 2                  # 两门成绩平均数
print("average = ",average)        # 输出结果为：average = 89.5
```

程序中，grade1＝90 表示兰兰第一门功课成绩为 90 分，grade2＝89 表示第二门功课为 89 分，其平均成绩 average＝89.5。在数学中 89.5 是一个小数，在编程语言中称 89.5 为浮点数，则 average 就为浮点型变量。从数学来看，整数似乎是浮点数的特殊形式(就是没有小数点及小数点后面的部分)，其实，在 Python 里浮点数和整数的存储方式完全不同。普通浮点数会存在于计算机内存的一个基本单元里，该基本单元称作"字"(word)。现在的计算机一个字的大小是 64 位(bit)，由于它的大小是有限的，所以精准度也会受到限制，大约是一个 18 位的十进制数字。而整数存储在 Python 中是没有大小限度的，精准度也没有限制。在 Python 中这两种数的形态是不同的，所以要尽可能地使用整数做运算。

兰　兰：“位”和“字”是什么意思呢？

沙老师：位(bit)是一个可以存储二进制 0 或 1 的基本单元，字节(byte)是可以存储 8 个位的单元。而字(word)是计算机存储一个数值的基本单元。旧的计算机使用的一个字的大小是 32 位，现在较新型的计算机一般都是 64 位。位数越高，一个字可存储的信息量越大，精准度就越高。

注意 Python 的单斜杠除法"/"运算中，无论除数和被除数为何种类型，所得的结果必定是浮点型。那兰兰可能会问："如果两个整数正好整除，其结果难道还是浮点型吗？"我们不妨来试一试，见下面的<程序：除法运算实例>。

```
#<程序：除法运算实例>
a = 8; b = 2;c = a/b
print(c)            #输出结果为: 4.0
```

由此可见,"/"运算结果必定为浮点数,除非使用类型转换函数 int(c)才会保证得到 c 的整数部分 4,成为整数形态。int(c)和之前接触到的 print(c)一样,都是 Python 的内置函数,可以不进行定义就直接使用。它的功能是将参数 c 的数据类型改为整数类型,如果参数的类型为浮点型,就直接取整数部分作为结果,例如,int(3.14)结果为 3,int(5.78)结果为 5。如果要除法运算直接输出整数型的结果,可以用双斜杆除法"//"运算,具体会在下面介绍。

除了加、减、乘、除这 4 类基本算数运算符之外,Python 还引入了幂运算,用" ** "表示。如 2^{10} 在 Python 中表示为"2 ** 10"。

接下来比较详细地讨论整数型与浮点数型的区别以及整数运算。

1. 整数型与浮点型的区别

Python 只要看到小数点就代表这个数是浮点型的,所以 4.0 是个浮点数而不是整数。具体的差异是,这个浮点数不管有多大,都只能够存储在 64 位的一个字中,所以精准度是有限的。而整数型变量的值可以由多个字来表示,所以从理论上讲整数型的精准度是无限的。而 Python 中的浮点数最多能精准到连小数点的前与后在内大约 18 位,请尝试一下下面的例子:

(1) 赋值 a=123.45678912345678911111111,再 print(a),你会发现 a 保留了 18 位精准度,即 a 事实上被赋值为 123.45678912345679。

(2) 赋值 a=12345678912345678912345678.0,其实 Python 中 a 被赋值为一个近似值 1.2345678912345679e+26,其中,e+26 代表 10 的 26 次方。可以用内置函数 int(a)得到 a 的整数部分。试一下就会发现,int(a)完全不等于原来的 a,而是变成了 12345678912345691337762816。所以当需要精确度高于 18 位时,在 Python 中应该尽量用整数形态做运算。

(3) 赋值 a=12345678912345678912345678,b=12345678912345678912345678.0,那么,在 Python 中 a 不等于 b,由前面的(1)和(2)的分析得知,由于 a 和 b 都超过了 18 位,它们实际的存储值完全不一样,所以 a 与 b 不相等。

(4) 赋值 a=123456789,b=123456789.0,这两个数都在 18 位以内,虽然表达方式不一样,但在 Python 中会认为 a 和 b 是相等的。

由这些例子可知,当检测两个数是否相等时,假如一个数是浮点数时要特别注意。

2. 整数运算

两个整数互相加、减、乘出来的结果都是整数,如前所言,除法与之不同。但是有时候我们需要相除后的结果是整数,在 Python 中引入了整除运算符"//",如 d=5//4 就是一个整除运算,结果为 1。需要注意的是,整除的结果是采用截尾法取整,即计算结果取比真正的商小的最大整数,而不是四舍五入。

介绍了除法运算,很自然地会想到**取余运算**,在 Python 中用"%"来表示,a%b 代表 a 除以 b 所得的余数,也叫作 a 对 b 取余。例如,14%3 的结果为 2,又比如 3%14 的结果为 3。

那么请问 14％(−3)的结果为多少？或(−14)％3 的结果为多少？要理解取余的运算,就必须要清楚取余的数学定义:当我们说 a％b 等于 c,即是 b 能整除(a−c),就是 a−c 是 b 的倍数。所以 14％(−3)等于−1,是因为 14−(−1)的结果 15 是−3 的整数倍;同理,(−14)％ 3 等于 1 是因为−14−1 的结果−15 是 3 的倍数。另外,要注意在 Python 中 a％b 值的正负号与 b 的正负号相同。

以上就是基础算术运算符的简单介绍,有了这些运算符,就可以运用 Python 来解决简单的实际问题,下面用这几种运算符号做几个例题。

程序示例 1.1

【问题描述】 有学生 70 人组织春游,要租用大巴车,每辆大巴车可承载 30 人,那么至少要多少辆大巴车才可装载所有学生?

【解题思路】 这是一个很简单的数学题目,相信同学们一看到题目就能立刻给出解题步骤。首先用人数 70 除以每辆车的容量 30,得到 2 余 10,代表必须先租两辆车。因为 70 人必须都要坐车,所以剩下的 10 人得用 1 辆车,最后求得需要用 3 辆车。那么,如何用 Python 来实现呢?可能有些同学就会直接写如<程序:春游坐车问题 1>所示的代码。

```
#<程序:春游坐车问题 1>
student = 70; seat = 30                        #学生数和每辆大巴容量
num = student // seat + 1
print("We need at least ",num," buses")        #输出为: We need at least 3 buses
```

这样写也确实没有错,但这只是针对了题目中的特定数据。如果将学生数改成 n 人,每辆车能容纳 m 个人,则需要租几辆大巴车才能装载全部学生?这样 n 和 m 需要输入,我们就无法预先判断是否需要多 1 辆大巴车来装载剩余的学生。所以需要用到取余运算以及 if 分支语句(if 语句将在后面详细讲解)来分情况讨论,代码如<程序:春游坐车问题 2>所示。

```
#<程序:春游坐车问题 2>
student = 70; seat = 30                        #学生数和每辆大巴车容量
num = student // seat
if student % seat == 0:
    print("We need at least ",num," buses")
else:print("We need at least ",num+1," buses")  #输出为: We need at least 3 buses
```

上面程序首先给出学生数以及每辆车的容量,将学生数除以每辆车容量取整所得结果就是能装满几辆大巴车。之后需要判断装满前几辆大巴车后是否还有剩余的学生,使用的是取余运算,余数不为零则说明有剩余学生,则需要加 1 辆车;余数为零说明正好全部装满,则不需要再多加 1 辆车。

程序示例 1.2

【问题描述】 在上例的基础上,请问每辆车要装载多少学生才能让每辆车的人数较为平均地分布,请输出每辆车的所载人数。

【解题思路】 同样,可以根据上例的思路先求得最少需要多少辆大巴车,得到大巴车数目后需要尽量将学生平均分到所有大巴车上,所以可以用整除运算来求得每辆车平均装载人数。例如,题目给出学生数 70 人、大巴车容量 30 人,前面求得大巴车数为 3,那么平均装

载人数为 $70//3$，结果为 23。但是我们稍加验证就会发现，还有剩余的人没能坐上车，剩余人数为 $70\%3$，结果为 1。我们将这剩余的 1 人安排在任意 1 辆车内都可以，这里就假设安排在最后 1 辆车内。代码如<程序：春游坐车问题 3>所示。

```
#<程序：春游坐车问题 3>
student = 70; seat = 30
num = student // seat
r = student % seat
if r != 0:                    #如果在学生坐满大巴车后还有一些学生
    num = num + 1
ave = student // num
if r == 0:                    #如果学生恰好能将大巴车都坐满
    print(num,"buses. Each has ",ave," students.")
else:
    lastbus = student - (num - 1) * ave
    print(num,"buses. One bus has ",lastbus," students.")
    print("Each of other buses has ",ave," students.")
```

这个程序仍然有问题，请问问题在哪里？例如 student＝89，seat＝30，会如何？请自行改正此程序。

程序示例 1.3

【问题描述】　求解下面的二维线性方程组，其中，a_0、a_1、b_0、b_1、c_0 和 c_1 为已知系数，求未知量 x 和 y 的值。

$$\begin{cases} a_0 x + b_0 y = c_0 \\ a_1 x + b_1 y = c_1 \end{cases}$$

【基本思路】　这个问题有多种解决途径，最先想到的可能是用中学所学的消去法求解。但是现在要设计出一个算法来让计算机程序帮助我们解决问题，就必须要考虑其他一些因素：首先是要定义问题，其次是要确定问题的输入和输出，这些是算法必须具备的因素，缺一不可。在这一题中求二维线性方程组问题的定义已经给出，问题的输入是任意实数 a_0、a_1、b_0、b_1、c_0 和 c_1，输出是未知量 x 和 y 的值。

解此题的思想是，将方程组中两个等式的 x 项系数变为相等，这样两个方程组相减就消掉 x 项系数，只留下 y 项系数，如此就能轻易算出 y 的值。例如，方程组为 $2x+y=4,3x-2y=-1$。让两方程 x 项系数相等的一个简单方式是将第一个方程式的所有系数乘以 3，同时将第二个方程的所有系数乘以 2，两个方程式就变为：$6x+3y=12,6x-4y=-2$，两式相减消去 x 项后得到 $7y=14$，所以 $y=2$。将 y 的值代入第一个方程式就能算出 $x=1$。代码如<程序：求二维线性方程组示例 1>所示。

这个短短几行的程序就解决了求二维线性方程组的问题吗？同学们可以用几组不同的输入做测试，看该程序输出结果是否能够满足方程组。

```
#<程序：求二维线性方程组示例 1>
a0 = 2; b0 = 1; c0 = 4
a1 = 3; b1 = -2; c1 = -1            #方程组系数
a2 = a0 * a1; b2 = b0 * a1;c2 = c0 * a1     #等式 1 两边同时扩大 a1 倍
```

```
a3 = a1 * a0; b3 = b1 * a0;c3 = c1 * a0      #等式 2 两边同时扩大 a0 倍
a = a2 - a3; b = b2 - b3; c = c2 - c3         #等式 1 减等式 2
#改进的 if 条件语句会加在此处
y = c / b
x = (c0 - b0 * y)/a0
print("x =",x, " y =",y)
```

兰　兰：沙老师,我试了好几组输入,结果都是对的,所以这个程序是对的。

沙老师：错! 这是不对的! 沙老师要提醒各位读者,检验一个程序的对与错不能简单地
凭借多次测试来判断,因为总有可能有些特殊输入或者特殊情况没有考虑到,所
以仅用多次测试并不能全面检测到所有特殊状况,就算你试了 1000 个输入都是
对的,但可能第 1001 个输入就是错的。

对于方程组,在数学上有一个很形象的表示工具——直角坐标系。我们可以在直角坐
标系中分别用两条直线表示两个等式,那么,方程组的解就是两条直线的交点。在平面中,
两条直线的位置关系有 3 种(相交、重合以及平行),所以相对应的方程组的解就应该有 3 种
情况,相交表示有一个解,重合表示有无数个解,平行则表示无解。

由此可见,上述程序只完成了一种情况的求法,就是它默认了二维线性方程组是有
唯一解的。而由于 a_0、a_1、b_0、b_1、c_0 和 c_1 是任意实数,这很有可能使得所求方程组无解或
有无数解。那么,又该怎样分情况讨论方程组的解呢? 很显然,只凭借目前所学的几个
简单的表达式语句以及算术运算符,无法很好地解二维线性方程组,所以需要学习更多
的语句。下面用 Python 中的控制语句——if 语句来完善这个二维线性方程组问题的解
决方案。if 语句在后面的章节中还会有详细介绍。改进后的代码见<程序:求二维线性方
程组示例 2>。

```
#<程序:求二维线性方程组示例 2>
#前面部分程序省略不写,可以参考示例 1
    if ((b == 0) and (c == 0)):
        print("Infinite Solution!")
    elif (b == 0 ):  print("No Solution!")
    else:
        y = c / b
        x = (c0 - b0 * y)/a0
        print("x = %.5f, y = %.5f"%(x,y))
```

如此就解决问题了吗? 错! 我们还有一个关键问题没有考虑,就是方程组的系数为零
时可能需要对计算做特别处理,比如 a_0 值为 0,那么计算 x 值时就会产生除数为 0 的错误,
因此程序运行时会报错。请读者自行改正这个程序的错误。

此外,为了更好地表示方程组,可以使用列表来存放系数,1.4 节将详细介绍列表这种
数据类型,并用它来解决求解二维线性方程组的问题。

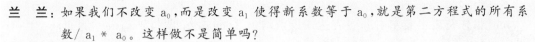

兰　兰：如果我们不改变 a_0，而是改变 a_1 使得新系数等于 a_0，就是第二方程式的所有系数 $/ a_1 * a_0$。这样做不是简单吗？

沙老师：这样的做法很可能会使得系数变为不必要的浮点数，那么，答案会出现精确度的问题。就以上文中 $2x+y=4,3x-2y=-1$ 为例，如果要将 $3x-2y=-1$ 中的 x 系数变为 2，则需要将等式的系数除以 3 再乘以 2。由于 Python 中的除法"/"输出的是浮点数，最后得到的 y 的值就成了 2.0000000000000004。

1.4 介绍数据类型

在 1.3 节中，我们学习了 Python 中简单的表达式语句"a＝a＋3"，初步了解了该语句的重要组成部分——变量，知道变量可以有很多种类型，如字符串类型（String）、整数类型（Integer）以及浮点类型（Float）。现在具体学习变量的几种常用的数据类型。

数据类型是指变量所存值或者程序计算中所产生的中间值的类型。Python 中有很多重要的数据类型，在前面只讨论了最简单的两种：整数类型和浮点类型。接下来将讨论更多的数据类型，如布尔类型（Boolean）、列表（List）以及字符串类型（String）。数据类型在第3章会有更为具体的介绍。

1.4.1 布尔类型

生活中，对于一个疑问通常会有 Yes 或者 No 的回答。在 Python 中，对一个问题肯定的结果用 True 来表示，否定的结果用 False 来表示。True 和 False 就是本节需要学习的布尔类型。下面通过一个例子来认识布尔类型以及布尔表达式，代码见<程序：布尔类型例子>。

```
#<程序：布尔类型例子>
b = 100 < 101
print(b)
```

该程序中，表达式 b＝100<101 为布尔表达式，因此变量 b 就是布尔类型变量。在这个表达式中右边的式子 100<101 是一个永远肯定的回答，因此运行这个程序将输出 True。

上例布尔表达式中包含了一个比较运算符"<"，除此之外，Python 提供一整套比较和逻辑运算：<、>、<=、>=、==、!=，分别为小于、大于、小于或等于、大于或等于、等于、不等于 6 种比较运算符，以及 not、and、or 3 种逻辑运算符。注意，检查 x 和 y 是否相等，要用两个"＝"符号表示，即"＝＝"。

1. 逻辑运算符

下面重点学习一下逻辑运算符 not、and、or。

not 操作符就是"取反"的意思，即得到一个表达式的真假之后取相反的值。例如，上例中 b＝100＜101 返回的值为 True,那么 b＝not 100＜101 返回的就是 False。

and 操作符表示其左右两边表达式的值均为 True 时结果才为 True。例如,a＝100＜101 and 100＞99,因为 100＜101 和 100＞99 均为真,那么 a 的值为 True,但是,如果 a＝100＜101 and 100＜99,那么 a 的值就为 False,因为 100＜99 的值为 False。

or 操作符与 and 操作符不同,它只需要两个表达式中有一个表达式的值为 True,结果就是 True。如 a＝100＜101 or 100＞99 和 b＝100＜101 or 100＜99,它们的返回值均为 True。

以上为逻辑运算符各自的作用与含义。它们不仅能单独使用,而且能组合起来使用,但要注意以下几点。

(1) 优先级。在只有 or 和 and 的情况下,从左往右依次运算即可。当表达式中出现 not 时,在没有括号的情况下,需要先对 not 后的变量取反,然后再做其他运算。例如,当 a＝False,b＝True 时,a or not b 的结果为 False,因为整个表达式中没有括号,所以先判断 not b 为 False,然后进行 or 操作,由于操作符 or 两边均为 False,a or not b 这个表达式的值为 False;再比如,not (a and b)的结果为 True,计算过程为:首先判断括号内逻辑运算 a and b 的真假,其结果为 False,再做括号外的 not 取反操作,因此整个表达式的结果为 True。

沙老师:当不确定优先级时,最好用括号括起来。

(2) 根据德摩根定律,not (a and b)等价于 not a or not b。如上例中的 a＝False,b＝True,则 not (a and b)结果为 True,再来判断 not a or not b 是否同样为 True。

(3) 根据德摩根定律,not (a or b)等价于 not a and not b。同学们可以自行对这两个布尔表达式进行推理验证。

练习题 1.4.1　已知 x 同时满足以下 3 个条件:

(1) －2＜x＜10 或者 15＜x＜30;

(2) 8＜x＜18;

(3) x 不在(12,20)区间内。写出求 x 的逻辑表达式(x 的范围如图 1-8 所示)。

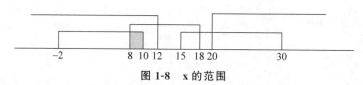

图 1-8　x 的范围

【解题思路】　只需将每个条件中的"或者"用 or 来代替,再将 3 个条件用 and 连接起来就是我们要得到的表达式,注意优先级的判断。

【答案】　((－2＜x＜10) or (15＜x＜30)) and (8＜x＜18) and not(12＜x＜20)

注意 Python 的 True 与 False 比数学上布尔数的含义更为广泛。在 Python 中除了布尔值 True、False,另外还会将 0、空列表与空字符串当作 False,非 0、非空列表与非空字符串当作 True。但是建议不要使用这些定义,因为会混淆逻辑上 True、False 的意义。

2. 关于命题与条件的讨论

数学中,可以判断真假的陈述句称为命题,写作"若 A 则 B",其中 A 为条件,B 为结论。

在前面的介绍中举了这样一个例子："如果小明数学考到 90 分以上,他爸爸会带他去游乐园",这句话就是一个命题,其中条件 A 为"小明数学考到 90 分以上",结论 B 为"他爸爸会带他去游乐园"。下面再看一个例子,带领大家学习对命题真假的判断。

【问题描述】 如果小明数学考到 90 分以上且英语考到 80 分以上,那么他妈妈将会带小明去游乐园。请问:

(1) 假如小明妈妈没带他去游乐园,那么小明数学和英语成绩怎么样?

(2) 如果小明数学没有考到 90 分以上或者英语没有考到 80 分以上,他妈妈可能会带他去游乐园吗?

【解题思路】 本题与前面介绍逻辑思维能力时所举的例子相似,但是更为复杂,因为本题中小明必须达到两个条件,即"数学考到 90 分以上"和"英语考到 80 分以上",他妈妈就会带他去游乐园。所以假如小明的妈妈不带小明去游乐园,那就说明至少有一个条件小明没有达到。

第一问,我们可以用"若 A 则 B"的模型来解释,首先把条件和结论设为:

A——小明数学考到 90 分以上,且英语考到 80 分以上;

B——小明妈妈带小明去游乐园。

接下来就是解决本问的重点定理,请各位同学谨记:命题"若 A 则 B"完全等同于命题"若 ¬B 则 ¬A"("¬"表示"非",即否定的意思)。也就是说,这两个命题若一个为真则都为真,若一个为假则都为假。至于有关 A 和 B 的另外两个命题,"若 B 则 A"和"若 ¬A 则 ¬B",它们都不能由"若 A 则 B"推导出来,即它们的真假与"若 A 则 B"无关。

需要注意的是,本题 A 中有一个"且"字,它的否定为"或",所以,¬A 和 ¬B 分别是:

¬A——小明数学没有考到 90 分以上,或英语没有考到 80 分以上;

¬B——小明妈妈没有带小明去游乐园。

综上所述,由于"若 A 则 B"是真,则"若 ¬B 则 ¬A"(即:若小明妈妈没有带小明去游乐园,则小明数学没有考到 90 分以上,或者英语没有考到 80 分以上)也为真。这个命题也就是第一问的答案。

根据前面的讨论,我们知道由"若 A 则 B"不能推出"若 ¬A 则 ¬B",所以,第二问的答案是:如果小明数学没有考到 90 分以上或者英语没有考到 80 分以上,她妈妈有可能带他去游乐园。因为小明有可能满足了妈妈提出的其他要求,比如语文考 95 分以上,所以他妈妈有可能带小明去游乐园。

接下来具体讨论一下条件之间有哪些关系。下面先介绍几种条件中常见的关系——充分条件、必要条件和充要条件。

(1) 充分条件、必要条件:若已知 A 一定能推出 B,但是已知 B 不一定能推出 A(用符号→表示"推出",则可以记为 A→B),则 A 是 B 的充分条件,B 是 A 的必要条件。

例如,A 为"能看懂英语",B 为"认识 26 个英文字母",很明显,能看懂英语一定认识 26 个英文字母,但认识 26 个字母不一定能看懂英语,所以 A 是 B 的充分条件,B 是 A 的必要条件。又比如,有一个两位数 n,A 为"n 的个位数是 0",B 为"n 是 5 的倍数",因为 A 一定能推出 B,但 B 不一定能推出 A(假设 n=25,则 n 是 5 的倍数,但 n 的个位数不为 0),所以 A 是 B 的充分条件,B 是 A 的必要条件。

兰　兰：对于一个现象的充分条件是否较难定义?

沙老师：一般而言,充分条件是很难具体来定义的,必要条件是比较容易找到的。例如,一个正常人有两双手、一个鼻子、一个嘴巴,这些都是正常人的必要条件,但是一个正常人的充分条件极难定义。又比如,对于一个好学生、好朋友、好老师,甚至一个文明的社会,都是必要条件容易定义,而充分条件极难定义。希望你多加思索这个道理。

　　(2) 充要条件:顾名思义,就是既是充分条件又是必要条件,即:若 A 能推出 B,且 B 能推出 A(记为 A↔B),则 A 和 B 互为充要条件。在数学和逻辑学中,一般用"当且仅当"来表述。

　　例如,A 为"等边三角形",B 为"三角形三个角相等",则 A、B 互为充要条件,可以表述为"一个三角形为等边三角形当且仅当三个角相等";又比如,有一个两位数的整数 n,A 为"n 的个位数是 0 或 5",B 为"n 是 5 的倍数",很明显,A、B 互为充要条件。

　　了解了这些条件之间的关系,我们再来看上面的例题:"如果小明数学考到 90 分以上且英语考到 80 分以上,那么他妈妈将会带小明去游乐园",同学们应该能够很快就得出小明数学考到 90 分且英语考到 80 分以上是妈妈带小明去游乐园的充分条件,但却不一定是必要条件,所以妈妈有可能因为别的原因带小明去游乐园,这就回答了本题的第二问。

　　练习题 1.4.2　小明数学考了 80 分以上,且英语考了 70 分以上,它的否定句是什么?

　　【答案】　小明数学没有考到 80 分或英语没有考到 70 分。

兰　兰：那数学没有达到 80 分且英语没有达到 70 分不是它的否定句吗?

沙老师：这句话只是原命题所有否定情况中的一种情况罢了,不够完整。

1.4.2　列表

接下来讨论 Python 中功能最为强大的数据类型——列表(list)。顾名思义,列表就是多项数据组合而成的一个数据结构,其中,每项数据称为**元素**(element)。

　　列表是 Python 中十分常用的一种数据类型,它的声明形式如下:

```
列表名 = [元素 0,元素 1,元素 2,元素 3,…,元素 n]
```

　　特别地,如果[]内不包含任何元素,表示该列表为空列表。例如 L=[],执行这条语句时,将产生一个空列表。列表中的元素以","相间隔,例如,语句 L=[3,1,5]定义了一个含有 3 个元素的列表。

　　对于其他通用的语言例如 C 或者 C++,它们的基本数据结构中没有列表,只有"数组"。但是,一个数组中的元素必须是相同类型的,比如整型数组的内部元素就必须都是整数,浮点型数组的内部元素都是浮点数,整数和浮点数不能出现在同一个数组中。而 Python 中的列表比数组的功能更为强大,因为列表中的元素可以是相同的数据类型,也可以是任意不同的数据类型,如整型、浮点型,或是之后学到的字符串型,甚至可以是列表本身。

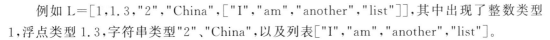

例如 L=[1,1.3,"2","China",["I","am","another","list"]]，其中出现了整数类型1，浮点类型 1.3，字符串类型"2"、"China"，以及列表["I","am","another","list"]。

由此可见，列表是一个强大而灵活的数据结构，而且它的内容也不是一成不变的，下面介绍列表的基本操作。

1. 获取列表元素

对于如此内容丰富的列表，要如何抓出列表 L 中的第一个元素或第 i 个元素呢？要回答这一个问题，首先要引入一个概念——索引。

序列中的所有元素都是有索引的(注意：在 Python 中，索引从 0 开始递增)。这些元素可以通过索引分别访问，即：第一个元素就是 L[0]，第二个元素就是 L[1]，以此类推，用 L[i](0≤i<L 的长度)可以表示出整个列表的任一元素。例如，上例中 L[0]是整数 1，L[1]是浮点数 1.3，L[2]是字符"2"，L[3]是字符串"China"，L[4]是列表["I","am","another"，"list"]。

从上面的表述中，不难看出表示列表中的某个元素需要知道该元素的索引，那么，如何表示列表的最后一个元素呢？首先，要知道列表中有多少元素，这可以用 Python 的内置函数 len()得到(函数是一种过程，也称为子程序，它执行一个指定的运算或操作)。比如上面例子中的列表 L 的元素个数可以用 len(L)得到，结果为 5。由于列表索引从 0 开始，所以 L 中的最后一个元素就是 L[len(L)−1]。对于上面这个具有 5 个元素的列表 L 而言，最后一个元素是 L[4]，它本身也是一个列表。

如果要抓出 L[4]这个列表中的第一个元素又该怎么办呢？其实同学们应该可以猜出正确答案来。既然 L[4]是一个列表，那么可以用这个列表的第一个元素的索引号[0]来抓取第一个元素，也就是 L[4][0]。

```
#<程序：序列索引>
L = [1,1.3,"2","China",["I","am","another","list"]]
print(L[0] + L[1])
```

在很少见的情况下，Python 中的列表索引也可以被设成负数(但并不建议这样做)，L[−1]表示列表 L 的最后一个元素，L[−2]表示 L 的倒数第二个元素，以此类推，所以 L 的第一个元素就是 L[−len(L)]，也就是 L 的任意元素都可以用一个非负索引或者一个负索引来表示。因此，在 Python 中这个列表 L 的索引范围是[−len(L)，len(L)−1]。比如，在上面的例子中 L 的索引范围是[−5，4]。需要注意的是，如果索引值超出了序列的索引范围，Python 解释器将会报错，提示下标超出范围。例如，在上面的例子中，L[−6]和 L[5]是超出合法范围的索引。需要说明的是，本书的所有范例都是用非负索引表示。

2. 列表的基本操作

能够获取列表中的元素后，就可以做一些列表的基本操作了，如修改列表元素、向列表添加或删除元素，以及列表的分片等。

(1) 修改：改变列表元素其实很简单，只需要将想要改变的元素用索引表示出来并赋值就可以了。例如，将上例的列表 L 中的第一个元素整数 1 改成浮点数 1.0，即 L[0]=

1.0；将第二个元素浮点数 1.3 改成字符'a'，即 L[1] = 'a'，如此就改变了 L 列表中原有的元素。

（2）添加：向列表中添加元素就相对而言麻烦一点，可以使用专属于列表的特殊函数 append()，可以理解为是一种列表特有的"方法"，也就是说，字符串或其他数据类型不能使用 append()函数操作。我们会在第 7 章详细介绍。列表的 append()函数可以在列表末尾添加一个元素，代码如<程序：列表 append 方法>所示。

```
#<程序：列表 append 方法>
L = [1,1.3,"2","China",["I","am","another","list"]]
L. append(3)
print(L)
```

输出的结果就是：

```
[1,1.3,"2","China",["I","am","another","list"],3]
```

细心的读者可能从上面的程序中发现，append()函数的调用方式和我们之前学到的 len()、int()等内置函数不一样。因为 append()不是一个内置函数，它是专属于列表的一种方法，调用方式是列表 L 后面加上"."再加上函数名，表示该函数是列表 L 的专有函数。

向列表中添加元素的方法还有很多，如 extend()和 insert()和"＋＝"运算符号，这里先了解并掌握一个 append()函数即可，在后面的章节再深入研究列表的其他专有方法。

（3）删除：学习了添加元素，那如何删除列表中的元素呢？这里也先只介绍一种删除元素的方法：remove(x)。它会删除 L 中第一次出现的 x。例如，想删除上述列表 L 中整数 1 这个元素，代码如<程序：删除序列元素>所示。

```
#<程序：删除序列元素>
L = [1,1.3,"2","China",["I","am","another","list"]]
L. remove(1)
print(L)
#L. remove(3)    #报错
```

输出的结果如下：

```
[1.3,"2","China",["I","am","another","list"]]
```

可见，使用 remove(x)并不需要知道元素的具体位置，只要在列表中有该元素就行了；如果列表中没有这个元素，程序会报错。

那么如何知道某元素在不在列表中呢？为了实现这个要求，有一个成员关系操作符 in，它可以判断某个元素在不在列表中，如果在则返回 True，否则返回 False。如上例，想判断 "China"是否在列表 L 中，代码如<程序：判断元素在不在序列中>所示。

```
#<程序：判断元素在不在序列中>
L = [1,1.3,"2","China",["I","am","another","list"]]
print("China" in L)            #输出为 True
print("I" in L)                #输出为 False
```

由上例可见,"China"确实在列表 L 中,但是"I"明明在 L 中为什么会输出 False 呢?原因很简单,"I"在 L 的子列表中,而 in 只判断该元素是否为列表 L 中的元素,却不会继续判断元素是否在子列表中,所以如果想判断"I"在不在子列表中,只能用"I" in L[4]。借助 in 操作符,还可以用 not in 判断某个元素是否不在序列中。

练习题 1.4.3　如果列表中有多个 1,想要把它们全部移除应该怎么做?

【解题思路】　本题的解决过程可以用自然语言描述如下:

输入:一个列表 L

输出:列表 L,其中的元素 1 被全部移除

1. 输入列表 L;

2. 用 in 判断元素 1 是否在列表中;

3. 如果在,则用 remove 移除元素 1,重复步骤 2 和 3;

4. 如果不在,则输出新的列表 L。

(4)分片:列表中包含的内容复杂而多变,利用索引值一次只可以从列表中提取一个元素,如果想一次性获取多个元素又该怎么办呢?用分片方式可以做到。

分片能够从列表中获取连续多个元素,要通过在列表表达式中标明这些元素的索引范围来实现,如 L[index1:index2],其中 index1 是这一系列元素中第一个元素在列表 L 中的索引号,这一系列元素中最后一个元素的索引号加 1 就是 index2 的值。在含有[1,1.3,"2","China",["I","am","another","list"]]这些元素的列表 L 中,如果希望获取其中 3 个连续的元素:"2"、"China"和["I","am", "another","list"],用 L[2:5]即可实现。如果 index2≤index1,那么分片结果会是一个空列表。请注意,通过分片其实获得了一个新的列表,并且存放在一个独立的存储空间,它的内容和原列表 L 中相应位置的元素一样,其实就是复制了索引范围内的一段元素,所以分片可以被有效地用于复制列表。

如果 index2 为空,那么分片结果将包括索引为 index1 的元素以及之后所有的元素。例如,要打印出 L 中的元素:"2"、"China"、["I","am","another","list"],就可以用 L[2:]实现。index1 也可以置空,表示从列表的第一个元素到索引号为 index2−1 的那个元素的分片结果。而当 index1 与 index2 都为空时,将获取整个列表的副本,例如 L[:](注意:这是一个很有用的复制列表的方式)。所以,L[0:len(L)]、L[:len(L)]、L[0:]或者 L[:]都可以用来复制原来的列表。

分片还有另外一种表达形式:L[index1:index2:stride],第三个参数 stride 是指元素在列表中的相隔的步长。例如,用 L[::2]可以得到列表 L 的 L[0]、L[2]、L[4]…在没有指定步长的情况下,stride 的默认值为 1。需要注意的是,步长不能为 0,但可以为负数,表示从右向左提取元素。例如,L[−1: −1−len(L): −1]会产生从最后一个元素开始往前到第一个元素的列表,其中,len(L)函数返回列表 L 的长度。注意**分片操作是产生新的列表,不会改变原来的列表**。

练习题 1.4.4　L=[0,1,2,3,4,5,6,7,8,9],要如何分片成为两个长度大约相同的子列表,也就是 L1=[0,1,2,3,4],L2=[5,6,7,8,9]。

【解题思路】　要把列表 L 分成大致相同的长度的两个列表,首先需要用 len(L)得出列

表 L 的长度,再将求得的长度整数除以 2 就可以表示其中一部分的长度,另一部分长度自然就是 len(L)−len(L)//2。

【答案】 L1=L[0:len(L)//2],L2=L[len(L)//2:len(L)]。请用偶数和奇数长度来分别检测这个答案是否正确。

练习题 1.4.5 根据练习题 1.4.4 的答案,假如 L 有奇数个元素,请问 L1 和 L2 哪个会多一个元素?

【答案】 L2 会比 L1 多一个元素。

练习题 1.4.6 将练习题 1.4.4 中的列表 L 分成长度大约相等的 3 份。

【答案】 L1=L[0:len(L)//3],L2=L[len(L)//3:2*(len(L)//3)],L3=[2*(len(L)//3):len(L)]。

练习题 1.4.7 列表 L=[0,1,2,3],要创造一个新列表,这个新列表中的元素是列表 L 中所有元素的倒置,如何实现?

【解题思路】 这里介绍一种更为简单的方法,即:将起始值 index1 和终止值 index2 置空,并且步长取−1。答案为 L[::−1]。

3. 列表中的常用操作符

之前学过的算术操作符“+”“*”可以运用到列表上,只是操作结果不相同。

连接(+):对于列表而言,操作符“+”表示连接操作。如:L1=[1,1.3],L2=["2","China",["I","am","another","list"]],L1+L2 的结果为[1,1.3,"2","China",["I","am","another","list"]]。需要注意的是,进行连接操作的必须是两个列表。例如,[1,3.5]+2 就是一个错误的操作。

复制(*):对于列表而言,操作符“*”表示将原列表重复复制多次。例如,L=[0]*100 表示把列表[0]复制 100 次,这会产生一个含有 100 个 0 的列表。这个操作对初始化一个较长的列表是有用的。

练习题 1.4.8 根据已有列表 L=[0,1,2,3],想要产生一个列表[0,1,2,3,4],可以有两种方式:第一种方式是 L.append(4),第二种方式是 L=L+[4]。这两种方式有什么差别?

【答案】 第一种方式是在原来的列表后面加上一个元素 4,不会产生新列表;第二种方式是产生一个新列表,并在新列表的最后加上元素 4。具体的原因会在后面详细解释。

程序示例 1.4

【问题描述】 如何通过列表类型来求解二维线性方程组?

【解题思路】 可以用列表来保存二维线性方程组的系数,如列表 A=[[a0,b0],[a1,b1]]表示 a0*x+b0*y=c0 和 a1*x+b1*y=c1 的系数,等式右边的值用 C=[c0,c1]来表示。以列表的形式来表示方程组的系数对以后扩大求解范围有很大的作用,比如求解三维、四维线性方程组,我们只需要在原列表的基础上做扩充就可以了,代码如<程序:解二维线性方程组 3>所示。

```
#<程序:解二维线性方程组 3>
#求解 2x+y=4,3x−2y=−1
A = [[2,1],[3,-2]];B = [4,-1]
```

```
if A[0][0] == 0:
    y = B[0]/A[0][1];x = (B[1] - A[1][1] * y)/A[1][0]
elif A[1][0] == 0:
    y = B[1]/A[1][1];x = (B[0] - A[0][1] * y)/A[0][0]
else:
    b = A[0][1] * A[1][0] - A[1][1] * A[0][0]        #b 为相减之后 y 的系数
    c = B[0] * A[1][0] - B[1] * A[0][0]              #c 为相减之后等号右边的常数项
    if ((b == 0) and (c == 0)): print("Infinite Solution!")
    elif (b == 0): print("No Solution!")
    y = c/b; x = (B[0] - A[0][1] * y)/A[0][0]
print("x = ",x,"y = ",y)
```

如此就将所有情况都考虑清楚了,引入列表对以后求解多维线性方程组提供了巨大的帮助,这将在第 5 章中介绍。

1.4.3　字符串

字符串(String)同样是 Python 中常用的数据类型。字符串和列表一样都是一种"序列",也就是可以用索引来获取元素的数据类型。但是它和列表又有些不同,将在本节讨论。

首先创建一个字符串,就是在字符两边加上单引号或者双引号,两种表示方法在 Python 中都是可行的,但是引号必须成对出现,且只能是同一种引号。如: "I'm a student."或'Hello World!'两种都是正确的字符串表示法,但如果程序中出现'I love you!"就会报错。

字符串也有其运算符。事实上,在列表中提到的基本运算操作符"+""*",成员关系操作符 in 和 not in,以及基本操作索引和分片,对字符串同样适用。如"I'm"+"a student"结果为"I'm a student",又比如'a' * 3 结果为'aaa'。

字符串与列表类似,索引和分片都可以使用。例如,S = "abcde",S[0]就是'a',S[1]就是'b',而分片 S[0:2]则是字符串'ab'。但是需要注意的是,字符串和列表有其根本的不同。列表的内容是可以修改的,而字符串的内容是**不可变的**(immutable)。若想直接对字符串某一个索引位置的值做修改是不允许的,所以不能写 S[0] = 'f',这样程序会报错。如何才能实现修改将在后面的章节中详细讲解。

另外,字符串不能使用列表的一些专用方法,如 append()。由于列表是**可变的**(mutable),所以这些列表专用方法可以直接在列表原有的值上操作;但在字符串中,由于其自身的内容是不可改变的,所以只能创建新的字符串,并将变量指向新的字符串,而旧的字符串失去了变量的指向就会被垃圾回收机制回收。

兰　兰:字符串 S = "I love",如果我要产生一个字符串"I love python"应该如何在 S 中加上"python"呢?

沙老师:你不能使用 append(),你只能够用"I love"+"python"的方式。

兰　兰:那我如何才能把 S[1]这个空格去掉呢?

沙老师:你只能用分片的方式产生新字符串,如果要把中间的第 i 个字符去掉,可以用 S = S[0:i]+S[i+1:len(S)]。注意,等号左边的 S 指向一个新的字符串。

我们前面所学习的列表的专有方法 append()、remove()等不能应用到字符串中,但字符串也有自己的专有方法。此处不再赘述,以后遇到时再进行学习。

　　此外,我们已经学习了整数类型、浮点类型等数值类型以及列表。在字符串中也经常能看到它们的身影,如"123"、"1.34"、"[1,2,3]",对于这些整数、浮点数以及列表的字符串,我们如何将它们转换成整数、浮点数以及列表呢?

1. 字符串类型与数值型相互转换

　　如何将数值类型转换为字符串类型? 函数 str(p)可以实现这个功能,这里 p 代表需要转化的数值。如 s＝str(123.45),执行该语句后,s 的值为"123.45"。

　　将字符串类型转换为数值类型就有些复杂了。我们知道,数值类型可以分为整数类型和浮点类型。将字符串类型转换成相应的数值类型则需要调用相应的转换函数。例如,int()函数可以将字符串转换为整数类型,float()函数可以将字符串转换为浮点类型。比如 str＝"123",那么 int(str)的值为 123,而 float(str)会得到 123.0;如果 str＝"123.45",那么float(str)的值为 123.45,注意此时 int(str)会报错。

2. 字符串如何转换为列表

　　字符串转换为列表也是十分常用的一个操作。如果希望将字符串的每个字符作为一个元素保存在一个列表中,那么可以使用 list()函数。比如 str="123, 45",list(str)的返回值为['1', '2', '3', ',', ' ', '4', '5']。注意逗号','和空格' '都当作一个字符。

　　如果希望将字符串分开,那么可以使用字符串专用方法 split()。例如,字符串 str ＝"123, 45"(45 前面有一个空格),将其从“,”分隔,使用 L＝str. split(",")便可实现,其返回值是一个列表['123', ' 45'],需要注意的是,得到的列表中每个元素都是字符串类型,空格仍然在字符串' 45'里面。如果要得到整数类型的列表,还需要将字符串转换为数值。例如,使用语句 L＝[int(e) for e in L](这种生成列表的形式叫列表推演表达式,具体将在第 3 章中介绍)可将 L＝['123', ' 45']转换为单纯的整数列表 L＝[123, 45]。

　　练习题 1.4.9　将一句英文倒置,注意空格也算字符。如“I am　a Chinese”倒置后变为“Chinese a　am I”。

　　【解题思路】　本题是一个简单的字符串倒置问题,需要注意的是,这不是将字符串整个倒置,只是将字符串中单词一个个逆序输出。

　　解决本题可以从两个角度出发:

　　第一种方法:首先从字符串最后一个字母开始,从尾端到首部逆序遍历字符串中的各个字母,并将各个字符依次放入新建字符串中。即原始字符串最后一位放入新字符串第一位,原始字符串倒数第二位放入新字符串第二位,以此类推,直到将所有字母都逆序一遍,如图 1-9 所示。

　　第二种方法:先将字符串的每个单词提取出来放入列表中,每个单词作为一个列表元素,由于空格也算字符,可以简单地认为若干连续的空格也是一个单词。如图 1-10 所示,用一个方框表示一个空格,相邻空格看作一个单词。然后,对列表中的每个元素进行逆序操作即可。

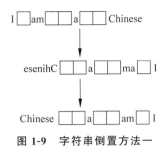

图 1-9　字符串倒置方法一

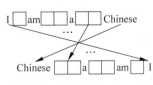

图 1-10　字符串倒置方法二

<table>
</table>

1.5 学习 Python 的控制语句

前面学习了 Python 的一些基本概念和数据结构,本节将会从 Python 中的 if 语句出发,了解条件控制语句的基本用法,然后逐步深入了解循环语句,掌握运用循环解决问题的能力。

1.5.1 条件控制语句——if 语句

条件控制 if 语句用来检验一个条件(if 和冒号之间的布尔表达式)的真假。如果条件为真,运行“if <条件>:”后面的程序段(也称为 if 语句块),否则跳过 if 块,直接处理下一个语句。有时,还会在 if 语句后面看到 else 子语句,之所以叫子语句,是因为 else 不能独立执行,只能跟在 if 语句后面作为 if 的一部分,表示 if 语句中的条件为假时需要执行的语句块。

1. 简单的 if 语句

if 语句最常用来对变量作比较,我们从下面这个简单的问题来感受 if 语句的妙用。如 <程序:if 语句示例>所示的代码是判断变量 a 是不是小于 b,如果是则输出“a<b”。

```
#<程序:if 语句示例>
a = 10; b = 11
if a < b: print("a < b")            #输出结果为: a < b
```

该示例中变量 a 值为 10,变量 b 值为 11,很明显 a<b 为 True,所以执行冒号后面的语句块(本例中的是 print 语句)。

如果 a 和 b 的值交换一下,那么 a<b 就为 False,冒号后的语句块就不会被执行,也就不能输出任何信息。如果想显示相关提示,比如在屏幕上提醒我们 a 大于或等于 b,又该怎么办呢？这时候,else 子语句就派上用场了,代码如<程序:if-else 语句示例>所示。

```
#<程序:if-else 语句示例>
a = 11; b = 10
if a < b: print("a < b")
else: print("a > = b")                  #输出结果为: a > = b
```

从上面两个程序中,需要注意以下几点。

(1) if 和 else 为保留字,提示后面的语句是条件语句。

(2) if 和 else 后面都有一个冒号,这是用来标志语句块的开始。之所以叫语句块,是因为它是由若干(一个或多个)具有相同缩进量的语句组成。很明显 if 语句块和 else 语句块都需要比 if 和 else 多缩进几个字符,如果按照前面所介绍的层级来看,可以把 if 语句块和 else 语句块看作第二层级。相对于第一层级,第二层级都是一样的缩进。

(3) if 和冒号之间的语句称为"条件",但该条件只能以真假表示。条件可以是布尔表达式,还可以是函数的布尔返回值,这在本书的后续章节中会有详细的介绍。

2. elif 子语句

上例只是完成了两个数的比较,如果对 3 个数进行比较并找到最大的数又该怎么办呢? 同学们可能会说,多写几个 if 语句来判断不就行了吗? 这是可以的,但是代码可能就会有点复杂。比如在判断 3 个数中的两个数的大小后,需要将较大数与第三个数比较,最终找到最大数。其中,较大数与第三个数的比较可以作为 if 条件的子条件,在 Python 中,引进 elif 来对子条件进行判断。

elif 其实就是 else if 的简写,表示带条件的 else 子语句。elif 同 if 一样,后面同样接一个条件表达式,只是 elif 需要在 if 后面的条件判定为假时执行,代码如<程序:if-elif-else 例子>所示。

```
# <程序：if-elif-else 例子>
a = 34;b = 271;c = 88
if a > b:
    if a > c:
        print("The max number is:",a)          ◁ if语句块
    else:
        print("The max number is:",c)
elif b > c:
    print("The max number is:",b)              ◁ elif语句块
else:
    print("The max number is:",c)              ◁ else语句块
```

结果如下:

```
The max number is: 271
```

这个程序初始化了 3 个变量 a、b、c,然后首先判断 if 后的条件 a>b 的真假,很明显 a<b,所以条件为 False,跳过 if 语句块,判断 elif 的条件 b>c 是否为真。显然条件为 True,所以执行"elif b>c:"后面的语句块 print("The max number is:",b),结束程序,不再执行 else 语句块。最后,结果为"The max number is:271"。

if-elif-else 的执行顺序如下:首先检查 if 条件语句,如果 if 条件为 True,则执行 if 语句块;否则判断 elif 条件,如果为 True,则执行 elif 语句块(否则依次检查下一个 elif 条件语句,直

到 elif 条件语句为 True 或全部检查完）；如果前面条件全部 False，则执行 else 语句块。

执行 if-elif-else 条件语句时需要注意下面几点。

（1）elif 作为子语句，与 else 语句一样需要与 if 语句联合起来使用，不能单独出现。而且必须在 if 语句后面，只有在 if 后的条件判定为 False 时才会执行。

（2）可以有多个 elif，顺序是重要的，只有当前面的 elif 为 False 时，才会检查下一个 elif。

（3）语句块内可以包含 if-else 或任何语句，这说明条件语句块可以是复杂语句，甚至可以是条件语句本身。这种条件语句块中包含条件语句的结构称为**嵌套条件语句**，作为判断外层 if 条件之后的内层条件判断语句。

可以总结出 3 种条件语句的一般格式，如表 1-1 所示。

表 1-1 if 语句的 3 种一般格式

1. 简单 if 语句	2. if-else 语句	3. if-elif-else 语句

if <条件>:
    <语句块 1>
	if <条件>:
	    <语句块 1>
	else:
	    <语句块 2>
		if <条件 1>:
		    <语句块 1>
		elif <条件 2>:
		    <语句块 2>
		else: <语句块 3>

根据表 1-1 中的一般格式，这里需要注意的是语句块可以为任何符合规范的语句，即，可以是前面学习的赋值语句、算术表达式语句，也可以是后面要介绍的循环语句，当然也可以是 if 语句本身。但如果是 if 本身，特别需要注意缩进，if 和与之匹配的 else 需要缩进同样多的空格，否则容易导致逻辑上的错误。

下面做几个简单的题目，来熟悉 if 语句。

练习题 1.5.1　期末考试成绩出来后，老师要求小明写一个程序，能很快判断同学们各科成绩的等级。分级如下：90～100 分（包括 100）为"优秀"；60～89 分为"及格"；60 分以下为"不及格"。

【解题思路】　代码如<程序：成绩等级 if 运用示例>所示。

```
#<程序：成绩等级 if 运用示例>
s = 78
if s > 100 or s < 0: print('The score is error!')
elif s >= 90: print('The score is 优秀')
elif s >= 60: print('The score is 及格')
else: print('The score is 不及格')
```

练习题 1.5.2　假如小明的数学成绩达到 80 分，会得到一颗红心；英语成绩达到 90 分，会得到一块巧克力；如果两个条件都没有达到，那么需要家长签名。下面这段程序有没有问题？代码如<程序：成绩奖励与惩罚 if 例子（有缺陷）>所示。

```
#<程序：成绩奖励与惩罚 if 例子（有缺陷）>
p = 85;q = 95
if p >= 80:print('红心')
```

```
elif q >= 90:print('巧克力')
else: print('家长签名')
```

【解题思路】 此例中,通过使用 if 语句判断小明的考试成绩所相对应的奖励和惩罚。如果只是将题目与程序按句子比较,程序是符合条件的。但是,当小明的数学成绩达到 80 分并且英语成绩达到 90 分时,在程序中,小明却只能得到一颗红心的奖励。正确的代码如 <程序:成绩奖励与惩罚 if 例子 2>所示。

```
#<程序:成绩奖励与惩罚 if 例子 2>
p = 85;q = 95
if p >= 80 and q >= 90:print('红心 巧克力')
elif p >= 80:print('红心')
elif q >= 90:print('巧克力')
else: print('家长签名')
```

请同学们自行练习,不使用 and 而使用嵌套 if 来完成这个程序。

1.5.2　循环控制语句——for 循环

在上面介绍 if 语句时举了一个在 3 个不相等的数中找最大数的例子,并用 if 语句编程解决了该问题,但那却是一个“笨”的方法。因为该方法只适用于几个数之间找最大数,一旦需要在几百或几千个数中找出最大数,就必须用到成百上千个 if-elif-else 语句,如此程序就太过烦琐而不可行。

因此,在编程语言中引入循环控制语句,来专门解决需要大量重复运算的问题。Python 中循环控制语句主要有两种——for 和 while 循环语句,下面先介绍 for 循环语句。

先从一个很简单的程序来认识 for 循环。这个程序会在屏幕上打印 12345,Python 代码如<程序: for 循环例子>所示。

```
#<程序: for 循环例子>
for i in range(1, 6):
    print(i)
```

程序中,“for i in range(1,6):”是一个循环语句,该语句表示变量 i 从 1 到 5 共循环 5 次后结束。其中:

(1) for 为关键字,表示后面的语句将构成一个 for 循环结构;

(2) i 为循环控制变量,每循环一次 i 的值都会有相应的变化;

(3) range(1, 6)是一个内置函数,代表 i 从 1~5 依次取值,range()函数第一个参数代表 i 的起始值为 1,第二个参数代表 i 的上限是 6(不包括 6),每次循环后 i 的值加 1;

(4) 注意“for i in range(1,6):”最后有一个冒号,它表示后面具有相同缩进量的语句为 for 循环体,这是循环结构的固有的格式,在编写程序时千万不要遗忘,否则程序会报错。

本例中循环体内只有一条语句“print(i)”,该语句为输出语句,表示在屏幕上打印变量 i 的值。

在详细了解了上例程序中各语句的含义后,下面来学习 for 循环是如何执行的。

首先,使用 Python 内置 range()函数生成了 12345 这样一个迭代区域(对 range()函数接下来会有详细介绍)。for 循环的控制变量 i 遍历 range 所产生的迭代区域。语句 for i in range(1,6)等价于语句 for i in [1, 2, 3, 4, 5],这就如同把序列中的每个数依次赋值给 i(每循环一次就把下一个值赋值给 i)。

然后,执行这个循环体内的语句块(本例中是 print 语句)。注意,每次循环都要执行一次循环体内的语句块。例如,在本例中,第一次循环 i=1,执行 print(i)语句就在屏幕上打印 1,并且换行(如果不想换行,则在 i 后面添上",end=''",即"print(i,end='')");第二次循环 i=2,继续执行 print(i)语句,打印出 2 并换行;以此类推,直到循环终止,最终打印出循环执行过程中变量 i 的所有的数值 12345。

根据上例,综述 for 循环的执行过程如下:进入 for 循环,首先对 for 的初始语句中的 range 进行创建或者对已有的序列做检查,假如不为空,则循环控制变量 i 指向第 0 个元素,将该元素赋值给循环控制变量并执行 for 循环内的语句块;执行完语句块后,判断序列中下一个位置有没有元素,若有,则将该元素赋值给循环控制变量 i 并继续执行 for 循环内语句块;若没有,则结束循环,这种结束方式是 for 循环的正常结束方式。

在 Python 中 for 循环有两种结束方式:一种是循环正常结束,另一种是在循环执行过程中在循环体内碰到 break 语句,则马上中途跳出,结束循环。break 语句通常会出现在 if 语句内。当循环体内的 if 条件满足时,才会执行 break。为了区别两种结束循环的方式,要在 if 语句后面加 else 子句。如果正常结束循环,也就是没有碰到 break,则会执行 else 语句块。

在 Python 中 for 循环的一般格式有两种,分别为无 else 子句的 for 循环和带 else 子句的 for 循环格式,如表 1-2 所示。

表 1-2　for 循环的两种一般格式

1. 无 else 子句格式	2. 带 else 子句格式

for <控制变量> in <序列>:
　　<循环体>
	for <控制变量> in <序列>:
	　　<循环体>
	else:
	　　<语句块>

注意,无论有没有 else 子句在 for 循环后面,在 for 循环体内都可能有 break 语句。但是如果 for 循环后面有 else 子句,而循环体内没有 break 语句,就不太正常了,因为 else 语句块一定会被执行。

下面具体介绍一下循环中几种常见的语句:range()、break 和 continue。

1. 对 range()的讨论

提到 for 循环就不得不提到它的好伙伴——Python 内置函数 range(),下面系统地介绍一下 range()的用法。

(1)函数 range(m, n, step)一般有 3 个参数:起始值 m(包括 m)、终止值 n(不包括 n)和步长 step(相邻两个整数之间的间隔)。执行 range(m,n,step)返回一个从 m 开始到 n-1

为止的、步长为 step 的整数顺序。例如,range(3,8,2)依次返回 3,5,7;range(3,9,2)依次产生 3,5,7。注意,最后一个值必须要小于终止值,所以 range(3,9,2)的最后值是 7 而不是 9。请读者注意 Python 的一个专有名词——迭代,这个 range 函数所产生的整数顺序被称为"迭代"。

(2) 在平时使用 range(m,n,step)时,经常会省略 step,那么默认步长为 1,如 range(2, 5)依次返回 2,3,4。如果同时省略起始值 m 和步长 step,即 range 中只有一个参数时,则会默认起始值为 0、步长为 1。如 range(5)将依次返回 0,1,2,3,4。

(3) 步长 step 可以为负数,如 range(7,3,−2)依次返回 7,5。注意当 step 为负数时,最后迭代值要大于终止值,所以 range(7,3,−2)的最后迭代值不是 3 而是 5。

> 兰　兰:我知道0～n 的迭代可以用 range(0,n+1,1)或简写成 range(n+1)来产生,那么从 n 递减到 0 的迭代要怎么写呢?
>
> 沙老师:可以用 range(n,−1,−1)来产生这个迭代。千万不要和分片的索引相混淆,在分片中的−1 索引代表倒数第一个元素。

2. 对循环内的 break 与 continue 的讨论

循环还有其他两个好伙伴——break 和 continue。break 语句是终止当前循环,跳出循环体;而 continue 语句表示马上结束当前这一次循环,继续执行下一次循环。注意:continue 语句并没有让循环完全结束。

还是用几个例子来具体看 break、continue 的作用及区别。

下面这个例子要完成的任务是:给出一个列表,检查该列表中是否所有元素都是正数,如全是正数则输出"All positive",否则输出"Not all positive!"。代码如<程序:break 例子 1>所示。

```
#<程序: break 例子 1>
L = [3,7, - 2,4,5]
for i in L:
    if i <= 0: print("Not all positive!");break
else: print("All positive!")
```

这个程序首先给出一个列表 L,然后执行 for 循环程序,在循环执行过程中一旦发现列表中有非正数,就输出"Not all positive!"的结果,而且没有必要继续检查列表的其他元素了,所以程序用 break 语句马上停止并退出循环;如果在循环的执行中始终没有发现非正数,就会在循环结束后打印"All positive"的结果。

来看一下前 3 次循环的执行情况:第一次执行循环时变量 i 的值为 3,很显然 3>0,所以 if 后的条件 i<=0 的逻辑运算结果为 False,跳过 if 语句块继续执行下一次循环;第二次循环时 i 的值为 7,与第一次相同,i<=0 的判断结果为 False,继续跳过 if 语句块,执行第三次循环;此时,i 的值为−2,这时 if 条件 i<=0 的判断结果是 True,所以程序会执行 if 语句块,打印"Not all positive!",随后执行 break 语句,停止并跳出循环,即不再判断 L 中剩下的元素。

注意,这里的 else 语句块跟 for 语句块在同一层级,表示如果循环体内没有执行 break 语句,就执行 else 后的语句。在本例中,循环体内如果没有执行 break 语句,则表示所有的 i 值都不符合 if 条件 i＜＝0,说明列表中的所有数都是正数,所以 else 后的语句只要打印"All positive!"就可以了。

如果不用 break 语句,for 循环就会遍历并检查列表中所有的元素。如果列表很长,不使用 break 语句就可能大大延长程序的执行时间;如果在一个真正的工作运转系统中存在这样的程序,就会产生严重浪费,降低系统的工作效率。由此可见使用 break 语句的必要性。

如果在 for 循环后面不用 else 语句呢?可以在程序里加一个称为 flag 的布尔型变量来标记是否找到非正数,替代 else 的功能,代码如<程序:break 例子 2>所示。

```
#<程序: break 例子 2 >
L = [3,7,−2,4,5];flag = True
for i in L:
    if i < = 0: flag = False; break
if flag: print("All positive!")
else: print("Not all positive!")
```

如果将这个例题改一下,改为:已知一个列表,打印出这个列表中全部的正数。那么就可以用到 continue 语句,代码如<程序:continue 例子>所示。

```
#<程序: continue 例子>
L = [3,7,−2,4,5]
for i in L:
    if i < = 0: continue
    print(i)
```

本例同样用循环控制变量 i 表示 L 列表中的每个元素,如果 if 条件 i＜＝0 为 True,表示该元素为非正数,就不需要执行打印语句,而是用 continue 语句跳出当前这一次循环,直接执行下一次循环。

下面通过几个实例加深对 for 循环的了解,学会在编程中熟练使用循环来解决问题。

练习题 1.5.3　已知一个正整数 k,将 12345 这个序列打印 k 遍。

```
#<程序: for 循环例子 1 >
k = 10
for i in range(0,k):              #也可写成 range(k)
    for j in range(1,6):
        print(j,end = '')
    print('\n')
```

【解题思路】　上例通过二层循环实现了 12345 这个数列的循环打印。之前我们学习了一层循环的编写方式以及含义,二层或者多层循环与一层循环类似,执行顺序是最内层的循环最先完成,然后依次完成外层的循环。

现在通过这个例子了解二层循环的具体执行过程。

首先,进入最外层的第一层循环,这一层的循环控制变量 i 从 0 开始递增到 k−1,第一次进入循环时 i=0;随后马上进入第二层循环,这是最内层的循环,这一层的循环控制变量 j 从 1 开始递增到 5。程序就按照这个次序开始执行最内层的循环体,每次循环都会执行一次"print(j,end='')"打印输出语句,打印变量 j(end='' 表示 j 后面没有换行),直至内层循环结束。至此,程序打印出一遍 12345。退出内层循环后,程序继续执行未完成的外层循环,执行"print('\n')"语句,在屏幕上输出一个换行,并继续执行下一次外层循环,这时外层循环控制变量 i 递增到 1,随即进入第二层循环,再次执行完第二层循环并打印出第二遍 12345。结束并退出内层循环后,继续执行未完成的外层循环,输出一个换行,以此类推,直到外层循环全部执行完成,程序就打印了 k 遍 12345。

练习题 1.5.4   给定两个正整数 n、k,将 1,2,3,…,n 这个序列打印 k 遍。

【解题思路】   本题与练习题 1.5.3 不同的地方就是每次打印的数列长短由一个变量 n 来控制,而不是定值,所以只需要将第二层循环的控制变量 j 的范围设置为 range(1,n+1)。注意,这里为什么要用 n+1 呢? 通过前面的学习,同学们肯定都知道 range(s,t) 函数迭代值的范围是 s~(t−1),不包括 t。代码如<程序:for 循环例子 2>所示。

```
#<程序：for 循环例子 2>
n = 15; k = 10
for i in range(0,k):
    for j in range(1,n+1):
        print(j,end='')
    print('\n')
```

练习题 1.5.5   已知一个正整数 n,打印如下图形:

$$1$$
$$1 \quad 2$$
$$1 \quad 2 \quad 3$$
$$\vdots$$
$$1 \quad 2 \quad 3 \quad \cdots \quad n$$

【解题思路】   本题再次升级,每次输出的数列长度随着打印次数而递增。通过观察不难发现,每次输出数列的长度等于该数列所在的行数,如第一行打印的是一个数 1,第二行打印的是两个数 1,2,以此类推,第 n 行打印的是 n 个数,即 1,2,3,…,n。所以,可以用第一层循环变量控制打印的行数,第二层循环变量控制每行的输出。但这里要注意两层循环控制变量的设置,尤其是第二层循环的变量。程序第一层循环的控制变量 i 的初始值是 0,我们希望每行打印 i+1 个数,所以第二层循环变量如果从 1 开始递增的话,那么它的迭代区域应该是 range(1,i+2)。代码如<程序:for 循环例子 3>所示。

```
#<程序：for 循环例子 3>
n = 15
for i in range(0,n):
    for j in range(1,i+2):
        print(j,end='')
    print('\n')
```

兰　兰：在程序中,我要怎么决定 range 参数是 i+1 还是 i+2?

沙老师：这一类终止条件的加 1 或减 1 问题是最容易出错的,一定要小心。你可以使用
　　　　的诀窍是：代入初始值或终止值做检查。例如,在这个程序中,初始值 i 为 0,那
　　　　我这时需要打印出一个字,所以 for j 的循环 range 应该为(1,2),就可以导出终
　　　　止条件是 i+2。

练习题 **1.5.6**　已知一个列表 L,求 L 中所有元素的平均数。

【解题思路】　求列表的平均数,首先需要求得列表的各元素总和,本题可以用"for e in
L"来获取列表中的所有元素,并累积总和;然后将求得的总和除以元素个数,就可以求得平
均数了。其中列表元素的个数可以用内置函数 len()获得。代码如<程序：for 循环求平均
数例子>所示。

```
#<程序: for 循环求平均数例子>
L = [12,32,45,78,22]
sum = 0
for e in L:                    # for i in range(len(L)):
    sum = sum + e              # sum = sum + L[i]
ave = sum/len(L)
print("The average is ",ave)
```

练习题 **1.5.7**　给定一个列表 L,以列表中的第一个数 L[0]作为分界点产生一个新列
表,将 L 中小于或等于 L[0]的数放在其左边,比 L[0]大的放在其右边。如 L=[4,2,−11,3,
1,5],现在以 4 为分界点,输出一个新的列表,2,−11,3,1 在 4 的左边,5 在 4 的右边,所以
新的列表可以是[2,−11,3,1,4,5]。

【解题思路】　实际上,这个程序所完成的任务是快速排序法里的一个步骤。可以设置
两个空列表：一个存储大于 L[0]的数,另一个存储小于或等于 L[0]的数,然后把两个列表
连接起来即可。代码如<程序：for 循环列表分组例子>所示。

```
#<程序: for 循环列表分组例子>
L = [4,2, - 11,3,1,5]
a = L[0];L1 = []; L2 = []
for i in range(1,len(L)):
    if L[i]>a:
        L2.append(L[i])
    else: L1.append(L[i])
print("The list is ",L1 + [a] + L2)
```

上面这个程序设置了两个空列表 L1 及 L2,使用 for 循环遍历列表中除了 L[0]之外的
所有元素,每个元素与 L[0]相比较,比 L[0]大的数使用列表专属方法 append()添加进 L2,
否则添加进 L1。

练习题 **1.5.8**　给出一个字符串,判断字符串中'1'的个数的奇偶性。

【解题思路】　本题是对字符串的操作,首先需要用 for 循环遍历字符串,统计'1'的个
数,然后用取余(%)运算来判断是不是偶数,如此就很容易将问题解决。代码如<程序：for

循环字符串'1'个数奇偶性例子>所示。

```
#<程序: for 循环字符串'1'个数奇偶性例子>
S = "21314151116"
num = 0
for i in range(len(S)):
    if S[i] == '1':
        num = num + 1
if num % 2 == 0:
    print("The number of '1' in S is even number")
else: print("The number of '1' in S is odd number")
```

练习题 1.5.9　求$(x+1)^n$展开式的系数列表,此列表按指数递减方式排列。

【解题思路】　当 n=1 时,系数为 1,1;当 n=2 时,系数为 1,2,1;当 n=3 时,系数为 1,3,3,1。当 n=k 时,可以由 n=k-1 时的系数求得。程序中系数是用列表的形式表示,如 x+1 的系数为[1,1]。计算$(x+1)^2$的展开式系数的时候,即$(x+1)^2=(x+1)(x+1)=x(x+1)+1(x+1)$,也就是多项式 x(x+1) 和多项式(x+1)相加。在多项式(x+1)的基础上,x(x+1)多乘了一个 x,所以,按 x 的指数递减排列的方式,第一项式的系数后面补 0,第二项式的系数则是前面补 0,可得出如图 1-11 所示的列表展开规律。

$$
\begin{array}{cc}
x^2 \ x \ 1 & x^3 \ x^2 \ x \ 1 \\
[1, 1, 0] & [1, 2, 1, 0] \\
+ \ [0, 1, 1] & + \ [0, 1, 2, 1] \\
\hline
[1, 2, 1] & [1, 3, 3, 1] \\
\text{(a) n=2} & \text{(b) n=3}
\end{array}
$$

图 1-11　列表展开规律

根据上述规律,可以依次求得$(x+1)^n$的系数。在程序中,n=1 时系数为[1,1],用列表 L 表示;当 n=2 时,L0 代表第二项式的系数[0,1,1],而 L 先在末尾补充一个 0 形成 [1,1,0],然后相对应的元素相加,更新列表 L 的每个元素值,这样就得到了 n=2 时的系数 [1,2,1];以此类推,代码如<程序: for 循环多项式展开例子>所示。

```
#<程序: for 循环多项式展开例子>
n = 10; L = [1,1]
for i in range(1,n):
    L0 = [0] + L; L = L + [0]
    for j in range(len(L)):
        L[j] = L[j] + L0[j]
print(L)
```

1.5.3　循环控制语句——while 循环

循环控制语句除了 for 循环之外,还有 while 循环语句,而且 continue 和 break 语句同样适用于 while 循环。

while 语句如同 if 语句一样,有一个循环控制条件(布尔表达式),在条件为真的情况下, while 语句的循环体不停地重复执行,直到所检测的条件为假时,结束并退出 while 循环。

接下来,同样通过输出 1～5 的整数这个例子,带领大家认识 while 循环控制语句, Python 代码如<程序:while 循环例子 1>所示。

```
♯<程序:while 循环例子 1 >
i = 1
while i < = 5:
    print(i)
    i = i + 1
```

输出结果与使用 for 循环的输出相同:12345(每输出一个数字都会换行)。

在这个程序中,初始化了一个循环控制变量 i,它的起始值为 1,并在每次执行循环时加 1。当 i 的值小于或等于 5 时,while 循环控制条件的值为 True,循环继续执行。循环体内按顺序执行所有语句,本例中先打印 i 的值,并将 i 的值加 1。在下一次循环开始之前,需要再次检测循环控制条件,决定是否再次执行循环体。当 i 的值递增到 6 时,while 循环控制条件 i<＝5 的判断结果为 False,这就意味着循环要马上结束,不再执行循环体内的语句。

综上所述,while 循环的执行过程如图 1-12 所示。

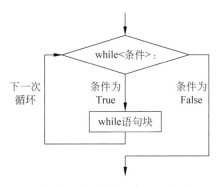

图 1-12 while 循环的执行过程

while 循环同 for 循环一样,都有可选的 else 子语句,且循环的结束也有两种情况:<条件>为假或者循环体中遇到了 break 语句。如果 while 循环没有遇到 break 语句,且后面有一个 else 子句,那么 while 循环结束后执行 else 后的<语句块>;如果 while 循环在执行过程中遇到了 break 语句而中途结束,则 else 后的<语句块>不会被执行。所以,else 子句一定要和 while 循环里的 break 结合使用,这样才有意义。

综上所述,while 循环的一般格式如表 1-3 所示。

表 1-3 while 循环的一般格式

1. 无 else 子句格式	2. 带 else 子句格式

while<条件>:
    <循环体>
	while<条件>:
	    <循环体>
	else:
	    <语句块>

下面通过一个具体的例子来了解 else 子句的运用。

程序示例 1.5

【问题描述】 判断一个正整数是否为质数。

【解题思路】 判断一个数 num 是否为质数,就看在大于 1 到小于或等于 num//2 的所有整数中,有没有能被 num 整除的数。如果存在这样的数,则表示 num 不是质数;如果不存在,则表示 num 是质数。如 7,在 1~3 的所有整数中不能整除任何数,所以 7 是质数。代码如<程序:判断一个数是否为质数>所示。

```
#<程序:判断一个数是否为质数>
num = 7;a = num//2
while a > 1:
    if num % a == 0:
        print('num is not a prime number');break
    a = a - 1
else:                        #没有执行 break,则执行 else
    print('num is a prime number')
```

在这个程序中,循环控制变量 a 从 num//2 递减到 1,程序在每次循环中判断 a 是不是 num 的因数,也就是 num % a 是否等于 0,若等于 0,则 num 不是质数,可以马上用 break 语句退出循环,并跳过 else 子句。如果在所有循环中 num % a 都不等于 0,代表 num 是质数,那么程序不会执行 if 语句块,而是在 while 循环结束后执行 else 语句块,即打印输出"num is a prime number"。

兰　兰:假如没有进入 while 循环,还会执行 else 吗?如在 num=2 时。

沙老师:会的。你自己写一个 Python 程序,就会发现答案。

在编写 while 循环时需要特别注意防止"死循环"的发生,再举一个最简单的 while 循环的例子,Python 代码如<程序:while 循环例子 2>所示。

```
#<程序:while 循环例子 2>
i = 1
while True:
    print(i,'printing')
    i = i + 1
```

上述程序会一直不停地执行 while 循环,输出"print(i,'printing')"语句的内容。因为 while 循环控制条件永远为真,所以会一直重复执行 print 语句。这种程序进入无限循环执行的情况被称为"死循环"。要在"while True"的情况下避免"死循环",循环体内必须有"if　<条件>:"语句使得循环在 if 条件成立的情况下执行 break 语句而被迫终止。

比如,需要从大到小输出 2 * x,其中 x 是大于 0 且小于或等于 10 的整数,<程序:while 循环例子 3>将完成该功能。

```
#<程序:while 循环例子 3>
x = 10
```

```
while true:
    if(x < = 0): break
    print(2 * x, end = '')
    x = x - 1
```

输出结果如下：

```
20 18 16 14 12 10 8 6 4 2
```

以上就是本书第 1 章对编程基本知识的讲解,然而,读者还需要做大量的练习以巩固编程的基础,接下来学习第 2 章——巩固编程基础。

习题

习题 **1.1** 学校给同学们开设了两门选修课:手工课和舞蹈课。已知某个班的同学选择手工课的有 n 人,选舞蹈课的有 m 人,如果该班有 k 人,则同时选择两门课的人数有多少? 请用集合表示解题过程。

习题 **1.2** 小明爸爸答应小明:如果小明数学考到 90 分以上且英语考到 80 分以上,他会带小明去游乐园。

(1) 如果最后小明爸爸带他去了游乐园,能不能说明小明数学考到了 90 分以上?

(2) 如果最后小明爸爸带他去了游乐园,能不能说明小明英语考到了 80 分以上?

(3) 如果最后小明爸爸没有带他去游乐园,能不能说明小明数学没有考到 90 分以上?

请分别对以上 3 个问题进行具体分析。

习题 **1.3** 假设 L＝[7,15,6,3,8,4,1,12],使用选择排序法对序列 L 排序,并将排序步骤用类似书中排序例题图示的方法表示出来。

习题 **1.4** 假设 L＝[7,15,6,3,8,4,1,12],使用快速排序法对序列 L 排序,并将排序步骤用类似书中排序例题图示的方法表示出来。

习题 **1.5** 除了本章中提出的两种排序算法,你能不能提出其他的排序算法? 请用伪代码描述至少一个算法。

习题 **1.6** 请写出你认为解决菜鸡狼过河这类问题的基本思路。你是否能找到存在更多相克的物品并且船每次可运输两种物品时的解决方法?

习题 **1.7** 请举例说明编程还可以解决现实生活中哪些问题,并试着用伪代码描述解决步骤。

习题 **1.8** 什么是计算机程序? 一个程序的三大要素是什么? 什么是算法?

习题 **1.9** 程序语言设计中,什么是变量?

习题 **1.10** Python 语言中,如何创建变量?

习题 **1.11** 已知变量 a＝4,b＝2,c＝7,请分别写出下列表达式语句中变量 x 的值。

(1) x＝a＋b   (2) x＝a％b   (3) x＝a * b   (4) x＝a ** b

(5) x＝a/b　　(6) x＝a//b　　(7) x＝a/c　　(8) x＝a//c

习题 **1.12**　已知布尔类型变量 a＝True,b＝False,c＝True,请分别求出下面表达式的布尔值。

(1) a and b　　　(2) a or b　　　(3) not (a and b)　　　(4) not(a or b)

(5) (a or a) and b and (a or b)　(6) (a and not b) or (not a or b)

习题 **1.13**　请问 if 语句"if(x＜10 or x＞＝20)："的意义是什么?

习题 **1.14**　改进<程序:求二维线性方程组例子 2>,使其能考虑当系数为 0 时的特殊情况并求解。

习题 **1.15**　请试写一个程序,求解三维线性方程组(在本书第 5 章中会讲到如何通过设计简单程序来解决 n 维线性方程组的求解问题)。

习题 **1.16**　写一个 Python 程序,给出 x、y、z 3 个数,将这 3 个数从小到大 print 出来。

习题 **1.17**　写一个 Python 程序,给出 w、x、y、z 4 个数,将这 4 个数从大到小 print 出来。

习题 **1.18**　请给出一个 Python 程序段,用 for 循环求解 $(x+2)^n$ 展开式的系数,其中 n 为给定的值。程序段要输出一个由展开式各项系数所组成的列表,例如,$(x+2)^2$ 展开式的系数列表为[1,4,4]。

习题 **1.19**　请给出一个 Python 程序段,用 for 循环和 print 语句输出 1～100 的所有奇数。

习题 **1.20**　给出一个列表,请用 for 循环检查列表中是否存在负数。写出两个 Python 程序,一个程序使用 break 语句,另一个不使用。

习题 **1.21**　写一个 Python 程序,检查一组给定的数是否都在 0～10 000(包含 0 与 10 000)且为 3 的倍数。

习题 **1.22**　给定一个 for 条件:for i in range(1,100,2),请把它改为 while 语句。

习题 **1.23**　用 range 表示 0、5、10、15、20、25、30 这个从小到大的序列,请写出所有正确的 range 表达方式。

习题 **1.24**　给定一个整数列表 L,输出由列表中每个包含它自己以及前面所有元素之和构成的新列表,如 L＝[1,2,3,4,5],输出的新列表为[1,3,6,10,15]。

习题 **1.25**　写一个 Python 程序,打印"我喜欢编程导论",并用 print(chr(0x2605))语句打印的星星围起来。

习题 **1.26**　写一个 Python 程序,用 print("X")打印出一个正方形,每条边是 10 个 X。

习题 **1.27**　写一个 Python 程序,用 print("X")打印出一个等腰三角形,第一行 1 个 X 居中,第二行 3 个 X 居中,第三行 5 个 X 居中,以此类推,共打印 10 行。

习题 **1.28**　写一个 Python 程序,分别用 for 和 while 循环实现对一个给定序列的倒排序输出。如给定 L＝[1,2,3,4,5],输出为[5,4,3,2,1]。

习题 **1.29**　给定一个字符串 S,看是否包含由两个或两个以上连续出现的相同字符组成的字符串。例如,abcccda 中就包含 cccc 这个由 4 个连续字符 c 组成的字符串。

习题 **1.30**　给定一个字符串 S,去掉其中所有的空格。如"I　love　python",去掉空格后为"Ilovepython"。

习题 **1.31**　给定一个整数列表,如何将这个列表的内容转换为用","间隔的字符串?

如 L=[3,1,2,4],转换成字符串就是"3,1,2,4"。注意,先要把每个元素转换为字符串,在转换前还需要用字符串函数 isdigit()检查列表元素是否为数字。

习题 1.32 写一个 Python 程序,检查一个字符串是否为 Python 可以接受的小数或整数形式。例如,s="3.5"或"3"或"3."或".3"的检查结果输出都为 True。

习题 1.33 写一个 Python 程序,判断一个字符串是否为回文字符串。回文字符串的意思是字符串的顺序和逆序完全相同,如字符串"ABCBA"就是一个回文字符串,而"ABCBAC"就不是回文字符串。

第2章

巩固编程基础

引 言

经过第 1 章的学习,我们理解了什么是变量,什么是数据类型,并且学会了如何通过最简单的条件、循环控制语句解决一些问题。从第 1 章的知识体系中,不难看出循环结构在计算机程序语言中有举足轻重的地位。可以说,在编程开发中都不可避免地要大量应用循环结构来实现特定的功能或算法解决实际问题。因此,第 2 章将从循环语句出发,通过一个个有趣而详细的实例,带领大家巩固前面所学编程的基础,同时,还引入了新的知识——函数,提升同学们的编程境界。

2.1　再谈 Python 的循环控制语句

第 1 章中我们已经简单学习了循环控制语句的功能、结构及执行过程，并且初步接触了循环的使用。但是，循环作为编程中非常重要的基础知识，我们需要更加深入地了解它的功能与作用，学习如何编写带有循环的程序来解决问题。此外，针对相同的问题，要学会选择最优化的算法；针对不同的问题，要学会选择最合适的循环语句（for 或 while 循环）。然后讨论循环中的小技巧，最后通过中国余数定理这个例子来了解循环程序的实现。

2.1.1　遍历加积累的循环结构

温故而知新。所以我们先来总结一下第 1 章中所学的循环基础知识。

（1）for 循环主要功能是：遍历序列（列表、字符串等）中所有的元素，或者中途遇到 break 语句时立刻停止并跳出循环，其一般格式如下：

```
for <循环控制变量> in <序列>:
    <循环体>
```

（2）while 循环主要功能是：在<执行条件>为真（True）时，重复执行循环结构里的语句（即循环体），直到<执行条件>为假（False），或者中途遇到 break 语句时立刻停止并跳出循环，其一般格式如下：

```
while <执行条件>:
    <循环体>
```

此外，for 和 while 循环都有一个可选的 else 子句，表示如果循环直到自然结束都没有执行 break 语句，则执行 else 后面的语句。

在第 1 章介绍循环结构时，我们举了等差数列求和的例子。例如，求数列 $1,3,5,\cdots,n$ 的和。这种使用循环遍历序列且对某些操作积累的结构称为遍历加积累结构，这是循环中最通用的结构。

什么是“积累”？积累就是对某些操作的重复执行，并对该操作所涉及的值按情况更改。以式子 $L1\oplus L2\oplus L3\oplus L4\oplus\cdots\oplus Ln$ 为例，符号$\oplus$可以表示任何一种运算方式。当$\oplus$代表加法运算时，加法结合律的使用就是积累的一种表现：$(\cdots(((L1\oplus L2)\oplus L3)\oplus L4)\oplus\cdots)\oplus Ln$，这里是对加法操作进行了积累；当上面式子中$\oplus$代表求最小值 min 运算时，我们先在 L1 和 L2 中求得最小值，再将这个最小值与 L3 比较，确定新的最小值，以此类推，直到与 Ln 比较结束求得最终最小值。这种求最小值的操作也是一种积累。

1. 遍历加积累结构的运用

接下来以 for 循环为例，逐步引导大家使用循环加积累结构来解决问题。

【问题描述】 已知一个正整数 n,求 n 的阶乘 n!,即 n!＝1×2×…×n。例如,2!＝2×1＝2;3!＝3×2×1＝6;…

输入:一个整数 n。

输出:n 的阶乘 n!。

【解题思路】 求某个整数的阶乘就是对一个变量不断累乘的过程,即重复做乘法运算,只是每次乘的数都会递增 1。这种对变量积累的过程很常见,比如求和时的累加,求最小数时不断更新最小数等。对于这些具有一定规律,且循环次数确定的重复运算,我们通常选择编写 for 循环程序来解决。

首先,需要定义一个积累变量,来保存当前所遍历过的元素的积累值。例如,本题中设置名为 result 的变量来保存当前累乘之后的结果。然后,只需将循环的控制变量作为需要被积累的元素,循环的范围就是我们需要积累的范围。如本题需要积累的范围是 1～n。最后,当循环结束时变量 result 保存的就是所求的从 1～n 相乘的结果。该代码如<程序:for 循环例子>所示。

```
♯<程序:for 循环例子>
n = 10                          ♯此为给定的正整数
result = 1                      ♯积累变量初始值
for i in range(1,n＋1):
    result = result * i
print(n,"! is ",result)
```

对于初学者来说,可能觉得以上程序有些难以理解,那么,我们就以此程序为例逐个语句加以解释,让同学们清楚地理解具有循环加积累结构的程序的执行过程与功能。

(1)积累变量的初始值的设置:"result ＝ 1"表示把积累变量的初始值设置为 1,这是因为本题是求 n 个数的"乘积",而我们学习乘法的时候都知道"任何数乘以 1 值不变",那么积累变量初始值为 1 时不会改变最终累乘的结果。反之,如果初始值为 0,而 0 乘任何数均为 0,累乘的结果一定为 0,这不是我们所求的累乘结果。同理,初始值如果设为其他任意值,最终累乘结果都会发生改变。综上所述,求所有数的乘积时积累变量初始值应设置为 1。注意,在求和时积累变量初始值应设置为 0,因为任何数加 0 均为它本身,不会改变最终求和的结果。通过上面的分析,我们学到一个设置初始值的小技巧——**积累变量的初始值不能影响到最终的正确结果**。

(2)确定循环范围:"for i in range(1,n＋1):"表示循环控制变量 i 依次遍历由 range()函数所产生的从 1～n(包括 n)的迭代值。对于 range()函数的使用,在第 1 章已经有了具体的介绍,这里只是提醒同学们注意 range()函数生成的迭代值不包含终止值。本例中,终止值为 n＋1,所以 range(1,n＋1)产生的是 1～n 的迭代值而不是 1～n＋1。

(3)编写循环体语句:循环体内的语句需要实现循环累乘的功能,result ＝ result * i 就能够将循环控制变量 i 的值依次累乘起来。实现过程为:第一次循环,i ＝ 1,则 result ＝ 1 * 1 ＝ 1;第二次循环,i ＝ 2,则 result ＝ 1 * 2 ＝ 2;第三次循环,i ＝ 3,则 result ＝ 2 * 3 ＝ 6;以此类推,最终完成了 1～n 的累乘。

兰 兰：我知道 result＝result * i 中，"＝"右边的 result 代表变量原先所存的值，而"＝"左边的 result 代表一个名为 result 的容器，内容指向"＝"右边表达式求得的值。沙老师，我这样理解对不对呢？

沙老师：是的，这种语句我们称之为赋值语句。

（4）编写输出语句：语句"print(n,"! is ",result)"表示输出 result 的结果。可能有的同学会问："为什么 print(n,"! is ",result)不是循环体内的语句呢?"因为我们只需要在循环结束之后将得到的结果 result 打印出来，而不需要每循环一次就打印一次当前结果。所以，print 语句与循环体内部语句 result＝result * i 的缩进不相同，而是与 for 语句的缩进相同，这表示该语句与 for 语句是在同一层次上的，所以不是循环体内语句。如此，只有在循环结束后才会执行一次该输出语句，打印当前结果，这才是我们希望看到的。由此可以看出，Python 中缩进的重要性。

以上就是我们使用 for 循环求得 n 的阶乘的程序思想以及编程步骤。如此简单的一个循环，完成了重复的乘法运算，让我们学会了 for 循环的遍历加积累的结构与功能，也学会了对积累变量的初始化的技巧。

下面通过解决几个简单的问题，来练习并熟悉 for 循环的这种功能。

练习题 2.1.1　求等差数列之和。

【问题描述】　编写一个 for 循环程序，求等差数列前 n 项之和。例如，给出一个从 3 开始，项数为 4，公差为 5 的数列：3,8,13,18,则可求出它的和为 3＋8＋13＋18＝42。

输入：等差数列首项 a_0，项数为 n，公差为 d。

输出：从 a_0 开始的 n 项等差数列之和。

【解题思路】　本题求的是等差数列的和，那么在程序中首先需要表示出等差数列，然后才能一项一项地做累加操作。很明显，这需要用到之前学习的循环加积累结构。对于等差数列的表示，可以使用函数 range(m,max_a,step)，其中 m 表示等差数列的首项（即题目中的 a_0）；max_a 表示等差数列的末项的上限（即 max_a 等于 $a_0＋n * d$）；step 表示公差（即题目中的 d）。利用 range()函数模拟出等差数列后，用 for 循环遍历该等差数列所有元素并累加求和。代码如<程序：求等差数列之和 1>所示。

```
#<程序：求等差数列之和 1>
a0 = 3; n = 4; d = 5
sum = 0
for i in range(a0, a0 + n * d, d):
    sum = sum + i
print("The sum is ",sum)
```

其实，还可以使用另外一种写法：用 a0＋i * d 来表示等差数列中第 i 项的数值，其中首项是第 0 项，即 i＝0。代码如<程序：求等差数列之和 2>所示。

```
#<程序：求等差数列之和 2>
a0 = 3; n = 4; d = 5
sum = a0
for i in range(1, n):
```

```
        sum = sum + (a0 + i * d)
    print("The sum is ",sum)
```

同学们可能会问：为什么 range()参数是 1 和 n 呢？我们可以使用代入法，将 n=1 和 n=4 分别代入 range(1,n)试验一下，来判断 range 的范围是否正确。代入 1 时，不会进入并执行 for 循环体内语句，此时 sum 的值为初始值 a0，所以，答案正确；代入 4 时，会执行循环体 3 次，累加求得 sum=3+8+13=24，结果也正确。通过代入法的检验，我们将 range()参数设为 1 和 n 是正确的。在之后的学习中，也可以使用这种方法来检查 range 的范围是否正确。

兰　兰：那如果初始值 sum=0 时，这种方法还适合吗？

沙老师：这样也是可以的，但是需要将 range 的范围改为 0～n。注意，当 i=0 时，sum=0+a0+0*d，该运算会出现冗余的对 0 的加法和乘法，不如将 sum 直接初始化为 a0，可以减少这种冗余的运算。

另外，我们应该尽量避免在循环体内出现乘法运算，因为乘法比较耗时。我们可以在循环体内用加法来代替乘法运算，减少不必要的消耗。例如，在<程序：求等差数列之和 2>中，循环体内语句 sum=sum+(a0+i*d)每执行一次都要计算一次 i*d。通过推演我们知道，第一次循环 i=1，i*d 可表示为 d；第二次循环 i=2，i*d 可表示为 d+d；第三次循环 i=3，i*d 可表示为 d+d+d+…由此可以得出：每次计算 i*d 都等同于在上一层循环求 i*d 的基础上加一个 d。这种用加法取代乘法的技巧，请各位一定要记得。代码如<程序：求等差数列之和 3>所示。

```
#<程序：求等差数列之和 3>
a0 = 3; n = 4; d = 5           #输入首项 a0,项数 n,公差 d
sum = a0                       #积累变量 sum 初始值设定为首项的值
b = a0 + d                     #第二项的值
for i in range(1, n):
    sum = sum + b              #更新积累变量
    b = b + d                  #下一项数值
print("The sum is ",sum)
```

练习题 2.1.2　我们在平面直角坐标系上画一条直线 y=7.378x+2。x 从 0～5 每隔 0.5 个单位取一个值，相对应于直线上的一个点，请打印出直线上选出的点对应的横坐标 x 和纵坐标 y。要求：循环体内不可以使用乘法。

【解题思路】　本题的思路和练习题 2.1.1 是一样的，我们使用加法来代替乘法。由于 x 加 0.5 后，y 的值每次增加 7.378*0.5，所以，在每次求 y 时，可以不再重复计算方程 7.378*x+2。代码如<程序：求等差数列之和 4>所示。

```
#<程序：求等差数列之和 4>
n = 10
y = 2;x = 0;a = 7.378 * 0.5
for i in range(1, n):
    y = y + a
```

```
    x = x + 0.5
    print("y = ",y," x = ",x)
```

练习题 2.1.3 求等比数列之和。

【问题描述】 编写一个 Python 程序,求等比数列的前 n 项之和。例如,一个首项为 2、公比为 2,项数为 5 的数列 2,4,8,16,32,它的和为 2+4+8+16+32=62。

输入:首项 a_0,公比 p,项数 n。

输出:从 a_0 开始的 n 项等比数列之和。

【解题思路】 本题与练习题 2.1.1 的思路基本相同,程序中需要先表示出等比数列,然后一项一项做累加求和。累加求和时需设置积累变量 sum,其初始值为 0,表示当前等比数列之和。由于循环次数已知,即等比数列的项数,所以本题可以使用 for 循环来求和。循环体内用 a0 * p ** i 表示当前第 i 项数值,将其累加进 sum 中即表示前 i 项之和。代码如<程序:求等比数列之和 1>所示。

```
♯<程序:求等比数列之和 1>
a0 = 2; n = 5; p = 2
sum = 0                          ♯积累变量初始值
for i in range(0,n):
    sum = sum + a0 * p ** i      ♯累加数值
print("The sum of product is ",sum)
```

程序中,for 循环内使用幂运算“**”是非常耗时的。在数学中,我们学到过可以将指数运算转换为乘法运算,例如,2 ** 3 可以写作 2 * 2 * 2。如果先定义一个变量 product,用来在求和的循环中表示数列的每项的值,循环开始前它的初值为首项 a_0,每次循环时 product 只需在上次循环的基础上乘以公比 p,就不需要重复计算了。代码如<程序:求等比数列之和 2>所示。

```
♯<程序:求等比数列之和 2>
a0 = 2; n = 5; p = 2
sum = 0                          ♯积累变量初始值
product = a0                     ♯等比数列的每项数值
for i in range(n):
    sum = sum + product          ♯累加数值
    product = product * p        ♯更新 product,表示下一项数值
print("The sum of product is ",sum)
```

2. 遍历加积累结构的注意事项

通过上述 for 循环的练习,相信大家对循环遍历加积累问题已经有了一定的掌握,但是在遍历时要注意满足以下几点要求:

(1) 遍历需要覆盖所有可能情况,不能有所遗漏;

(2) 不能重复遍历,即已经遍历过的元素在其后的循环中不能再次遍历。

下面通过一个例子更为具体地了解以上两点要求。

【问题描述】　有两门课外兴趣班,分别是篮球班和羽毛球班,一个班级里每名同学都至少要选一门。现在将选课的同学名单分别用列表L1(篮球班名单)、L2(羽毛球班名单)表示,同学名称用拼音代替,如 Xiaoming、Lanlan 等,假设班级里没有重名的学生,打印该班级同学名单,并求出共有多少名同学。

输入:列表 L1 和 L2,列表中存储的是同学的名字。

输出:学生名单和学生总数。

【解题思路】　注意,题目中要求每名同学至少要选修一门课程,也就是说,每名同学可以选一门或选两门,但是不可以不选。在程序中,就表示该班所有同学的名字必定出现在L1 或 L2 中。因此,将两个列表中重复的名字去掉一个就是本班级所有同学的名单。我们在第 1 章中曾提到过有关集合的概念,如果用集合来表示选课情况,选篮球班的同学人数用 $|L1|$ 表示,选羽毛球班的同学人数用 $|L2|$ 表示,同时选两门课的人数的为 $|L1\bigcap L2|$。那么,将选修篮球班的同学加上选修羽毛球班的同学,再减去同时选修两门课的重合的同学,就是班级中的所有同学: $|L1\bigcup L2|=|L1|+|L2|-|L1\bigcap L2|$。

本题需要用到循环对两个列表做遍历操作,找到一个新的同学名字则打印并将积累变量加一。遍历两个列表时,可以先遍历 L1,再遍历 L2。注意,遍历 L2 时,有些同学的名字可能在遍历 L1 时出现过,所以在做积累时需要判断该同学是否在 L1 列表中,有则不执行下面语句,没有则打印且积累变量加一。代码如<程序:打印班级名单以及人数 1>所示。

```
#<程序: 打印班级名单以及人数 1>
L1 = ['Xiaoming','Lanlan','Zhou']
L2 = ['Sha','Zhuge','Xiaoming','Lanlan','Li']
sum = 0
for i in L1:
    print(i,end = ' ')
    sum = sum + 1
for i in L2:
    if i not in L1:
        print(i,end = ' ')
        sum = sum + 1
print("\n班级人数为: ",sum)
```

程序中,我们对 L1 和 L2 中所有不重复的元素都进行了打印和累加操作,没有遗漏任何一个同学,这就满足了我们做遍历时的第一个条件——**覆盖所有可能情况**;其次,选择两门课的同学只能算一次,我们在对 L2 遍历时去掉了前面已经遍历过的同学,所以这同样满足了遍历的第二个条件——**不重复遍历**。

假如我们不是将同学的名字都打印出来,而是将同学的名字组成一个列表,应该要怎么做呢?首先,可以建立一个列表 L_and,保存同时报了两门选修课的同学名单;其次,将选修两个班的同学 L1、L2 相连接组成一个新的列表 L;最后,从 L 中减去重复选修课程的同学 L_and。那么最后列表 L 就是这个班的同学名单。注意:remove()每次只可以移除列表中的一个元素。代码如<程序:打印班级名单以及人数 2>所示。

```
#<程序：打印班级名单以及人数2>
L1 = ['Xiaoming','Lanlan','Zhou']
L2 = ['Sha','Zhuge','Xiaoming','Lanlan','Li']
L_and = []
for i in L1:
    if i in L2: L_and.append(i)
L = L1 + L2
for i in L_and:
    L.remove(i)
print(L,"总人数 = ",len(L))
```

2.1.2 以不同编程方式解决相同问题

在2.1.1节中,我们通过几个简单而基本的问题,学习了编程的基本思路,也学习了如何编写for循环程序。其实,编程思路是灵活的,即使是这么简单的遍历和积累方式,也有不同的解决问题的思路。下面以找最小值和最大值为例,来表明相同的问题可以用多种不同的思维方式来编程解决,极为有趣。

【问题描述】 编写一个Python程序,求列表L中所有元素的最大数与最小数。

输入:列表L,如L=[12,32,45,78,22]。

输出:最大数和最小数,上例中最大数为78,最小数为12。

求最大、最小数的方法可以有很多种,这里举出3种方法,大家通过学习也可以自行设计解题算法并编程实现。

第一种方法

【基本思路】 用两个循环,分别求列表中的最大数和最小数。

首先需要设置一个假定的最大值和最小值,因为在开始比较前我们无法预知最值,所以需要在列表中选择一个元素作为最大值和最小值的初始值。该值可以为列表中的任意元素,但是为了简单起见,我们选择列表中第一个元素L[0]。

第一个循环遍历列表来找最小数,每次循环时将当前元素和最小值相比,若当前元素更小则说明当前元素为最小值,更新最小值。当循环结束,列表中的每个值都被比较了一次,即可以找出列表中的最小值。

第二个循环遍历列表找最大值,与上述思路一致,此处不再赘述,代码如<程序：求最大、最小值1>所示。

```
#<程序：求最大、最小值1>
L = [12,32,45,78,22]
min = max = L[0]
for e in L:                    #第一个循环
    if min > e: min = e
for e in L:                    #第二个循环
    if max < e: max = e
print("The min number is ",min)
print("The max number is ",max)
```

　　程序中,首先设置两个初始变量 max 和 min,分别存放当前最大值和最小值,即两个变量的初始值 max＝min＝L[0]。然后,用两个 for 循环分别遍历列表 L,对列表中的元素依次进行比较,最终求得最大值和最小值。其中,第一个 for 循环寻找列表中的最小值 min,循环遍历列表中所有元素,用 if 语句判断当前元素是否比 min 小,是则更新 min 值,否则不做任何操作直接进入下一次循环;第二个 for 循环寻找列表 L 中的最大值 max,循环遍历列表中的所有元素,同样用 if 判断当前元素是否比 max 大,是则更新 max 值,否则不做任何操作直接进入下一次循环。两个循环都结束后,即说明已经找到了列表中的最大值和最小值,输出变量 max 和 min 即可。

> **兰　兰**：在这个程序起始 min 设置为 L[0],在 for 循环里,L[0] 又被冗余的比较了一次。那么要如何避免这个冗余的比较呢?
>
> **沙老师**：是的,L[0] 被冗余比较了。要避免这种冗余的比较,我们就不能再用 for e in L。而是要用 for i in range(1,len(L)) 的方式,并且在 for 循环里面要通过索引表示列表中的元素,求 max 也使用同样的方式。程序见<程序：求最大、最小值2>。

```
#<程序：求最大、最小值2>
L = [12,32,45,78,22]
min = max = L[0]
for i in range(1,len(L)):              #第一个循环
    if min > L[i]: min = L[i]
for i in range(1,len(L)):              #第二个循环
    if max < L[i]: max = L[i]
print("The min number is ",min)
print("The max number is ",max)
```

第二种方法

【基本思路】　使用一个循环同时找最大数和最小数。

　　首先,使用 for 循环对列表中的每个元素进行两次比较,一次判断该元素是否比当前最小值小,是则更新最小值,不是则判断该元素是否比当前最大值大,是则更新最大值,否则进入下一次循环。代码如<程序：求最大、最小值3>所示。

```
#<程序：求最大、最小值3>
L = [12,32,45,78,22]
min = max = L[0]
for i in range(1,len(L)):
    if min > L[i]: min = L[i]
    elif max < L[i]: max = L[i]
print("The min number is ",min)
print("The max number is ",max)
```

　　上述程序中,我们首先创建最小值变量 min 和最大值变量 max,初始值为 min＝max＝L[0]。然后开始执行 for 循环,由于需要对列表中除 L[0]外的每个元素进行操作,所以循环语句可以为"for i in range(1,len(L)):",表示从 L[1]开始,循环按索引顺序遍历 L 中的元素。循环体内,用 if 语句判断当前循环到的元素是否小于 min 值,是则表示当前元素更

小,更新 min 的值;否则判断当前元素是否大于 max 的值,是则表示当前元素比最大值还大,更新 max 的值,否则继续执行下一次循环。循环结束后,即表明已经遍历了列表 L 中的所有元素,则 min 就表示 L 中的最小值,max 就表示 L 中的最大值。这种方法会比第一种方法稍微快一点,因为它少了一个 for 循环。

第三种方法

【基本思路】 对列表中相邻的元素两两组队,依次进行两个元素的比较。

相比第二种方法,同样是遍历列表中的所有元素。但在第三种方法中,每次遍历列表中的两个元素,将这两个元素比较之后,较大的元素与最大值比较,较小的元素与最小值比较。只需要比较 3 次,就可以得出这两个元素与最大值、最小值比较的结果。而第二种方法,最差的情况下,每个元素都要和最大值、最小值比较两次。所以相对而言,减少了四分之一的比较次数。

举例而言,第一次比较 L[0] 与 L[1] 的大小,如果 L[0] 大,则 max=L[0],min=L[1],否则 min=L[0],max=L[1];第二次比较 L[2] 与 L[3] 的大小,两者之间的较大数与 max 做比较,两者之间的较小数与 min 做比较,根据大小关系更新 max 和 min 的值;第三次比较 L[4] 和 L[5] 的大小,以此类推,直到完成所有数的比较,即可找到最大值和最小值。Python 代码如<程序:求最大、最小值 4>所示。

```
#<程序:求最大、最小值 4>
L = [12,32,45,78,22]
if L[0]> L[1]: min = L[1];max = L[0]
else: max = L[1];min = L[0]
for i in range(2,len(L) - 1,2):
    if L[i] > L[i + 1]:
        if min > L[i + 1]: min = L[i + 1]
        if max < L[i]: max = L[i]
    else:
        if min > L[i]: min = L[i]
        if max < L[i + 1]: max = L[i + 1]
if len(L) % 2 != 0:
    if min > L[len(L) - 1]: min = L[len(L) - 1]
    elif max < L[len(L) - 1]: max = L[len(L) - 1]
print("The min number is ",min," The max number is ",max)
```

一个简单的求一组数中的最大值和最小值都能够利用 3 种不同的方法解决,那么哪一个程序执行起来会比较快速呢? 它们孰优孰劣呢? 编程和其他科学类学科的差异也就显现于此。物理、化学、生物等学科的评判标准,基本上是"对"或"错",或哪一种理论比较能解释事实真相;而编程则不然,有很多种的"对",即使大家都对,但是在"对"的基础上,不同的程序又有其各自的优劣。编程的创造性,乃至于艺术性就在其多样性中迸发出光彩。

我们来看一下 3 种方法分别做了几次比较。第一种方法找最大值和最小值分别需要 $n-1$ 次比较,所以共计 $2n-2$ 次比较;第二种方法,比较次数不稳定,最好的情况只需要 $n-1$ 次比较,最差的情况就需要 $2n-2$ 次比较;第三种方法,第一次循环只需比较一次,以后每次需要比较 3 次,所以最多共计 $3*(n-2)/2+1$ 次。当 n 比较小时,我们还看不出差距,一旦 n 非常大的时候,第三种方法的优势就能很明显地体现出来了。例如,n=10 000,第一种和第二种要比较差不多 20 000 次,第三种只需比较 15 000 次。很明显,第三种的比较次数相较于前两种要少得多。

综上所述,解决同一个问题时可以有很多种不同的方法。编写程序时,要尽可能多地想解决方法,并从中选择尽可能快的方法来实现,因为执行时间是评判程序好坏的一个重要标准。本书后面章节会有评判算法优劣的介绍。

2.1.3　for 与 while 循环的比较

通过前面一系列的练习,相信同学们已经学会熟练使用 for 循环来解决问题,接下来再深入学习 while 循环控制语句。首先使用 while 循环解决几个简单问题,以此来比较 for 循环与 while 循环的不同,学习在解决问题时如何选择循环语句,使得程序更加优化。

for 语句和 while 语句都是循环语句,可以用来处理同一类问题,一般可以相互替代,但是在某些方面它们又各自有自己的优点。

(1) 在 for 循环中,循环控制变量的初始化和修改都放在语句头部分,形式较简洁,且特别适用于循环次数已知的情况,比如遍历列表、打印有规律的一组数等,这在第 1 章已做了详细的解释说明。

(2) 在 while 循环中,循环控制变量的初始化一般放在 while 语句之前,循环控制变量的修改一般放在循环体中,形式上不如 for 语句简洁,但它比较适用于循环次数不易预知的情况(用某一条件来控制循环结束),用法较为灵活多变。

所以,for 循环一般针对列表、字符串、元组等序列结构,其元素个数已经确定的数据结构,而 while 可以对一些不确定次数的循环有较好的控制,对于多种循环控制变量的情况也比 for 循环更为方便。

下面通过几个例子体会 while 和 for 循环的区别,以及在什么情况下使用 while 循环比for 循环更加简单明了。

程序示例 2.1

【问题描述】　计算机请玩家输入一个数,如果该数不是 0～9 的整数,计算机就会一直要求玩家输入数字,直到输入的数是 0～9 的整数程序结束。

【解题思路】　这个程序需要循环,但是很难用 for 循环来实现,因为我们事先不知道循环需要执行多少次才会终止。当循环次数不确定时,我们选择用 while 循环来实现。代码如<程序: while 循环示例 1>所示。

```
♯<程序: while 循环示例 1 >
a = input("请输入一个数: ")
L = list(range(0,10))
while int(a) not in L:
    a = input("请输入一个数: ")
else: print("恭喜!游戏结束")
```

这种使用列表的方式来限定输入的范围其实并不好,例如,我们如果要检查这个数字是不是在 0～10 000,那么就需要建立一个 0～9999 的列表,这个列表就会占用很大的空间。其实,我们可以使用"while a<0 or a>9999"代替建立一个很大的列表。代码如<程序:

while 循环示例 2>所示。

```
#<程序：while 循环示例 2>
a = int(input("请输入一个数："))
while a < 0 or a > 9999:
    a = int(input("请输入一个数："))
else: print("恭喜!游戏结束")
```

除此之外，还有什么情况使用 while 比 for 循环好呢？我们再来看一个问题。

程序示例 2.2

【问题描述】 编写一个 Python 程序，输出从整数 n 开始依次递增 2 的数，直到最后一个数既是 5 的倍数又是 7 的倍数为止。

【基本思路】 分析题目可以得出，循环结束条件有两个：既是 5 的倍数，又是 7 的倍数。而 for 循环无法表述这种情况，也无法事先猜测结束的大概范围，这时候就需要使用 while 循环了。

while 循环需要先设置循环控制变量，所以可以用 i 来表示起始数值 n（输入的整数）。循环终止条件为 i 是 5 的倍数且是 7 的倍数，所以只要 i 还不是 5 的倍数或者不是 7 的倍数就会一直执行循环体。那么循环判断语句就应该为"while i % 5!=0 or i % 7!=0:"。

循环体内要先输出 i 的值，再对 i 进行更新，即"i=i+2"。而当循环到 i 既是 5 的倍数又是 7 的倍数的时候，显然此时 i 已经不满足 while 循环条件，所以终止循环。但是，最后的 i 的值也需要打印出来，却因为循环终止而无法在循环内打印，所以还需要在循环体外单独写一个 print 语句，专门打印最后 i 的值。代码如<程序：while 循环示例 3>所示。

```
#<程序：while 循环示例 3>
i = int(input("请输入 n: "))          #输入任意整数
while i % 5 != 0 or i % 7 != 0:
    print(i);i = i + 2
print(i)
```

第 1 章介绍了逻辑运算符，知道 ¬(A and B) = ¬A or ¬B。根据这个条件，循环判断语句还可以使用另一种写法，"while not(i % 5 == 0 and i % 7 == 0)"。代码如<程序：while 循环示例 4>所示。

```
#<程序：while 循环示例 4>
i = int(input("请输入 n: "))          #输入任意整数
while not(i % 5 == 0 and i % 7 == 0):
    print(i);i = i + 2
print(i)
```

从这个例题中我们了解到，while 循环适用于终止条件有多个的情况，而这种情况很难用 for 循环来解决。下面通过一个练习题，更为熟练地掌握该知识点。

练习题 2.1.4 给出一个序列，假设前两个数为 1、1，则第三个数为前两个数之和，即为 2，第四个数为第二和第三个数之和，即为 3，以此类推，该序列为 1,1,2,3,5,8,…。请根据输入的前两个数 x 和 y，打印由 x 和 y 导出的符合上述条件的数列，直到最后一个数既是 5

的倍数又是 7 的倍数的数为止。例如,x=1,y=11,则输出数列为:1,11,12,23,35。

【解题思路】　题中的序列是一种很有名的数列,叫斐波那契数列(Fibonacci sequence)。本题不仅循环次数不确定还具有多个循环终止条件,所以选择 while 循环更加方便。算法思路与上面例题基本一致,唯一的区别就是本题需要生成具有题中所述规则的序列。我们可以用变量 x、y 来表示前两个数,由于该序列的当前数值等于其之前两个数之和,所以当前数 i 为 x+y。输出 i 后,下一项就是 y 和 i 的和,如果同样用 x、y 表示其前两个数,相当于将 y 值赋给 x,i 值赋给 y,则下一项的值仍然为 x+y。代码如<程序:while 循环练习题>所示。

```
#<程序:while 循环练习题>
x = 1;y = 1
print(x,',',y,end = ',')
i = x + y                              #数列中第三个数
while i % 5 != 0 or i % 7 != 0:
    print(i,end = ',')
    x = y; y = i; i = x + y            #更新 x,y,i 的值
print(i,end = ',')                     #打印最后一个数
```

前面通过几个具体实例,具体介绍了几种适合使用 while 循环解决问题的情况。下面再看一个例子,体会 while 循环的另一种妙用。

程序示例 2.3

【问题描述】　检查一个列表中是否含有相同的元素,如果有则返回“已找到!”,否则输出“未找到!”。如 L=[1,4,22,56,4,7],在该列表中有重复元素 4,所以输出“已找到!”。

【基本思路】　本题是一个遍历问题,算法思路为:依次选取列表中的一个元素作为基准,然后遍历该元素之后的所有元素,只要找到一个元素与基准元素相等,就输出“已找到!”并结束循环。因为只要找到一对相等的元素就能得出结果,所以找到后没必要再继续遍历剩下的元素。

对于遍历问题,同学们可能立刻就想到了 for 循环,那么先来尝试一下如何用 for 循环来解决该问题。

我们需要两层 for 循环来实现,功能分别是:第一层循环遍历列表中第一个到倒数第二个元素,选取作比较的基准元素;第二层循环遍历基准元素之后的所有元素,查找是否有与基准元素相同的元素。第二层循环体内,用条件控制语句 if 来判断两个元素是否相同,一旦相等则说明已经找到了相同的元素,输出“已找到!”并用 break 语句结束循环。但是 break 只能跳出当前循环,所以找到相同元素时只跳出了第二层循环,却留在了第一层循环内,这样就还会继续选取基准元素并将循环执行下去,产生很多冗余的操作,造成程序效率下降。

为了减少冗余,我们需要设置一个标记变量 Found(布尔类型,也可以是其他类型,比如整型 0 和 1),Found 为 True 表示已经找到相同元素,为 False 表示还未找到相同元素。在第一层循环中需要用 if 语句判断 Found 是否为 True,是则再一次使用 break 语句跳出当前循环。

最后,如果循环结束都没有找到相同元素,即 Found 仍为 False 则输出“未找到!”;否

则 Found 为 True,表示已经找到相同元素,输出"已找到!"。代码见<程序:判断列表元素是否重复 for 循环实现>。

```
#<程序:判断列表元素是否重复 for 循环实现>
L = [1,4,22,56,4,7];Found = False
for i in range(0,len(L) - 1):
    for j in range(i + 1,len(L)):
        if L[i] == L[j]:Found = True; break
    if Found: break
if Found: print("已找到!")
else: print("未找到!")
```

兰　兰：如果把 if Found:break 去掉,会不会有错误的输出?

沙老师：这样做是不会出错,输出还是正确的,里层的 for 循环退出后,但外层的 for 循环还是会继续执行。如果有重复的元素,因为 Found 已经被设为 True,并会一直保持 True 的状态,而不会再设为 False。所以结果不会出错,但是这样会多了很多无谓的循环,降低程序的总体效率。

如果使用 while 循环来解决该问题,会不会更方便呢? 基本思路与 for 循环一致,却不需要用 break 语句来帮助结束循环,因为 while 循环执行条件可以同时判断多个条件,代码如<程序:判断列表元素是否重复 while 循环实现>所示。

```
#<程序:判断列表元素是否重复 while 循环实现>
L = [1,4,22,56,7,7]
Found = False;i = 0
while Found == False and i < len(L) - 1:
    j = i + 1
    while j < len(L) and Found == False:
        if L[i] == L[j]: Found = True
        j = j + 1
    i = i + 1
if Found: print("已找到!")
else: print("未找到!")
```

比较上述两个程序,可以看出使用 for 循环解题时需要 break 语句来帮助终止循环,但是 break 语句只能跳出当前循环,这样很容易出错。特别是多层循环时,往往容易因为判断失误导致整个程序错误。而 while 循环能有效地减少 break 语句的使用,排除出错的可能。

2.1.4　中国余数定理的循环实现

下面以余数游戏(或称为"中国余数定理")作为本章例题,主要为了带领大家熟悉循环语句,巩固编程基础。

【问题描述】　游戏非常简单,给定 4 个整数 a、b、ra 和 rb,假设 a 和 b 为质数,求整数 n

满足 n∈[0,a×b)且 n % a=ra、n % b=rb。例如,a=7,b=5,ra=3,rb=2,表示需要找一个 0～34 的数,该数除以 7 余 3,除以 5 余 2,请问这个数是什么? 答案是 17。这几个数都非常小,一个个试很快就能找到答案,但如果 a 或 b 是稍微大点的数就不是那么容易了。

请开动脑筋,试着想想该怎样解决这个问题。下面列出几种算法,大家可以对比一下,看看自己有没有想到这些算法,如果能想到其他的算法,也不妨自己动手实现一下。

第一种算法

【基本思路】 穷举法,主要思路为:从 0～(a×b−1)一个数一个数地试。

首先,用循环遍历区间[0,a×b)中的每一个整数,判断该数能不能同时对 a 取余得到 ra,对 b 取余得到 rb。若能够满足上述两个条件,则打印出该数并跳出循环;否则,进入下一次循环尝试下一个整数,直到对区间内每个整数都做了判断。最后,如果一直没有找到满足条件的数,则在屏幕上打印"No such number!"。Python 代码如<程序:中国余数定理 for 循环穷举法实现>所示。

```
#<程序:中国余数定理 for 循环穷举法实现>
a = 7; ra = 3
b = 5; rb = 2                          #赋初值
for i in range(0, a * b):
    if i%a == ra and i % b == rb:
        print("The number is:",i);break
else: print("No such number!")
```

输出结果如下:

```
The number is: 17
```

假如输入为: a=137、b=157、ra=3、rb=2,则 a×b=21509。穷举的范围只有[0,21509),用 for 循环可以很快找到该数,输出结果为"The number is:7881"。但是,如果 a 很大(或者 b 很大),它们的乘积就会是一个更大的数,若还是使用上述算法,就会非常耗费时间。

例如,a=17873105598247525567,ra=72,b=157,rb=98,用上述方法,由于穷举的数目[0,a×b)过多,或需要耗时数年之久也不一定,所以我们需要设计一种更快的算法。

第二种算法

【基本思路】 假设 a>b(如果 a<b,则 a、b 数值互换,ra、rb 数值互换),我们知道如果某个数 n 对 a 取余为 ra,那么 n−ra 必定是 a 的整数倍。如上例,n=17,当 17 对 7 取余为 3,那么 17−3 必定是 7 的倍数。所以,当我们要猜测 n 为何值时,可以试验 1×7+3,2×7+3,3×7+3,…因为这些数必定对 7 取余为 3,所以,只需要在其中选出对 5 取余为 2 的数,就是我们所求的结果,最终得出 2×7+3 对 5 取余为 2。用这种方式我们就不需要穷举 0～(a×b−1)的所有数了。

对上述算法总结如下:当要找出 n,满足对 a 取余结果为 ra,需要试验 n=k×a+ra(k [0,b],且 k 为整数)这些可能数,判断试验的数是否满足第二个条件:对 b 取余结果为 rb。代码如<程序:中国余数定理 for 循环实现改进版>。

```
#<程序：中国余数定理 for 循环实现改进版>
a = 17873105598247525567; ra = 72
b = 157; rb = 98                              #赋初值
if a < b: a, b = b, a; ra, rb = rb, ra
for k in range(0,b):
    if ((a * k + ra) % b == rb):
        print("The number is:",a * k + ra);break
else: print("No such number")
```

上述程序的输出结果如下：

The number is: 1840929876619495133473

那么我们是否可以将 for 循环改成 while 循环呢？答案是可以的，其算法思路与 for 循环基本相同，代码如<程序：中国余数定理 while 循环实现>所示。

```
#<程序：中国余数定理 while 循环实现>
a = 17873105598247525567; ra = 72
b = 157; rb = 98                              #赋初值
if a < b: a, b = b, a; ra, rb = rb, ra;
trial = ra; max = a * b
while(trial < max):
    if trial % b == rb:
        print("The number is:",trial);break
    trial = trial + a
else: print("No such number")
```

从上述程序中可以知道，对于同一个问题，不同的解决算法对程序运行的效率影响会非常大。所以，在设计解决问题的算法时，需要不断地改进算法，使得其更加优化，这也是编程之美的体现。

本章使用循环求解法，在第 5 章会有中国余数定理的快速求解法。所谓快速解法，是指即使这两个数是天文数字，普通的计算机也能在 1 秒之内完成求解。

根据上面的中国余数定理的循环实现的程序，沙老师给大家总结一下循环语句中需要注意的事项。

经 验 谈

(1) 进入循环之前的起始值要设置正确。如：求和用的变量初始值应该设为 0，而求乘积的变量初始值要设为 1，求数列中最小值时 min 的初始值可以是数列中的任意一个数。

(2) 循环内部不要做重复的运算，即使功能正确，但运算的效能会降低。例如，二元一次方程 $y = 701 × x + 5000 × 1.5 - 378$，求 x 在 $[0, 20]$ 整数区间的解。用循环求解时，将"$5000 * 1.5 - 378$"放在循环外计算，结果能节约不少时间。

```
t = 5000 * 1.5 - 378
for x in range(0,21):
    y = x * 701 + t
    print('x = ',x,'y = ',y)
```

（3）循环内部尽量使用加、减运算来代替乘、除运算，比如上面提到的方程 $y=701\times x+5000\times 1.5-378$，我们可以在每次循环时用加上 701 来代替乘 701。

```
t = 5000 * 1.5 - 378
x = 0
for i in range(0,21):
    y = x + t
    print('x = ',x,'y = ',y)
    x = x + 701
```

（4）循环的起始和结尾的索引要特别注意。

2.2 函数的简介

到目前为止，我们已经学习了基本语句 a＝a＋3 和控制结构语句（如 if-else 选择语句、for 循环语句、while 循环语句）。随着学习的日渐深入，编写的代码将会越来越复杂，所以需要找一种方法对这些复杂的代码进行分解、重新组织、封装，以便更好地理解代码、重复使用某些代码段。

在编程语言中，函数就能很好地实现这个目标。所以，本节就来探索函数以及函数调用在计算机中的执行过程。在此之前，我们需要了解什么是函数，什么是函数调用，函数调用中的一些变量的作用范围等。本节只会初步学习 Python 中函数的相关内容，至于更为详细的内容将会在第 3 章介绍。

2.2.1 什么是函数

提到函数，同学们首先会想到的可能就是初中和高中数学课本上学到的函数，如一次函数"$y=x+2$"、二次函数"$y=4x^2-x+3$"、对数函数"$y=\log_{10}x$"等。编程语言中的函数与数学中的函数有相似之处，但更为强大灵活。

下面就从我们熟悉的数学函数出发，了解何为编程语言中的函数。

在数学中，假设要实现 $z+3x\times y^2$ 这个计算。对于乘法计算，可以定义一个二元函数 $f(x,y)=3x\times y^2$，它有两个自变量 x 和 y。计算 $3x\times y^2$ 后得到的值称为函数值，赋给 $f(x,y)$（见图 2-1）。例如：x＝2，y＝4，调用二元函数 $f(2,4)$ 得到函数值为 96；再比如 x＝－3，y＝2，调用二元函数 $f(-3,2)$ 得到函数值－36。这样 $z+3x\times y^2$ 这个计算就可以用 $z+f(x,y)$ 来表示了，对于 $f(x,y)$ 的值，将会调用到已经定义好的函数 $f(x,y)=3x\times y^2$ 来求得。

图 2-1　数学中的二元函数 $f(x,y)$ 的表示

综上所述,数学中的函数有自变量、函数值,且需要先定义函数 f,后调用函数求得函数值。函数可以多次调用,也就是说,一旦定义了函数 $f(x,y)=3x\times y^2$,我们在之后需要用到 $3x\times y^2$ 时,都可以用 $f(x,y)$ 代替,即所谓的"多次调用"。例如,$2z-3x\times y^2$ 可以用 $2z-f(x,y)$ 代替,$z^2+3x\times y^2$ 可以用 $z^2+f(x,y)$ 代替。

程序语言中的函数和数学中的函数的基本概念是相似的,同样有函数的定义与调用,只不过其他名词会有些变化:程序语言中函数的自变量称为参数,函数值称为返回值。稍后将会学到,程序中的函数就是将一些程序语句结合在一起的一个部件,通过多次调用,使得函数可以不止一次地在程序中运行。

初步了解了程序中的函数,那么在程序中使用函数有什么好处呢?

(1) 将大问题分成许多小问题。函数可以将程序分成多个子程序段,程序员可以独立编写各个子程序,实现了程序开发流程的分解。每个函数实现特定的功能,我们可以针对每个函数来撰写程序。

(2) 便于检测错误。一个函数写好之后,我们会验证其实现的正确性。程序是由多个函数组成的,当确定了每个函数都是正确的后,总程序出错的可能性就会降低。另外函数的代码量小,也便于检测错误。

(3) 实现"封装"和"重用"。封装的意思是隐蔽细节,如函数 $GCD(x, y)$ 是返回 x 和 y 的最大公因数。"封装"的特点体现在:不管要求的是哪两个数的最大公因数,都只需要传递两个参数 x 和 y 给函数 GCD,然后,函数 GCD 会返回相应的结果,而不必关注 GCD 函数内部具体是怎样实现的。"重用"的特点体现在:不管是谁想求两个数的最大公因数,都可以直接调用已经写好的 GCD 函数来直接求得结果,而不用重复编写代码。一个写好的函数,可以被任意多次调用,这种"重用"提高了程序的开发效率。

(4) 便于维护。每个函数都必须要有完整的接口和清晰的注释,大家可以把接口理解为函数的名称及参数,比如前面提到的函数 $f(x,y)$。有了接口,其他程序就可以通过该接口来调用这个函数。而注释可以帮助我们理解这个函数的功能是什么、输入输出又是什么,从而让使用者知道该怎样调用这个函数。不管被调函数的内部怎样改变,只要函数的接口不变,调用函数的语句就不需要修改。

兰　兰:函数真的这么有用啊?

沙老师:一个好的编程的诀窍是:先从上而下,再从下而上。从上而下(Top-Down)决定了架构,要编写哪些函数和每个函数的功能;再从下而上(Bottom-Up),编写和检错每个函数。一个程序的美丑基本上就看你的程序是怎么分工、怎么定义和怎么使用函数了。还有递归函数的灵活使用,就是函数调用自己,那就更美了。

2.2.2　函数的创建与调用

在数学中,假设需要计算以下几个表达式:①$z+3x\times y^2$;②$z^2+3x\times y^2$;③$2(3x\times y^2)$。通过观察我们发现($3x\times y^2$)这个数学表达式的计算经常被用到,那么就可以将 $3x\times y^2$ 定义为一个函数,而在后续求解表达式①、②、③的时候调用该函数即可。下面以表达式①的求

解 $z+3a\times b^2$ 为例:

(1) 函数定义 $f(x,y)=3x\times y^2$。

(2) 函数内的参数名为 x 和 y。

(3) 函数值是计算 $3x\times y^2$ 的结果。

(4) 调用方式为 $z+f(a,b)$,a 和 b 是传递给函数 f 中参数 x 和 y 的具体数值。

相对应的,在 Python 中,我们也需要以上 4 步完成对函数的定义与调用,实现计算 $z+3x\times y^2$ 的功能。Python 中的函数表达如下。

(1) 函数定义为

```
def   f(x, y):
    return 3 * x * y * y
```

由该代码段可知,Python 函数的定义由关键字 def 开始,后面跟上函数名和括号,括号里面是函数的参数,接着是冒号(表示接下来的语句块为函数体)。最后就是函数体的内容。Python 函数定义的语法形式如下:

```
def 函数名(参数 1,参数 2, … ):
    <函数体>
```

(2) 在上面定义的函数 f 中有两个参数,即 x 和 y,这些参数是函数 f 的"局部变量"。也就是说,它们的生命周期只限制在这个函数中("局部变量""全局变量"的相关概念,在第 3 章会有更为详细的讲解)。调用函数 f 时,会传递实际地址给函数 f 的参数。每个函数中都可以有 0 个、1 个或更多个参数,相邻参数之间用逗号隔开,参数必须放在函数名后的括号内。形式如下:

```
(参数 1,参数 2,参数 3, … )
```

(3) 函数 f 中有一个关键字 return,其后跟的值就是函数的返回值。return 关键字后面可以有一个数值或多个数值,也可以为一个表达式。在执行 return 语句后该函数就会结束,若有多条 return 语句,只要执行到其中一条,函数就会立刻结束。返回值表示形式如下:

```
return <返回值或者表达式>
```

(4) 函数调用方式为:在主调函数(调用其他函数的函数)中使用表达式语句 $c=f(a,b)$ 调用 f 函数(称为被调函数)。其中,a 和 b 是传递给函数 f 的参数值,c 是接收返回值的变量。比如,$c=f(3,2)$ 中 3 和 2 就是传递给函数 f 的两个参数值,即局部变量 x 和 y 的值分别被设为 3 和 2。通过上述语句调用函数 f 后,会执行该函数,计算 $3\times 3\times 2\times 2$ 的结果并返回。在主调函数中,变量 c 将指向返回值的地址。调用语句形式如下:

```
主调函数变量 = 被调函数名(参数 1,参数 2, … )
```

根据以上介绍,可以使用 Python 函数来实现计算 $4+3\times 3\times 2^2$ 的功能。

```
#<程序：计算 4＋3 * 3 * 2²>
def f(x, y):
    return 3 * x * y ** 2
#主函数部分
c = 4 + f(3, 2)
print(c)                    #输出结果为 40
```

练习题 2.2.1 组合数的函数实现。

【问题描述】 给定两个常数 n 和 k，其中 n＞0，k≥0，求所有组合数 C_n^k 的值。例如 $C_4^2＝6$。要求组合数 C_n^k 的值，有如下公式：

$$C_n^k = \frac{n\times(n-1)\times\cdots\times(n-k+1)}{1\times2\times3\times\cdots\times k}$$

【解题思路】 利用上述计算公式，可以使用两个 for 循环分别求得分子 X 与分母 Y 的值。然后再求组合数 C_n^k 的值。需要注意的是循环的边界。

```
#<程序：n 个数任选 k 个的 Python 实现>
def combination(n,k):
    if k < 0 or n <= 0 or k > n: print("error");return − 1
    elif k == 0: return 1
    else:
        X = 1;Y = 1
        for i in range(n − k + 1, n + 1): X = X * i
        for j in range(1, k + 1): Y = Y * j
        return X//Y
print(combination(10,4))              #输出结果为 210
```

上述程序求出了当 n 为 10、k 为 4 时的组合数 C_{10}^4。X 表示公式中的分子，Y 为公式中的分母。需要注意，上述公式有一个特例，即当 k＝0 时，$C_n^0＝1$。所以程序首先检查 n 是否大于 0，k 是否大于或等于 0，以及 k 是否小于或等于 n，如果上述条件不满足，则无法求组合数 C_n^k，输出 error 并返回。接下来，程序检测 k 的值是否为 0，若 k＝0，则输出 1 并返回；否则进入 else 分支，根据计算公式分别求得分子与分母的值，并返回值。

练习题 2.2.2 最小数问题的函数实现。

【问题描述】 学习循环时，我们讲解了一个求最小数的解题思路，此处不再赘述，请参考前面的介绍，函数实现代码如<程序：最小数问题的函数实现>所示。

```
#<程序：最小数问题的函数实现>
def findmin(L):
    min = L[0];index = 0
    for i in range(1,len(L)):
        if L[i] < min:
            min = L[i];index = i
    return index,min
#在主函数中输入以下语句完成 findmin 函数调用
L = [12,1,32,4,22,0,11]
```

```
i,m = findmin(L)
print("The min number is ",m)
print("The index of min number is ",i)
```

由上面的程序可知,Python 的函数中 return 可以返回多个值,主调函数中需要根据返回值的数量来选择多个变量接收返回的值,这与 C 或 Java 等语言是不同的。

练习题 2.2.3 编写一个函数,函数的要求是输入一个列表 L,返回一个列表 L1,保存 L 去掉 0 后剩下的元素。注意,原来的列表 L 在程序执行中不可更改。

【解题思路】 由于题目要求 L 在执行中不可以发生更改,所以不能使用 L.remove() 去掉 L 中的 0,因为这会改动列表 L。我们可以在函数中使用一个新的列表,来搜集 L 中所有不是 0 的元素。代码如<程序:移除列表中为 0 的元素的函数实现>所示。

```
♯<程序:移除列表中为 0 的元素的函数实现>
def removezero(L):
    L1 = []                        ♯收集非 0 元素的列表
    for e in L:
        if e!= 0: L1.append(e)
    return L1
♯ 在主函数中输入以下语句完成 removezero 函数调用
L = [0,0,1,2,3,0,1]
print(removezero(L))
```

2.2.3　几种常用的内置函数

在上面求组合数的程序中,我们使用了"def combination(n,k):"语句定义了一个名为 combination 的函数,实现了求组合数 C_n^k 的功能,这种使用 def 语句定义的函数称为自定义函数,表示该函数是我们自己编写的,所执行的代码功能也是自己定义的。而在 Python 中有很多内置函数,它们不需要预先定义就可以直接调用,如之前已经大量使用的 print()、range()函数等。

下面将更为具体地介绍几个常用的 Python 内置函数。

1. 类型转换与类型判断函数

int():将一种类型转换成为整数类型。例如:int(3.14)值为 3;int(2.6)值为 2。int() 函数还有将各进制数转换成十进制数的功能,表示形式为 int(x,base)。其中,参数 x 表示待转换的数值字符串,base 表示 x 的进制,返回结果为 x 的十进制数。例如,int('12',8)返回结果为 10。

float():将参数转换成浮点类型,参数必须是能正确转换成浮点型数值的字符串,如 float('3.43.3434')会报错。float(2)值为 2.0;float('123')值为 123.0;但如果输入 float('12a')也会报错。此外,不提供参数的时候,返回 0.0。

type():可以返回参数的类型。如 x = 2,则 type(x)返回< class 'int'>。

兰　兰：type()函数有什么用？用在哪里？

沙老师：type()函数的用处可大了。尤其是要检查函数的参数输入的形态是否正确时，
　　　　就可以用 type()函数来检查。例如，combination()函数的参数必须是整数。

　　一个面面俱到的程序里的函数应该要先检查所传参数的类型。代码如<程序：求组合数>所示。

```
#<程序：求组合数>
def combination(n,k):
    if type(n)!= type(0)or type(k)!= type(0):
        print("error");return -1
    if k<0 or n<=0 or k>n: print("error");return -2
    if k == 0: return 1
    else:
        X = 1;Y = 1
        for i in range(n-k+1, n+1): X = X * i
        for j in range(1, k+1): Y = Y * j
        return X//Y
print(combination(2.3,1))
```

　　在这个程序中，首先会将传入的参数与任意一个整数做比较。这里选择与 0 比较，因为 0 的类型为整数类型，同样 1 或者其他整型都可以。所以，不是整数类型的参数程序就会输出 error，并返回-1。

2. 输入输出函数

　　input()：输入函数，括号内参数可以是一个字符串，提醒用户要怎样输入，格式以及数据类型等。

　　需要注意的是，以此种方式输入的数据均为字符串型。如 a=input('请输入一个整数')，该语句得到的 a 是字符串类型的而不是整数类型，尽管你可能输入的是 12，得到的 a 却是'12'。那么，如何输入一个整数呢？需要用到我们上面介绍的类型转换函数 int()对输入进行处理，如 a=int(input('请输入一个整数'))，该语句得到的 a 将是一个整型变量。此外，还有将字符串类型转换成列表的函数 list()、转换成浮点型的函数 float()等。

兰　兰：当我们用 a=int(input('请输入一个整数'))，而输入不是一个整数时，会出现什么问题？

沙老师：假如输入的不是一个整数，如输入 abc，程序执行时就会报错并且中止，程序使用者在输入时常常会不小心按错键，不能一输入错误，程序就"死"掉了，所以这种写法是一种不好的写法，我们必须在每次输入后检查是否符合我们的要求。

　　对于判断输入是否为整数，可以利用字符串的专有方法 isdigit，该方法能够判断字符串内的字符是否均为整数类型。代码如<程序：判断输入是否为整数>所示。

```
#<程序：判断输入是否为整数>
while(True):
    s = input()
    if s.isdigit():
        a = int(s);break
```

print()：输出函数，参数为想输出的内容，如果要输出多个内容要用"，"隔开，如 print ("这是一个整数：",a)。每调用一次该语句得到的输出会在尾部自动换行，如果不想换行，可以在输出内容之后加上 end=" "。

end=" "表示传递一个空字符串，这样 print()函数不会在字符串末尾添加一个换行符，而是添加一个空字符。双引号内还可以是其他字符，比如空格、逗号等，也可以使用一些转义字符。常用的转义字符有：\n 表示换行，\t 表示 tab 制表符(也就是 Python 缩进的基本单位)，\r 表示回车。

format()：格式化函数 format()可以代替格式符"％"。Python 中格式符的常用形式有：％s 表示字符串，％d 表示十进制整数。具体用法就是使用与参数类型相对应的格式符将参数添加到字符串。例如，print("I'm ％s. I'm ％d year old" ％ ('Lanlan', 14))。而 format ()函数使用"{}"代替"％"。比格式符拥有更多的优点，如：不需要理会数据类型的问题，单个参数可以多次输出，参数顺序可以不同等。例如，执行 print 'hello {0}'. format('world')会输出：hello world。其中，"{}"中的 0 表示字符串中的顺序。

3. 随机函数

在编写程序时，我们经常会遇到产生随机数的情况，例如，人和计算机玩猜数游戏，计算机选定一个数，由玩家来猜，看其在限定的次数内是否能猜对。那么计算机该如何选定一个数呢？我们首先想到的解决方法是编写程序时由程序员给定一个数，但是，一旦玩家经过数次尝试猜出给定的数后，这个程序就没有意义了；第二种方法就是产生随机数，每次计算机让玩家猜的数都是经过随机产生的，这样就算玩家猜中了一局，下一局计算机将会再随机产生另一个数，保证了游戏的可玩性。那么，计算机如何实现随机产生一个数呢？

Python 内部已经有编写好的 random 模块，里面有很多功能不同的函数用于生成随机数，我们只需要调用它就好了。首先需要说明的是，random 模块是 Python 自己实现的一个扩展模块，我们需要导入这个模块才能调用其中的函数。在 Python 中"导入"可以使用 import 关键字后面接着需要引用的模块，比如 import random。下面介绍 random 模块中最常用的几个函数。

random.random()用于生成一个 0~1 的随机浮点数：0≤n<1.0。该函数不需要参数，使用时直接调用即可，如 a = random.random()，那么 a 存储的就是随机产生的一个 0~1.0(不包括 1.0)的浮点数。

```
#<程序：随机函数例子 1>
import random          #在调用 random 模块中的函数前要先导入 random 模块
for i in range(2):
    a = random.random()
    print(a)
```

输出结果如下：

```
0.45293337072870066
0.9524970943629484    #不同机器上的结果也不会一样
```

从上面的结果不难看出每次调用 random.random()产生的数都不相同,这正体现了随机函数的随机性。

有的同学可能会问：这是产生 0～1 浮点型的随机数,那么,如果我想产生任意范围内的浮点型随机数又该怎么办呢? 不用担心,random 模块中有一个专门的函数 random.uniform()实现该功能。

random.uniform()的函数原型为：random.uniform(a,b),用于生成一个指定范围内的随机浮点数,两个参数其中一个是上限、一个是下限。根据舍入的方式,生成随机数的范围可以为[a,b]或[a,b],较适当的理解是范围[a,b]。需要注意的是,如果 a<b,则生成的随机数 n 满足 a≤n<b；如果 a>b,则生成的随机数 n 满足 b≤n<a。代码如<程序：随机函数例子 2>所示。

```
#<程序：随机函数例子 2>
import random
print(random.uniform(10,20))
print(random.uniform(20,10))
```

输出结果如下：

```
13.293233032954781
17.787362881686548
```

兰　兰：我发现可以简单地用 random.random()函数产生介于 a 和 b 的随机浮点数,效果等同于 random.uniform(a,b)。

沙老师：是的。程序如<程序：随机函数例子 3>所示。

```
#<程序：随机函数例子 3>
import random
def getrandom(a,b):
    x = random.random()
    if a<b:return (b-a) * x + a
    else: return (a-b) * x + b
print(getrandom(10,20))
```

random.randint()的函数原型为：random.randint(a,b),用于生成一个指定范围内的整数。其中参数 a 是下限、参数 b 是上限,生成的随机数 n：a≤n≤b。注意：random.randint(a,b)随机产生的数是包含上限的。

随机函数 randint 与 uniform 在参数上有一点不同,那就是 randint 对 a 和 b 的位置有要求,如果 a>b,则函数调用时必须写成 random.randint(b,a)；如果 a<b,则必须写成

random.randint(a,b)。还需要注意一点 randint 的参数 a、b 可以相等,相等则说明只有一种可能,那就是参数 a、b 本身。

练习题 2.2.4　猜数游戏。

【问题描述】　随机产生 0~200 的一个整数 n,玩家猜测这个数是多少,如果比 n 大,则提示"您猜的数太大了!";如果比 n 小,则提示"您猜的数太小了!",并让玩家继续猜,直到猜对为止,并输出"猜对啦!您太厉害了!"。

【解题思路】　这是一道典型的随机数的题目,根据游戏规则,该程序可以分为两部分:一部分为计算机生成一个随机数;另一部分为玩家猜数过程。

对于生成随机数这个操作,我们可以从上面介绍的几种常用随机函数中选择一种来实现,通过比较,最好的选择就是 random.randint()。

对于"猜数"操作,很明显这是一个循环过程,因为玩家需要重复猜数的操作,直到猜中随机数为止。此外,在游戏结束之前无法判断需要几次猜数,所以需要选择 while 循环来实现猜数的重复操作。其中,需要注意的是,玩家猜数用到了输入函数 input(),而 input() 函数所得到的均为字符串类型,这与随机数的整数类型不同,所以输入的数与随机数无法进行比较。那么,我们需要用类型转换函数 int() 来将字符串类型转换成整数类型。代码如<程序:猜数游戏>所示。

```python
#<程序:猜数游戏>
import random
a = 0; b = 200
rad = random.randint(a,b)
num = int(input('请猜数:'))
while num != rad:
    if num > rad:
        b = num
        print('您猜的数太大了!猜数范围为:',[a,b])
        num = int(input('请猜数:'))
    else:
        a = num
        print('您猜的数太小了!猜数范围为:',[a,b])
        num = int(input('请猜数:'))
else: print('猜对啦!您太厉害了!')
```

练习题 2.2.5　随机打乱一个序列。

【问题描述】　输入一个整数序列,将该序列随机打乱并输出。例如,L=[4,2,5,5,6,8],一种可能的输出为 L=[5,6,2,4,5,8]。

【解题思路】　这是一道开放题,同学们可以任意设计一种利用随机函数的算法来实现序列的乱序。这里提出一种算法,基本思路是随机产生 len(L) 个数,每个数都在 0~len(L)-1 之内,依次对每个位置的数与随机数对应位置上的数交换,就完成了对序列的乱序。代码如<程序:随机打乱序列实现>所示。

```python
#<程序:随机打乱序列实现>
import random
L = [1,2,3,4,5,6]
```

```
print('原序列为：',L)
for i in range(len(L)):
    a = random.randint(0,len(L) - 1)        #随机产生一个整数
    L[a],L[i] = L[i],L[a]                     #将当前位置与随机位置上的数置换
print('打乱后序列为：',L)
```

2.3 探讨编程思路

跟随着沙老师一步步走来，同学们已慢慢学会了编程的基本知识。下面再通过一个实例，探讨编程的思路，学习如何一步一步完成程序的编写吧！

2.3.1 以多项式运算为例

在数学中，多项式就是由变量、系数以及它们之间的加、减、乘、除、幂运算（非负整数次方）得到的表达式。如 $x^2 + 5x$、$-x^3 - x^2 + 1$ 都是多项式，其中字母前的数字为系数，字母的指数为次数。同整数、浮点数一样，多项式之间也可以做加、减、乘、除和幂运算。

各位同学在中学时学习到多项式的运算，例如，$(x^2 + 3x - 1) \times (x - 1)$ 等于什么多项式？任意两个多项式相除，如 $(x^2 + 3x - 1) / (x - 1)$ 后的商式和余式为何呢？我认为这是个很好的编程例子，所以在本书中将其作为完整的例子来解释编程的过程。

1. 多项式的加法

多项式加法是指多项式中相同次数的系数相加，字母保持不变（即合并同类项）。计算过程为：首先找到两个多项式中的最高次项，然后从最高次项开始依次对相同次项的系数做加法运算，没有某次项表示系数为 0，最终的结果仍为一个多项式。

举例而言，如上面提到的两个多项式 $x^2 + 5x$、$-x^3 - x^2 + 1$ 相加的结果为 $-x^3 + 5x + 1$。具体计算过程如下：

首先，两个多项式中最高次项为第二个多项式中的三次项 $-x^3$，由于第一个多项式中没有三次项（即系数为 0），$0 + (-1)$ 等于 -1，所以结果多项式的最高次项为 $-x^3$。

其次，将二次项系数相加，第一个多项式中二次项为 x^2，第二个多项式中二次项为 $-x^2$，两项系数相加结果为 0，所以结果多项式中没有二次项。

再次，将一次项系数相加，第一个多项式中一次项为 $5x$，第二个多项式没有一次项（即系数为 0），$5 + 0$ 等于 5，所以结果多项式的一次项为 $5x$。

最后，将零次项系数相加，第一个多项式中没有零次项（即系数为 0），第二个多项式中零次项为 1，所以结果多项式中的零次项为 1。

根据上述一步一步的计算，最终结果多项式为 $-x^3 + 5x + 1$。用竖式表示多项式的加法非常形象：将同类项对齐，没有该项则系数为 0，然后对系数做加减即可，如图 2-2 所示。

$$
\begin{array}{r}
+1x^2 + 5x + 0 \\
+ \quad -x^3 - 1x^2 + 0x + 1 \\
\hline
-x^3 + 0x^2 + 5x + 1
\end{array}
$$

图 2-2 多项式加法竖式表示

　　了解了多项式的加法规则,我们就可以开始编写程序,并以此为例探讨编程的一般思路。下面就从多项式加法出发,带领大家一步一步将多项式加法的过程用程序实现出来,从中学习编程的技巧、编写程序的思路。后面所有的编写程序的思路都与解决多项式加法的思路大同小异。

　　在编写程序之前,首先要思考并解决以下几个问题。

　　(1) 多项式的表达:如何在程序中表示多项式。

　　在数学中,多项式是由变量、次方、系数、运算符等数学符号表达的,例如,x^2+5x 就是一个多项式。而在编程过程中,应该根据实际问题思考一下,能否使用同样的方式把多项式表达出来。很显然,如果在编程时也用如此形式来表示多项式,它将会与程序中的"表达式"混淆,而这两者是有本质区别的。

　　那么,我们到底如何来表达多项式呢? 由图 2-2 可以看出,在计算多项式加法时,其实只是在对多项式的"系数"做加法,而多项式中的 x^3、x^2、x 这些变量由于次数的不同,只是起到了对齐多项式的作用,并没有其他的什么变化。所以在多项式加法中,我们真正需要关心、需要用到的就是多项式中各项的系数与次数。如此,只需记录下各项的系数和次数即可完成对多项式的表达。要实现一组数的表示,列表是一个不错的选择。

　　(2) 可能的数据结构:这里给出 3 种可能的数据结构的定义。

　　① 列表从多项式高次项开始,依次递减地记录每一项的系数,若不存在该次项,则表示系数为 0,例如,多项式 x^2+5x 可表示为[1,5,0],多项式 $-x^3-x^2+1$ 可表示为[-1,-1,0,1]。这种数据结构的优点就是对多项式的表示清晰易懂,多项式的每一项与列表的每一项的递增顺序相同。

　　② 列表从多项式低次项开始,依次递增记录每一项系数,即列表的索引值表示每一项的次数,保存的元素表示该次项的系数。注意,若不存在该次项,则表示系数为 0,例如,多项式 x^2+5x 可表示为[0,5,1],多项式 $-x^3-x^2+1$ 可表示为[1,0,-1,-1]。这种数据结构优点就是列表的索引号即为该项的次数,方便合并同类项。

　　③ 列表为若干子列表,每个子列表有两个元素,第一个元素表示多项式的次数,第二个元素表示该次项的系数,例如,多项式 x^2+5x 可表示为[[2,1],[1,5]],多项式 $-x^3-x^2+1$ 可表示为[[3,-1],[2,-1],[0,1]],用这种数据结构可以省去很多不必要的系数为 0 的项数记录,可以有效减少列表的长度。

　　这 3 种数据结构,每种都有各自的优点。到目前为止,我们所学的知识无法帮助我们判定哪一个数据结构是最优的,所以需要一个一个去试探,才能得到最终的结论。下面从多项式加法出发,试探数据结构的优劣。

　　(3) 在各种数据结构下的算法实现:定义清楚了数据结构,用编程实现就是一个水到渠成的过程。用列表表达多项式后,在程序中两个多项式相加就是两个列表相对应元素相加。回顾一下,多项式的加法步骤如下:

　　① 对齐,两个多项式中同次项一一对应。

　　② 相加,同次项系数依次相加,没有该项表示系数为 0。

　　程序中列表表示的多项式相加也可以用上述步骤来做加法,具体的算法思路分别根据 3 种数据结构来确定。

【方式一】 列表从多项式高次项开始。

第一步,对齐:由于列表中记录的系数是从高次项依次递减到 0 次项系数,所以对于两个列表的第一项元素可能并不是相同次数项的系数,那么如何让两个列表对齐呢?其实不难发现两个列表的最后一项均为零次项系数,所以肯定是同类项系数,列表的倒数第二项、倒数第三项也肯定是同类项系数,以此类推,直到一个列表所有元素都找到了与另一个列表相对应的同类项系数为止,如此就完成了列表的对齐。

第二步,相加:直接依次对两个列表中相对应的元素相加,结果按顺序保存到新的列表中。最后将形成的新的列表输出即可。

Python 实现代码如<程序:多项式加法例子 1>所示。

```
#<程序:多项式加法例子 1>
def add_poly(L1,L2):
    R = []                                    #保存结果多项式的列表
    if len(L1) > len(L2): L1, L2 = L2, L1     #确认 L2 比较长
    diff = len(L2) - len(L1)
    for i in range(diff):
        R.append(L2[i])                       #L2 中比 L1 高的次项直接复制到 R 中
    for i in range(len(L1)):
        R.append(L2[diff + i] + L1[i])        #合并同类项
    return R                                  #返回结果
```

以多项式 $x^2 + 5x$ 和多项式 $-x^3 - x^2 + 1$ 为例做加法运算,采用第一种数据结构则多项式 $x^2 + 5x$ 可表示为列表 $[1,5,0]$,多项式 $-x^3 - x^2 + 1$ 可表示为列表 $[-1,-1,0,1]$。首先,比较两个多项式,将指数更高的多项式作为列表 $L2 = [-1,-1,0,1]$,另一个作为列表 $L1 = [1,5,0]$,等同于比较两个列表哪一个更长。

然后,将 L2 中指数更高的项 $-x^3$(在列表中表示为 L2[0])直接复制在新的列表 R 中,则 $R = [-1]$。将两个列表中表示相同指数的剩余元素相加,结果加入 R 列表中。例如,L1[0]表示 $x^2 + 5x$ 中 x^2,L2[1]表示 $-x^3 - x^2 + 1$ 中 $-x^2$,两元素相加为 0,加入 R 中,$R = [-1,0]$。以此类推,最后 $R = [-1,0,5,1]$。

【方式二】 列表从多项式低次项开始。

列表中记录的系数是从零次项依次递增到高次项系数,也就是说,列表的索引号就是每一项的次数,所以两个列表中相同索引号的元素一定是相同次数项的系数。如此,第二种数据结构自动完成了系数的对齐。所以,第二步直接依次对索引号相同的元素相加,结果保存在新列表中具有相同索引号的位置上。最后将较长的列表剩余元素依次添加进结果列表即可。Python 实现代码如<程序:多项式加法例子 2>所示。

```
#<程序:多项式加法例子 2>
def add_poly(L1,L2):
    R = []
    if len(L1)> len(L2): L1, L2 = L2, L1      #确认 L2 比较长
    for i in range(len(L1)):
        R.append(L1[i] + L2[i])               #合并同类项
    for i in range(len(L1),len(L2)):
```

```
        R.append(L2[i])              #L2 中剩余元素直接添加进 R 中
    return R                         #返回结果多项式
```

【方式三】 列表为若干子列表。

列表中有若干子列表,子列表中包含两个元素:第一个元素表示该项数的次数,第二个元素表示该项数的系数。所以对于两个多项式的加法,如果用上述数据结构来表示多项式的话,只需将两个列表中子列表的第一项相同的系数合并即可。Python 实现代码如<程序:多项式加法例子 3>所示。

```
#<程序:多项式加法例子 3>
def add_poly(L1,L2):
    R = L1[:]
    for i in range(len(L2)):
        for j in range(len(R)):
            if R[j][0] == L2[i][0]:              #找到同类项
                R[j][1] = R[j][1] + L2[i][1]      #1.合并同类项
                if R[j][1] == 0: R.remove(R[j])   #2.移除系数为零的项数
                break                             #跳出当前循环
            else: R.append(L2[i])                 #3.没有找到同类项,直接添加进 R
    return R                                      #返回结果
```

在方式三中,因为每次要在两个多项式中找相同指数的项,所以要使用两重 for 循环。我们建立一个列表 R,首先将 L1 复制到 R 中。接下来,会有 3 种情况:第一种是将 R 和 L2 中相同的项合并;第二种是如果相同项合并后系数为零,则从 R 中移除;第三种是在 R 中没有找到和 L2 同类项的情况,则直接将 R2 中的该项加入 R 中。最后,返回结果。

比较上述 3 种方式数据结构的实现,不难看出第一种和第二种结构都相对比较简单,且执行的步骤大概一致,无法判断优劣,但是第三种需要两层循环来找同类项,较为复杂。所以,我们可以选择第一种或第二种来实现多项式的运算。在后面计算多项式的乘法和除法时,就直接使用第二种数据结构。

对于多项式的减法,它本质就是多项式加法的一种特殊情况。我们都知道减一个数等于加上该数的相反数,多项式的减法同样如此。所以只需将 L2 每项乘以 −1,再求两个列表的和即可,代码如<程序:多项式减法实现>所示。

```
#<程序:多项式减法实现>
def subtract_poly(L1,L2):
    L2 = L2[:]               #假如不加此句,调用的 L2 会被改变
    for i in range(len(L2)):
        L2[i] = − L2[i]
    return(add_poly(L1,L2))
```

在上述程序中,我们调用了前面实现的多项式加法的函数 add_poly()。执行该程序时,要记得将多项式加法的函数也写入该程序中,本书对此省略。在之后对多项式乘法和除法学习中,本书对已经实现过的程序不再重新列出,只会直接调用,请同学们注意。

练习题 2.3.1   请编写一个自定义函数 poly_string(),将用来表示多项式的列表 L(数

据结构使用方式二),转换为字符串的表示方式,并将字符串 s 返回。例如,列表为[0,5,1],转换为字符串的形式应该为:x^2+ 5x^1("^"表示为次方)。

【解题思路】 本题中,首先需要用到字符串函数 str(),该函数的功能是:将数值类型转换为字符串类型。此外,还需要使用连接符"+"来修改字符串。注意:字符串的修改不可以使用列表的 append()方法,因为 append()是列表的专有方法。

我们可以使用两种方法实现程序,第一种是使用简单的"+"对字符串组合。第二种是我们讲内置函数时提到的 format()方法。

【方法一】 在函数 poly_string()中要遍历列表中的所有元素,判断每个元素的系数和指数。在每次循环时,要判断该项系数是否为 0,不为 0 则将该项加入字符串。对于系数为 1 或 -1 的项,则不显示系数,并且系数为 -1 的项使用减号代替加号。每项的组成为"系数+'x^'+指数"。因为采用了方式二的数据结构,所以列表元素的索引即为对应的指数。代码见<程序:表示多项式的列表转换为多项式字符串 1>。

```
♯<程序:表示多项式的列表转换为多项式字符串 1>
def poly_string1(L1): ♯使用字符串加
    R = ""
    for i in range(len(L1) - 1, - 1, - 1):
        if L1[i] != 0:
            if(i != len(L1) - 1 and L1[i] > 0): R = R + " + "
            if L1[i] == 1: R = R + "x^" + str(i)
            elif i == 0: R = R + str(L1[i])
            elif L1[i] == - 1: R = R + "- x^" + str(i)
            else: R = R + str(L1[i]) + "x^" + str(i)
    return R
```

【方法二】 该数据结构与方法一相同。但采用的是内置函数 format()来对字符串格式化,好处在于不需要考虑参数的类型。代码如<程序:表示多项式的列表转换为多项式字符串 2>所示。

```
♯<程序:表示多项式的列表转换为多项式字符串 2>
def poly_string1(L1):            ♯使用字符串加
    R = ""
    for i in range(len(L1) - 1, - 1, - 1):
        if L1[i] != 0:
            if(i != len(L1) - 1 and L1[i] > 0): R = R + " + "
            if L1[i] == 1: R = R + 'x^{0}'.format(i)
            elif i == 0: R = R + str(L1[i])
            elif L1[i] == - 1: R = R + '- x^{0}'.format(i)
            else: R = R + '{0}x^{1}'.format(L1[i], i)
    return R
```

2. 多项式乘法

学习多项式乘法之前,需要了解单项式与单项式相乘的规则,即两个同变量的单项式相乘就是系数相乘,次数相加,字母不变。例如,$(3x^2) \times x$ 等于 $3x^3$、$(12x^4) \times (2x^5)$ 等于 $24x^9$。

多项式乘法可以分为 3 类：

(1) 多项式与一个数相乘；

(2) 多项式与单项式相乘；

(3) 多项式与多项式相乘。

这 3 类多项式乘法其本质上都是运用了乘法的分配率做单项式乘法和多项式加法运算。

其实一个数也可称为单项式，即次数为零的单项式；而单项式也可以称为多项式的一个特例，项数为 1 的多项式。所以，通过上述分情况讨论，不难发现，多项式乘法就是拿其中一个多项式的每一项（系数要带符号）去乘另一个多项式的每一项，使用单项式乘法规则，最后将所有求得的结果单项式相加即可。

知道了多项式乘法的规则，下面同样按照多项式加法的编程思路来设计求多项式乘法的算法。

(1) 多项式的实现：同加法一样由列表表示多项式。

(2) 可能的数据结构：这个也不再赘述了，直接使用多项式加法中最后选择的数据结构——列表记录从零次项依次递增到最高次项的系数。

(3) 数据结构下算法的实现：上面已经详细介绍了多项式乘法的规则，这里根据上述分析，将乘法大致分为 3 步，第一步，为了简单起见，我们选择最高次数较小的多项式作为基准（假设该最高次数为 n），依次从该多项式中选取一个单项式乘以另一个多项式的每一项，这样就得到了 n 个多项式，注意，每一回多项式的次数都要比前一回多一，所以要对系数列表前面补一个 0；第二步，将 n 个多项式用前面写好的加法函数做累加操作得到一个多项式。可以看出，第一步之所以选择最高次数较小的多项式作为基准，是为了减少加法操作；第三步，输出所得多项式即可。

下面以多项式 x^2+5x 和多项式 $-x^3-x^2+1$ 为例介绍乘法运算的过程。首先，使用列表 L1＝[0,5,1] 表示多项式 x^2+5x，L2＝[1,0,-1,-1] 表示多项式 $-x^3-x^2+1$，并建立一个新列表 R 用于存放结果。

然后，将 L1 中的项以指数从小到大的顺序分别乘以 L2 然后相加。从 L1[0]＝0 开始，L1[0] 表示常数项 0，乘以 L2（即多项式 $-x^3-x^2+1$），结果为 0。再取 L1[1]＝5，表示多项式 x^2+5x 中的 5x，指数为 1，当与 L2 相乘时，结果为 L2 中各项的指数分别加 1 并乘以 5，所以要将列表 L2 中的所有元素向后移 1 位，前面补一个 0，放入 R 中。同样，取 L1[2]＝1 时，与 L2 相乘后，L2 中指数分别加 2，所以 L2 中的所有元素向后移 2 位，前面补 0，放入 R 中。

最后，将每次相乘得到的多项式相加，得出结果为 R（见图 2-3）。Python 实现代码如 <程序：多项式乘法例子> 所示。

```python
#<程序：多项式乘法例子>
def multiply_poly(L1, L2):
    if len(L1)> len(L2):            #确认 L2 的长度比较长
        L1, L2 = L2, L1
    R = [];zeros = []
    for i in range(len(L1)):
```

```
        T = zeros[:]
        for e in L2:T.append(e * L1[i])
        R = add_poly(R,T)
        zeros = zeros + [0]
    return R
```

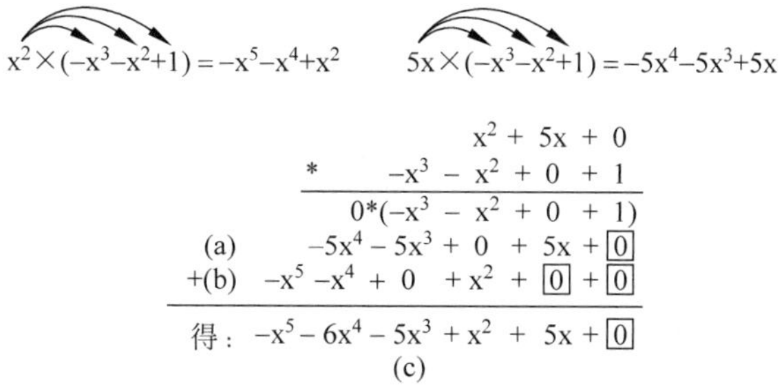

$$x^2 \times (-x^3-x^2+1) = -x^5-x^4+x^2 \qquad 5x \times (-x^3-x^2+1) = -5x^4-5x^3+5x$$

$$
\begin{array}{r}
x^2 + 5x + 0 \\
* \quad -x^3 - x^2 + 0 + 1 \\
\hline
0*(-x^3 - x^2 + 0 + 1) \\
(a) \quad -5x^4 - 5x^3 + 0 + 5x + \boxed{0} \\
+(b) \quad -x^5 -x^4 + 0 + x^2 + \boxed{0} + \boxed{0} \\
\hline
\text{得：} -x^5 - 6x^4 - 5x^3 + x^2 + 5x + \boxed{0} \\
(c)
\end{array}
$$

图 2-3 多项式乘法表示

实现了多项式的乘法，多项式的幂运算就迎刃而解了，如果求某个多项式的 k 次方，只需调用 k−1 次多项式乘法即可。在该程序中，将列表 R 初始化为 1。代码如<程序：多项式幂运算例子>所示。

```
♯<程序：多项式幂运算例子>
def power_poly(L,k):
    R = [1]
    for i in range(k):
        R = multiply_poly(R, L)
    return R
```

3. 多项式除法

多项式除以多项式一般用竖式演算，步骤如下：

（1）把除式和被除式按降序排列，并把所缺项用 0 补齐；

（2）用被除式的第一项除以除式的第一项，得到商式第一项；

（3）用商式的第一项去乘除式，把积写在被除式下面（同类项对齐），消去相等项，把不相等的项结合起来；

（4）把减得的差当作新的被除式，再按照上面的方法继续演算，直到余式为 0 或余式的次数低于除式的次数为止。若余式为 0，则说明这个多项式能被另一个多项式整除（见图 2-4）。

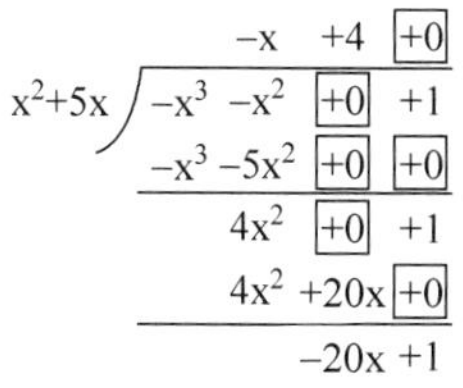

了解了多项式除法的规则，接下来同样按照多项式加法的编程思路来设计求多项式除法的算法。

$$
\begin{array}{r}
 -x \ +4 \ \boxed{+0} \\
x^2+5x \overline{) -x^3 -x^2 \ \boxed{+0} \ +1} \\
\underline{-x^3 -5x^2 \ \boxed{+0} \ \boxed{+0}} \\
4x^2 \ \boxed{+0} \ +1 \\
\underline{4x^2 \ +20x \ \boxed{+0}} \\
-20x \ +1
\end{array}
$$

图 2-4 多项式除法表示

对于数据结构的设计：我们使用列表 L1 和 L2 分别表示被除数和除数，列表 R 和 T 分别表示商和余数。列表中的具体结构与多项式加法中第二种方式的列表相同。

接下来是算法设计：两个多项式相除，可能会出现两种情况。

（1）当被除数最高项指数比除数最高项指数小时，商为 0，余数为被除数，所以返回 0 和被除数,这与数值之间的除法运算相类似,例如,3/5 结果商为 0 余数为 3,1/2 结果商为 0 余数为 1。

(2)当被除数最高项指数大于或等于除数最高项指数时,可以按照上述除法规则做多项式除法运算。

首先,对 L1 和 L2 表示的多项式的最高项次数(即 L1 和 L2 的长度)相减,结果赋值给 diff。要循环 diff+1 次,因为两个次数相同时也要循环一次。列表 T 初始时是列表 L1 的复制,在循环中每次都会减少一次方。循环内,c=L1[len(T)−1]除以 L2[len(L2)−1],结果放入列表 R 的首部。然后,在 c 前面补适当个数的 0 后放入 R1,R1 再与除数 L2 相乘,成为 T2,T 设为 T−T2。以此类推,最后 R 为所得商。Python 实现代码如<程序:多项式除法例子>所示。

```
#<程序: 多项式除法例子>
def divide_poly(L1, L2):
    if len(L1) < len(L2): return 0, L1          #情况 1
    diff = len(L1) − len(L2)
    T = L1[:];R = []
    for i in range(diff + 1):
        c = T[len(T) − 1]/L2[len(L2) − 1]
        R = [c] + R
        R1 = [0] * (diff − i) + [c]
        T2 = multiply_poly(L2,R1)
        T = subtract_poly(T,T2)
        T = T[:len(T) − 1]
    return R, T
```

练习题 2.3.2   方程式求有理数解

【问题描述】   给定一个整数系数的多项式,我们要得到所有的有理数解 x,使得 x 代入此多项式后为 0。注意,有理数的定义是能用一个分数表示的数,否则就不是有理数。例如,$x^2−5x+6=0$ 的有理数解为 $x_1=2, x_2=3$。

【解题思路】   如果有理数解是 p/q,则多项式分解成若干个(x−p/q)相乘的形式,其中 p 必定为此多项式常数项的因数(包含 1),q 必定为最高次项系数的因数(包含 1)。这样分解之后,x=p/q 就是我们需要求的有理数解,所以只需尝试所有 p、q 的可能组合,判断 p/q 是否能够满足多项式等于 0,若是,则说明 p/q 为多项式的有理数解,否则说明 p/q 不是方程的有理数解。

为了让问题简单一点,假设最高次项是 1,所以 q 一定为 1,我们只要找出常数项的所有因数。例如,多项式是 $x^3−10x^2+27x−18$,常数项为 18,要尝试 1、2、3、6、9、18 及其负数,将这些因数代入 $x^3−10x^2+27x−18$ 中看是否为 0,即求得这个方程的有理数解,求得解为 $x_1=1, x_2=3, x_3=6$。即方程可写为(x−1)(x−3)(x−6)=0。代码如<程序:方程式求有理数例子>所示。

```
#<程序: 方程式求有理数例子>
import math
def rational(L):
```

```
p = [];k = 1
while(k < math.sqrt(abs(L[0]))):
    c = L[0]/k
    if c == int(c):
        for j in [int(c), - int(c),k, - k]:          ♯得到一组常数项因数
            sum = 0
            for i in range(len(L)):                   ♯代入方程式验证
                if(i == 0):sum = sum + L[i]
                else: sum = sum + (j ** i) * L[i]
            if sum == 0: p.append(j)
    k = k + 1
return p
```

2.3.2 编程思路的总结

通过实现多项式加、减、乘、除运算,相信同学们已经初步掌握了编写程序的一般步骤了,下面对上面提到的编程思路进行提炼与总结,方便同学们以后能够独立思考,独立编程,提高自身的编程能力以及解决问题的各项能力。

(1)编程前首先要分析问题。了解问题的已知条件(输入)、所求目的(输出)。根据分析题目所得的信息,思考如何来用编程中的基本数据类型表示程序的输入与输出。

(2)数据结构的设计。这一步非常关键,因为一旦设计好了数据结构,算法的设计就是一个水到渠成的过程。但是,从不同的角度出发,可以用不同的方式来设计数据结构,例如,在设计多项式的表示时,用列表设计出了 3 种数据结构。所以需要根据问题的描述,来思考选择哪种数据结构程序算法更为优化。

(3)在数据结构下的算法实现。根据设计好的数据结构将问题模型化,思考解决问题的方法,并设计出解决问题的一般步骤。

以上就是我们总结的编程思路。需要大家在课后勤加练习。

2.4 讨论循环中的一些技巧

经过上面的讨论,相信同学们已经能够根据问题的需求合理地设计循环结构,使得程序能够既高效又准确地解决问题。此外,循环中还有很多知识点需要我们学习与掌握,下面通过几个实例讨论循环中的小技巧,玩转 Python 循环。

我们知道,for 循环有两种基本结构:一是"for i in range():";二是"for e in L:"。下面就分别讨论这两种结构的使用技巧。

2.4.1 讨论"for i in range():"结构

在之前的学习中,我们知道 range()函数一般格式中含有 3 个参数 a、b、step,其中 a 代

表起始值,每次循环 a 都会加上 step,一直增加到最后一个比 b 小的值。

上面介绍的是 range()最基本的形式,range 的参数 a 和 step 都可以省略不写,默认为 0 和 1,这产生了一种 range()最常用的情况,即"for i in range(len(L)):"。现在要讨论的问题是:"for i in range(a,b,step):"和"for i in range(len(L)):"结构中的参数能不能在循环体内被执行的语句改变呢?

1. 讨论 range(a,b,step)

首先,探讨一下 range()函数的 step 能否被改变。

在之前求解等差数列的问题时,我们已经熟练使用 range()函数产生 step 为定值的数列,而且很多程序都会用 for 循环遍历 step 为定值的数列,如"for i in range(1,9):"遍历的是 step 为 1 的数列 1,2,3,…,8。那么如果我们想产生一个差值递增的数列又该怎么办呢?例如,1,2,4,7,11,该数列的差值依次为 1,2,3,4。下面通过一个例子来做试验。

【问题描述】　现在要产生一个数列,从 0 开始到 99 结束,每个数之间的步长增加 1,例如,0,1,3,6,10,15,…。

【解题思路】　同学们看到有关步长的信息,可能首先想到的是使用 for 循环的 range 结构。例如<程序:产生步长递增的数列 1(错误)>中的方式。

```
#<程序:产生步长递增的数列 1(错误)>
step = 1                    #初始步长为1
for i in range(0,100,step):
    print(i, end = " ")
    i = i + step            #下一项
    step += 1               #步长递增1
```

程序会打印出从 1,2,3,…,99,可以看出步长 step 一直为 1,不是我们想要得到的结果。我们希望这个步长每次都会递增,所以使用 range()的 for 循环没有办法满足条件。从此例可以看出 range()的参数 step 不能够发生改变,只能是常数,否则,程序运行结果就会产生错误。

综上所述,可得到一个非常重要的性质:Python 的 range()中 3 个参数必须为常数。但是,C、C++、Java 等语言中的 for 循环和 Python 中使用 range()的 for 循环不同,这些语言的 for 循环条件可以使用变量,例如,在 C 语言中 for 循环可以写作"for(i=0;i<100;i=i+d):d=d+1"。在该 for 循环的判断条件中,第一个条件"i=0",表示初始值 i 为 1;第二个条件"i<100",表示 i 必须满足 i 小于 100;第三个条件"i=i+d",表示 i 每次循环增加 d,而 d 表示步长,每次循环增加 1。所以,这些语言中的循环终止条件是可以使用变量,而 Python 的循环终止条件是在循环开始前就设定完成的。

那么,应该要如何编写 Python 程序解决该问题呢?我们可以使用 while 循环的方式来得到想要的结果。代码如<程序:产生步长递增的数列 2>所示。

```
#<程序:产生步长递增的数列 2>
i = 0                       #初始值
step = 1                    #步长
```

```
while(i < 100):
    print(i, end = " ")
    i = i + step              # 下一项数值
    step += 1                 # 步长递增 1
```

练习题 2.4.1 如果用 for 循环,如何实现步长是递增的情况? 例如,0,1,3,6,10,15,…。

【解题思路】 由于 range()函数参数只能使用常数,所以在设置步长时只能用一个变量 d 来表示,并在循环内通过 d=d+1 来更新步长的值,所以代码如<程序:产生步长递增的数列 3>所示。

```
# <程序:产生步长递增的数列 3>
step = 1;num = 0              # 步长及第一项数值
for i in range(0,100):
    print(num, end = " ")
    num = num + step         # 下一项数值
    step += 1                # 步长递增 1
    if num > 99:break
```

经过上面的讨论,同学们可能会问 while 循环可以取代 for 循环吗? 在一般情况下索引的递增值是不变的,此时可以使用 for 循环,因为 for 循环的结构是固定的,所以在执行时可以很容易地优化代码,使得程序快速运行,例如,变量 i 可以放在 CPU 的快速寄存器中而不需要做比较慢的内存读写。也就是说,从效率的角度说,要尽可能地使用 for 循环,请各位同学试试下面的例子,代码如<程序:for 和 while 循环时间效率的比较>所示。

```
# <程序:for 和 while 循环时间效率的比较>
import time
def test_time(k):
    sum = 0
    start = time.clock()
    for i in range(k): sum = sum + i
    elapsed = time.clock() - start
    print("使用 for 循环花时间: ",elapsed)
    sum = 0;i = 0
    start = time.clock()
    while i < k:
        sum = sum + i;i = i + 1
    elapsed = time.clock() - start
    print("使用 while 循环花时间: ",elapsed)
# 以下是主函数:
test_time(10000000)
test_time(80000000)
```

在该程序中,首先需要使用 import time 语句导入 time 库,其中包含了我们需要的函数 time.clock(),该函数可以返回当前时间,所以循环执行前的时间减去循环执行后的时间就是循环执行所需的时间。从程序的执行结果可以看出 for 循环比 while 循环快。注意,如果使用 Python 3.8 及以后版本,将用 time.perf_counter()函数代替 time.clock()函数。

2. 讨论 range(len(L)),L 为一个列表

通过前面的学习,我们知道 range() 中的参数必须是常数,即使 L 在循环中发生改变,range() 中仍然是原来的常数。所以如果在"for i in range(len(L))"结构内,L 被 append() 或者 remove(),则遍历会出现问题。

下面具体探讨与列表有关的 append() 和 remove() 的使用。举例而言,如果要遍历列表 L,并打印出 L 中的所有元素,还要在列表中添加元素 100,该如何实现呢?代码如<程序:列表中添加元素 100(错误)>所示。

```
#<程序:列表中添加元素 100(错误)>
L = [0,1,2,3]
for i in range(0,len(L)):
    print(L[i],end = " ")
    if i == 0: L.append(100)
```

执行上述程序后,会发现所添加的元素 100 并不会被打印在结果中。因为列表 L 增加了一个元素,len(L)发生了改变。for 循环的判断条件只能为常数,仍然表示为原来列表的长度,所以添加的元素 100 无法被打印出来。因此当使用"for i in range()"结构时,尽量少用 append()。

练习题 2.4.2　将上面的程序改为用 while 的正确程序。

【解题思路】　由于 while 循环常用布尔表达式来确定循环范围,而不是使用 range() 函数,所以不用担心上述 for 循环中循环判断条件只能用常数的情况,则代码如<程序:列表中添加元素 100(while)>所示。

```
#<程序:列表中添加元素 100(while)>
L = [0,1,2,3];i = 0
while i < len(L):
    print(L[i],end = " ")
    if i == 0: L.append(100)
    i += 1
```

那么,用 remove() 进行删除操作是否也是一样的结果呢?再看一个例子,遍历列表 L,移除列表中所有为 0 的元素。

如果列表 L 中包含零,使用"for i in range(0,len(L)):",那么程序一定会报错。因为当我们移除 L 中的 0 之后,L 中的元素减少一个,len(L)就会减 1,而 range 中的 len(L)并不会改变。所以当 for 循环遍历到原始列表的最后一个元素的位置时,因为该索引位置的元素实际已不存在了,所以程序报错,代码如<程序:移除列表中为 0 的元素 1(错误)>所示。

```
#<程序:移除列表中为 0 的元素 1(错误)>
L = [0,1,2,3]
for i in range(0,len(L)):
    print(L[i],end = " ")
    if L[i] == 0: L.remove(0)
#运行错误: IndexError: list index out of range
```

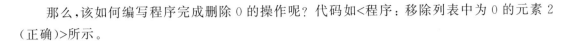

那么,该如何编写程序完成删除 0 的操作呢? 代码如<程序:移除列表中为 0 的元素 2 (正确)>所示。

```
#<程序:移除列表中为 0 的元素 2(正确)>
L = [0,1,2,3]
while i < len(L):
    if L[i] == 0: L.remove(0)
    else: print(L[i],end = " ");i = i + 1
```

综上所述,当循环中涉及 append()或者 remove()时,应避免使用"for i in range(len(L))",因为在循环中 L 的改变并不会影响到 for 循环中开始时 range 所设定的常数,而这就有可能会导致循环发生错误。

2.4.2 讨论"for e in L:"结构

上面深入讨论了"for i in range()"结构,下面探讨 for 循环的另一种结构"for e in L:"(L 为一个列表)。

与第一种结构不同的是,若循环中 L 被改变了,会影响到"for e in L:"结构。同样通过上面的遍历列表并添加元素的例子来具体讨论。

【问题描述】 如果要遍历列表 L,并打印出 L 中所有元素,还要在元素为 0 时向列表中添加元素 100,使用"for e in L:"结构该如何实现呢?

【方法一】 直接使用 append()函数在原列表中添加新元素 100,代码如<程序:列表中添加元素 100(append)>所示。

```
#<程序:列表中添加元素 100(append)>
L = [0,1,2,3,4,5]
for e in L:
    print(e,end = ' ')
    if e == 0: L.append(100)
```

同学们尝试执行一下该程序,会发现结果是正确的,确实将新添进列表的元素 100 打印出来了,这说明当循环体中列表发生了变化,循环条件中的列表也相应发生了变化,所以循环中 L 变化会影响到"for e in L:"结构。

【方法二】 使用 L=L+[100]这种方式添加新元素 100,代码如<程序:列表中添加元素 100(+)错误>所示。

```
#<程序:列表中添加元素 100(+)错误>
L = [0,1,2,3,4,5]
for e in L:
    print(e,end = ' ')
    if e == 0:L = L + [100]
```

上述程序的运行结果如下:

```
0 1 2 3 4 5
```

由结果可知,新元素并没有打印出来。这是由于执行 L=L+[100]后,会创建新列表 L 来保存添加新元素后的结果,新列表与"for e in L:"中的列表 L 是不同的列表,尽管它们的名字相同。因为循环中仍然是遍历旧列表,所以结果中不会打印出新元素 100。

【方法三】   使用列表的专有方法 insert()在原列表中插入新元素 100。

函数 insert(index,element)实现的功能就是在原列表中索引为 index 的位置上插入元素 element。例如,列表 L 为[0,1,2,3,4,5],则 L.insert(0,100)的结果为[100,0,1,2,3,4,5];L.insert(len(L),100)的结果为[0,1,2,3,4,5,100]。

先执行<程序:列表中添加元素 100(insert)错误>。

```
♯<程序:列表中添加元素 100(insert)错误>
L = [0,1,2,3,4,5]
for e in L:
    print(e,end = '')
    if e == 0:L.insert(0,100)
```

运行后,发现该程序是一个死循环。因为在使用 insert()函数在原列表索引为 0 的位置上插入元素 100 后,列表中原有的元素向后移动了一位,即索引加一,这时候再次判断循环条件时 e 仍然取 0,所以 if 条件成立并再次向列表中索引为 0 的位置添加了 100。以此类推,循环将会不断地重复上述操作造成死循环。

尝试了上述程序,同学们可能会问,如果是在列表的末尾插入新元素呢?这当然是可以的,因为这与我们之前使用 append()函数添加新元素的效果一样。代码如<程序:列表中添加元素 100(insert)正确>所示。

```
♯<程序:列表中添加元素 100(insert)正确>
L = [0,1,2,3,4,5]
for e in L:
    print(e,end = '')
    if e == 0:L.insert(len(L),100)
```

综上所述,原列表在循环中被改变是危险的、难以预料的。所以为了避免发生不可预料的情况,也是为了安全起见,我们尽量不改变原列表 L,而需要新设一个列表。

2.5 活学活用——运行 Python 解决问题

我们已经学习了 Python 的基本知识,也了解了 Python 的基本用法,有了这些基础,就可以运用 Python 来解决很多现实中的问题了。比如,排序问题、二进制/十进制等进制转换问题、扑克牌 21 点游戏、老虎机游戏等,都能有效地让读者学习解决问题的思维方式和编程的基本技巧。各位读者要用 Python 多加练习,要尝试改动所提供的 Python 程序,多做练习题,以达到活学活用的目的。

2.5.1 几种简单的排序算法及衍生问题

对一组整数列表从小到大排序,在我们日常生活中经常接触到,在计算机语言中有几种简单的排序算法,如选择排序、插入排序以及冒泡排序。当然,还有一些更为快速的排序算法,例如,快速排序、归并排序、堆排序等。下面主要介绍其中两种简单的排序算法:选择排序和插入排序。在后续章节中解释递归思维后,会更为详细地对其他排序算法进行介绍。

1. 选择排序

顾名思义,选择排序就是在一组数中每次选择一个最小的数依次放入列表中。如 L=[11,5,34,20,10],第一次选择最小的数 5 放入一个列表的第 0 位,即 L[0],那么原来位置的数 11 应该放在哪里呢? 我们可以通过将二者交换位置的方式来解决这一问题。此时数字 5 已经放到了它该放的位置,即列表的首位 L[0],那么后面的排序中就不需要考虑它了,所以第二次排序中,在 L 剩余的数(即 L[1:])中选择出最小的数 10 放入列表的第一位,即 L[1],以此类推,最终完成升序排序。我们通过创建 selection_sort()函数来实现选择排序,Python 实现代码如<程序:选择排序例子>所示。

```
#<程序:选择排序例子>
def selection_sort(L):
    for i in range(len(L) - 1):
        min = i
        for j in range(i + 1, len(L)):        #选出最小的数
            if L[j] < L[min]: min = j
        L[min], L[i] = L[i], L[min]           #交换两个数
    return L
```

2. 插入排序

插入排序的核心思想就是将一个待排序的数插入前面已经排好序的列表当中,保证插入之后的列表还是有序的。例如,L=[11,5,34,20,10],假设我们已经排好了前 3 个数,即 L0=[5,11,34],现在需要将 L 中的第四个数 20 插入已经排好序的 L0 中,并且保证 20 插入后 L0 还是有序的,所以 20 要插到 11 的后面,34 的前面,即 L0=[5,11,20,34]。然后我们需要按照同样的要求把 10 插入 L0 中,则 L0=[5,10,11,20,34]就是最后排好序的结果了。

完整的排序过程为:首先从第 0 个元素开始,我们认为[11]是已经排好序的序列,那么当遍历到 L[1](即数字 5)时,需要将其插入前面排好序的序列[11]中,从而得到了新的排好序的序列[5,11];继续遍历到 L[2](即数字 34),需要将其插入已经排好序的序列[5,11]中,从而得到新的有序序列[5,11,34];以此类推,直到遍历完 L 中的所有元素,分别将其插入相应的位置,得到最终的有序序列。Python 代码如<程序:插入排序例子 1>所示。

在程序中,我们创建了 insertion_sort()函数,并通过调用该函数来实现插入排序。在该函数中,遍历列表 L 的所有元素,对每个元素调用 insertion()函数,该函数是对每个元素

找到其相应的位置并插入有序的新列表 L0 中。具体的实现使用了列表的分片,即:找到元素在新列表 L0 中的位置后,将 L0 分片,插入元素更新列表 L0。遍历完 L 中的所有元素,L0 即为对 L 排好序后的结果。

```
#<程序:插入排序例子 1>
def insertion(L,a):
    for i in range(len(L)):              #判断元素 a 排序后的位置
        if L[i]>a:
            L0 = L[0:i];L1 = L[i:len(L)] #对 L 进行分片
            return L0 + [a] + L1
    return L + [a]
def insertion_sort(L):
    L0 = []
    for i in L:                          #对 L 中的每个元素排序
        L0 = insertion(L0,i)
    return L0
```

在上面的程序中,每次插入一个元素,都会产生一个新的列表,这造成了空间的浪费。我们是不是可以用其他方法来实现插入排序?为了不再产生新的列表,可以使用一种新的方法:在找到元素应该插入的位置 index 之后,将列表 L 中 index 之后的所有元素向后移动,然后将该元素插入 L[index]。代码如<程序:插入排序例子 2>所示。

```
#<程序:插入排序例子 2>
def insertion(L,i):
    a = L[i+1]
    for index in range(i+1):
        if L[index]>a: break
    else: index = i+1
    for k in range(i+1,index,-1):       #将 index 之后的元素向后移一位
        L[k] = L[k-1]
    L[index] = a                        #元素 a 放入排好序的位置 L[index]中
    return L
def insertion_sort(L):
    for i in range(len(L)-1):
        L = insertion(L,i)
    return L
```

在该程序中要注意,和 C 语言的 for 循环不同,Python 的 for 循环在结束后,index 不会有超出 range 范围的加 1 操作,即如果元素 a 大于 L 中的所有元素,那么 a 要放在 L 中所有的元素之后,则在 for 循环外 a 的索引值 index 应该加 1。

兰　兰:我觉得写这种程序时,使用 range 时它的范围要如何确定加 1 减 1 是非常难的问题。

沙老师:在这种情况下,首先要确定索引的定义,然后思考边界值,以及应该要循环多少次来进行测试。

练习题 2.5.1 使用二分法,在已经排好序的列表中查找元素,并返回其相应的索引位置。如果该元素在列表中不存在,则返回 -1。

【解题思路】 要在有序的列表中快速地查找到元素,可以使用二分法。如何理解二分法？第一,它是利用最小值 min 和最大值 max 来确定元素所在的范围;第二,从 min 到 max 的范围的长度,在正常情况下,每次的长度基本减小一半;第三,对于长度为 n 的列表,因为元素查找的范围每次会减小一半,所以可以在 logn 步骤内完成;第四,必须是有序的数列才可以使用二分法。

在这个程序中,首先,以整个列表为比较范围,即 min 为 0,max 为 9,以列表中最中间的数 4 作为比较对象 mid。如果要查找的元素大于 mid,则将查找的范围缩小一半,把 mid 的下一位作为范围的最小值 min,最大值 max 不变,重新在现在的范围中找到 mid,与要查找的元素作比较;如果要查找的元素小于 mid,那么同样把查找的范围缩小,把 mid 的前一位作为范围的 max,min 不变,重新得到 mid 与要查找的元素作比较。以此类推,直到找到要查找元素的索引,返回元素在列表中的索引;或者当最小值 min 大于或等于最大值 max,说明在列表中不存在要查找的元素,返回 -1。代码如<程序：二分查找元素示例>所示。

```
#<程序：二分查找元素示例>
def binary_search(L, a):
    min = 0; max = len(L) - 1; mid = (max + min)//2
    while not (L[mid] == a) and (min <= max):
        if L[mid] < a: min = mid + 1
        else: max = mid - 1
        mid = (max + min)//2
    if L[mid] == a: return mid
    else: return - 1
```

二分法的好处就是可以大大减少时间上的开销,尤其是与使用 in 对比。因为 in 在使用时要对列表从头开始搜索,而序列本身是有序的,这样就可能会做很多不必要的搜索。而二分法可以先通过判断语句来逐步减小所搜范围,从而达到减少时间开销的目的。我们可以编写程序实际动手测一下两者在时间上的差异。代码如<程序：二分法和 in 在时间开销上的差异>所示。

```
#<程序：二分法和 in 在时间开销上的差异>
import time                                    #需引入 time 模块
k = 50000; L = [ ]
for i in range(k): L.append(i)
start = time.clock()                           #记录起始时间
for i in range(k):
    if binary_search(L, k + 1) >= 0: continue  #调用上文中 binary_search()函数
elapsed = time.clock() - start                 #程序执行的总耗时
print("使用自己写的 binary search 花时间: ", elapsed)

start = time.clock()
for i in range(k):
    if k + 1 in L: continue                     #使用 in 搜索列表中的元素
```

```
elapsed = time.clock() - start
print("使用 Python in 花时间: ",elapsed)
```

程序的执行结果如下：

使用自己写的 binary search 花时间: 0.22262827640367314
使用 Python in 花时间: 31.022922501535664

大家再试试 2 倍、4 倍、8 倍 k 的执行时间，就知道增长速度的差异了。

练习题 2.5.2　统计列表中所有元素出现的次数。

【问题描述】　统计列表中各元素出现的次数，然后输出列表中的元素及其出现的次数。如 L = [12,11,3,11,6,11,12,3,11]，列表中 11 出现了 4 次，12 和 3 都出现了 2 次，6 出现了 1 次。可能的输出为[[3,2],[6,1],[11,4],[12,2]]。

【解题思路】　前面学习了列表的基础用法，也学会了列表的简单排序方法，我们可以利用排序算法，先根据前面所学的排序算法将列表 L 从小到大排序，这里使用选择排序算法，如此相同的元素就会连续出现，方便统计元素出现的次数。请自行编写 Python 程序。

练习题 2.5.3　如练习题 2.5.2，将这个列表中的元素按出现的次数从小到大输出。

【解题思路】　调用或改编前面的排序程序，请自行编写 Python 程序。

2.5.2　二进制、十进制等进制之间的转换问题

首先，问同学们一个简单的问题：当你看到一个数 1100 时，你确切地知道它有多大吗？大多数人的回答应该是肯定的。例如，一部手机的价格是 1100 元，对你来说就是一个明确的数量。之所以明确是因为你生活在一个惯于使用十进制的世界，因此你认为 $1100 = 1 \times 10^3 + 1 \times 10^2 + 0 \times 10^1 + 0 \times 10^0$。而对于计算机而言，仅有 1100 这个数，而没有进位制的定义时，它的值是不明确的。以十六进制而言，这个手机价格等于十进制系统中的 4352 元，而以二进制而言，这个手机的价格就只有 12 元了。因此，在计算机的世界里，任何数都需要数字和进位制的完整定义才能表示明确的量值。

十进制是大多数人习惯使用的进位制。大家小的时候都背过"九九乘法表"，九九乘法表就是十进制的乘法表。那么你是否想过，为什么它不是"七七乘法表"或"八八乘法表"呢？是不是因为一般人都有十个手指，所以我们自然而然地希望遇 10 则进位呢？假如我们都有两个手指的话，那么我们可能从小要背诵"一一乘法表"了。

下面从最熟悉的十进制开始入手，观察一个十进制的整数 391，通过观察可发现该数具有如下两个性质：

（1）每一位都介于 0～9；

（2）这个数可以分解为 $391_{10} = 3 \times 10^2 + 9 \times 10^1 + 1 \times 10^0$。

我们通常用数的右下标表明它的进制，例如，391_{10} 就表示一个十进制数 391。有的书也用 $(391)_{10}$ 表示。本书约定如果一个数没有下标就默认它为十进制数。

以此类推，二进制也有如下两个性质：

（1）每一位都介于 0～1；

（2）这个数可以分解为

$$391_{10}=110000111_2=1\times2^8+1\times2^7+0\times2^6+0\times2^5+0\times2^4+0\times2^3+1\times2^2+1\times2^1+1\times2^0$$

从该例可看出，一个值可用十进制或二进制表示。通常使用的十进制，也就是逢十向高位进一，所以叫作十进制；而二进制则是逢二向高位进一，所以叫作二进制。

了解了何为进制，那么二进制和十进制之间如何转换呢？

实际上，计算机中的进制转换是通过一定的"算法"完成的。要了解这个算法，先回顾二进制数的组成：

$$110000111_2=1\times2^8+1\times2^7+0\times2^6+0\times2^5+0\times2^4+0\times2^3+1\times2^2+1\times2^1+1\times2^0$$
$$=256+128+4+2+1=391$$

我们用符号替代二进制数的每一位，例如，第 i 位记为 a_i。那么 $n+1$ 位二进制数 A 就可以表示为 $A=a_n a_{n-1}\cdots a_1 a_0$。如此，二进制数 A 转换为十进制数的算法为

$$A=a_n\times2^n+a_{n-1}\times2^{n-1}+\cdots+a_1\times2^1+a_0\times2^0$$

现在就可以很方便地用上面这个式子把二进制数转换为十进制数了。代码如<程序：二-十进制转换>所示。

```
#<程序：二-十进制转换>
while True:
    b = input("Please enter a binary number:")
    if b.isdigit():break
d = 0
for i in range(0,len(b)):
    if b[i] == '1':
        weight = 2 ** (len(b) - i - 1)
        d = d + weight;
print(d)
```

这个程序首先通过 Python 语句"b=input("Please enter a binary number:")"接收输入的二进制数，并用字符串的形式把这个数存储到变量 b 中。例如，输入一个二进制数 1010，那么 b 中存储的是字符串 b="1010"。这里用单引号或双引号所界定的一串符号表示字符串。程序定义了一个变量 d，用来存放转换后的十进制数值，并把 d 的初始值设为 0。在 for 循环中，累加二进制数每位数值和位权（2 的次方）的乘积。位权的计算是用 Python 语句"weight = 2 ** (len(b)−i−1)"实现的。这里用 2 ** n 的运算来获得 2 的 n 次方幂的计算结果。

但是，在计算机中执行指数运算往往比单纯的加、减、乘、除运算要复杂得多，因此也更加费时。为了更快地完成进制转换，我们对前面的 Python 程序做了改进，改进后的代码如<程序：改进后的二-十进制转换>所示。

```
#<程序：改进后的二-十进制转换>
while True:
    b = input("Please enter a binary number:")
    if b.isdigit():break
d = 0; weight = 2 ** (len(b) - 1);
for i in range(0,len(b)):
```

```
        if b[i] == '1':
            d = d + weight;
        weight = weight//2;                    #"//"是整数除法
    print(d)
```

改进后的程序首先算出了二进制数最高位的位权,即 weight＝2 ** (len(b)−1)。在随后的 for 循环中,就不需要重复计算 2 的 i 次方幂了,而是用整数除法,即 weight＝weight//2,得到每一位的位权。

请读者改写此程序,使得不需要一开始做 2 的幂次方运算,也就是从最低位开始运算,然后每次 weight 乘以 2。

其他进制到十进制的转换方法与此类似。例如,将八进制数 1023_8 转换为十进制数的例子:

$$(1023)_8 = 1 \times 8^3 + 0 \times 8^2 + 2 \times 8^1 + 3 \times 8^0 = 512_{10} + 16_{10} + 3_{10} = (531)_{10}$$

即八进制数 1023 的数值等于十进制数 531 的数值。下面介绍把十进制数转换为二进制数的方法。它的基本思想是先求出转换后的二进制数的最低位,然后依次算出高位来。下面直接给出具体的算法。

输入一个十进制数 x,输出 x 对应的二进制数。其算法步骤如下:

(1) 将 x 除以 2;

(2) 记录所得的余数 r(必然是 0 或 1);

(3) 用得到的商作为新的被除数 x;

(4) 重复步骤(1)～(3),直到 x 为 0;

(5) 倒序输出每次除法得到的余数,所得的 0、1 字符串即 x 的二进制数。

根据上述步骤,例如,将十进制数 19 转换为二进制数的步骤如下:

(1) 19/2＝9 余 1,代表二进制的最低位是 1,以此类推;

(2) 9/2＝4 余 1;

(3) 4/2＝2 余 0;

(4) 2/2＝1 余 0;

(5) 1/2＝0 余 1。

按逆序输出的结果是 $19_{10} = 10011_2$。上述将十进制数转换为二进制数的算法用 Python 代码实现如<程序: 整数的十-二进制转换>所示。

```
#<程序: 整数的十-二进制转换>
while True:
    s = input("Please enter a decimal number:")
    if s.isdigit():
        x = int(s);break
r = 0;Rs = []
while(x != 0):
    r = x % 2
    x = x//2
    Rs = [r] + Rs
for i in range(0,len(Rs)):
#从最高位到最低位依次输出; Rs[0]存的是最高位, Rs[len(Rs) − 1]存的是最低位。
    print(Rs[i].end = ' ')
```

如果运行这个 Python 程序,你会看到:

```
>>> Please enter a decimal number:19
>>> 10011
```

2.5.3 扑克牌游戏——21 点

想必大家对 21 点这个游戏并不陌生,规则很简单,该游戏由 2~6 人玩,使用除大小王之外的 52 张牌,其中,A 牌(Ace)既可算作 1 点也可算作 11 点,由玩家自己决定(当玩家停牌时,点数一律视为最大且尽量不超过 21 点,如 A+9 为 20,A+4+8 为 13);2~9 牌,按照其牌的原点数计算,即 2 牌表示 2 点,3 牌表示 3 点,以此类推;10、J、Q 和 K 都算作 10 点。游戏者的目标就是使手中的牌的点数之和不超过 21 点且尽量大。

在赌场 21 点的规则稍微有点复杂,下面给出一个简单的游戏规则:

(1) 开局时,庄家给每位玩家发两张明牌(牌面朝上),再给庄家自己发两张牌,一张明牌,一张暗牌(牌面朝下)。

(2) 初始牌分发完毕后,玩家根据庄家和自己的牌面可以选择拿牌、停牌以及投降。若选择拿牌,庄家会发给玩家一张牌,如果玩家手上所有牌的点数没有超过 21 点,玩家可以继续选择拿牌;如果点数超过 21 点,称为"爆掉",并判定玩家输,庄家赢(无论庄家之后的点数是多少)。若玩家选择停牌,就不再给玩家发牌,手上所有牌的点数为该玩家最终的点数,并轮到下一名玩家选择。

(3) 当所有玩家停止拿牌后,庄家翻开暗牌,并持续拿牌直至点数不小于 17,即庄家手上的牌的点数和小于 17 时,必须一直拿牌,直至点数大于或等于 17。

(4) 最后,根据玩家和庄家手上牌的点数判断输赢。如果庄家爆掉,则玩家赢得赌注;否则,比点数大小,大为赢,点数相同为平局,玩家拿回赌注。

根据上述规则,可以将整个游戏分为 4 部分:第一部分为洗牌,用 shuffle(L) 函数来实现;第二部分为发牌,由 deal(L) 来实现;第三部分为计算牌面点数之和,用函数 point(L) 来实现;第四部分为主函数,完成洗牌、发牌、计算点数以及判定输赢。这样就完成了 21 点游戏程序的编写。

1. 洗牌函数 shuffle(L)

函数 shuffle(L) 中的参数 L 为一个列表,里面包含一副牌的所有点数(除去大小王共 52 个点数),注意 J、Q、K 点数均为 10。现实中洗牌是一个随机的过程,所以该函数需要用 random() 函数,第一步需要用 import random 语句来声明本函数需要用到随机函数。洗牌函数的主要思想是:依次对每张牌随机选定一个位置,并将其与该位置上的牌互换位置,如此下来就相当于洗了一遍牌,牌面点数保存在列表 L 中。代码如<程序:21 点——洗牌>所示。

```
#<程序:21 点——洗牌>
import random
def shuffle(L):
```

```
    for i in range(len(L)):
        j = random.randint(0,len(L) - 1)
        L[i],L[j] = L[j],L[i]
```

2. 发牌函数 deal(L)

deal(L)中的 L 为一个列表参数,表示洗好的牌。牌洗好后,发牌其实就是按照 L 下标递增的顺序一张张发到庄家和玩家手中的过程,所以我们需要设定一个变量 i 来表示下一次发牌的下标值。还要用两个列表来分别表示玩家和庄家的手牌,本函数用列表 W 表示玩家手牌,列表 Z 表示庄家手牌。

根据游戏规则,可以将发牌分为 3 个阶段:第一,初始发牌,给玩家和庄家分别发两张牌;第二,玩家拿牌;第三,庄家拿牌。

(1) 初始发牌:牌 L 中的前两个数为玩家手牌,也就是将 L[0]、L[1]赋值给玩家;第三和第四项为庄家手牌,即 L[2]、L[3](其中 L[2]为暗牌)。

(2) 玩家拿牌:初始发牌后,计算机会将玩家的手牌以及庄家的明牌打印在屏幕上显示给玩家看,让玩家根据双方点数抉择是否继续拿牌。每次计算机都会给玩家两种选择:一是"拿牌",二是"停牌"。如果玩家选择"拿牌",计算机则从牌 L 中发给玩家一张牌并将其显示在屏幕上,让玩家继续选择,直到玩家选择"停牌"。如果玩家选择"停牌",则停止给玩家发牌,并计算出玩家最终手牌点数和。

(3) 庄家拿牌:庄家拿牌不会有选择的机会,只要庄家牌面点数和小于 17,计算机就会一直给庄家发牌,直到大于或等于 17。

综上所述,玩家和庄家拿牌都可以用 while 循环来实现,代码如<程序:21 点——发牌>所示。

```
#<程序:21 点——发牌>
def deal(L):
    W = L[0:2];Z = L[2:4]                              #玩家 W,庄家 Z 手上各两张牌
    i = 4                                              #下一次发牌的下标
    print("当前玩家手牌: ",W," 点数和为: ",point(W))
    print("当前庄家明牌: ",Z[1])
    opt = input("请选择是否继续拿牌(Y: 拿牌,N: 停牌):")
    while opt == "Y" or opt == "y":                    #玩家选择拿牌
        W.append(L[i]); i = i + 1                      #发牌
        print("当前玩家手牌: ",W)
        opt = input("请选择是否继续拿牌(Y: 拿牌,N: 停牌):")
    while point(Z)< 17:                                #庄家拿牌
        Z.append(L[i]);i = i + 1                       #发牌
    return [W,Z]
```

3. 求点数和函数 point(L)

point(L)中的 L 为一个列表参数,表示玩家或庄家的手牌。求点数之和最困难的就是计算牌 Ace 的点数,因为 Ace 的点数既可以是 1 也可以是 11,所以在求和时需要单独计算

牌 Ace,至于其他牌,点数是什么就加多少。代码如<程序:21 点——求点数和>所示。

```
#<程序:21 点——求点数和>
def point(L):
    sum = 0                          #点数和
    num1 = 0                         #牌面为 Ace 的个数
    for i in L:
        if i == 1: num1 = num1 + 1
        else: sum = sum + i
    while num1 > 0:                  #计算牌 Ace 的点数
        if sum + 11 <= 21: sum = sum + 11
        else: sum = sum + 1
        num1 = num1 - 1
    return sum
```

兰　兰:这个 point() 计算有点问题,假如除了 Ace 之外有 10 点,也就是我有一个 10 点和两个 Ace。按照这个程序,我就变为 22 点。

沙老师:确实有问题。我们可以通过建立一个二元一次方程来得出最优的计算 Ace 点数的方式。

根据 Ace 的牌数,我们可以求出所拿到的所有 Ace 分别取 1 还是 11 时加上其他牌的点数最大且不超过 21,从而可以得出每个 Ace 应该取 1 还是 11 的最优解。最后将所有 Ace 的最优解的点数与其他牌的点数相加,即为结果。代码见<程序:21 点——求点数和改进方法>。

请注意,此程序仍然有瑕疵。例如,考虑当手牌为[1,1,10,10]的时候,作为练习题,请读者自行修改程序。

```
#<程序:21 点——求点数和改进方法>
def point(L):
    sum = 0                          #点数和
    num1 = 0                         #牌面为 Ace 的个数
    for i in L:
        if i == 1: num1 = num1 + 1
        else: sum = sum + i
    max = 0                          #保存最优解的 Ace 点数
    for x in range(num1 + 1):        #计算牌 Ace 的所有可能点数
        sumAce = x + (num1 - x) * 11
        if(sumAce + sum) <= 21 and sumAce > max:    #通过比较来保存最优解
            max = sumAce
    sum = sum + max
    return sum
```

4. 主函数 main

首先需要设置一个列表变量 L 表示 52 张牌的牌面点数,其中需要注意的是 J、Q、K 牌面为 10,Ace 的牌面暂时设为 1。然后调用洗牌函数 shuffle(L)、发牌函数 deal(L) 以及求点数和函数 point(L) 来完成游戏的一系列步骤。最后分析玩家以及庄家的手牌点数和来判断玩家输赢。代码如<程序:21 点——主函数>所示。

```
#<程序: 21 点——主函数>
L = [1,2,3,4,5,6,7,8,9,10,10,10,10] * 4        #一副牌除去大小王
shuffle(L)                                      #调用函数 shuffle(L)来洗牌
[W,Z] = deal(L)                                 #调用函数 deal(L)来发牌
print("最终玩家手牌: ",W)
print("最终玩家手牌点数和为: ",point(W))
print("最终庄家手牌: ",Z)
print("最终庄家手牌点数和为",point(Z))
if point(W)> 21: print("Boom! You died!")
elif point(Z)> 21 or point(Z)< point(W): print("You win!")
elif point(Z) == point(W): print("It's a draw!")
else: print("You lost!")
```

2.5.4 老虎机游戏

在以前,街头巷尾经常会摆上几个老虎机供过路的人们消遣,非常受欢迎。老虎机是一种零钱赌博的机器,玩法很简单,只需投入 1 枚 1 元硬币,拉一下拉杆,屏幕上就会有写着不同奖金数额的方块循环亮起,分别为 0 元、1 元、2 元和 3 元,最终哪种方块是亮着的就代表这局赢得的奖金,机器就会吐出相应个数的硬币。屏幕上共有 20 个写着奖金的方块,代表 0 元的方块最多,有 12 个,1 元的方块有 4 个,2 元的方块有 2 个,3 元的方块 2 个。现在,用 Python 写一个老虎机的游戏程序。

所有的老虎机程序都是已经预先设定好的,出彩也是随机的,所以我们需要运用到随机函数 random()。根据给出的数据,我们可以求得奖金的概率,如表 2-1 所示。

表 2-1 奖金概率

奖金/元	0	1	2	3
概率	0.6	0.2	0.1	0.1

用随机函数如何模拟奖金的概率呢?我们可以使用 random. random()随机产生 0～1 的浮点数(包括 0 但不包括 1)。由于随机函数的概率是平均分布的,所以我们可以规定随机数小于 0.6,则表示奖金为 0 元;如果随机数大于或等于 0.6 且小于 0.8,则表示奖金为 1 元;如果随机数大于或等于 0.8 且小于 0.9,则奖金为 2 元;随机数大于或等于 0.9 表示奖金为 1 元,这样就模拟出了相应奖金的概率。代码如<程序:老虎机游戏>所示。

```
#<程序:老虎机游戏>
import random
while(True):
    m = input("Please input the principal: ")
    if m.isdigit():
        money = int(m);break
opt = "1"
while money > 0 and opt == "1":
```

```
money = money − 1                    #投入1元本金
r = random.random()                  #产生0~1的随机数
if r < 0.6: prize = 0                #判断奖金数
elif r < 0.8: prize = 1
elif r < 0.9: prize = 2
else: prize = 3
money = money + prize                #剩余钱数
print("The price is ",prize," The remainder is ",money)
opt = input("Do you want to continue? Yes(1) or No(0)?")
```

同学们可以玩一玩上面的游戏,假设先投入了10元的本金,在玩了若干次后,就会发现我们的钱数越来越少,直到全部输光。由程序可以看出,所有赌博机的赔率都是可以调节的,一般为四五个幅度,赌博参与人少时,老板会将赔率调高,让参与者尝到甜头,吸引围观者,然后再调低赔率,参与者长期赌肯定输。

沙老师:我们可以简单计算每次投入1元,可以赢钱的期望值是多少:$1×0.2+2×0.1+3×0.1=0.7$,所以投入1元大概率只能赢回0.7元。只要玩的次数变多,老虎机必定会遵循大概率的情况,也就是必定会输钱,最后本金会全部输掉。只有一种情况比较有机会赢钱,那就是一旦比本金多,就停止。问题是,一般人停不下来!

练习题 **2.5.4** 将上面的程序改写:

(1) 玩老虎机的次数 k 次,或者当本金全部输掉,游戏结束。k 可以设为 10、20、30 等次数。

(2) 执行程序 100 次,每次一旦比本金多就停掉。当然本金全部输掉也要停止。计算 100 次中,有多少次可以赢钱。

【解题思路】 请自行完成。

习题

习题 **2.1** 编写一个 Python 程序,计算 $1^4+2^4+3^4+\cdots+(n-1)^4+n^4$。

习题 **2.2** 在全班 50 名同学中征集慈善募捐活动,预计要捐善款一万元,每名同学捐款数目不定,当捐款总数大于或等于一万元之后停止捐款。编写一个 Python 程序,统计此时捐款人数以及平均捐款数目。

输入:依次输入每名同学的捐款钱数,总数大于或等于一万停止。

输出:两个数 N 和 A,分别代表捐款人数和平均捐款数。

习题 **2.3** 有 3 门课外兴趣班,分别是篮球班、羽毛球班和足球班,一个班级里每名同学都至少要选一门。现在将选课程的同学名单用列表表示 L1(篮球班名单)、L2(羽毛球班名单)、L3(足球班名单),同学姓名用拼音代替,如 Xiaoming、Lanlan 等,假设班级里没有重名的学生。编写一个 Python 程序,打印该班级同学名单,并求出共有多少名同学?

输入：列表 L1、L2 和 L3,列表中存储的是同学姓名。

　　输出：学生名单和学生总数。

　　习题 2.4　编写一个 Python 程序,求 200～500 不能被 3 整除但能被 5 整除的所有数。

　　习题 2.5　编写一个 Python 程序,求 3 位数的整数中能被 3 整除,且至少有一位是 5 的所有数。

　　习题 2.6　编写一个 Python 程序,输入一个大于 3 的整数 n,判断该数是否素数(质数)。

　　习题 2.7　编写一个 Python 程序,求 200～500(包括 500)的全部素数。

　　习题 2.8　请用自定义函数编程实现 f(n),函数功能为:求 n 的阶乘。利用函数 f(n),编程实现对任意给定的 3 个整数 $x \leqslant y \leqslant z (1 < x \leqslant y \leqslant z < 100)$,求 $x! + y! + z!$。

　　习题 2.9　请用自定义函数编程实现 factor(num,k),函数功能为:求整数 num 中包含因子 k 的个数,如果没有该因子则返回 0。例如,$12 = 2 \times 2 \times 3$,则 factors(12,2)=2,factors(12,3)=1,factors(12,4)=1,factors(12,5)=0。

　　习题 2.10　请用自定义函数编程实现 pai(e),函数功能为:根据以下公式求 π 的值,直到某一项的值小于给定的精度 e。

$$\frac{\pi}{2} = 1 + \frac{1}{3} + \frac{1}{3} \times \frac{2}{5} + \frac{1}{3} \times \frac{2}{5} \times \frac{3}{7} + \frac{1}{3} \times \frac{2}{5} \times \frac{3}{7} \times \frac{4}{9} + \cdots$$

　　输入：精度 e,如 0.0005。

　　输出：π 的值,上例为 3.14058。

　　习题 2.11　请用自定义函数编程实现 fun(a,b),函数功能为:将两个 3 位数的整数 a 和 b 合并成一个整数 c,合并规则为 c 的十万位、千位和十位分别是 a 的百位、十位和千位,而 c 的万位、百位和个位分别是 b 的百位、十位和个位。例如,输入为 a=123,b=456,则输出为 c=142536。

　　习题 2.12　请以多项式 $4x^{20} + 3x^{10} + 5$ 和多项式 $2x^8 + x - 1$ 为例,使用本章中子列表形式的数据结构(第三种),编写多项式乘法和除法的 Python 程序。

　　习题 2.13　有若干堆牌,每堆牌的牌数用列表 L 表示。一个人一次可以从某一堆牌中拿走任意数(大于 0)的牌,甚至可以将那堆牌全部拿走。请列出一个人一次拿牌后的所有可能牌数的组合。输出的牌数要从小到大排序。例如,原来有两堆牌 L=[2,3],一次拿牌后剩余牌数可能的组合为：[1,3],[0,3],[2,2],[1,2],[0,2]。

　　(1) 试验 foundP([2,3])。下面的代码错在哪里? 可能有多处错误。

　　(2) 请写出正确的代码。

```
# <程序：列出拿一次后的可能组合,请查错误>
def findP(L):
  for i in range(0,len(L)):           # 对每一堆牌进行操作
      a = L[i]; X = L;
      if (a == 0): continue            # 这一堆的所有可能都试过了,要尝试下一堆
      while(a > 0):                    # 可能拿 a 张牌
          a = a - 1; X[i] = a;
      X.sort()                         # X 内容被改变成为排好序的列表
      print(X)
```

习题 2.14 第 1 章介绍了合并两个有序列表,使得合并后的列表仍然有序的问题,并写出了解决该问题的算法,但是没有给出具体的 Python 代码。

现在,将上述问题用函数 merge(L1,L2)来实现,该函数功能为:输入参数是两个从小到大排好序的整数列表 L1 和 L2,返回合成后的从小到大排好序的大列表 X。例如,merge([1,4,5],[2,7])会返回[1,2,4,5,7];merge([],[2,3,4])会返回[2,3,4]。请按下列要求用 Python 实现该函数。

要求:

(1) 程序中比较两列表元素大小的次数不能超过 len(L1)+len(L2)。

(2) 只能用列表 append()和 len()函数。

习题 2.15 在本章二进制转换十进制中,<程序:改进后的二-十进制转换>用整数除法计算每位的位权,即程序语句 weight=weight//2,并对输入的二进制整数从高位向低位转换。现在请改写这个程序,用乘法计算每位的位权,对输入的二进制整数从低位向高位转换。

习题 2.16 请改写本章中<程序:整数的十-二进制转换> Python 程序,完成十进制到二进制的包含小数的转换。输入是一个带小数点的十进制数,输出是一个带有小数点的二进制的数,假设精确度是 8 位。

习题 2.17 火星数字破译,人类终于登上了火星,并且见到了神秘的火星人,但是人类和火星人都无法理解对方的语言,就连简单的数字都无法相通。科学家们发现火星人只有八根手指,他们表示数就靠数手指来完成。如要表示 9,就用 11 来表示,20 就用 24 来表示,请编写一个 Python 程序,破译任意火星数字,使其变成地球中常见的十进制数。

输入:一个火星数字 N。

输出:破译过后的十进制数。

习题 2.18 贪婪的送礼者。对于 N 个要互送礼物的朋友,确定每个人送出的钱比收到的多多少。在这个问题中,每个人都准备了一些钱来送礼物,而这些钱将会被平均分给那些将要收到他的礼物的人。然而,在任何一群朋友中,有些人将要送出较多的礼物(可能是因为有较多的朋友),有些人准备了较多的钱(可能是因为较为富有)。给出 N 个朋友,以及每个人将花在送礼上的钱,和将要收到他的礼物的人的列表,请编写一个 Python 程序,确定每个人收到的比送出的钱多的数目。

例如,输入为

```
1    ['Aaron','Benson','Howard','Ophelia']
2    [['Aaron',300,3,'Benson','Howard','Ophelia'],
3    ['Benson',150,2,'Aaron','Ophelia'],
4    ['Howard',100,1,'Benson'],
5    ['Ophelia',200,2,'Aaron','Howard']]
```

其中,第 1 行为 N 个朋友的名字,第 2~5 行是一个列表,由于纸张限制将之分成了 4 行,编程的时候要注意不要分行。列表中有 4 个子列表,每个子列表有以下几种元素:第一个元素为赠送者的名字,第二个元素为礼物总价,第三个元素为赠送人数,后面为接受礼物人的名字(元素个数由赠送人数指定)。

上例的输出如下：

```
Aaron – 125.0  Ophelia – 25.0  Howard 100.0  Benson 50.0
```

习题 2.19 黑色星期五(13 日是一个星期五)。13 日在星期五比在其他日子少吗？为了回答这个问题,写一个程序,要求计算每个月的 13 日分别为周一到周日的次数。给出 N 年的一个周期,要求计算 1900 年 1 月 1 日至 1900+N−1 年 12 月 31 日中 13 日落在周一到周日的次数,N 为正整数且不大于 400。

输入为：一个数字 N。

输出为：7 个整数,分别表示 13 日是周一到周日的次数。

提示：

(1) 1900 年 1 月 1 日是星期一。

(2) 4 月、6 月、9 月和 11 月有 30 天,其他月份除了 2 月外都有 31 天。闰年 2 月有 29 天,平年 2 月有 28 天。

(3) 年份可以被 4 整除的为闰年(1992=4×498,所以 1992 年是闰年,但是 1990 年不是闰年)。

(4) 以上规则不适合于世纪年。可以被 400 整除的世纪年为闰年,否则为平年。所以,1700 年、1800 年、1900 年和 2100 年是平年,而 2000 年是闰年。

习题 2.20 挤牛奶。三个农民每天清晨 5 点起床,然后去牛棚给 3 头牛挤奶。第一个农民在 300s(从 5 点开始计时)给他的牛挤奶,一直到 1000s。第二个农民在 700s 开始,在 1200s 结束。第三个农民在 1500s 开始,2100s 结束。在这期间至少有一个农民在挤奶的最长连续时间为 900s(300～1200s),而无人挤奶的最长连续时间(从挤奶开始一直到挤奶结束)为 300s(1200～1500s)。

要求编一个 Python 程序,输入 N 个农民(1≤N≤5000)挤 N 头牛的工作时间列表,计算以下两个问题(均以 s(秒)为单位)：

(1) 最长至少有一人在挤奶的时间段。

(2) 最长的无人挤奶的时间段(从有人挤奶开始算起)。

例如,输入为：[[300,1000],[700,1200],[1500,2100]],则该输入的每个元素为一个农民的挤奶时间段。输出为：900 300。

习题 2.21 编写一个 Python 程序,求双重回文数。如果一个数从左往右读和从右往左读都是一样的,那么这个数就叫作"回文数"。例如,12321 就是一个回文数,而 77778 就不是。当然,回文数的首和尾都应是非零的,因此 0220 就不是回文数。事实上,有一些数(如 21),在十进制时不是回文数,但在其他进制(如 21 的二进制为 10101)时就是回文数。编一个程序,输入两个十进制数 N (1≤N≤15)和 S(0<S<10000),输出前 N 个满足以下条件的十进制数,条件：

(1) 该数大于 S。

(2) 该数在二进制上是回文数。

例如,输入为：10100。

输出为：104 105 107 109 111 114 119 121 127 129。

习题 2.22 编写一个 Python 程序,求回文平方数。给定一个进制 B(2≤B≤10,由十

进制表示),输出所有满足以下条件的十进制数 N,条件:

(1) 1≤N≤300。

(2) N 的平方用 B 进制表示时是回文数,即回文平方数。

例如,输入为:K=2。

输出为:

1   1   1

3   9   1001

输出中,每行的第一个数为一个回文平方数(十进制表示),第二列为该数的平方(十进制),第三列为平方的 K 进制表示。

第**3**章 深谈Python函数、变量、数据类型与输入输出

引 言

　　有了前两章的编程基础，接下来深入学习 Python 语言中的一些重要知识——函数、变量、数据类型、输入输出。函数作为 Python 的重要组成部分，我们要了解函数是怎么编写的？什么是好的函数编写方式？不要撰写出可能有"副作用"的函数。接着讨论全局变量和局部变量的差异，体会为什么在函数中要尽量少用全局变量；也会讲解参数的传递和嵌套函数的各种知识。除了对 Python 函数部分的学习，我们也将学习一些数据类型，包括列表、字符串、元组和字典等，它们都是编程中会经常被用到的。其中，列表、字符串和元组这种可以通过下标来索引到内部元素的结构都算是序列，而字典实际上是一种映射。本章除了详细描述这些数据类型的使用外，更强调了可能会出错之处和作为函数参数传递时的注意事项。最后将介绍输入输出、文件操作与异常处理。学完本章之后，同学们会对 Python 的使用更加得心应手，并且可以避免许多 Python 编程特有的错误。

3.1　深入了解函数的各种性质

前面曾简单讲解过函数，包括函数的基本概念、基本形式以及一些小例子。本节将带领大家深入了解函数的作用；理解如何避免函数执行时的错误；掌握函数中参数、返回值、变量、嵌套函数等的性质，从而让大家能够编写完整而又完美的函数。

3.1.1　编写完美函数

在讲解完美函数的思想前，首先大家需要清楚的是，为什么需要函数？我们在编程的时候，有很多操作过程是重复的，也就是说，功能是一样的，只是处理的数据不一样。比如说在前面的章节中我们介绍过多项式计算的问题，在求解多项式乘法的时候其实就是多次多项式加法的应用，这时没有必要来回写这些重复的代码，而是可以将加法写成一个函数，在编写多项式乘法的代码时只需要在 for 循环中调用它就可以了。再比如有 A 函数、B 函数和 C 函数，在执行的过程中都需要进行排序，那么我们就可以单独写一个排序函数，方便不同的函数分别调用它。由此可知，在编写程序时，我们可以构造一些基本函数，方便后面的其他函数来调用它，从而实现完整的功能。

对于函数的思想，我们可以将其理解为把完成某一功能的代码封装到一个"盒子"里，再给它起一个名字。每次需要执行这个功能的时候就把它调出来，输入我们想进行处理的数据，最终这个盒子会返回给我们想要的返回值。整个流程如图 3-1 所示。

我们希望自己所定义的函数是个"完美"的函数。所谓"完美函数"，它应该就像一个封装好的黑盒子，只需要传递给它需要的参数，盒子里面进行的一系列操作都是独立的，此函数的执行不会影响到外界的环境（如外面的变量等）。这是什么意思呢？下面通过图 3-2 来解释。

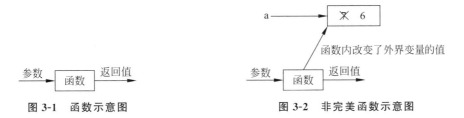

图 3-1　函数示意图　　　　　图 3-2　非完美函数示意图

在图 3-2 中，变量 a 既不是函数的输入也不是函数的输出，只是函数外面的一个变量。在执行函数之前，a＝7；而执行了函数之后，a＝6，即在函数执行的过程中竟然改变了外界的环境，这就不是一个完美的函数，而是一个比较"危险"的函数。编写函数时，我们希望的是在函数执行过程中，除了传入的参数以外，应尽量不改变其外界的环境。

3.1.2　参数与返回值

现在再来看看函数中的参数与返回值。对于 Python 中函数的参数，它们是在函数内才有意义的变量,我们可以将其理解为是"随机应变"的容器。至于容器中将要装的是什么类型的值,函数在定义时并不确定。所以与其他语言(如 C、Java 等)不同的是,C 或 Java 在编写函数时一定要明确声明参数的类型,但 Python 不需要声明参数的类型,只有在函数调用时参数的真实类型才会被绑定。

此外,在前面也介绍过,函数中参数的个数是随意的,但即使没有参数,函数后面的括号也是必须要有的。

兰　兰:如果我定义的函数本来是希望判断一个整数是否奇数,比如 def is_odd(a):return not a％2==0,但执行时传入进来的却是个列表,那么程序是不是就会出错而终止? 但我们不希望因为一个函数的参数类型错误而被全盘终止。

沙老师:没错! 所以说,在编写 Python 函数时应该主动去检查所传参数的类型是否我们想要的类型,比如对于 is_odd 函数,应该添加如"if type(a) != type(1): return False"的语句来判断 a 是否为整数。为了减少篇幅,本书默认所有程序调用函数时所传的参数类型都是正确的,但是同学们在编写正式程序时需要主动检查所传入的参数类型。

对于函数的返回值,可以有也可以没有。如果有返回值,就必须要有 return 关键字,多个返回值之间用逗号隔开,Python 允许函数返回多个返回值这一特点为我们的编程提供了很大的方便! 同样,返回值的类型也不需要声明,Python 会自行判断返回值的类型。

下面举一个具体的例子来说明,见<程序:参数与返回值举例>。该例子所实现的功能是检验一个给定的序列中指定位置的字符是否要查找的字符。如果指定的位置超过了字符串的长度,则返回"Error:position exceeds length of string"。

```
#<程序:参数与返回值举例>
def find(str,pos,key):
    if(len(str)< pos):                #指定的位置大于字符串的长度
        return False, - 99
    else:
        if(str[pos] == key):
            return True,True
        else:
            return True,False
mystr = "abcdefgh"
correct,res = find(mystr, 2, 'c')
if(not correct): print("Error:position exceeds length of string")
elif res: print("Find it!")
else: print("Not in it!")
```

可以看到,函数 find 的参数有 str、pos 和 key,我们并没有声明它们的类型,其实它们可以承载任意类型的变量,只是在调用 find 函数的时候传入的参数为 mystr、2 和'c',即分别是字符串型、整型和字符类型,也就是我们所希望的参数类型。请各位同学自己试验一下:find([7,3,2,8],1,3)的执行结果是否是"Find it!"。

3.1.3　局部变量与全局变量

对于变量,可以分为局部变量和全局变量。局部变量也就是只能在特定的函数中可以访问的变量,而全局变量是定义在所有函数最外面的变量。学会分辨哪些是局部变量,哪些是全局变量对编程者来说十分重要,否则编程时就可能无法判断我们想要改变的变量是否已经被改变了,从而导致代码的混乱。首先给出分辨局部变量与全局变量的规则。

分辨局部变量与全局变量的规则

假设有一个变量为 a,它出现在函数 f() 中,应怎样判断它在函数内是什么变量? 可以使用如下规则来判定:

（1）如果有 global 关键字修饰变量 a,则 a 为全局变量。

（2）否则,假如 a 是参数或者出现在等号左边,则 a 是局部变量。

（3）否则,a 与函数 f 外层的变量 a 的属性相同。

注意:

- 在判断变量是局部还是全局变量的时候一定要按照上述规则的顺序逐个判断。
- 对于定义在所有函数外的变量,叫作**全局变量**。
- 假如 f() 不是下面所说的嵌套函数(嵌套函数是指在函数内定义的函数),那么在 f() 外层的变量就是全局变量。
- 如果有 global 关键字修饰,那么无论 f() 是不是嵌套函数,被定义的变量都是全局变量。
- 一个较为完美的函数,应尽量少用全局变量,尽量使用参数来进行传值,并且尽量不要在函数内更改全局变量。

先来看这样一个例子,见<程序:局部变量与全局变量举例 1>,对应规则(1)。

```
#<程序:局部变量与全局变量举例 1>
a = 1                    #所有函数最外面的变量,全局变量
def fun(x,y):
    global a             #global 关键字表明 a 是全局变量
    a = x + y
    return a
sum = fun(10, 100)
print(a)
```

这个例子的打印结果是 a=110。对于 a = 1 中的 a,它是定义在所有函数外面的变量,故为全局变量。又因为 global 关键字把 fun() 函数中的变量 a 变成了全局变量(global 关键字后面跟着一个或多个用逗号分开的变量名),所以在执行 a = x+y 的时候就改变了全局变量 a 原来的值,则 a 的值由 1 变成了 110。

再来看第二个例子,见<程序:局部变量与全局变量举例 2>,对应规则(2)。

```
#<程序:局部变量与全局变量举例 2>
a = 1                       #所有函数最外面的变量,全局变量
def fun(x,y):
```

```
        a = x+y                  #a在函数内的等号左侧,局部变量,不改变全局变量的值
        return a
sum = fun(10, 100)
print(a)                         #打印的是函数外的变量a
```

该例中,最终打印的结果是a=1。根据规则,在fun()函数中,a没有被global关键字修饰,则判断是否符合条件(2),可以看出a符合"出现在等号左边"的条件,因此,fun()函数中的a是局部变量。所以,在fun()函数中的操作实际上改变的是局部变量a的值,并不会影响函数外面的全局变量a,也就是说,这两个a没有任何的关系,所以最终输出的结果a的值还是1。接下来,再思考一下x和y是什么变量?它们都不满足规则(1),但满足规则(2),即都是函数的参数,故均为局部变量。

再根据规则(3)做一个举例,见<程序:a,b,c,d是否为局部变量?>。

```
#<程序:a,b,c,d是否为局部变量?>
b,c = 2,4                 #在所有函数最外层,即全局变量
def g_func():
    a = b * c             #a是局部变量
    d = a                 #d是局部变量,b和c都是全局变量
    print(a,d, ';',end = "")
g_func()
print(b,c)
```

上述程序的输出结果如下:

```
8 8;2 4
```

在函数g_func()中,变量a和d是局部变量,因为它们没有被声明为global且出现在等号左边。变量b和c是全局变量,尽管它们没有被声明为global,但是它们不是函数的参数,且只是出现在g_func()函数中语句的等号右边,即不满足规则(1)和(2),则利用规则(3)来判断,变量b和c与函数外层的变量b和c属性相同。函数外层的变量b和c都是全局变量,所以在g_func()函数内部的变量b和c也是全局变量。

为加深理解,下面给出一个较为复杂的Python代码,见<程序:复杂运算例子>。请同学们先自行思考,这个例子最终的打印结果是什么。

```
#<程序:复杂运算例子>
def do_sub(a, b):
    c = a - b            #a、b、c都是do_sub()函数中的局部变量
    print(c)
    return c
def do_add(a, b):        #参数a和b是do_add()函数中的局部变量
    global c
    c = a + b            #全局变量c,修改了c的值
    c = do_sub(c, 1)     #再次修改了全局变量c的值
    print(c)
#所有函数外先执行
```

```
a = 3                          # 全局变量 a
b = 2                          # 全局变量 b
c = 1                          # 全局变量 c
do_add(a, b)                   # 全局变量 a 和 b 作为参数传递给 do_add()
print(c)                       # 全局变量 c
```

该例子输出的结果是"4，4，4"。

3.1.4 嵌套函数

在 Python 中，有时候函数不只有一层，有可能会有多层函数嵌套的情况，在这种情况下，更加应当注意对局部变量和全局变量的分辨。

嵌套函数是指在函数内定义的函数，嵌套函数如同局部变量那样是个"局部"函数，它只能在外层定义它的函数中使用。以前面讲过的选择排序作为例子，我们将代码修改一下，见<程序：嵌套函数举例>。

```
# <程序：嵌套函数举例>
def selection_sort(L):
    def find_min(L):           # 返回 L 中最小值所在的索引
        min = 0                # 这个 min 是 find_min() 函数中的局部变量
        for i in range(len(L)):
            if L[i] < L[min]: min = i
        return min
    for i in range(len(L) - 1):
        min = find_min(L[i:])          # min 是 selection_sort() 函数中的局部变量
        L[min + i], L[i] = L[i], L[min + i]
    return L
```

可以看到，在 selection_sort 中，我们在内部添加了 find_min() 函数，该函数的作用是找出传入列表中最小值的索引。这样，在 selection_sort() 函数的 for 循环中就可以调用这个函数，即每次循环都找出当前序列最小值的索引。

嵌套函数具体的作用是什么呢？为什么不把 find_min() 函数写在 selection_sort() 函数的外面，使得两个函数是并列关系？这就又一次涉及完美函数的思想，我们希望整个函数是一个黑盒子，拥有完整的功能，嵌套函数的主要作用就是希望内部函数只属于自己，且能完成完整功能。对于本例来说，selection_sort() 函数只希望自己可以调用 find_min() 函数，而不希望其他外界函数调用 find_min() 函数，故将其写成嵌套函数的形式。

在有嵌套函数的前提下，应该如何分辨局部变量与全局变量？下面给出分辨规则。

有嵌套函数情况下分辨局部变量与全局变量的规则

假设有一个变量为 a，它出现在函数 f() 中，应该怎样判断它在函数 f() 内是什么变量？可以定义如下规则：

（1）如果有 global 关键字修饰变量 a，那么不管函数 f() 是不是嵌套函数，a 都为全局变量。

（2）否则，假如 a 是参数或者出现在"＝"左边，则 a 是局部变量。

（3）否则，a 应继承上层函数中 a 的属性。如果函数 f() 不是嵌套函数，那么 a 为全局变量。如果 f 是嵌套函数，a 就是上层的 a。

我们再分别举例讲解。先来看<程序：局部变量与全局变量举例 3＞，它的最终打印结果是什么？

```
#<程序：局部变量与全局变量举例 3 >
a = 1                          #全局变量
def F3():
    def F():
        global a               #a 是最外层的全局变量
        print("In F3's F, a = ",a)
    a = 3
    F()
F3()
```

该程序的最终结果为：In F3's F，a＝ 1。由于 F() 函数中的变量 a 被 global 关键字修饰（满足规则(1)），所以它是全局变量。

再看<程序：局部变量与全局变量举例 4＞，结果又是什么？

```
#<程序：局部变量与全局变量举例 4 >
a = 1
def F4():
    global a
        def F():
            a = 2              #a 是 F 的局部变量
            print("In F4's F,a = ",a)
        F()
    print("In F4,a = ",a)      #a 是全局变量
F4()
```

上述程序最终的结果为：In F4's F,a＝2；In F4,a＝1。在 F 函数中 a 没有被 global 修饰，在"＝"左边，故为局部变量（满足规则(2)）。而在第二个 print 中，a 是由 global 修饰的全局变量，故值为 1。

再看<程序：局部变量与全局变量举例 5＞，结果是什么？

```
#<程序：局部变量与全局变量举例 5 >
a = 1
def F5():
    def F():                  #a 不是 F 的局部变量,那就继承上层函数中 a 的属性
        print("In F5's F,a = ",a)
    a = 3
    F()
F5()
```

该例中，最终打印的结果为：In F5's F,a＝3。F() 函数中的 print 语句中的 a 既不是全

局变量,也没有在"="左边,那么按照规则(3)判断,a应该继承上层函数(F5函数)的属性。在 F1 函数中,"a=3",a 在"="左边,是 F5 函数的局部变量,故调用 F()函数的时候 a 的值为 3。

3.1.5　参数类型

在前面介绍过的函数知识中,我们使用到的参数都算作是普通参数,除了普通参数以外,其实还有很多其他类型的参数。本节将具体介绍以下 3 种不同的参数类型:默认参数、关键参数和可变长度参数。大家在编写程序时可根据实际情况选择使用哪一类型的参数。

1. 默认参数

默认参数(Default-value Parameter)是在定义函数的时候就为参数设定一个默认的值,这样,在调用带有默认参数的函数时,可以不用为设置了默认值的参数进行传值,函数会自动使用默认值对该参数进行赋值。带有默认参数的函数定义语法如下:

```
def 函数名(… ,参数名 = 默认值):
```

当调用带有默认参数的函数时,既可以不对默认参数进行赋值,也可以在传参时通过自己赋值的方式来替换该参数的默认值。下面来看一个例子(见<程序:默认参数举例>)。

```
#<程序:默认参数举例>
def add(a,b,c = 3):
    res = a + b + c
    return res
print(add(1,2))          #打印结果为 6
print(add(1,2,5))        #打印结果为 8
```

上面的 add 函数中,"c=3"即为默认参数,当第一次调用 add()函数时,只写了两个参数值,即只有参数 a 和 b 的值,那么在计算时参数 c 就会被赋值为默认值 3,所以 res=1+2+3=6。而第二次调用 add()函数的时候,传递了 3 个参数的值,那么默认参数 c 的默认值 3 就会被覆盖,实际赋值给 c 的值是 5,所以 res=1+2+5=8。

需要特别注意的是,在定义带有默认参数的函数时,默认参数只能出现在所有参数的最右端,并且任何一个默认参数的右侧都不能再定义非默认参数,否则会报错。

2. 关键字参数

例如,在之前学习的 print("Hello World",end=" ")中,使用 end 参数时只需要通过参数名对它传递值即可,其实 end 就是 print()函数的关键字参数(Keyword Parameter)。关键字参数指的是在调用函数时的一种参数传递方式。通过关键字参数进行传参时,只需要按照参数的名字传递值即可,不需要关心定义函数时参数的顺序。来看下面的例子(见<程序:关键字参数举例 1>)。

```
#<程序：关键字参数举例 1>
def my_print(a,b,c):
    print(a,b,c)
my_print(c = 4,a = 8,b = 3)            #打印结果为 8 3 4
```

在上例中可以看到，虽然定义 my_print()函数时参数的顺序是 a、b、c,但是在调用 my_print()函数的时候，使用关键参数的方式传参，就可以不按照顺序来传，关键参数会根据参数的名字"对号入座"。所以调用 my_print()函数之后，还是可以正常地打印出 3 个参数的值。我们可以进一步思考一下，在使用关键参数这一方式时，"c＝4，a＝8，b＝3"中的变量 a、b、c 都是什么变量？可以做一个小试验，见<程序：关键字参数举例 2>。

```
#<程序：关键字参数举例 2>
a = 3                                  #全局变量
def add(a,b,c):
    a = a + b + c
add(c = 4,a = 8,b = 3)
print(a)                               #打印结果为 3
```

在上面的举例中可以看出，其实在使用关键参数这一方式的时候，"c＝4，a＝8，b＝3"中的变量 a、b、c 都是局部变量，所以 add()函数的操作不会影响全局变量 a 的值，故执行 add()函数之后，a 的值仍为 3。但这种方式还是容易产生混淆，故建议大家将关键参数与外界其他变量区分开来，或尽量少用关键参数。

3. 可变长度参数

编程时可能会遇到这样一种情况：不确定参数的个数是多少。那么这时候就可以使用可变长度参数(Variable-length Parameter)。用 * parameter 的形式来表示可变长度参数，该参数会将接收来的任意多的参数存放在一个"元组"中(这里大家先将元组看成是个列表，只是它"不可变"，我们将在后面介绍元组这一数据类型)，则后续所有的对该参数的操作就是对元组的操作。我们通过<程序：可变长度参数举例>来具体解释一下。

```
#<程序：可变长度参数举例>
def fun( * p):
    num = p.count(0)            #count(a)函数为元组内置函数,统计元组中 a 的个数
    if num > 0:
        print("The number of 0 in the parameter is: % d" % num)
    else:
        print("There is no number 0 in the parameter.")
fun('a',"bcd",0,'n')            #输出结果为 The number of 0 in the parameter is:1
```

在该程序中可以看到，我们只用 * p 来接收传进来的所有参数，并将其保存为元组。fun()函数统计传递进来的参数中数字 0 的个数。

需要说明的是，若有必要给函数传入其他参数和可变长度参数时，仍需将可变长度参数放在所有参数的最右端，且可变长度参数后面不能再定义其他参数。

兰　兰：如果默认参数和可变参数一起使用，哪个放在最右边呢？

沙老师：大家可以试一下。我们定义一个函数：def f(a,b, * p,c=3):print(a,b,p,c)，当执行时，除了将值传给 a 和 b 外，其他参数全部传给 p，这样就无法改变默认参数 c 的值了。而当 def f(a,b,c=3, * p,)时，如果要对 p 参数赋值，就必须对 c 赋值，传入的参数就必定会改变默认参数 c 的值，那么参数 c 就不具有默认参数的意义了。这两种使用方式都使得默认参数 c 不再有意义。所以，同学们要注意，在 Python 中最好慎重将默认参数和可变参数一起使用。

3.2　再谈序列与字典数据类型

列表(List)、元组(Tuple)、字符串(String)这种能够通过下标索引到内部元素的类型统称为**序列**(Sequence)，而除了序列，Python 中还有字典(Dictionary)这种**映射**(Map)关系的数据类型，有了本书前面章节介绍的一些基础知识之后，本节将继续深入探讨这些数据类型。首先大家要有这样一个概念：列表和字典是可变的，即可以直接在原数据的基础上做修改；而元组和字符串是不可变的，即不能直接在原数据上做修改，只能重新创建新的数据。关于可变与不可变问题将在后面详细讲解。

3.2.1　列表与元组

前面简单介绍了一下列表(List)的通用操作，知道列表是以逗号相间隔的序列，列表中的每项称为元素(Element)，比如语句 L=[8,7,6,5]定义了一个含有 4 个元素的列表。列表是由有限个元素组合而成的一种有序集合，该结构为每个元素分配了一个序号(从 0 开始)，或称为索引(Index)。在 Python 中，将这种有索引编号的结构统称为"序列"，序列主要包括列表(List)、元组(Tuple)、字符串(String)等，本节将深入介绍列表以及元组。

首先介绍列表，列表中的元素类型可以是不同类型的，也可以合理地嵌套。也就是说，列表中的元素可以是整数型、浮点型、字符串，还可以是列表或其他数据类型。例如，L=[1,1.3,'2','China',['I','am','another','list']]，将不同元素类型融合到一个列表中。由于列表中的元素可以是不同类型，那么需要提醒读者的是，在对列表元素做运算时一定要注意元素的类型，否则会出现错误。如上述的 L,L[0]+L[2]操作将产生错误，因为整数型不能与字符串相加。

对列表有了初步了解后，本节将从以下两个方面对列表进行介绍：

(1) 分片操作。

(2) 列表的专有方法。

最后介绍与列表很相似的一种序列：元组。

1. 分片操作

列表的通用操作在第1章已经基本介绍过了,相信读者已经学会了索引的使用、列表的增删改等操作,此处不再赘述,下面重点强调分片。

Python 为序列提供了强大的分片操作,我们将以列表为例系统地讲解一下分片操作。再次提醒读者,下面所讲的所有列表的分片操作对其他序列来说都是通用的。分片操作的运算符仍然为下标运算符,即"[]",而分片内容通过冒号相隔的两个索引来实现。假设一个列表为 L,则分片的格式为:L[index1:index2:stride]。index1 是起始分片的索引号,而index2 是结束分片的索引号且不包含 index2 处的值,也就是说,只有在 L[index1]~L[index2-1]的元素才会出现在分片结果中;stride 表示以规定的步长取数据,即先取索引为 index1 的元素,再取索引为 index1+ stride 的元素,再取索引为 index1+ 2 * stride 的元素,一直到取得的最后一个元素的索引刚好没有越过 index2。

例如,L=[1,1.3,'2','China',['I','am','another','list']],如果只希望获得 L 中的 3个元素:"2"、"China"和['I','am','another','list'],则 L[2:5:1]即可实现(即从 L[2]开始分片,一直到 L[4]结束,步长为1),在没有指定步长的情况下,步长默认值为1,所以L[2:5:1]还可以简写为 L[2:5]。

还有一些特殊情况如下:如果分片为 L[index1:index2]且 index2≤index1,那么分片结果将为空。如果 index2 置空,即 L[index1:],分片结果将包括索引为 index1 及之后的所有元素。index1 也可以置空,即 L[:index2],这个分片表示从列表开头 0~index2-1 的分片结果。而当 index1 与 index2 都置空时,将复制整个列表,如 L[:](注意:这是复制列表的一个很常用的方式)。如果步长大于1,那么就会跳过某些元素,例如,要得到 L 的偶数位的元素,就要取索引为 0、2、4、6 的元素,那么步长应该设置为2,而且我们是要取得整个列表的偶数位元素,index1 和 index2 都置空即表示整个列表,所以用语句 L[::2]即可实现,如下面的代码所示。

```
#<程序:得到列表 L 偶数位的元素>
L=[1,2,3,4,5,6,7,8]
L[::2]                          #输出[1, 3, 5, 7]
```

那么列表的逆序操作该如何实现呢？首先试一下分片语句是 L[len(L)-1:-1:-1],输入并执行这条语句,神奇的情况发生了,如下面代码所示。

```
#<程序:得到列表的逆序1>
L=[1,2,3,4,5,6,7,8]
L[7:-1:-1]                      #输出[]
```

为什么执行该语句返回的是空列表呢？原因是,Python 是支持负索引的,比如-1 是倒数第一个元素的负索引,-2 是倒数第二个元素的负索引,以此类推,-len(L)是第一个元素的索引。那么看一下刚才的语句 L[7:-1:-1],index1 为 7,是倒数第一个元素的索引;index2 是-1,也是倒数第一个元素的索引。所以 index1 和 index2 之间是没有元素的,我们只能得到一个空列表！那么到底该如何取得列表的倒序呢？答案就是,全用负索引表示:

因为要倒序取元素，所以步长设置为−1，我们想要得到元素的负索引依次为−1、−2、−3、−4、−5、−6、−7、−8，那么index1应该为−1，而index2是分片中最后一个元素的下一个元素的索引，即index2应该为−8−1＝−9，所以分片语句是L[−1:−9:−1]，大家试试看。

还有一个更为简便的分片语句可以实现列表倒序：L＝[::−1]，这是因为当stride为负数时，如果index1为空，那么index1默认为−1；如果index2为空，那么index2默认为−len(L)−1，所以语句L＝[::−1]其实就是L＝[−1:−len(L)−1:−1]，只不过省略了index1和index2，其实是同样的分片。

注意，分片是一种复制。也就是说，分片操作是复制原来列表中的某些内容来产生一个新的列表。例如，列表的分片操作L1＝L[:]，是个常用操作，将复制列表L的内容，构建一个新的列表值，然后把这个新的列表值和L1关联起来。这样L1就是L的一个副本，那么L1和L之间不会相互影响（注意，如果L是多层列表，则有可能还是会相互影响，以后再讨论此种情形）。如果不使用分片，直接通过"L1＝L"将L赋值给L1，则L和L1指向同一个列表，是一定会互相影响的。代码如<程序：元素是整数型的列表的复制>所示。

兰 兰：分片操作和range容易混淆，我们应该如何区别它们呢？

沙老师：我们只要知道分片和range的差异：

(1) 分片中使用[ ]；range中使用( )。

(2) 进行分片操作时[ ]内至少要有1个冒号，即"："，使用range时可以省略( )内的逗号。

(3) 对列表进行分片时索引−1有特殊含义，而range中的索引−1没有。有了这个基本认识，range从n～0迭代，range的写法为range(n,−1,−1)，而用分片的方法表示为L[::−1]或L[−1:−len(L)−1:−1]。其实我们很少使用分片操作来倒置列表，而利用range的倒置更常见。

```
♯<程序：元素是整数型的列表的复制>
L = [5,4,3,2,1]
L1 = L
L[4] = 0
print(L)          ♯输出[5, 4, 3, 2, 0]
print(L1)         ♯输出[5, 4, 3, 2, 0]
```

从程序的执行结果来看，当通过"＝"直接使得L1引用原来的列表L时，如果对L中的元素进行修改，那么L1中的元素也会随之发生改变。

下面介绍使用分片时不会相互影响的情况，代码如<程序：元素是整数型的列表的分片>所示。

```
♯<程序：元素是整数型的列表的分片>
L = [5,4,3,2,1]
L1 = L[:]
L[4] = 0
print(L)          ♯输出[5, 4, 3, 2, 0]
print(L1)         ♯输出[5, 4, 3, 2, 1]
```

2. 列表的专有方法

Python 实现了序列的一些通用操作函数,如表 3-1 所示,表 3-1 中的方法对于列表、字符串、元组都是通用的,但列表还提供了额外的很多方法(method),这里所说的方法事实上与函数是一个概念,但它们都专属于列表,其他的序列类型是无法使用这些方法的。

这些专有方法的调用方式(见表 3-2)也与如表 3-1 所示的通用序列函数调用方式不同。如果要统计列表 L 的长度,那么使用表 3-1 中的 len() 函数,其调用语句为 len(L),这个函数调用意味着要将 L 作为参数传递给 len() 函数。

表 3-1　通用序列函数

序号	函　　数	说　　明
1	len(seq)	返回序列 seq 的元素个数
2	min(seq)	返回序列中的"最小值"
3	max(seq)	返回序列中的"最大值"
4	sum(seq)	序列求和(注:字符串类型不适用)

但是,当使用列表的专用方法时,方法的调用形式是 L. method(parameter),其中 parameter 不包含 L,在调用这些专用方法时,并不会显式地传递 L。另外需要注意的是,这里使用了"."操作符,该操作符意味着要调用的方法是列表 L 的方法。表 3-2 给出了列表的专有方法,操作的初始列表为 s=[1,2],参数中的[]符号表示该参数可以传递也可以不传递。

表 3-2　列表的专有方法

序号	函　　数	作用/返回	参数	L 结果/返回
1	s. append(x)	将一个数据添加到列表 s 的末尾	'3'	[1,2,'3']/none
2	s. clear()	删除列表 s 的所有元素	无	[]/none
3	s. copy()	返回与 s 内容一样的列表	无	[1,2]/[1,2]
4	s. extend(t)	将列表 t 添加到列表 s 的末尾	['3','4']	[1,2,'3','4']/none
5	s. insert(i, x)	将数据 x 插入 s 的第 i 号位置	0,'3'	['3',1,2]/none
6	s. pop(i)	将 s 第 i 个元素(默认最后)弹出并返回其值	1 或无	[1]/2
7	s. remove(x)	删除列表 s 中第一个值为 x 的元素	1	[2]/none
8	s. reverse()	反转 s 中的所有元素	无	[2,1]/none
9	s. sort()	将 s 中的所有元素按升序排列	无	[1,2]/none

值得关注的一点是,使用 L1=L. copy()和 L1=L[:]时都会复制出新的列表,但这两种方法都是所谓的**顶层复制**,也就是只有复制了列表的第一层,当 L 是多层列表时,则所嵌套的列表并没有真正地被复制,它们还是被共享的。所以虽然 L1. append()不会影响到 L,但是 L1[0]. append()竟然会影响到 L[0]。大家可以试试看。为了达到所有深层次的复制,可以使用 deepcopy 方法。注意,使用 deepcopy 方法时要引入 copy 库。可以看一下<程序:copy 和 deepcopy 的使用举例>。

```
#<程序: copy 和 deepcopy 的使用举例>
import copy
```

```
L = [[0,0],[1,1]]
L1 = L[:]; L2 = L.copy()
L3 = copy.deepcopy(L)
L[0][0] = 100
print("L1 = ",L1)
print("L2 = ",L2)
print("L3 = ",L3)
```

这个程序的输出结果为：L1 $= [[100,0],[1,1]]$；L2 $= [[100,0],[1,1]]$；L3 $=$ $[[0,0],[1,1]]$。

兰　兰：我们需要记住这些专有方法吗？

沙老师：完全不需要，对于列表的专有方法而言，append 比较常用，pop 有时会使用，其他都很少用到。大家要尽量自己编写程序来完成需要的功能，这样既可以实现想要的功能，又锻炼了编程能力。举例而言，如果我想要将列表 L 排序后产生一个新列表，而不改动列表 L，这样就不能使用 L.sort()方法，而需要自己去实现。

3. 列表的"近亲"：元组

说元组（Tuple）和列表是"近亲"，是因为 Python 中元组与列表极其相似，不同之处在于元组的元素和长度是不可变的（immutable），即不能在原来数据基础上做修改；要修改的话，只能产生新的元组。元组使用小括号，而列表使用中括号。元组创建很简单，只需要在括号中添加元素，并使用逗号隔开即可。

例如，创建一个空元组：tup1 $= ()$；创建非空元组：tup2 $= ('hello', 'world', 2017, 2000)$。

如果你觉得可以用"[]"和"()"来区别列表和元组，那么你就错了！其实对于元组来说，","才可以真正标识元组。可以来试验一下：若元组中只包含一个元素，则需要按照如下的方式写，即在元素后面一定要添加逗号，这样在调用 type(tup1) 的时候得到的结果才是 < class 'tuple'>。代码如<程序：元组举例>所示。

```
#<程序：元组举例>
tup1 = (50,)
type(tup1)              #输出：< class 'tuple'>
```

元组与列表类似，索引还是用"[index]"表示，下标索引从 0 开始，可以进行分片等序列的基本操作，例如，tup2 $= (1, 2, 3, 4, 5, 6, 7)$，tup3＝tup2[1:5]，经此分片操作后复制得到元组 tup3＝$(2, 3, 4, 5)$。

元组有以下内置函数：

（1）len(tuple)——计算元组元素个数。

（2）max(tuple)——返回元组中元素的最大值。

（3）min(tuple)——返回元组中元素的最小值。

（4）tuple(seq)——有时可能需要将列表转化为元组，Python 为此提供了函数 tuple

(seq)，它将把列表转换为元组。

元组并没有实现像列表中 append()这类可以直接修改元组的内置函数。注意，元组中的元素值是不允许修改的，但可以对元组进行连接组合，以创建新的元组。例如，"tup1＝('hello'，'world'，2017，2000)；tup2＝(12,)，tup3 ＝ tup1 ＋ tup2"，将产生新的序列 tup3＝('hello'，'world'，2017，2000，12)。同时，元组的元素也是不允许删除的，但可以使用 del 语句来删除整个元组，例如，"tup1 ＝ (12，34)；del tup1"这个语句会删除整个元组 tup1。

那么什么时候用元组，什么时候用列表呢？一般来说，声明序列之后元素不会变动的时候用元组，需要变动的时候用列表。例如，可变长度参数序列是用元组表示的，因为一旦创建后就不应该被改变，而举例而言，若要存储每个课程与其对应的学时数，那么由于课程是会随时增加或删除的，所以整体可以用列表来存储，而列表中的每个元素，则以(课程名称，学时数)的元组形式存在，因为每个课程的学时数是已经确定好、不会再更改的。元组的好处就是，若程序执行时不小心要去修改不应该被改变的元组变量，就会报错，这样程序员就会意识到代码出错了，所以元组类型的存在也是有意义的。

3.2.2　字符串

字符串(String)也是编程时常用的一个数据类型，生活中很多信息都是以字符串的形式存在的，例如，我们的名字、Internet 网址、文件中的内容，等等。本节将重点讲述以下 3 点内容：字符串的基本操作；字符串的格式化；字符串的专有方法。

1. 字符串的基本操作

1) 引号的使用

在第 1 章中我们曾经提到过字符串的引号可以是单引号也可以是双引号。但是在某些特殊场景下区分单双引号的使用还是十分必要的，比如英文中的简写、字符串中包含对话等情况。我们看几个例子就明白了。首先来看<程序：引号的使用举例 1>。

```
#<程序：引号的使用举例 1>
S = "Let's play!"
print(S)                #输出："Let's play!"
SS = 'She told that:"I love China!".'
print(SS)               #输出：'She told that:"I love China!".'
```

如果字符串中同时使用了单引号和双引号，例如，字符串 S 为"She said ："Let's play!""。那在这个字符串的外面，单引号和双引号都不可用，我们可以使用反斜线方式转义其为普通字符。如"S＝ 'She said ："Let\'s play! "'"。

此外，Python 还专门为多行文字编写提供了一种格式，就是使用三重双引号将多行文字括起来，这样我们在输入的时候就显得很方便，见<程序：引号的使用举例 2>。

2) 字符串的增删改

我们已经知道可以用 s＝' '的方式来表示一个空的字符串，也知道可以直接用'abc'＋'def '的方式来得到连接后的字符串'abcdef '。那么当需要修改字符串中的内容时应该怎么做呢?

```
#<程序：引号的使用举例 2>
S = """ My name is Lily,
I live in China now,
I love China."""
print(S)                 #输出: ' My name is Lily,\nI live in China now,\nI love China.'
                         #"\n"表示换行
```

但同时字符串也如同元组一般，是不可变的变量，即它里面的元素不可以直接改变，所以需要通过序列分片的方式将不同的字符串连接起来，从而形成所需要的新的字符串。例如，想把字符串 s='abcd'的第一个字符改成'o'，就不能通过 s[0]='o'来改变（大家可以试一下 Python 是否会报错），我们只能重新创建新的字符串。那么这就使用到了字符串的分片操作，可以通过 s_new='o'+s[1:]得到字符串 s_new='obcd'。注意，此时 s 的值不会改变，仍旧是'abcd'，若想使 s 的值变为'obcd'，则可以令 s='o'+s[1:]，原来的'abcd'假如没有任何变量指向它，则 Python 会将其视为垃圾而回收。

下面通过字符串的分片操作具体介绍如何对字符串中的字符做修改、增加以及删除操作。假设 S='abcde'，将字符串 S 中'b'改为'z'，可以这样做：通过分片操作将'a'、'z'、'cde'连接在一起，执行 A= S[:1] + 'z'+ S[2:]。

对于 S= 'abcde'，如果需要做字符增加操作，例如，在'b'后增加'z'，得到字符串' abzcde'，通过分片操作实现，A= S[:2] +'z'+ S[2:]。

同样，做删除操作时不能直接删除一个字符串中的某个字符，因为字符串是不可变的，所以，只能提取出字符串中我们需要的部分，再把这些部分重新组合起来形成一个新串。例如，想要从'abcde'中删除'b'，则执行 A=S[:1] + S[2:]。

2. 字符串的格式化

编程中常常需要将数据处理成统一的格式，这个时候就需要将字符串进行格式化处理，返回值同样是字符串。这既可以使得编写代码变得很方便，也可以在输出给用户的时候显得很美观。举个小例子，假设有两个列表 name=['Tom','John','Bob','Jake','Paul']和 age=[18,20,17,21,23]，分别存储全班同学名字和对应的年龄，为了清楚地查看每位同学的年龄，需要得到像"Tom is 18 years old"这样的输出，可以看到这种输出格式是以字符串 "X is Y years old"作为模板的，其中 X 对应 name 列表中的某个值，它是字符串类型的，Y 对应 age 列表中的某个值，是整数类型的。使数据以一个统一的模板输出的操作，称为**格式化**。

格式化操作时，Python 使用一个字符串作为模板，模板中有格式符，这些格式符为真实值预留位置，并说明真实数值应该呈现的格式。首先看一个简单的例子，代码如<程序：格式化输出举例 1>所示。

```
#<程序：格式化输出举例 1>
s = '%s is %d years old'%('Tom',18)
print (s)
```

这个例子的字符串 s 被设定为"Tom is 18 years old"。其中'%s is %d years old'为模板。在模板和待填充数据之间,有一个%分隔,它代表了格式化操作。%s 为模板中的第一个格式符,表示一个字符串;%d 为第二个格式符,表示一个整数。%s 和%d 会分别替换为元组('Tom',18)中的两个元素'Tom'和 18。在了解了这些之后,再结合前面所学的知识,可以写一个函数清楚地查看例子中班上每位同学的年龄,代码见<程序:格式化输出举例 2>。

```
#<程序:格式化输出举例 2>
def my_result(L,A):
    for i in range (0,len(L)):
        print('%s is %d years old'%(L[i],A[i]))
    return
name = ['Tom','John','Bob','Jake','Paul']
age = [18,20,17,21,23]
my_result(name,age)
```

　　如此,就可以得到格式化的输出,输出结果如下:

```
Tom is 18 years old
John is 20 years old
Bob is 17 years old
Jake is 21 years old
Paul is 23 years old
```

　　除了上面例子中使用的格式符%s、%d,Python 还提供了很多其他的格式符,比如%f 表示浮点数、%b 表示二进制整数、%d 表示十进制整数,等等。

　　同学可能会问:假如有个变量 x,这个变量可能是浮点数或者是整数,有没有比较简单的方式可以格式化输出 x 呢?

　　按照 Python 原来格式化的方式,如果对整数使用%f,产生的字符串会有小数部分。所以一定要用%d 才会避免小数部分。因此,我们就必须在格式化之前判断 type(x)是整数还是浮点数。但是,Python 还有个新的格式化方式 format()来按照 x 的类型输出 x。

　　从 Python 2.6 开始,新增了一种格式化字符串的函数 str.format(),在 format()函数中,使用"{}"符号来当作格式化操作符,这个函数的功能十分强大,不需要指定待格式化元素的类型。下面简单介绍一下关于 format()函数的常用操作。

　　(1) format()函数通过参数的位置格式化字符串:"{}"中的数字为参数的位置,位置可以不按顺序,字符串的 format()函数可以接收多个参数,下面通过例子来说明它的用法。比如输入'{0},{1},{0}'.format('ab',123)。注意:因为 format 是字符串的专有方法,所以大家一定不要忘记在字符串之后和 format 之前加上"."。其中输出的格式'{0},{1},{0}'分别表示第 0 个参数(即'ab',计算机中类似索引这种计数方式都是从 0 开始的)和第 1 个参数(即 123),第 0 个参数(即'ab'),所以它的输出为'ab,123,ab'。当输入'{},{}'.format('ab',123)时,输出为'ab,123',因为{}中没有参数位置时,所以默认按参数顺序输出。

　　练习题 3.2.1　请大家使用 format 改写<程序:格式化输出举例 2>。

　　【答案】　将循环体中的 print 改为如下:

```
print('{0} is {1} years old'.format(L[i],A[i]))
```

（2）format 函数填充字符串：在 format 函数中，填充常跟对齐一起使用，例如，语句 '{:s^8}'.format(123)，这个语句是什么意思呢？":"号后面是待填充的字符，只能是一个字符，对于这个例子填充字符为's'，不指定的话默认是用空格填充；^、<、>分别表示居中、左对齐、右对齐，本例中对齐方式是居中；后面再写输出的字符串长度，这个例子的字符串长度为 8，所以会输出一个长度为 8，数字 123 居中，空位用 s 填充的字符串，即'ss123sss'。

（3）format 函数格式化数字：在 format 函数中，精度（精度可以认为是保留小数点后几位的精确度）常跟浮点类型 f 一起使用。比如：'{:.2f}'.format(321.33545)，其中.2 表示精度为 2，f 表示 float 类型，所以输出为'321.34'。当然，如果用前面学习的格式符的方法也可以表示为%.2f。另外还有很多特殊的格式化输出，比如在涉及财务问题的时候，经常需要用千位分隔符将较大的金额数字隔开，以方便查看金额，format 函数就提供了用","来做金额的千位分隔符，当输入'{:,}'.format(1234567890)时，可以得到输出为'1,234,567,890'，是不是十分方便？

3. 字符串的专有方法

与列表类似，字符串也提供了很多专有方法（Method），表 3-3 给出了字符串的常用的 10 种方法并给出了相应的范例。以 str＝"HEllO"作为例子，表 3-3 给出了相关操作后的输出结果。参数中的[ ]表示调用方法时，该参数可以传递也可以省略。比如 str.count('O') 与 str.count('O',2)，以及 str.count('O',2,4)的语法都是正确的，但是第一个调用表示统计整个字符串中的'O'，第二个调用表示统计从 2 号索引开始到结束出现'O'的次数，而第三个调用表示统计 str 中索引为 2 和 3 的位置'O'出现的次数。

表 3-3　字符串的专有方法

序号	函　　数	作用/返回	参数	print 结果
1	str.capitalize()	首字母大写、其他小写的字符串	无	"Hello"
2	str.count(sub[, start[, end]])	统计 sub 字符串出现的次数	'O'	1
3	str.isalnum()	判断是否是字母或数字	无	True
4	str.isalpha()	判断是否全部是字母	无	True
5	str.isdigit()	判断是否全部是数字	无	False
6	str.strip([chars])	开头结尾不包含 chars 中的字符	'HEO'	'll'
7	str.split([sep], [maxsplit])	以 sep 为分隔符分割字符串	'll'	['HE','O']
8	str.upper()	返回字符均为大写的 str	无	"HELLO"
9	str.find(sub[, start[, end]])	查找 sub 第一次出现的位置	'll'	2
10	str.replace(old, new[, count])	在 str 中，用 new 替换 old	'l','L'	"HELLO"

再次提醒注意，上述 str 的专有方法并不改变 str 字符串的内容。如果希望 str 变为返回的字符串，可以用 str＝str.method(…)语句将返回的字符串赋值给 str。例如，str＝'abcd'，需要把将字符串 str 中的'cd'变为'ef'，我们可以通过调用 replace()函数实现，即 str.replace('cd','ef')，如图 3-3（a）所示，函数会返回字符串'abef'，注意此时原字符串 str 没有改

变还是'abcd',如果希望'abef'变为返回的字符串,可以执行 str＝str. replace('cd', 'ef'),使 str 指向返回的字符串'abef',如图 3-3(b)所示,此时 str＝'abef'。

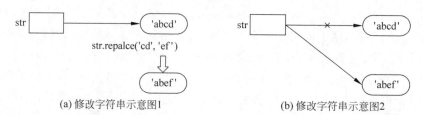

(a) 修改字符串示意图1　　　　　　　　(b) 修改字符串示意图2

图 3-3　修改字符串示意图

查看元素是否在序列中的方法

我们来总结一下"查看一个元素是否在序列中"都有什么方法?假设元素为 e,序列为 L。其中(1)、(2)方法对任何序列都是通用的,而(3)、(4)只能用于字符串序列。

(1) 最直接的方法:for 循环遍历 L 查找。for i in L: if i＝＝e: print("find it!")。

(2) 用关键字 in: if e in L: print("find it!")。

(3) 若 L 为字符串,可以用 find 函数:if L. find(e)＞－1: print("find it!")。注意: find 函数还可以返回所找元素第一次出现的位置。

(4) 若 L 为字符串,可以用 count 函数:if L. count(e)＞0: print("find it!")。

兰　兰:字符串和元组都是不可改变的数据类型,它们的关系是什么?
沙老师:字符串可以看作一种特殊的元组。元组可以是多层次的,元组内的元素可以是任意的数据类型,而字符串中的每个元素只能是字符。

3.2.3　字典

字符串、列表、元组都是序列,而 Python 的基本数据结构除了序列外,还包括映射(Mapping),字典用于存放(键,值),英文是(key,value)这样的映射关系的数据结构。

回忆一下高中所学的函数概念。定义:设 X、Y 是两个非空集合,如果存在一个法则 f,使得对 X 中每个元素 x,按法则 f,在 Y 中有唯一确定的元素 y 与之对应,则称 f 为 X 到 Y 的映射,记作:f: X→Y。集合 X 为 f 的定义域(Domain),集合 Y 为 f 的值域(Range),要注意的是对映射 f,每个 x∈X,有唯一确定的 y＝f(x)与之对应,也就是说,映射可以是一对一映射,也可以是多对一映射,但不能是一对多,如图 3-4 所示。

字典(Dictionary)的形式为{ }。Python 中既可以创建空字典,也可以直接创建带有元素的字典。字典中的每个元素都是一个键值对(Key: Value),而键 Key 在字典中只会出现一次,也就同大家知道函数一样是不可以有一对多的映射关系的。键是集合 X 中的一个元素,而 Value 指的是集合 Y 中的一个元素,它们的关系为 f(key)＝value。比如要存放"Hello"中每个字符出现的频次数,mdict ＝ {'H':1, 'e':1, 'l':2, 'o':1},这个例子中 X 是集合{'H', 'e', 'l', 'o'},Y 是集合{1,2},mdict['H']＝1,mdict['l']＝2,…可以注意到,字典并不能像列表、字符串一样通过下标写 0、1、2、…的方式来索引元素,而是通过索引关键

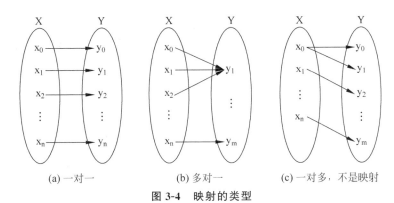

图 3-4　映射的类型

字的方式来得到其对应的值。同时字典也可以嵌套字典或列表。下面举几个获取字典中元素的例子，代码详见<程序：字典获取元素>。

```
♯<程序：字典获取元素>
d_info1 = {'XiaoMing':[ 'stu','606866'],'AZhen':[ 'TA','609980']}
print(d_info1['XiaoMing'])              ♯['stu', '606866'] 为打印结果,下同
print(d_info1['XiaoMing'][1])           ♯606866

d_info2 = {'XiaoMing':{ 'role': 'stu','phone':'606866'},
'AZhen':{ 'role': 'TA','phone':'609980'}}
print(d_info2['XiaoMing'])              ♯{'role': 'stu', 'phone': '606866'}
print(d_info2['XiaoMing']['phone'])     ♯606866
```

兰　兰：字典只能是一对一或多对一的映射,那么如果我的 mdict 是如下形式：mdict ＝ {'H':1, 'e':1, 'l':2, 'o':1, 'H':2}会不会出错呢？

沙老师：不会的,当后出现的键值对的 Key 已经出现过,那么将会覆盖原来键值对中该键所对应的值,所以实际上 mdict＝{'H':2, 'e':1, 'l':2, 'o':1}。

　　Python 中提供字典这个映射类型,使得 Python 对数据的组织和使用更加灵活。Python 字典是符合数据库数据表格的概念,它能够表示基于关系模型的数据库,关系模型中最基本的概念是关系(Relation)。表 3-4 给出的字符频次表就是一个关系。关系中的每一行(Row)称为一个记录；每一列(Column)称为一个属性。在每个关系结构中,必须要有键(Key)作为寻找记录的依据。所以必须有某一个属性或者属性组的值在这个关系表中是唯一的。这个属性或属性组称为该关系的键(Key)。例如,在如表 3-4 所示的关系中共有 3个属性：字符、频次、频率。可以看到,字符属性是没有重复的,所以可以用"字符"这一属性来当作键。

表 3-4　字符出现频次表

字　　符	频　　次	频　　率
H	1	0.2
e	1	0.2
l	2	0.4
o	1	0.2

字典中的键值对用 f(x)＝y 来表示关系,在 Python 字典中是可以很灵活地定义 x 和 y 的结构。然而 x 必须是不可变的类型,例如,元组、字符串、数值等,x 不可以是列表类型,但 y 可以是任意类型,如列表或字典。所以,当关系中的键 x 是由多个属性组成时,在 Python 中可以用元组的方式来表示 x。当对于属性 y 有多个值时,Python 中可以用列表或字典的形式来表示 y。

表 3-4 中的关系可使用 Python 中的字典类型进行存放,如:mdict ＝ {'H':[1,0.2], 'e':[1,0.2], 'l':[2,0.4], 'o':[1,0.2]},这时,mdict['H'][1]即为字母'H'出现的频率。对于该关系,Python 还有另一种表达形式,即 f(x)＝y 中的 y 还可以是字典类型,如:mdict2 ＝ {'H':{'count':1,'freq':0.2}, 'e':{'count':1,'freq':0.2}, 'l':{'count':2,'freq':0.4}, 'o':{'count':1,'freq':0.2}},这时,mdict2['H']['freq']表示字母'H'出现的频率。第一种方式,要获取一个记录的某个属性,需要知道该属性在记录中的索引顺序;而第二种方式,要获取一个记录的某个属性,需要给出属性名。

与序列一样,映射也有内置操作符与内置函数,最常用的内置操作符仍然是[ ],如 mdict['H'],将返回'H'所对应的 value,即 1。操作符[]也可以作为字典赋值使用。例如, mdict['H']＝1,假如 mdict 里面没有'H',就会将'H':1 加入 mdict 里面,假如有'H'这个键, 其值就被更改为 1 了。另外,in 与 not in 在字典中仍然适用,例如,'o' in mdict 将返回 True,而'z' in mdict 将返回 False;常用的函数是 len(dict),它将返回字典中键值对的个数, 例如,len(mdict)将返回 4。

字典类型也提供了很多专用方法,表 3-5 列出了字典常用的 10 种方法,以 mdict ＝ {'H':1, 'e':2}为例。

表 3-5　字典常用的方法

序号	函　　数	作用/返回	参数	print 结果
1	mdict. clear()	清空 mdict 的键值对	无	{}
2	mdict. copy()	得到字典 mdict 的一个副本	无	{'H':1, 'e':2}
3	mdict. has_key(key)	判断 key 是否在 mdict 中	H/h	True/False
4	mdict. items()	得到全部键值对的 list	无	[('H',1),('e',2)]
5	mdict. keys()	得到全部键的 list	无	['H','e']
6	mdict. update([b])	以 b 字典更新 a 字典	{'H':3}	{'H':3,'e':2}
7	mdict. values()	得到全部值的 list	无	[1,2]
8	mdict. get(k[, x])	若 mdict[k]存在则返回对应值,否则返回 x	'o',0	0
9	mdict. setdefault(k[, x])	若 mdict[k]不存在,则添加 k:x	'x',3	{'H':1,'e':2,'x':3}
10	mdict. pop(k[, x])	若 mdict[k]存在,则删除	H	{'e':2}

下面通过一个例子来看看如何利用字典这一数据结构来解决实际问题。

【问题描述】　统计给定字符串 mstr＝"Hello world, I am using Python to program." 中各个字符出现的次数。

【解题思路】　要完成这项任务,要对字符串的每个字符进行遍历,将该字符作为键插入字典,或更新其出现的次数。其实现如<程序:统计字符串中各字符出现次数>所示。

```
#<程序：统计字符串中各字符出现次数>
mstr = "Hello world, I am using Python to program."
mlist = list(mstr)                    #将字符串转换成列表
mdict = {}
for e in mlist:
    if mdict.get(e, -1) == -1:        #还没出现过,也可以写作 if e not in mdict:
        mdict[e] = 1
    else:                             #出现过
        mdict[e] += 1
for key,value in mdict.items():
    print (key,value)
```

接下来,给出一些对字典做修改的例子,代码见<程序:对字典的修改>。

```
#<程序：对字典的修改>
#代码1
di = {'fruit':['apple','banana']}
di['fruit'].append('orange')
print(di)                            # {'fruit': ['apple', 'banana', 'orange']}
#代码2
D = {'name':'Python', 'price':40}
D['price'] = 70
print(D)                             # {'name': 'Python', 'price': 70}
del D['price']
print(D)                             # {'name': 'Python'}
#代码3
D = {'name':'Python', 'price':40}
print(D.pop('price'))
print(D)                             # {'name': 'Python'}
#代码4
D = {'name':'Python', 'price':40}
D1 = {'author':'Dr.Li'}
D.update(D1)
print(D)                             # {'name': 'Python', 'price': 40, 'author': 'Dr.Li'}
```

从上面的代码可以看出,与列表相同,字典也是可变的。除了在字典中添加元素外,还可以修改、删除字典中某个键对应的值,但需要注意的是,字典的 update 方法并不是单纯地更新某一个键对应的值,而是合并两个字典中所有不同的键。有的同学可能会问:"前面所讲的关系表格,每行是一个记录,我也可以用一个列表将每行当作一个子列表组织起来。那么对比使用列表结构或者使用字典结构这两种方法,哪一种更好呢?"为了方便大家理解,我们先给出列表与字典结构的差异,然后通过两个小测试来具体比对一下。

谈谈列表和字典结构的差异

(1)列表是序列,字典不是序列。

(2)序列是使用索引方式获取元素的,而字典是使用键来获取元素的。序列元素的插入是和索引相关的,而字典元素的插入是和键相关的。因此列表有 append() 函数、分片功能等,而字典没有。

(3)列表是一种通用的数据结构,它里面的元素可以千变万化。列表可以被视为有序列的一组内容,可见其功能的广泛;而字典则不然,它是键值这种结构的独特组合。所以,字典对于寻找某一个键的记录,会有快速的方式来实现,这种实现方式叫作哈希(Hash)方式,有兴趣的读者可以自行了解。

下面来看两个测试程序(见<程序:使用字典查找元素的时间>和<程序:使用列表查找元素的时间>)。

```
#<程序:使用字典查找元素的时间>
import time
k = 50000
D = {}
for i in range(k, - 1, - 1): D[i] = i
start = time.clock()
for i in range(k):
    if k + 1 in D: print("Something wrong");break
elapsed = time.clock() - start
print("使用字典用时: ",elapsed)
```

```
#<程序:使用列表查找元素的时间>
# import time
#k = 50000                    #与前面程序放在一起
L = []
for i in range(k, - 1, - 1):
    L.append([i,i])
start = time.clock()
for i in range(k):
    if [k + 1,k + 1] in L: print("Something wrong");break
elapsed = time.clock() - start
print("使用列表用时: ",elapsed)
```

两个程序的输出结果分别如下:

使用字典用时:0.005061647999999974。

使用列表用时:63.124664228。

虽然每台计算机所用的输出时间不同,但是可见字典的搜寻要比列表的 in 快速许多。此程序是将 50 000～0 的 50 001 个元素分别放入字典和列表中,然后遍历其中的所有元素,判断是否有 50 001 在这些元素中。程序利用了 time 库所提供的 clock() 函数来进行计时,首先对这部分相关知识做一个讲解。

(1)import time。import 是 Python 中用来实现模块引用的语句,这里引入了 time 模块,所以在程序中就可以使用 time 模块中与时间有关的函数。

(2)time.clock()。它是 time 模块中特有的函数,用来返回程序运行时的实际时间。

程序中为什么要两次调用该函数呢?因为第一次调用时是在循环开始之前,则记录的就是开始的时间;第二次调用时是在循环之后,则记录的就是结束时间,两个时间之差才是我们所需要的循环执行时间。注意,如果使用 Python 3.8 版本或以后,time.clock()函数不再使用,用 time.perf_counter()函数来取代。

通过比较程序,可以发现使用字典的方式要比列表所花费的时间少很多,原因就是在字典中查找元素使用的是哈希方式,会更加快速,而列表使用的则是从头遍历列表的方式。

3.3 > 关于 Python 数据类型的注意事项

前面详细讲解了列表、字符串、字典、元组等数据类型,但在 Python 中,对这些数据结构的使用还有很多需要特别注意的地方,稍有不慎就会使得整个代码出错,并且可能是一些平时并没有在意的细节引起的。下面将分成可变与不可变类型和参数的传递问题这两点具体来讲。

3.3.1 可变与不可变类型的讨论

在讲解数据类型时,我们提到过可变(mutable)与不可变(immutable)这两个词。其中列表、字典是可变的,字符串、元组、数值是不可变的。可变是说,可以直接对该变量本身进行修改;不可变是说,不能直接对该变量本身进行修改,若需要改变该变量时,就只能重新分配一段空间存放新的值。本节重点以列表和字符串来举例,讲解可变与不可变类型。

首先需要了解 Python 中数据的存储方式。当写下 L=[1,2]这一语句的时候,其实Python 开辟了两块空间,真实的数据[1,2]存放在其中一块空间,而变量 L 在另一块空间,可以把 L 看作一个装东西的容器,该容器(变量 L)只是保存了存放数据[1,2]的地址(也称作 L 中存放了指向存放数据[1,2]空间的指针),如图 3-5 所示。这样就可以通过变量 L 找到真实的数据。由图 3-5 也可以看出,其实变量 L 可以存放各种类型的数据(可以是数字、列表、字符串、字典,等等)。所以,Python 与其他编程语言有一点不同之处在于,Python 的变量中存放的是指针,而不是真实的值! 指针的大小是一个 word(在 64 位系统中,一个 word 的大小为 64bit)。也就是说,Python 中所有的变量都是以同一种形式来存储的,即指针指向真实值的形式。

图 3-5 数据存放示意图

了解了 Python 中变量与数据的存储形式,再来回顾一下前面所讲的局部变量与全局变量。我们可以根据存储形式重新定义一下这两个名词:局部变量(也包括函数的参数变量)的容器都是在函数内部的;全局变量的容器是在所有函数的外部的。那么如果一个函数中共有 k 个局部变量,则该函数中就应该有 k 个 word 大小的指针。有了上述知识作为基础,我们再详细讲解可变与不可变类型。

1. 不可变类型

对于像字符串这种不可变的数据类型,所有改变字符串中元素的操作都是产生一个新的字符串值,而不是在原有值的基础上直接做修改。例如,要把字符串 str="I like Dr. Sha"变成"U like Dr. Sha"。很容易想到一种错误的改法:str[0]='U',但实际上,不可变的数据类型是不允许这样操作的。但是字符串可以分片,所以正确的解法为:str='U'+str[1: len(str)]。'U'+str[1:len(str)]会产生一个新的字符串并存放在一段新的空间内,当将'U'+str[1:len(str)]又一次赋值给 str 时,str 容器会丢弃原来存放的地址而重新存放新的

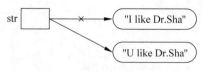

图 3-6   修改字符串示意图

地址,如图 3-6 所示。当然,对于上面的例子,也可以使用字符串的内置函数 replace()来处理:str. replace('I', 'U')。当然这种方法同样不会在原来值的基础上做改变,也是会产生一个新的值并存放在另一块空间,如果仅仅写下 str. replace('I', 'U')这样一句代码,那么在后续操作过程中是无法找到"U like Dr. Sha"这句话的,因为没有一个变量可以指引到它,所以应该这样写:str=str. replace('I', 'U')。这样就可以通过 str 变量找到新改变的值,当然也可以重新给变量命名,如 k=str. replace('I', 'U')。

总结一下分片和"+"号,不管是可变还是不可变的序列类型:

(1)分片必定产生新的序列;

(2)"+"号在等号右边,必定产生新的序列,然后将新的序列地址赋给等号左边的变量。

例如,设 L=[1,2],当用 L=L+[3]来给列表增加元素时,首先,对于 L+[3]部分,并不会在原来的数据上直接添加元素,而是产生了一个新的列表值[1,2,3]并保存在另一块空间内;其次,当将 L+[3]再一次赋值给 L 的时候,L 这一容器将会丢弃原来[1,2]的地址而存放[1,2,3]的地址。

2. 可变类型

讲完不可变类型,再来看看可变类型。对于像列表这类可变的类型,某些操作是可以直接在原数据的基础上直接改变的。例如,列表的 append 操作,可以说 append()函数是列表、字典这类可变类型数据结构的一种专有函数,通过 append()函数的方式来添加元素是在原有值的基础上直接进行改变,而不是重新产生一个新的值。例如,L=[1,2],当使用 L. append(3)时,原列表值[1,2]本身直接变成[1,2,3],L 列表保存的地址没有改变,如图 3-7 所示。

对于可变类型来说,在赋值的时候经常容易出错。相信细心的同学已经注意到,根据前面讲过的一些知识,对于一个已有的列表 A,L=A 和 L=A[:]这两种方式都会使 L 列表和 A 列表有相同的值,但这两种赋值方式是否有区别?下面通过一个例子来具体解释。

假设 A=[1,2],当使用 L=A 时,L=A 操作创建了一个新的容器 L,但 L 中存放的地址和 A 是完全一样的,即 A 和 L 这两个变量同时指向一个值。因此 L 和 A 有一个共同列表[1,2]。如图 3-8(a)所示。当使用 L=A[:]时,在创建了一个新的容器 L 的同时也将原有的数值复制了一份存放在一块新的空间中,L 存放的是这个新的地址,而不是与 A 中一样的地址,如图 3-8(b)所示。

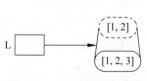

图 3-7   append 操作示意图

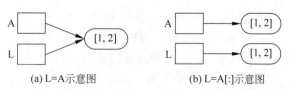

(a) L=A示意图   (b) L=A[:]示意图

图 3-8   不同赋值方式的示意图

了解了这两种赋值方式的不同,可以进一步思考:这两种不同的赋值方式在编程上是否会有很大的影响? 答案是肯定的。沿用上面的例子,在要对 L 做 L.append(3)操作时,会得到不同的结果。首先对于 L=A 的赋值方式,由于 L 和 A 其实指向的是同一个值,那么对 L 的改变也就是对 A 的改变,所以 L.append(3)操作后,A 和 L 的值全都变为了[1,2,3],如图 3-9(a)所示。而对于 L=A[:]的方式,由于 L 和 A 其实是各自独立的,所以 L.append(3)操作后只会改变 L 中的值,而 A 的值不会变动,如图 3-9(b)所示。

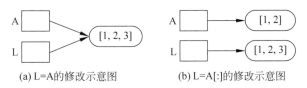

(a) L=A的修改示意图　　　　(b) L=A[:]的修改示意图

图 3-9　不同赋值方式在修改时的对比图

这里建议大家养成一个好的编程习惯,尽量用 L=A[:]这种方式赋值,以避免程序中出现不必要的错误。

对列表进行添加元素的方法总结

向列表中添加新元素有 3 种常用的方法,分别为:L=L+[i],L.append(i),L+=[i],下面总结一下这 3 种方法的差别:

(1) L=L+[i]在每次执行时都会将原列表复制一次,L 指向新列表,并在新列表中加入新元素。

(2) L.append(i)只是将新元素直接添加到原列表中,不会产生新列表。

(3) L+=[i]的执行效果和 L.append(i)类似,也是在原列表中直接添加元素,不会复制原列表。

其实对于第三种 A+=B 的添加方法,其专业术语叫作增强赋值语句,A+=B、A-=B、A∗=B 这类语句都是增强赋值语句。虽然 Python 的增强赋值语句是从 C 语言借鉴过来的,但其有自己的独特之处:对于不可变变量来说,A+=B 其实就等价于 A=A+B;但是对于可变变量来说,A+=B 是直接在原值的基础上做修改。Python 相比其他编程语言还有一种独特的赋值语句:"A,B=B,A",该赋值语句可以直接实现两个变量值的交换功能。

Python 中可以通过 id()函数来查看列表存储的地址,如果语句执行前后列表的地址不同,那么就说明原列表被复制,此时的 L 指向新列表的地址;反之,则列表没有被复制,L 仍指向原列表。

同学们可以尝试运行代码<程序:L+=[i]和 L=L+[i]的讨论>,验证 L+=[i]和 L=L+[i]执行后是否产生了新列表。

通过对比打印出的 id 结果,可以发现 L+=[i]执行之后列表地址没有改变,说明 L+=[i]不会对原列表进行复制。因为列表是可变类型的,所以可以在原列表的基础上进行改变。而执行 L=L+[i]之后,L 的地址改变了,原列表被复制产生了新列表,L 指向新列表。

对于不可变类型的数据,比如 int 型变量 a,在进行 a+=1 的操作之后,可以发现 a 指向了一个新的地址。因为对不可变类型进行修改时,并不是在原有地址的数据中进行修改,而是将变量重新指向一个新的地址。

```
#<程序：L+=[i]和L=L+[i]的讨论>
>>> L = [0,1,2,3]
>>> id(L)
2149974408392
>>> L += [4]
>>> id(L)
2149974408392
>>> L = L + [5]
>>> id(L)
2149974409352
>>> a = 0
>>> id(a)
1960169248
>>> a += 1
>>> id(a)
1960169280
```

练习题 3.3.1 说出<程序：反转一个列表中的元素 1>中打印的结果。

```
#<程序：反转一个列表中的元素 1>
a = [1,2,3,4,5]
b = a
b. reverse()            #反转列表
print("b = ",b)         #b = [5, 4, 3, 2, 1]
print("a = ",a)         #a = [5, 4, 3, 2, 1]
```

【答案】 打印的结果为：b= [5，4，3，2，1]和 a= [5，4，3，2，1]。可以看到，程序中使用了 b＝a 这种赋值操作，使 b 和 a 有一个相同的列表，reverse()这类列表专有函数是直接在原有的对象上操作的，所以当我们把 b 通过 b. reverse()改变后，会同时修改 a。

练习题 3.3.2 说出<程序：反转一个列表中的元素 2>中打印的结果。

```
#<程序：反转一个列表中的元素 2>
a = [1,2,3,4,5]
b = a[:]
b. reverse()            #反转列表
print("b = ",b)         #b = [5, 4, 3, 2, 1]
print("a = ",a)         #a = [1, 2, 3, 4, 5]
```

【答案】 打印的结果为：b= [5，4，3，2，1]和 a= [1，2，3，4，5]。当使用 b＝a[:]时，b 会独自拥有一个与 a 的值完全相同的列表，此时对 b 列表的操作不会对 a 产生影响。

兰 兰：我知道元组是不可变的数据类型，元组里面有列表，例如，T＝([1,2],0)，那么 T[0]能否被改动？

沙老师：你这个问题比较狡猾，说能被改动也不完全对，说不能改动也不对。简单来说，T[0]能被列表的专有函数改动，也就是说，可以在原有列表上面改动。但是 T[0]不能通过产生新列表的方式改动。即，元组的顶层结构是不能改变的。下面将详细解释。

如图 3-10 所示为元组 T 的结构。元组作为一个不可变类型是指该图圆框中所标注的部分为不可变的。即当 T=([1,2],0)时，T 的顶层结构不可以改变,元组中元素指向的地址空间不可以改变。例如,T[0]=T[0]+3 在元组 T 中的操作是不允许的,因为这个操作要生成新的 T[0]=[1,2,3],T 要指向新的地址空间,那么就改变了 T 的顶层结构。但由于 T[0]作为列表是可变类型,所以我们可以在 T[0]的原有列表上做改动,当使用它的专有函数时,不会产生一个新列表,也就不会改动元组的顶层结构。

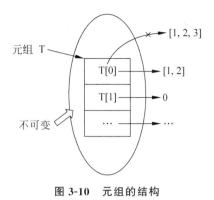

图 3-10 元组的结构

3.3.2 参数的传递问题

函数的重要性相信大家已经清楚了,那么在编写函数的时候我们经常需要进行参数变量的传递。这里先给出定义,什么是参数变量? 参数变量就是定义函数时,括号内所定义的变量。注意,参数变量也是局部变量,所以它也有相应的在函数内的容器,里面存放对应真实值的指针。或许大家在前面的编程练习中遇到过下面这样的问题,见<程序:参数传递问题举例>。

```
#<程序:参数传递问题举例>
def fun(L):
    L = L + [4]
A = [1,2,3]; fun(A)
print(A)                #输出结果仍然为[1,2,3]
```

我们本来是希望通过函数 fun()来给列表添加一个元素 4,使得最终 A=[1,2,3,4],但为什么执行 fun()函数之后 A 并没有被改变呢? 或许大家还遇到过另一种情况:我不想在执行函数过后传递进去的变量被改变,但实际执行函数过后列表参数却被改变了! 这又是怎么回事?

Python 在进行函数调用时,假如函数的参数变量叫作 L,调用函数时所传的变量为 A,那么参数的传递就相当于是 L=A(无论变量是可变类型还是不可变类型,也无论变量是整数、浮点数、字符串还是列表,都是如此)。即参数传递时传递的是指针,所以变量 L 与 A 指向同一个地址(如图 3-11(a)所示,A 与 L 指向的是同一个地址)。

对于<程序:参数传递问题举例>,其中 fun()函数中的 L=L+[4],是对"="右边的列表 L 使用"+"号操作,会产生一个新列表,然后将它赋值给"="左边的参数变量 L,所以 L 现在指向一个新的列表,和 A 所指的列表脱钩了。在函数外的 A 还是指向[1,2,3],没有变动,如图 3-11(b)所示。

练习题 3.3.3 请同学们利用 id()函数分别检验:

(1) 定义变量 A="abcd",定义函数 def my_fun(L): return L,调用 my_fun(A)时变量 L 和 A 的地址是否相同;

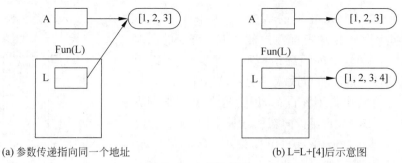

(a) 参数传递指向同一个地址　　　　　　　(b) L=L+[4]后示意图

图 3-11　参数的传递

（2）验证<程序：参数传递问题举例>中变量 L 和 A 的地址是否相同。

了解了参数传递的基本原理后，再结合前面所讲的"可变与不可变类型的讨论"，相信大家可以理解 Python 在参数传递的过程中会出现一些似乎奇怪的现象：当参数为可变类型变量时，函数内部对参数所做的操作可能会修改传进来的变量的值；而当参数为不可变类型变量时，函数内部对参数所做的操作当然是不会改变原变量的值的。这里我们特别用一节的篇幅来讲解像列表这样的可变类型作为参数时需要注意的问题，希望大家在编程的时候多加注意！

假设有列表 L 是函数定义的参数变量，列表 A 是调用函数时外部所传递的变量，则可以总结出以下两点规律：

（1）当整个列表 L 出现在函数内部的"＝"左边时（排除"＋＝"的形式），所做的更改并不会影响传递进来的原列表 A 的值。因为函数内产生新列表，并且 L 会指向新的列表。

（2）当在列表 L 上直接更改时，例如，L 的某个元素出现在"＝"左边，或者 L 使用了列表的内置函数或者"＋＝"时，所做的更改将会影响传递进来的原列表 A 的值。因为函数内是在原列表上做修改的。

接下来对这两点规律展开详细解释。

（1）当整个列表 L 出现在函数内部的"＝"左边时（排除"＋＝"的形式），所做的更改并不会影响传递进来的原列表 A 的值。因为函数内产生新列表，并且 L 会指向新的列表。

执行<程序：列表作参数举例 1>，最后一行 print(L) 得到的结果是什么？有了前面的讲解，我们可以知道，L 的初始值为[1,2,3]，L 作为参数传入 ex1 函数中，其本质是通过指针传递的，即函数外的 L 与函数内的 L 指向的是同一个地址。函数内，语句 L＝[0]产生新列表[0]，其赋值操作给参数变量 L 并不会影响传递进来的外界变量 L，故在外层打印 L 的结果仍为[1,2,3]。

```
#<程序：列表作参数举例 1>
def ex1(L):
    L = [0]                #整个列表出现在"="左侧
L = [1,2,3]
ex1(L)
print(L)                   #[1,2,3]
```

（2）当在列表 L 上直接更改时，例如，L 的某个元素出现在"＝"左边，或者 L 使用了列表的内置函数或者"＋＝"时，所做的更改将会影响传递进来的原列表 A 的值。因为函数内是在原列表上做修改的。

　　首先看一个例子，<程序：列表作参数举例 2>的 add()函数实现了对列表中的每个值进行加 1 的操作，并返回结果。同时我们打印 X，它的值是多少？

　　A＝add(X)执行完后，函数返回值 A 为[2,3,4]，而根据规则，X 作为参数传递到 add()函数中（在函数中列表名为 L），记得参数传递时是指针的复制，也就是 L＝X，参数变量 L 指向了 X 所指的列表。列表 L 的单个元素所做的改变也会同时影响传递进来的原来列表 X 的值，所以 add()函数执行后，X 的值也被改变了，X＝[2,3,4]。我们用画图的方式来做一个具体的讲解，见图 3-12。

```
#<程序：列表作参数举例 2>
def add(L):
    for i in range(0,len(L)):
        L[i] = L[i] + 1
    return (L)
X = [1,2,3]
A = add(X)              # 此时 A = [2,3,4]
print(X)               # [2,3,4]
```

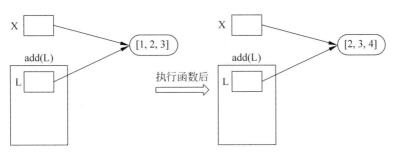

图 3-12　<程序：列表作参数举例 2>示意图

　　然而我们需要认真思考一下，像<程序：列表作参数举例 2>中的 add()这样的函数好吗？是完美函数吗？显然不是，因为一个完美函数既不会受到外界的干扰，也不会影响到外界的环境。add(L)将函数外的变量 X 的值改变了，而实际上我们并不希望改变 X 的值，这就需要对上面的程序做修改，应养成良好的编程习惯，在函数内部增加 L＝L[:]语句，使得进入参数内后，参数变量 L 与外界的 X 指向两个不同的地址的列表。见<程序：列表作参数举例 2_修改>，此时再对 L 操作，就不会影响到函数外的 X。

```
#<程序：列表作参数举例 2_修改>
def add1(L):
    L = L[:]           # 注意,执行该语句后 L 指向的是复制的列表
    for i in range(0,len(L)):
        L[i] = L[i] + 1
    return (L)
X = [1,2,3]
A = add1(X)           # 此时 A = [2,3,4]
print(X)              # [1,2,3]
```

写函数时,要把函数当作一个黑匣子,在黑匣子里面不应该对函数外的变量的值有所改变。在传递函数参数时,如果要传递的参数为像列表这种可变数据类型,为了要保护原来列表 L 的内容,建议函数一开始就建立一个全新副本,利用 L_new＝L[:](或 L＝L[:])方式,然后函数的操作都在这个复制的新列表上进行。

再来看一个例子,见<程序:列表作参数举例 3＞。

```
#<程序:列表作参数举例 3＞
def ex4(L):
    L.append(16)
    return L
X = [1,2,3]
A = ex4(X)              #此时 A＝[1,2,3,16]
print(X)               #[1,2,3,16]
```

根据规则,<程序:列表作参数举例 3＞在传入变量 X 的时候,X 与 L 指向的是同一个块地址。在函数 ex4()中,L 使用了列表的内置函数 append(),由于该函数同样会直接修改 L 中的值,而不是产生一个新的列表存放在新的空间中,所以对 L 的改变也就是对 X 的改变,所以最终 X 的值也被修改成[1,2,3,16]。

在函数内修改输入参数列表的内容,有时候并不是程序设计者所预期的。比较好的方式是通过 return 将新的列表返回,而不改变参数列表的内容。即使要改变原来列表的值,也可以先返回后再赋值改变。例如<程序:列表作参数举例 2_修改>中,可以将 A＝add1(X)改为 X＝add1(X),这样 X 就指向了新的值。下面做一些练习。

练习题 3.3.4　执行下面的<程序:列表作参数练习 2＞后,函数体 swap 外面的 L1 和 L2 有没有被交换?

```
#<程序:列表作参数练习 2＞
def swap(L1, L2):
    L1, L2 = L2, L1
L1 = [1,2,3]
L2 = [100]
swap(L1,L2)
print("Do they swap?",L1,L2)
```

【解题思路】　L1 的初始值为[1,2,3],L2 的初始值为[100],L1、L2 作为参数传入函数 swap()后,在函数体内部做了 L1, L2＝L2, L1 的赋值操作,由于是整个列表出现在"＝"左侧,符合规则(1),所以完全可以将 swap()函数内部的变量 L1 和 L2 当成局部变量,所以实际上外界的 L1 和 L2 并没有做交换。通过画图来加以解释(见图 3-13)。列表 L1 和 L2 作为参数传入函数时,函数体内部的局部变量 L1 和 L2 会指向和函数体外部的 L1 和 L2 相同的列表,swap 内部执行 L1, L2＝L2, L1 后,相当于执行了 temp＝L1; L1＝L2; L2＝temp,局部变量 L1 和 L2 所指向的值确实交换了,但是没有影响到外面的 L1 和 L2。

练习题 3.3.5　在练习题 3.3.4 的基础上,在 swap()函数中增加 L1[0]＝9,<程序:swap 程序 1＞执行后,函数体 swap 外面的 L1、L2 的值分别为多少?

【解题思路】　根据上一个练习题的分析,执行完 L1, L2＝L2, L1 后,函数 swap()内的

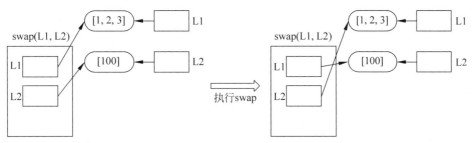

图 3-13　练习题 3.3.4 图解

局部变量 L1、L2 指向的值会交换,执行 L1[0]＝9,操作如图 3-14 所示,所以函数体外面的 L1＝[1,2,3],L2＝[9]。

```
#<程序: swap 程序 1 >
def swap(L1, L2):
    L1, L2 = L2, L1
    L1[0] = 9
L1 = [1,2,3]
L2 = [100]
swap(L1,L2)
print(L1,L2)
```

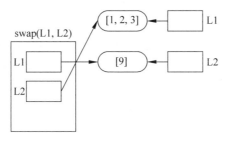

图 3-14　练习题 3.3.5 图解

练习题 3.3.6　对练习 3.3.4 的程序如何修改,才能交换函数外面 L1、L2 的值?

【解题思路】　通过上面的分析可知,在 swap() 函数内部做 L1,L2＝L2,L1 不能影响外部 L1,L2 的值,有的同学可能会想,可以通过函数将 L1、L2 列表的内容交换,这样 L1、L2 的值就改变了,代码如<程序: swap 程序 2 >所示。

```
#<程序: swap 程序 2 >
def swap_for_fun(L1, L2):          #歪路,不可取
    T1 = L1[:]
    d1 = len(L1)
    d2 = len(L2)
    for e in L2:
        L1.append(e)
    for e in T1:
        L2.append(e)
    for e in L1[:d1]:
        L1.remove(e)
```

```
        for e in L2[:d2]:
            L2.remove(e)
L1 = [1,2,3]
L2 = [100]
swap_for_fun(L1,L2)
print(L1,L2)
```

但这种方式相当笨拙，不建议使用。其实，改变函数体外部的 L1、L2 有更好的方式，可以通过 return 传回新的值，对函数外面的 L1、L2 重新赋值的方式改变，代码如<程序：swap程序 3>所示。

```
#<程序：swap 程序 3>
def swap(L1,L2):                #用 return 传回新的值，这是正道
    L1, L2 = L2, L1
    return L1, L2
L1 = [1,2,3]
L2 = [100]
L1, L2 = swap(L1,L2)
```

3.3.3　默认参数的传递问题(可选)

当列表 L 作为默认值参数时会比较特别。我们在这里给大家展开讲解。由于列表作为默认参数在编程中使用较少，本节作为选择性学习内容，可以跳过。

一般而言，我们认为默认参数是不会随着函数的多次执行而改变的。但在 Python 中，当参数 L 的默认值为列表时，如果对作为默认参数的列表没有慎重使用，就会改变此参数的默认值。所以对于列表作为默认参数的使用要特别注意，建议大家在使用此列表时不要在原列表上做改动。因为，当调用函数没有给予参数 L 值时，则 L＝默认值变量(默认值变量是个隐藏的局部变量，存放指针指向其默认值)，所以当默认值变量所指的列表被改变时，就会被记住，下次使用时就会使用新的默认值。

下面通过几个例子来做详细的解释。首先，请大家思考，执行<程序：默认参数的诡异 1>，会打印出什么结果？

```
#<程序：默认参数的诡异 1>
def append_1(L = []):
    L.append(1)
    return(L)
print(append_1())              #[1]
print(append_1())              #[1,1]
print(append_1([2]))           #[2,1] 因为调用时没有使用默认参数
print(append_1())              #[1,1,1]
```

对于<程序：默认参数的诡异 1>，L 是一个默认参数，函数隐藏的默认值变量仍旧有一个自己的容器，初始状态下指向一个默认值"[]"，当我们前两次调用 append_1 函数时，由于

没有给参数 L 赋值，则 L 会等于默认值变量，也就是 L 和默认值变量指向同一个默认值列表，所以每次 L 被改变都会使得默认值被改变并且被记住，即默认值变量先后由[ ]变为[1]，再变为[1,1]。直到第三次调用时，因为对 L 有赋值，所以 L 指向了另一块空间[2]，然后根据 append 操作，由[2]变为了[2,1]，而默认值变量仍为[1,1]。当最后一次调用函数时，由于仍旧使用的是默认值变量，所以函数在上次记住的默认值基础上做修改，故结果为[1,1,1]，此时默认值变量也为[1,1,1]。整个过程如图 3-15 所示。

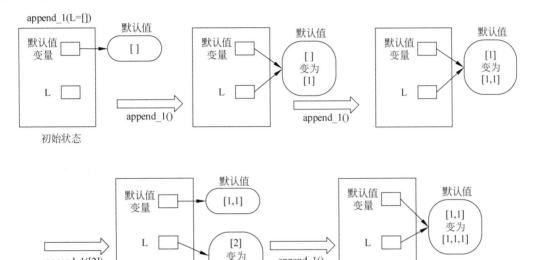

图 3-15　<程序：默认参数的诡异 1>示意图

练习题 **3.3.7**　请同学们再次利用 id( )函数，将其添加到程序中，验证<程序：默认参数的诡异 1>中每次调用函数时 L 的地址是否有改变，是否与图 3-15 的说明一致。

下面稍微修改一下上一个程序中的代码，得到<程序：默认参数的诡异 2>，请大家思考，会打印出什么结果。

```
♯<程序：默认参数的诡异2>
def add_1(L = [ ]):
    L = L + [1]
    return(L)
print(add_1())              ♯[1]
print(add_1())              ♯[1]
print(add_1([2]))           ♯[2,1]
print(add_1())              ♯[1]
```

<程序：默认参数的诡异 2>中，L=[ ]为 add_1 函数的默认参数，在函数内，执行语句 L=L+[1]后会指向产生的新列表，L 不再指向默认值列表了。故对参数 L 的更新不会影响到默认值列表，所以无论执行多少次 add_1( )，打印的结果都是[1]，见图 3-16(a)。而当执行 add_1([2])时，没有使用默认参数，故直接将[2]添加元素 1 即可，故打印结果为[2,1]，见图 3-16(b)。

由于我们在使用默认参数时，希望其值不会被随意改变，所以当默认参数的值是一个列

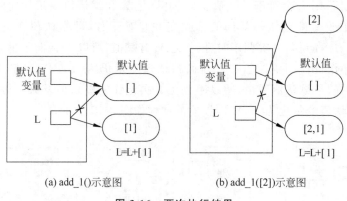

(a) add_1()示意图　　　　　(b) add_1([2])示意图

图 3-16　两次执行结果

表时,我们可以首先把它复制成一个新的列表,然后再对这个新列表做操作。

3.4 深入探讨列表的常用操作与开销

前面的章节中很多知识点都是关于列表的,由此也可以看出列表的强大之处。在实际编程中,列表也确实是最常用的一个数据结构。列表作为一个可变类型,为我们的编程提供了很多方便,但就在我们可以随意修改列表的同时也很容易出错。本节将主要解释列表的常用操作中所需要注意的关键问题以及时间开销,然后再介绍生成列表时可以使用的一些技巧,从而使大家更好地理解和使用列表。

3.4.1　添加列表元素的讨论

我们在写程序时经常需要向列表中添加元素,前面也已经讲解过,向列表添加元素主要有两种常见的方法(假设待添加的元素为变量 i):一种是 L.append(i),另一种是 L＝L＋[i]。我们曾经对比过这两种添加方式是否会改变列表本身,与此同时,这两种不同的方法在时间开销上也是有很大差异的,我们不可不知。首先来看一下<程序:append()和 L＋[i]在时间开销方面的对比>,然后再具体比较造成这种时间差异的原因。

```python
#<程序:append()和 L＋[i]在时间开销方面的对比>
import time
def test_time(k):
    print(" ***** k = ",k)
    L = []
    start = time.clock()
    for i in range(k):
        L.append(i)
    elapsed = time.clock() - start
```

```
        print("使用 append 花时间: ",elapsed)


        start = time.clock()
        for i in range(k):
            L = L + [i]
        elapsed = time.clock() - start
        print("使用 L = L + [i]花时间: ",elapsed)

test_time(5000)
test_time(10000)
test_time(20000)
test_time(40000)
```

程序的运行结果可能如下（因计算机速度差异而会不同）：

```
***** k = 5000
使用 append 花时间: 0.00041552276091237107
使用 L = L + [i]花时间: 0.1295196264525024
***** k = 10000
使用 append 花时间: 0.0007775500765575816
使用 L = L + [i]花时间: 0.5707438386154383
***** k = 20000
使用 append 花时间: 0.001415452159365449
使用 L = L + [i]花时间: 2.776138045618552
***** k = 40000
使用 append 花时间: 0.003287481723685204
使用 L = L + [i]花时间: 10.821593001054048
```

通过这个程序可以发现此程序中 append()的时间开销远小于 L=L+[i]，循环次数越多，它在时间上的优势越明显。这是因为 L=L+[i]在每次执行时都会将原列表复制一次产生一个新列表，每次的复制过程都会产生大量的时间开销。而 append()只是将新元素直接添加到原列表中，不会产生新列表，因此能够在时间开销方面优于 L=L+[i]。

3.4.2　删除列表元素的讨论

第2章讨论了在使用 for 循环时要特别注意列表被改动的问题，在学习了列表的专有方法之后，我们结合循环来讨论一下 remove()的使用以及 remove()带来的时间开销。

1. 列表被改变是危险的

我们知道 for 循环要特别注意列表被改动的问题，其实，while 也要特别注意这些情况，我们同样来看一个程序，该程序也是删除列表中所有为 0 的元素。请问同学们，该程序为什么是错误的？ 如<程序：删除列表中为 0 的元素_2（错误）>所示。

```
#<程序:删除列表中为 0 的元素_2(错误)>
L = [0,0,1,2,3,0,1]
i = 0
while i < len(L):
    if L[i] == 0: L.remove(0)
    i += 1
print(L)            #输出结果为[1, 2, 3, 0, 1]
```

在这个程序中,当 i=0 时,L[0]是列表中第一个值为 0 的元素。用 remove()删除第一个 0 后,L 被更新为 L=[0,1,2,3,0,1]。第二次循环时,i=1,这时 L[1]的值为 1,即直接跳过了原列表中的第二个 0。接着一直循环,直到找到原列表中第三个 0 为止,通过 L.remove(0)删除了原列表中的第二个 0,此时 L 又被更新为 L=[1,2,3,0,1]。当再想进入下一次循环时,i=5,len(L)=5,不满足循环条件,故直接退出循环,因此也不会再进行 remove()操作。但是此时原列表中的第三个 0 仍然存在,所以程序运行的结果是错误的。

关于上面的程序应该如何修改,其实至少有 3 种方法,这里讨论一下。很多同学最先想到的应该是使用"while(0 in L):L.remove(0)"的方法,这样的写法看上去非常简单。这个解决办法是正确的,我们建议在长列表循环中应该尽量减少使用 remove(),除了它每次只会去掉一个元素外,另外它也有可能产生无谓的耗时,后面将会详细介绍。代码如<程序:删除列表中为 0 的元素改进 1>所示。

```
#<程序:删除列表中为 0 的元素改进 1>
L = [0,0,1,2,3,0,1]
i = 0
while 0 in L:
    L.remove(0)
print(L)
```

第二种方法,就是使用索引来删除列表中为 0 的元素。使用这种方法,程序可以清楚地知道在每轮循环中,应该遍历列表 L 的哪一个元素,直到遍历到 L 的最后一个,表示 L 的每个元素都已经被判断过。注意,当我们删除一个列表中的元素后,列表中所有元素的索引都会减小 1,这时,我们不再对索引进行加 1 操作。代码如<程序:删除列表中为 0 的元素改进 2>所示。

```
#<程序:删除列表中为 0 的元素改进 2>
L = [0,0,1,2,3,0,1]
i = 0
while i < len(L):
    if L[i] == 0: L.remove(0)
    else: i += 1
print(L)
```

第三种方法,是建立一个新的列表 L1,每次循环都将 L 中不为 0 的元素放入列表 L1,直到将不为 0 的元素全部放入 L1 中为止。代码如<程序:删除列表中为 0 的元素改进 3>所示。

```
♯<程序：删除列表中为 0 的元素改进 3>
L = [0,0,1,2,3,0,1]
L1 = [ ]
for e in L:
    if e!= 0: L1.append(e)
print(L1)
```

兰　兰：那这 3 个程序有什么区别呢？哪个程序会比较好？

沙老师：这 3 个程序的执行时间有的快有的慢。造成执行时间的不同是什么原因呢？我们仔细探讨一下，这是很有意思的。

2. 使用不同方法删除列表元素的执行时间

在"删除列表中为 0 的元素"的例子中，我们使用了 3 种方法，这些方法的不同在哪里呢？

为了要体现它们的不同，我们先组织一个列表 L，L 由 1 000 000 个 1 和 1000 个 0 组成。请将列表 L 中所有 0 去掉。这里用了上述 3 种方法来实现，程序如下所示。分别执行以下程序得到这 3 种方法的运行时间，从时间上判断 3 种方法的优劣，同学们也可以在自己的计算机上动手实践一下。

```
♯<程序：将列表中的 0 去掉方法 1>
import time                      ♯引入 time 模块
start = time.clock()
L = [1 for i in range(1000000)] + [0 for i in range(1000)]
while 0 in L:
    L.remove(0)
elapsed = time.clock() – start
print("方法一：")
print("用 while 0 in L, remove 后列表长度 = ",len(L),"花时间：", elapsed)
```

```
♯<程序：将列表中的 0 去掉方法 2>
import time                      ♯引入 time 模块
start = time.clock()
L = [1 for i in range(1000000)] + [0 for i in range(1000)]
i = 0
while i < len(L):
    if L[i] == 0: L.remove(0)
    else: i += 1
elapsed = time.clock() – start
print("方法二")
print("一个个遍历再 remove 后,列表长度 = ",len(L),"花时间：", elapsed)
```

```
♯<程序：将列表中的 0 去掉方法 3>
import time                      ♯引入 time 模块
start = time.clock()            ♯程序开始运行时的时间
```

```
L = [1 for i in range(1000000)] + [0 for i in range(1000)]
L1 = []
for e in L:
    if e!= 0: L1.append(e)
elapsed = time.clock() - start          ＃循环结束消耗的时间
print("方法三")
print("新列表 L1 的长度: ",len(L1), "花时间: ", elapsed)
```

程序中"L＝[1 for i in range(1000000)]＋[0 for i in range(1000)]"语句表示列表 L 由 1 000 000 个 1 和 1000 个 0 组成,这种列表的表示方式会在 3.4.3 节中详细讲解。

下面就来探讨一下程序的运行结果。同学们的实验结果怎么样呢? 在我的计算机里, 方法一需要 20s 左右完成;方法二需要 10s 左右完成;而方法三在 1s 之内就能够快速完 成。你们知道是为什么吗?

方法二比方法三慢的原因是每执行一次 L.remove(0),就要从头遍历 L,直到找到第一 个 0 为止。所以,每一次 remove()都要重复遍历 L 中前面的 1 000 000 个 1。方法二中要执 行 1000 次 remove(),那么就会重复遍历 1000 次 L 中前 1 000 000 个 1,导致程序执行时间 变得很长。

方法一是最慢的。因为它不仅和方法二一样,每次 remove()都要重复遍历,而且 while 0 in L 也要重复检查前面的 1 000 000 个 1,这样又要重复检查至少 1000 次,导致方法一程 序执行时间差不多是方法二的两倍长。

上述例子对不同的方法的时间进行比较,我们可以了解到,while i in L 和 remove 带给 程序的时间花销是很大的。我们在编写程序处理长序列时应该注意。

练习题 3.4.1　在上面的问题中,如果 L＝[1 for i in range(1000000)]＋[0 for i in range(10000)],也就是 0 的个数从 1000 变成 10 000,请预测 3 个程序的大约执行时间,为什 么?

【解题思路】　执行完程序可以发现,第一个程序的执行时间变为了之前的 10 倍,200s 左右。第二个程序也是之前时间的 10 倍,100s 左右。第三个程序的执行时间基本没有差 别,依旧在 0.15s 左右。

为什么会有这样的差别? 因为在第二个程序中,程序的执行时间是列表的长度加上 0 的个数乘以在 0 前面的 1 的个数。而第一个程序的执行时间至少是第二个程序的两倍。在 第三个程序中,程序的执行时间和列表的长度成正比。而 0 的个数从 1000 变为 10 000,相 对于列表中还有的 1 000 000 个 1,对列表的长度影响很小,所以时间基本没有变化。

通过对在列表中添加或删除元素的讨论,我们知道应该在循环内谨慎使用 append()或 者 remove(),因为使用它们时会改变列表中元素的个数。相应地,每个元素对应的索引也 会发生改变,在后续的执行中容易忽视这些变化而造成错误。同样,while 循环中也可能会 由于使用 append()或者 remove()而造成同样的问题。而且,remove()方法所带来的开销 也是不容忽视的。

因此,最好是在保持原有列表的基础上,另外产生一个新的列表。这种问题在以后的编 程中会经常出现,希望同学们可以活学活用,避免类似的错误。

3.4.3　生成列表的一些技巧

本节介绍使用列表时的一些小技巧,从而使编程更加方便。

1. 列表推演表达式

列表推演表达式(List Comprehensive Expression)可以说是一种轻量级的循环,可以用于创建新的列表。比如<程序:列表推演表达式举例_1>。

```
♯<程序:列表推演表达式举例_1>
L = [ i for i in range(10)]
L              ♯输出为[0, 1, 2, 3, 4, 5, 6, 7, 8, 9]
```

上例中一个短短的语句就生成了 0～9 的一个序列,我们并不需要再像以前一样,单独写一个函数去生成该序列,是不是非常方便！注意,这个表达式中没有任何的标点符号。
再来看<程序:列表推演表达式举例_2>。

```
♯<程序:列表推演表达式举例_2>
import random
L = [random.randint(1,100) for i in range(10)]
L              ♯输出为[74, 5, 42, 54, 71, 55, 67, 96, 100, 11]
```

这个例子中,我们利用列表推演表达式生成了一个有 10 个元素的列表,列表中的每一个元素都是 1～100 的某个随机数。
再看另一个例子,假设已经有一个矩阵 M=[[1,4,7],[2,5,8],[3,6,9]](关于矩阵的相关知识将在下一部分讲解),那么可以进行如下操作。

```
♯<程序:列表推演表达式举例_3>
M = [[1,4,7],[2,5,8],[3,6,9]]            ♯M矩阵 3 行 3 列
col0 = [row[0] for row in M]            ♯得到矩阵的第 0 列的元素
print(col0)                            ♯[1,2,3]
col_new = [row[0] * 2 for row in M]     ♯得到矩阵的第 0 列的元素,同时乘以 2
print(col_new)                         ♯[2,4,6]
filter = [row[0] for row in M if row[0] % 2 == 1]    ♯筛选出第 0 列中为奇数的元素
print(filter)                          ♯[1,3]
```

通过<程序:列表推演表达式举例_3>,可以看到列表推演表达式的方便之处。其实可以这样理解列表推演表达式的原理:for 循环会形成一个序列,然后通过筛选产生满足条件的新序列。当然,列表推演表达式还可以更复杂一些,代码如<程序:列表推演表达式举例_4>所示。

```
♯<程序:列表推演表达式举例_4>
R = ["%d + %d" % (x,y) for x in range(4) for y in range(2)]
R       ♯输出为['0 + 0', '0 + 1', '1 + 0', '1 + 1', '2 + 0', '2 + 1', '3 + 0', '3 + 1']
```

在上面例子中,我们在列表推演表达式中写了嵌套 for 循环语句,生成了列表 R。

在平时的编程中,或许大家会经常需要用到在某一序列内随机挑选元素,生成一个长度为 num 的列表,以便后续使用。此时可以利用列表推演表达式的方式单独写一个小函数,方便使用。代码见<程序:列表推演表达式举例_5>。

```
#<程序:列表推演表达式举例_5>
def random_list(options,num):
    return [random.choice(options) for i in range(num)]
L = random_list(range(1,12),5)        #[8, 8, 8, 7, 1]
S = random_list("abcd",8)             #['c', 'c', 'c', 'c', 'd', 'a', 'd', 'b']
```

<程序:列表推演表达式举例_5>中 random_list() 函数用于从 options 变量中随机挑选元素组成长度为 num 的列表,其中 random.choice(options) 函数是 random 的内置函数,用于在 options 中随机选取一个元素。有了这个函数之后,我们每次就可以通过简单的传参得到想要的列表。

2. 生成矩阵

矩阵也是编程时会经常用到的一个组织数据的方式。常用的有一维矩阵和二维矩阵,下面来看看可以怎样生成矩阵。

一维矩阵也就是我们平时所见的,如[1,2,3]、[aa,bb,cc]等都是一维矩阵。假如我们想要生成一个一维矩阵,长度为 100,每个元素都为 0,那么有两种生成方式:第一种为 [0] * 100;第二种为[0 for i in range(100)]。

对于二维矩阵,其形式为[[ ],[ ],[ ]…]。现在假设有一个二维矩阵为 A=[[1,2,3],[4,5,6]],实际上可以将其看成如下形式,其中,A[0][0]=1、A[0][1]=2、A[0][2]=3、A[1][0]=4、A[1][1]=5、A[1][2]=6。

$$A=\begin{bmatrix} 1 & 2 & 3 \\ 4 & 5 & 6 \end{bmatrix}$$

根据一维矩阵的生成方式,二维矩阵也有两种生成方式。

(1) A=[[1,2]] * 3,则得到二维矩阵 A=[[1,2],[1,2],[1,2]]。但这种方式有一个致命的问题:当执行 A[0][0]=5 的时候,矩阵会变成 A=[[5,2],[5,2],[5,2]]。也就是说,我们以这种方式生成 3 行 2 列的矩阵 A 时,其实每行的数据指向的是同一个[1,2]的地址,所以改变其中一个值,其他行也会跟着改变,如图 3-17 所示。所以不推荐使用这种方式。

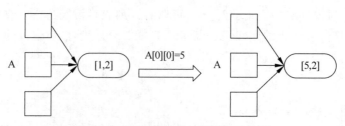

图 3-17 方式(1)生成二维矩阵示意图

（2）推荐使用列表推演表达式的方式生成二维矩阵。A＝[[1,2] for i in range(3)],会得到矩阵 A＝[[1,2],[1,2],[1,2]]。即使执行 A[0][0]＝5,也只是会改变相应位置的元素,矩阵会变成 A＝[[5,2],[1,2],[1,2]],如图 3-18 所示。

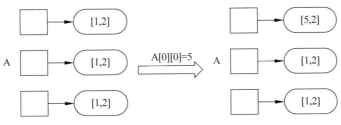

图 3-18　方式（2）生成二维矩阵示意图

练习题 3.4.2　如何使用列表推演表达式的方式产生一个 8×8 的二维矩阵,并且该矩阵中的所有元素都为 0。

【答案】　推演表达式如下:

```
L = [[0 for i in range(8)] for i in range(8)]
```

3.5　输入输出、文件操作与异常处理

我们在编程过程中经常需要与用户进行交互,即输入输出（Input/Output,I/O）。同时在很多情况下需要去读取文件中的内容,进行一系列处理后再将信息输出到文件中,即文件相关的操作。因此,I/O 与文件操作也是编程中重要的一部分。本节将分成 4 点来分别进行讨论:输入、输出、文件操作和异常处理。

3.5.1　输入

输入是用户与程序交互的一个重要阶段,如果没有处理好输入,那么整个程序都将出错。Python 提供了一个 input()函数,用来获得用户输入的数据,返回的是字符串。我们将输入问题进一步分成两点来详细讲解:一是类型转换;二是输入合法性检查。

1. 类型转换

通过 input()函数获得的信息是字符串,那么如何处理这些得到的字符串,变成我们需要的数据类型呢? 下面首先介绍几个常用数据类型的转换函数。

1）转换为数值类型的常用方法

我们知道,数值类型可以分为整数类型和浮点数类型。将字符串类型转换成相应的数值类型需要调用相应的转换函数。例如,int()函数可以将字符串转换为整数,float()函数可以将字符串转化为浮点数,比如 str＝"123",那么 int(str)的返回值为 123;如果 str＝

"123.45",那么 float(str)的返回值为 123.45。然而,int()函数和 float()函数在进行数据类型转换时,对参数有一定的要求,如果传入的参数不能被转换,函数会报错,我们在传参时需要特别注意。

（1）对于 int()函数,当参数为浮点数时,将向下取整。例如,int(3.7)的返回值为 3。对于 float()函数,当参数为整数时,就会返回浮点数。例如,float(3)的返回值为 3.0。

（2）对于 int()和 float()函数,当参数为字符串时,可以用＋、－号表示正负值。

2）eval()函数的妙用

eval(str)函数很强大,它可以将字符串 str 当成有效的表达式来求值并返回计算结果,相当于 str 去掉字符串的引号后,在 Python 中被执行。我们可以用该函数来计算字符串中有效的表达式,并返回结果。<程序：利用 eval 函数做数学计算>中用到了 eval()函数,功能是将 str 变成算术表达式来执行,实现了对"2＋2"与"2^2"的计算。

```
#<程序：利用 eval 函数做数学计算>
eval('2 + 2')              #输出：4
eval('pow(2,2)')          #输出：4
```

eval()的功能不局限于此,其实该函数也可以实现将字符串转换成相应的对象,如 list、tuple、dict 和 string 之间的转换。例如<程序：字符串转换成列表方案一>、<程序：字符串转换成字典>。

```
#<程序：字符串转换成列表方案一>
a = '[[1,2], [3,4], [5,6], [7,8], [9,0]]'
type(a)                   #输出：< class 'str'>
a = eval(a)
type(a)                   #输出：< class 'list'>
a                         #输出：[[1, 2], [3, 4], [5, 6], [7, 8], [9, 0]]
```

```
#<程序：字符串转换成字典>
a = "{1: 'a',2: 'b'}"
type(a)                   #输出：< class 'str'>
a = eval(a)
type(a)                   #输出：< class 'dict'>
a                         #输出：{1: 'a', 2: 'b'}
```

3）字符串如何转换为列表

字符串转换为列表也是十分常用的一个操作,如果希望将字符串的每个字符作为一个元素保存在一个列表中,则可以使用 list()函数,比如 str＝"123, 45",list(str)的返回值为 ['1', '2', '3', ',', '', '4', '5']。注意逗号","和空白" "都当作一个字符。

如果希望将字符串分开,那么可以使用字符串专用方法 split。例如,字符串 str＝"123, 45",注意,str 中 45 前面有一个空格。将 str 以","分割,使用 L＝str. split(",")便可实现。其返回值是一个列表["123"," 45"],需要注意的是,得到的列表中每个元素都是字符串类型,空格仍然在字符串" 45"里面。如果要得到整数类型的列表,还需要将字符串转换为数值,例如,使用如下语句：L＝[int(e) for e in L]可将 L＝["123"," 45"]转换为单纯的整数列表 L=[123,45]。

假如将字符串如 S="1,2,3,4"变为整数列表，除了使用上面的 split 的方式外，还可以使用前面介绍过的 eval()函数，我们知道，该函数可以实现将字符串转成相应的对象，因此需要将字符串 S 插入"[]"中，一种方式是"["+S+"]"，另一种方式是利用格式化语句处理 S 得到 A="[%s]"%S 得到'[1,2,3,4]'。然后再通过 eval()函数转换，即 eval(A)，eval()会自动将字符串 A 转换为列表。程序如下所示：

```
#<程序：字符串转换成列表方案二>
S = input("Enter 1,2, , , :")          # Enter: 1,2,3,4
L = eval("[ % s]" % S)                 #L = [1,2,3,4]
```

2. 输入合法性检查

在了解了输入信息常用的类型转换后，我们来看下面的<程序：对用户输入的两个数相加>，程序实现了对用户输入的两个数求和，用户输入的数会先用字符串 a 和 b 表示，再用 float()函数转化成浮点型相加，并输出计算结果。

```
#<程序：对用户输入的两个数相加>
def sum():
    a = input("请输入第一个数字：")       # 等待用户输入第一个数字
    b = input("请输入第二个数字：")       # 等待用户输入第二个数字
    c = float(a) + float(b)            # 将 a、b 转换为浮点型相加
    return c
```

sum()函数实现对输入的两个数相加的操作，但是这个函数写得严谨吗？并不是所有的用户都会"小心"，让输入什么就输入什么。比如上述程序中，若用户不小心输入错误，在输入第二个数字时输入的是"3.1.24"，这并不是一个数字，我们称这种输入为非法输入，然而代码并没有对这种非法输入做任何处理，所以这个函数就会报错，不能继续运行，显然是不合理的。所以在需要用户输入信息的时候，一个必不可少的步骤就是对用户的输入做合法性检查。

我们对用户的输入信息进行检查一般使用 while 循环，<程序：对用户输入的合法性检查>写出了常用的输入合法性检查的"模板"，该模板利用 while(True)来循环判断输入是否合法，若合法，则直接终止循环；若非法，则继续提示用户输入，直到合法为止。

```
#<程序：对用户输入的合法性检查>
while(True):
    s = input("请输入:")
    if s 合法: break
    else:print("输入不合法,需重新输入")
```

有了对用户信息的合法性检查的模板后，请大家思考如何检查用户输入的信息是否为数字？有的同学可能会说，Python 中字符串有一个自带的函数叫作 isdigit()，可以判断字符串是否只由数字组成。当输入是一般正整数时，这个函数是有用的。

但是各位可以测试,会发现该函数只有在字符串表示没有正负符号做前缀的整数时,返回 True,而如果字符串中的数字有正负号做前缀或者字符串表示的是浮点数时则无法识别出来。所以我们需要根据实际的情况自定义合法性检测函数,如<程序:检查字符串是不是数字>是我们自己实现的检测函数。函数 isnum()判断输入的字符串是不是数字,如果是则返回 True;否则返回 False。该函数实现的思路如下:若字符串 S 中只有一个字符,则该字符只能为无符号整数;若 S 中的字符个数大于一个,则 S 的第一个字符可以为＋、－或者整数。若 S 中的一个字符为符号＋、－,则第二个字符只能是数字;若 S 中的一个字符为整数,则第二个字符可以是"."或者整数,S 中只能出现一个"."号,一旦后面的判断中出现"."则直接判断 S 中"."号之后的字符必须都是数字。

```python
#<程序: 检查字符串是不是数字>
def isnum(S):
    if len(S)<= 1:return S.isdigit()                    #S 只有一个字符,只能为整数
    for i in range(0,len(S)):
        if i == 0 :                                     #第一个字符只能为"+""-"或整数
            if not (S[0] == "+" or S[0] == "-" or S[0].isdigit()):
                return False
        if i == 1:
            if S[0] == "+" or S[0] == "-":              #若第一个字符为"+""-"
                if not S[1].isdigit():return False      #则第二个字符只能为整数
            else:                                       #若第一个字符是整数,第二个字符可以为"."或整数
                if S[1] == ".":break
                if not (S[1].isdigit()):return False
        if i > 1:                                       #第二个字符之后的字符只能为"."或整数
            if S[i] == ".":break
            if not S[i].isdigit():return False
    if i == len(S) - 1:return True
    return S[i + 1:].isdigit()
```

　　这样我们便可以对<程序:对用户输入的两个数相加>做如下改进,利用合法性检查的结构,调用我们自定义的合法性检查函数 isnum(),对用户输入进行检查,代码见<程序:对用户输入的两个数相加改进>。

```python
#<程序: 对用户输入的两个数相加改进>
def sum():
    while(True):
        a = input("请输入第一个数字: ")                 #等待用户输入第一个数字
        if isnum(a):break
        else:print("输入不合法,需重新输入")
    while(True):
        b = input("请输入第二个数字: ")                 #等待用户输入第二个数字
        if isnum(b):break
        else:print("输入不合法,需重新输入")
    c = float(a) + float(b)                            #将 a、b 转换为浮点数相加
    return c
```

3.5.2 输出

在前面的代码示例中,多次用到了 print()函数,相信大家对于它的使用已经很熟悉了。下面进一步介绍 print()函数的完整形式,在 Python 中,print()的完整格式为:print(objects,sep,end,file,flush),其中 objects 就是需要输出的那些内容,后面 4 个为关键字参数。

1. sep 关键字参数

在输出的字符串之间插入指定字符串,默认是空格,例如:

```
#<程序: sep 参数举例>
print("a","b","c")                  #输出: a b c
print("a","b","c",sep = " ** ")     #输出: a ** b ** c
```

2. end 关键字参数

在 print 输出语句的结尾加上指定字符串,默认是换行(\n),而如果不想换行,则 end = '';但需要注意的是,如果不换行,那么 print 语句不会马上打印出当前需要打印的全部信息,直到需要换行打印的时候才会将这一行信息全部打印出来。

大家可以自行尝试,end 的值不止可以是空字符,还可以是其他字符,比如:

```
print("aaa",end = '@')          #输入这一语句以后,屏幕上不会打印出任何信息
print("qq.com")
最终输出为: aaa@qq.com
```

大家可以尝试以下代码,可以对 end 这一关键字有更清晰的理解。

```
print("aaa",end = '@')
for i in range(1000000000):
    a = 1
print("qq.com")
```

最终输出依然为: aaa@qq.com,但是大家可以看出在打印的时候,会先打印 aaa@,然后再等待打印"qq.com"的语句执行,最终将两个 print 中的信息输出为一行。

最后两个参数 file 和 flush 将在 3.5.3 节进行讲解。

3.5.3 文件操作

大多数程序都遵循:输入→处理→输出的模型,程序首先输入数据,然后按照要求进行处理,最后输出处理结果,通过前面的学习,我们已经熟悉如何使用 input()接收用户数据、print()输出处理结果了。但是如果想将信息保存下来,就需要将程序结果输出到文件,将来需要时从文件中输入信息。本节介绍如何打开文件、对文件读写以及关闭文件。

1. 打开文件

Python 提供了文件对象,并内置了 open()函数来获取一个文件对象。open()函数的使用:file_object = open(path,mode)。其中,file_object 是调用 open()函数后得到的文件对象,成功打开文件后,file_object 这个变量将一直代表这个文件,参数 path 是一个字符串,代表要打开文件的路径,一个完整的文件路径格式应该是这样的:"盘符:/文件夹名/…/文件夹名/文件名"。mode 是打开文件的模式,常用的模式如表 3-6 所示。

表 3-6　打开文件时的常用模式

打开模式	解　释
r	以只读方式打开:只允许对文件进行读操作,不允许写操作(默认方式)
w	以写方式打开:文件不为空时清空文件,文件不存在时新建文件
a	追加模式:文件存在则在写入时将内容添加到末尾
+	可读写模式,可添加到其他模式中使用

例如,要打开 F 盘下的 file1.txt 文件进行读取操作,需要使用 r 模式,实现如下:f = open("F:/file1.txt",'r')。之后对该文件的操作只需对得到的文件对象 f 使用文件对象提供的方法即可。这里要注意的是,我们打开文件的模式为 r,文件不存在时会报错。那么是不是文件不存在时,打开文件都会报错呢? 其实不是,这与打开模式有关,我们可以试一下使用 w 模式打开一个不存在的文件时,程序不但不会报错,还会创建这个文件。表 3-7 给出了常用文件模式的一些使用细节。

表 3-7　文件打开模式使用细节

打开模式	简述	若欲操作的 文件不存在	是否清空 原有内容	注
r	只读	打开失败	否	默认打开方式,只能读取文件
w	只写	新建	是	打开时会清空文件
a		新建	否	只能在尾部写入
r+	读写	打开失败	否	写入时会覆盖原有位置内容
w+		新建	是	打开时会清空文件
a+		新建	否	只能在尾部写入

在使用 w 模式打开文件时,一定要特别注意,Python 返回文件对象时,会清空该文件! 当我们打开文件后,获得了文件对象,就可以用文件对象提供的方法对文件进行操作了。表 3-8 给出了文件对象提供的常用方法,参数中的[]符号表示括号中的值可以传递,也可以不传递。

表 3-8　文件对象常用方法

字	方　　法	作用/返回	参数
1	f.close()	关闭文件:用 open()打开文件后使用 close 关闭	无
2	f.read([count])	读出文件:读出 count 字节。如果没有参数,则读取整个文件	[count]
3	f.readline()	读出一行信息,保存于 list:每读完一行,移至下一行开头	无
4	f.readlines()	读出所有行,保存在字符串列表中	无
5	f.truncate([size])	截取文件,使文件的大小为 size	[size]
6	f.write(string)	把 string 字符串写入文件	一个字符串
7	f.writelines(list)	把 list 中的字符串写入文件,是连续写入文件,没有换行	字符串 list

2. 读写文件

下面以对文件 file1.txt 的操作为例介绍文件读写的相关知识,该文件位于 F 盘,内容如下:

```
1 this is a test file
2 Python can easily read files
3 10 5 19 20 37
```

1) 读文件——read()、readline()和 readlines()

read()函数是按字节(一个字符算一字节)读取,若不设置参数,会全部读取出来。注意,read()函数会读取出换行符'\n'。

```
♯<程序:读取文件>
>>> f = open("F:/file1.txt",'r')
>>> f.read()                      ♯读出所有的内容
'1 this is a test file\n2 Python can easily read files\n3 10 5 19 20 37'
>>> f.close()
```

readline()函数用于在文件中读取一整行,如果文件中只有一行,则读取结果如<程序:读取文件 1>所示,注意,readline()函数同样会读取出换行符。

```
♯<程序:读取文件 1>
>>> f = open("F:/file1.txt",'r')
>>> f.readline()
'1 this is a test file\n'          ♯输出内容,换行符也一并读取
>>> f.close()
```

如果文件中有多行,那么 readlines()函数会将读出的所有行保存在字符串列表中。见<程序:读取文件 2>。

```
♯<程序:读取文件 2>
f = open("F:/file1.txt",'r')
>>> f.readlines()                 ♯将文件内容以列表的形式存放
['1 this is a test file\n', '2 Python can easily read files\n', '3 10 5 19 20 37']
                                  ♯输出内容
>>> f.close()
```

实例 1:读取文件内容

在打开文件 file1.txt 后,若想要读取该文件的内容,并打印出来,程序实现如下:

```
♯<程序:读取文件>
f = open("F:/file1.txt",'r')
fls = f.readlines()
for line in fls:
    line = line.strip(); print (line)
f.close()
```

使用 readlines 方法后，返回一个 list，该 list 的每个元素为文件的一行信息。需要注意的是，文件的每行信息中其实都包括了最后的换行符"\n"，readlines()函数会将换行符也读取出来，如果不对读取的信息做处理，同时再用 print()函数输出，因为 print()函数默认是换行的，所以最终的输出结果就是屏幕上输出的每行信息之间会空两行。所以可以对读取的每行字符串进行处理，通常需要使用 strip 方法将头尾的空白和换行符号等去掉。

　　2) 写文件——write()、writelines()和 print()

　　函数 write()的参数是一个字符串，通过该函数可以向文件中写入一行内容，见<程序：通过 write 函数写入一行>。

```
# <程序：通过 write 函数写入一行>
f = open("F:/newfile.txt",'w')
f.write("我喜欢使用 python 编程")
f.close()
```

　　打开 file.txt，可以看到写入的内容：

```
我喜欢使用 python 编程
```

　　注意，write()函数不会在写入的文本末尾添加换行符，因此如果写入多行时没有指定换行符，那么文件看起来可能不是我们所希望的那样，写入的两行内容会挤到一起，比如下面的例子：

```
# <程序：试图通过 write 函数写入多行>
f = open("F:/newfile.txt",'w')
f.write("我喜欢使用 python 编程")
f.write("python 有很多优点")
f.close()
```

　　程序的执行结果如下：

```
我喜欢使用 python 编程 python 有很多优点    # file.txt 文件内容
```

　　所以要让每个字符串都独占一行，需要在 write()语句中包含换行符，如<程序：通过 write 函数写入多行>所示。

```
# <程序：通过 write 函数写入多行>
f = open("F:/newfile.txt",'w')
f.write("我喜欢使用 python 编程\npython 有很多优点")
f.close()
# file.txt 文件内容如下
我喜欢使用 python 编程
python 有很多优点
```

　　writelines()函数可以把列表中的字符串写入文件，注意是连续写入文件，没有换行。见<程序：writelines 函数的使用>。

```
#<程序: writelines 函数的使用 >
L = ["abc","def"]
f = open("F:/newfile.txt",'w')
f.writelines(L)
f.close()


abcdef                       # file.txt 文件内容
```

3.5.1 节介绍了 print() 函数,也提到了 print() 函数的完整形式 print(objects,sep,end, file,flush)。print() 函数不仅能够将信息输出到屏幕上,还可以通过传参的方式让 print() 函数将信息输出到文件中。3.5.2 节介绍了 objects、sep、end 这 3 个参数,这里接着讲解 file 和 flush 参数。file 参数用于将文本输入某些对象中,可以是文件(注意文件的路径要写对),也可以是数据流,等等,默认是输出到屏幕(即 sys.stdout)。见<程序: print 到文件中>, 我们打开了文件 f,接着将字符 a 输出到文件 f 中。

```
#<程序: print 到文件中>
f = open("F:/newfile.txt",'r + ')
print("a",file = f)          # 将"a"输出到文件中
f.close()
```

flush 参数表示是否立刻将输出语句输入参数 file 指向的对象中,其值只能是 True 或 False,默认为 False。例如,如果只写了如下两行代码:

```
>>> f = open('abc.txt', 'w')
>>> print('a',file = f)
```

那么执行这两句之后可以看到 abc.txt 文件这时为空,里面并没有内容,只有执行 f.close() 之后才会将内容写进文件中。而如果将语句改为:

```
>>> print('a',file = f,flush = True)
```

则执行完这一句之后就会看到文件里立刻出现了字符 a。

实例 2: 将信息写入文件

实例 2 要将文件 file1.txt 中首字符为 3 的行中每个数字加起来,不包括 3,即将 "10 5 19 20 37"相加;然后,将结果写入文件末尾。

分析:在利用 readlines() 函数将文件中的每行字符串都存储到列表中后,需要遍历列表的每个元素,每个元素也就是文件中的一行,看哪一行是以 3 开头的,为此,可以用 split() 函数将每行字符串按空格分解为每个元素不包含空格的 list。然后判断 list[0] 是不是字符 3。然后需要计算该 list 从 1 号元素开始的所有元素的和。最后,需要将结果写回文件,所以, 文件的打开方式应为"r+"。该程序的实现如下:

```
#<程序: 读取文件,计算并写回>
f = open("F:/file1.txt",'r + ');fls = f.readlines()
for line in fls:
    line = line.strip();lstr = line.split()
```

```
        if lstr[0] == '3':
            res = 0
            for e in lstr[1:]:
                res += int(e)
f.write('\n4 ' + str(res));f.close()
```

需要注意的是,用 readlines()读取文件以及 split 分割字符串后,每个元素均为字符串。所以,要进行加法计算,首先需要将字符串转换为 int 类型。而在写入文件的时候,需要将 int 类型的 res 转换为字符串类型,执行程序后,文件 file1.txt 中的内容如下:

```
1 this is a test file
2 Python can easily read files
3 10 5 19 20 37
4 91
```

3. 关闭文件

我们将关闭文件单独列出来讲解,就是希望重点强调: 在对文件操作完成时,不要忘记收尾工作,即关闭文件。在进行文件操作时,首先需要使用 open()打开文件,每次对文件操作完成后,不要遗忘 close()操作,将已经打开并操作完成的文件关闭。养成这个习惯可以避免程序出现很多奇怪的错误(bug)。事实上,每个进程打开文件的数量是有限的,每次系统打开文件后会占用一个文件描述符,而关闭文件时会释放这个文件描述符,以便系统打开其他文件。

3.5.4 异常处理

在 3.5.3 节中,我们所讲解的文件打开操作都是假设文件一定可以成功打开。然而,在实际应用中,很可能会出现无法打开文件的情况,比如找不到要打开的文件或者文件已经损坏无法打开等情况。如果文件无法打开,而我们又没有考虑到这种异常情况,仍然强行让程序继续执行,所导致的后果将难以想象,所以这个时候异常处理显得尤为重要。有了异常处理,就可以避免程序在运行中出现严重问题,从而保证代码的正确执行。

1. 什么是异常

以打开文件为例,先来看一下什么被认为是异常。在打开文件时,一种常见的问题就是找不到文件,比如要打开的文件在别的地方、文件名不对或者文件根本不存在。假设在计算机的 F 盘下有一个文件 file.txt,可以通过 f = open("F:/file.txt",'r')的方式打开,而如果把文件名写错了,像下面这种情况就会出错(见<程序: 程序出现异常示例 1>),这种情况就算作一个异常。

```
#<程序: 程序出现异常示例 1>
f = open("F:/file.txt",'r')              # 文件名为 file1.txt,我们却写成 file.txt
# 输出如下错误:
Traceback (most recent call last):
```

```
    File "<pyshell#8>", line 1, in <module>
FileNotFoundError: [Errno 2] No such file or directory: 'F:/fil.txt'
```

相信大家在前面编写程序时经常会看到类似的错误，比如直接输出一个未定义的变量 a 时，程序也会出错，这同样算作一个异常。

♯<程序：程序出现异常示例 2>

```
>>> print(a)              ♯变量 a 未定义
♯屏幕输出如下错误：
Traceback (most recent call last):
    File "<pyshell#9>", line 1, in <module>
        print(a)
NameError: name 'a' is not defined'
```

示例中的 FileNotFoundError、NameError 都是异常！也就是说，其实异常并非只有打开文件出错这一种，还包括调用未定义的变量、除法运算中除数为 0 等很多情况都算作异常，并且每种异常都有自己独特的名字。处理异常的模型是固定的，只要我们学会了运用该模型，那么当发生各种各样的异常问题时就可以迎刃而解。本节以一些常见的异常名称为例来讲解如何处理异常。

2. 用 try 语句处理异常

在 Python 中，异常算是一个事件，若该事件在程序执行的过程中发生，将会影响程序的正常执行。当编写的程序中发生了让 Python 不知所措的错误时，Python 都会创建一个异常对象，比如<程序：程序出现异常示例 1>中文件找不到时，FileNotFoundError 就是一个异常对象，如果我们未对异常进行处理，那么程序将停止，并显示一个 traceback（可以认为是错误的跟踪报告），其中包含有关异常的报告。如果我们编写了处理异常的代码，捕捉到了这些错误并进行处理，程序就可以正常地继续执行，那么应该怎么捕获和处理异常呢？

异常捕获可以使用 try 语句来实现，任何出现在 try 语句范围内的异常都会被及时捕获到。try 语句的形式有很多，这里介绍两种比较常见的形式：try-except 和 try-finally。其模型如图 3-19(a) 和 (b) 所示，其中虚线的方框表示这一部分可有可无。可以这样理解 try 语句的意思，当我们认为某一段代码可能出现问题时，就将其放到 try 语句的里面，意味着尝试去执行这段代码，如果确实发现这段代码有问题（若写了异常的名称，则还需要判断是否与我们所写的异常的名称相符），则不去执行那段代码，直接说明异常，执行后续操作；而如果这段代码没有问题，则跳过 except 的语句块部分，继续执行后续操作。需要提醒大家的是，不同的异常有自己独特的名称，如果需要写在 except 语句后面添加异常名称，那么请正确书写对应的名称，这样才能做相应的处理异常操作。下面分别介绍一下这两种形式。

1）try-except 模型

try-except 模型执行方式如下：尝试执行 try 语句内可能出现问题的代码，如果发现确实出现了我们所写的异常，则执行 except 部分的处理代码，然后正常执行后面的代码；否则直接执行 try 语句中的代码段，然后正常执行后面的代码。

首先来看 FileNotFoundError 这一文件名称异常。在<程序：程序出现异常示例 1>

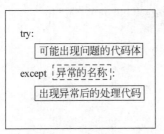

(a) try-except模型

(b) try-finally模型

图 3-19　异常捕获形式

的例子中,文件名字输入错误,导致文件找不到,在 traceback 中,最后一行报告了 FileNotFoundError 异常,这是 Python 找不到要打开的文件时创建的异常。在这个示例中,错误是函数 open()导致的,因此要处理这个错误,需要将 open 文件的语句放入 try 语句里面。

```
♯<程序: try-except 示例 1>
try:
    f = open("F:/file.txt",'r')          ♯文件名为 file1.txt,我们却写成 file.txt
except FileNotFoundError:
    print("文件找不到!!")
```

该程序最终会输出:

```
文件找不到!!
```

在<程序: try-except 示例 1>中,try 代码块引发了 FileNotFoundError 异常,Python 会找出与该错误匹配的 except 代码块,并运行其中的代码。最终的结果是显示一条友好的错误信息——"文件找不到!!",而不是上面的 traceback 信息,让人不太理解。当然使用异常处理的好处是除了比较友好之外,还有其他的方面,比如我们写好了代码(但是没有做异常处理)给用户使用,如果用户怀有恶意,故意让程序出现异常,然后根据看到的 traceback 中的信息,就可以推测出一些重要的代码,由此就可针对我们的代码进行攻击。

再来看另一个异常: NameError,这个异常表示变量名错误,可能正在访问一个未声明的变量。在<程序: try-except 示例 2>中,如果 file1.txt 确实存在,那么 open()函数正常返回文件对象,但异常却发生在成功打开文件后的 print(a)语句上,此时 Python 将直接跳到 except NameError,并输出提示。

```
♯<程序: try-except 示例 2>
try:
    f = open("F:/file1.txt",'r')          ♯文件存在
    print(a)
except FileNotFoundError:
    print("文件找不到!!")
except NameError:
    print("变量未定义!!")
```

该程序最终会输出：

变量未定义!!

当然，如果你真的无法确定要对哪一类异常进行处理，只是希望一旦 try 语句块出错，就给用户一个"看得懂"的提醒，也可以这么做：

```
…
except:
    print("出错了!")
…
```

练习题 **3.5.1**　编写程序，输入一个字符串作为表达式，例如，字符串"2＋3"，用 eval 求该字符串的值。假如字符串有除以 0，则使用 try-except 处理异常。

【答案】　代码见<程序：处理除数有 0 的异常>。

```
♯<程序：处理除数有 0 的异常>
try:
    s = input("请输入一个数学表达式：")
    print(eval(s))
except ZeroDivisionError:
    print("除数不可以为 0!")
```

2）try-finally 模型

为了实现在程序出现异常后，仍继续执行必要的收尾工作，比如在程序崩溃前，保存用户文档，Python 引入 try-finally 语句的处理模型，该模型中的 except 部分是可有可无的。try-finally 模型执行方式如下：尝试执行 try 语句内可能出现问题的代码，如果发现确实出现了异常，则执行 except 部分的处理代码，然后必须执行 finally 部分的代码，再去执行后面其他的代码；如果没有发现异常，则直接执行 try 语句中的代码段，跳过 except 部分，但仍旧要执行 finally 部分的代码，再去执行后面其他的代码。先看一个例子，见<程序：try-finally 示例 1 >。

```
♯<程序：try-finally 示例 1 >
try:
    f = open("F:/file1.txt",'r')          ♯文件存在
    print(a)
except NameError:
    print("变量未定义!!")
finally:
    f.close()
```

该程序由于 try 语句前面没有定义变量 a，所以仍旧会输出：

变量未定义!!

该例中如果 try 语句块中没有出现错误，则会跳过 except 语句执行 finally 语句块的内

容,即关闭文件;如果出现异常,则会先执行 except 中的语句,再执行 finally 语句块中的内容。也就是说,无论异常是否被捕获,最后都会将文件关闭。

对于 try-finally 模型还有一点需要说明的是,其中的 except 语句部分是可有可无的,如果不写 except 语句部分,则如果发生异常,会输出 Traceback 信息,然后执行 finally 部分的语句。所以还可以写出<程序:try-finally 示例 2>中的 try-finally 语句。

```
#<程序: try-finally 示例 2>
try:
    f = open("F:/file.txt",'w')
    print(a)
finally:
    f.close()
```

那么 Python 通常还可能抛出哪些异常呢? 这里给大家做个总结,见表 3-9,以后遇到这样的异常就不会感到陌生了。

表 3-9　常见异常描述

异　　常	描　　述
NameError	尝试访问一个不存在的变量
ZeroDivisionError	除数为 0
SyntaxError	语法错误
IndexError	索引超出序列范围
KeyError	请求一个不存在的字典关键字
OSError	操作系统产生的异常,就像打开一个不存在的文件会引发 FileNotFoundError,它就是 OSError 的子类
AttributeError	尝试访问未知的对象属性
TypeError	不同类型间的无效操作,比如 1＋'1'

3. 对资源进行访问时还可以用 with 语句处理异常

在第 2 部分中介绍了用 try 语句来处理异常,有时我们需要知道异常的名字,才能准确写明 except 部分,告知用户是什么地方出错,并且对于像打开文件这种操作,为了保证安全性,还会用到 finally 语句来强制关闭文件(不管是否捕获到异常)。每次总是这样写难免会显得很烦琐。为此,Python 还提供了 with 语句:with 语句适用于对资源进行访问的场合,以确保不管使用过程中是否发生异常都会执行必要的"清理"操作,释放资源,比如文件使用后自动关闭、线程中锁的自动获取和释放等。with 语句的形式如下:

```
with 对资源的操作语句[as target(s)]:
    正常函数代码段
```

所以对于处理打开文件这种操作时产生的异常,可以用 with 语句来处理,它会自动调用 close 方法,见<程序:with 语句使用示例>。

```
#<程序: with 语句使用示例>
with open("F:/file.txt",'w') as f:
    f.write("Hello world!")
```

这种写法和使用 try-finally 关闭文件的效果一样,它会自动调用 close 方法,可以发现,这种写法使代码简洁了很多。

习题

习题 3.1　请利用所学知识,将下面的"不完美函数"改写成完美函数。

```
#<程序: "不完美函数">
res
def add(a,b):
    a = a * b; res = a + b
add(2,3)
print("最终结果为: ",res)
```

习题 3.2　改写本章 3.1.2 节<程序:参数与返回值举例>中的 find 函数,使其可以实现新的功能:查找序列中是否有字符 f,若有,则返回 True 与一个列表,列表中记录所有字符 f 所在的索引;若无,则返回 False 与空列表。

例如,对于'abeffestffe';返回 True, [3,4,8,9]。

例如,对于[23,4,6,'e'];返回 False, []。

习题 3.3　下面这个程序,将会输出什么? 在 g-func()函数中哪些是局部变量?

```
#<程序: 局部变量与全局变量举例>
b, c = 2, 4
def g_func(d):
    global a ; a = d * c
g_func(b) ; print(a)
```

习题 3.4　局部与全局变量练习。请分析<程序:四则运算例子>的执行过程,并说明输出结果。

```
#<程序: 四则运算例子>
def do_div(a, b):
    c = a/b              #a、b、c 都是 do_div()中的局部变量
    print (c); return c
def do_mul(a, b):
    global c ; c = a * b #a, b 是 do_mul()的局部变量,c 是全局变量
    print (c) ; return c
def do_sub(a, b):
```

```
            c = a - b                    #a、b、c 都是 do_sub()中的局部变量
            c = do_mul(c, c)
            c = do_div(c, 2)
            print (c); return c
        def do_add(a, b):                #参数 a 和 b 是 do_add()中的局部变量
            global c
            c = a + b                    #全局变量 c,修改了 c 的值
            c = do_sub(c, 1)             #再次修改了全局变量 c 的值
            print (c)
        #所有函数外先执行:
        a = 3                            #全局变量 a
        b = 2                            #全局变量 b
        c = 1                            #全局变量 c
        do_add(a, b)                     #全局变量 a 和 b 作为参数传递给 do_add()
        print (c)                        #全局变量 c
```

习题 3.5 修改习题 3.4 中的<程序:四则运算例子>,去掉 do_add()中的 global c 语句,分析程序将会输出什么。

习题 3.6 嵌套函数中局部与全局变量的练习。分析<程序:嵌套函数局部与全局变量练习>,每个变量分别是局部变量还是全局变量?并说明打印结果。

```
#<程序:嵌套函数局部与全局变量练习>
a = 1;b = 2
def fun(x):
    def F():
        global a ; a = x + y + b
        return a
    y = 12 ; x = x + 2 ; a = F()
fun(b)
print("Finally, a is: %d and b is: %d" % (a,b))
```

习题 3.7 假设一个列表为 L,则 L. reverse()和 L[-1:-1-len(L):-1]的差别在哪里?

习题 3.8 假设一个列表为 L,我们知道 L. remove(x)是除去 L 中第一个值为 x 的元素,那么要除去 L 中所有是 x 的元素,要怎么办?

习题 3.9 如何用 L. insert(i,x)实现 L. append(x)?

习题 3.10 利用 for 循环将一个字符串列表双重倒转。给定一个字符串列表,将整个序列倒转,同时每个字符串元素也要倒转,输出倒转后的列表。

比如 L=['It is','very very','funny','!'],则完全倒转的结果为 L_new=['!','ynnuf','yrev yrev','si tI']。

习题 3.11 输入一个字符串,内容是个带小数的实数,如 123.45,输出是两个整数变量 x 和 y,x 是整数部分 123,y 是小数部分 45。可以用 split()函数来完成。

习题 3.12 字典字符串练习 1。实现一个函数,该函数功能为:删除字符串中出现次数最少的字符,若多个字符出现次数一样,则都删除。输出删除这些单词后的字符串,字符串中其他字符保持原来的顺序。

输入：字符串只包含小写英文字母，不考虑非法输入，输入的字符串长度小于或等于20字节（如 abcdd）。

输出：删除字符串中出现次数最少的字符后的字符串（如 dd）。

习题 3.13　字典字符串练习 2。实现一个函数，该函数功能为：假设一篇文章已经存储于一个字符串 S 中，统计 S 中每个单词出现的次数（注意单词后面的标点符号问题）。

习题 3.14　参数传递问题练习。现有一个 Sum() 函数，该函数可以求得输入的数字列表 L 中所有偶数的和，程序如<程序：参数传递问题练习>所示。请分析该程序，原列表 L 是否被修改？说明打印结果是什么。请尝试用多种方法修改程序，使得原列表 L 不会被修改。

```
#<程序：参数传递问题练习>
def Sum(L):
    mysum = 0;i = len(L) - 1
    while i >= 0:
        if L[i] % 2 == 0:
            mysum += L.pop(i);
        i = i - 1;
    return mysum
L = [2,2,3,4,5];mysum = Sum(L)
print(L,mysum)
```

习题 3.15　默认参数练习。请分析<程序：默认参数练习>中的代码，说明每次的打印结果是什么，当前的默认参数是什么。

```
#<程序：默认参数练习>
def append_1(L = [1,2]):
    if L[0] % 2 == 1: L.append(0)
    else: L.append(5)
    return(L)
print(append_1())
print(append_1([2]))
print(append_1([3]))
print(append_1())
```

习题 3.16　用列表推演表达式生成九九乘法表，每个元素都是一个计算式子。使得输出的列表为：L = ['1 * 1=1','1 * 2=2','1 * 3=3','1 * 4=4','1 * 5=5','1 * 6=6','1 * 7=7','1 * 8=8','1 * 9=9','2 * 2=4','2 * 3=6','2 * 4=8','2 * 5=10','2 * 6=12','2 * 7=14','2 * 8=16','2 * 9=18','3 * 3=9','3 * 4=12','3 * 5=15','3 * 6=18','3 * 7=21','3 * 8=24','3 * 9=27','4 * 4=16','4 * 5=20','4 * 6=24','4 * 7=28','4 * 8=32','4 * 9=36','5 * 5=25','5 * 6=30','5 * 7=35','5 * 8=40','5 * 9=45','6 * 6=36','6 * 7=42','6 * 8=48','6 * 9=54','7 * 7=49','7 * 8=56','7 * 9=63','8 * 8=64','8 * 9=72','9 * 9=81']。

习题 3.17　用列表推演表达式完成如下功能：给定一个字符串 text，里面存放的是一小段文本。请利用列表推演表达式获取文本中所有单词的第 1 个字符。text = "My house is full of flowers"。

习题 3.18　文件操作练习。请生成九九乘法表,并按照表的形式输出到文件中,格式如下:

1 * 1＝1

1 * 2＝2　2 * 2＝4

1 * 3＝3　2 * 3＝6　3 * 3＝9

1 * 4＝4　2 * 4＝8　3 * 4＝12　4 * 4＝16…

习题 3.19　从文件中以字典的形式读取数据,名字作为 key,年龄作为 value。文件中的内容如下,以制表符('\t')分割数据。

name	age
Aaron	34
Abraham	23
Andy	56
Benson	41

然后输出到另一个文件中,并添加行号。格式如下,依旧以制表符分割数据。

1	Aaron	34
2	Abraham	23
3	Andy	56
4	Benson	41

习题 3.20　异常处理练习。假设输入一组任意长度的列表,我们要对该列表中第 10 个元素进行加 1 操作,请利用 try-except 模型自己实现一个异常处理,可以捕获 IndexError 异常。

第 **4** 章　探究递归求解的思维方式

引 言

　　用递归(recursion)思维解决问题是计算机科学中最美的部分之一。递归的基本概念就是将大问题分解成"同质"的小问题,然后用小问题的解组合成大问题的解。很多问题通过递归的方式求解,程序都会变得简洁而优美,更加快速而准确,所以对递归思维的熟练运用是编程修炼的重中之重。

　　本章首先通过几个简单的例子带领大家理解递归求解问题的思维方式;其次,使用递归思维重温之前章节的例题,让大家熟悉如何通过编写递归程序来解题;再次,分别使用非递归与递归的方式实现列表和字符串的专有方法,在对比中认识到递归思维以及递归程序的优点;最后,以排序为例,分别用递归方式实现 4 种不同的排序算法,让大家在对比中进一步熟悉递归思维,也从中认识到算法有优劣之分,应尽可能地设计优化的算法解决问题。

4.1　理解递归求解的思维方式

程序调用自身的编程技巧称为递归(recursion)。当一个函数调用自己时,这样的函数就被称为递归函数,在本质上形成一个循环。在学习计算机科学中的递归之前,先来认识一下生活中的递归。

在现实生活中我们经常能碰到递归,比如上学时从前向后传卷子,第一名同学从老师手里拿到一叠卷子,然后从卷子中拿走一张,将剩下的卷子传给后面的同学,后面的同学也会从卷子中拿走一张,将剩下的卷子传给他后面的同学。在这个过程中,如果卷子没了或者后面没有同学了就终止(这是赋予递归过程的终止情况)。当学生做完题目后,就由最后一名同学将试卷往前递交,最终全部交给老师。这一排中的每一名同学都做同样的动作。假如不属于终止条件,则他一开始先留下一份卷子并将剩余的卷子传递给后一名同学,然后做卷子,等到后面一名同学传上他们做好的卷子,则加上自己的卷子并传给前面一名同学。由此可以看出,每名同学所做的动作是完全一样的,所以这个过程就可以写成一个递归函数。

了解了什么是递归,接下来通过几个实例具体介绍递归的基本思路以及递归是如何解决问题的。

4.1.1　递归的基本思路

递归解决问题的思维就是将大问题分解成"同质"的小问题,最后大问题的解能够由小问题的解组合得到。

【问题描述】　有 n 个数,从中选出 k 个数,有多少种选择?注意,只能够用加法运算不能使用乘法算出选择个数。请用递归的方式来求解。

【解题思路】　这看起来是大家熟知的组合问题,数学中对于 n 个数中取 k 个数可以用 C_n^k 来表示;同理,n 个数中取(k−1)个数就是 C_n^{k-1}。可用如下公式求解:

$$C_n^k = \frac{n!}{k!(n-k)!} = \frac{n\times(n-1)\times\cdots\times(n-k+1)}{k\times(k-1)\times\cdots\times2\times1}$$

但是我们不能用乘法,如何使用递归的思想来求得 C_n^k 的值呢?

首先需要将大问题分解成"同质"的小问题,本题的大问题就是求 C_n^k,求 n 个数取 k 个数可以分成两种情况:

(1) 最后一个数在 k 个数中一定被取到;

(2) 最后一个数在 k 个数中一定不会被取到。

注意,不一定针对最后一个数,针对任意一个特定数都可以分成这两种情况。在本题,我们不妨设最后一个数表示这个特定数。

下面分别针对上述两种情况,思考如何得到递归关系式。如果取最后一个数,那么前 n−1 个数中只需取 k−1 个数,即 C_{n-1}^{k-1};如果最后一个数不取,那么前 n−1 个数中需要取 k 个数,即 C_{n-1}^k。综上,$C_n^k = C_{n-1}^{k-1} + C_{n-1}^k$。例如,我们知道 $C_4^3 = 4$,可以来验证一下 C_4^3 是否等

于 $C_3^2+C_3^3$,确实如此,$C_3^2=3$,$C_3^3=1$。

递归关系式还有一个关键的组成部分,那就是终止条件,如果没有终止条件,那么大问题将会无限地划分成小问题,形成"死循环",这是编程所不允许的。

如何确定本题的终止条件呢？我们不妨对边界值的 3 种情况做一个分析：

(1) 当 k＝0 时,也就是说,从 n 个数中任选 0 个数,很明显 C_n^0 结果为 1；

(2) 当 n＜k 时,也就是说,从 n 个数中选出超过 n 个数,很明显这是不可能发生的,即 C_n^k 结果为 0(n＜k)；

(3) 当 n＝k 时,也就是说,从 n 个数中选出 n 个数,则 C_n^k 结果为 1(n＝k)。

通过上述思考,我们就找出了完整的递归关系式：

$$C_n^k=\begin{cases} 0, & n<k \\ 1, & n=k \text{ 或 } k=0 \\ C_{n-1}^{k-1}+C_{n-1}^k, & \text{其他} \end{cases}$$

所以求 C_n^k 可以用一个二维的表格来求得。若此二维表格称为 C,C(i,j)最后会存 C_i^j 的值,i 为 1～n,j 为 0～k。一开始第一列 C(i,0)都是 1,而第一行中 C(1,0)、C(1,1)是 1,其他是 0。由此,可以马上用加法算出第二行所有 C(2,j)的值,以此类推,算出第 n 行所有 C(n,j)的值。

【问题描述】 给出一个图形,它是由 n 个横向排列的正方形和 n 个纵向排列的正方形交叠组合而成的一个 L 形的图形(见图 4-1),请用递归思想求当长宽为 n 时它所能表示的所有矩形的个数。注意,小正方格的堆叠会形成不同的矩形,例如,n＝2 时会有 5 个矩形。

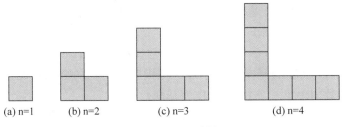

(a) n=1   (b) n=2   (c) n=3   (d) n=4

图 4-1 L 形图形展示

【解题思路】 这是一个图形组合问题,不妨假设 f(n)表示当 L 形的长宽分别为 n 时包含的矩形个数。首先,同学们数一数图 4-1 中每个图形中的矩形个数,尝试能否找到一些解题规律,结果如下：当 n＝1 时,f(n)＝1；当 n＝2 时,f(n)＝5；当 n＝3 时,f(n)＝11；当 n＝4 时,f(n)＝19；……同学们能够从这些数字当中找到规律吗？这可能会比较难,而且由于所知的情况有限,并不能保证最后得到的关系式是正确的,所以,最方便的方式是从递归思维出发,得到完整的递归关系式,而上述数据可以用来验证最终得到的递归关系式是否正确。

当使用递归思维来求解问题时,要思索 f(n)的值与 f(n-1)的值的关系,也就是说,当知道 f(n-1)的值时,要如何推导出 f(n)的值。请注意,不需要知道如何算出 f(n-1),而是假设已知 f(n-1)的值,然后在这个假设上推出 f(n)的值,这就是递归思维。

按照上述思维,首先假设 f(n-1)已知,然后在该 L 形的行和列中分别多加一个正方形得到长宽为 n 的新 L 形,则新 L 形的列中所产生的"新"矩形有 n 个,所谓新的矩形,也就是不存在于原来计算 f(n−1)的矩形集合内的矩形。同理,新 L 形的行也会因为新加的正方形而产生"新"的 n 个矩形。最终,长、宽为 n 的 L 形比长、宽为(n−1)的 L 形多了 2n 个矩形,所以递归关系式为 f(n)= f(n−1)+2n。

对于终止条件,即当 n=1 时,f(n)=1。程序可以利用此关系式从小到大求得任意 f(n),或者用递归函数,代码如<程序:求长方形数>所示。

```
#<程序: 求长方形数>
def rectangle(n):
    if n == 1: return 1              #终止条件
    return rectangle(n-1) + 2 * n    #递归关系式
```

递归是一个非常强大而灵活的算法,它能够使得程序变得简洁,也能够让程序变得更加高效。下面通过递归思维解决排序问题,让大家领略递归之美。

【问题描述】　有长度为 n 的数值列表 L,将这个列表按照数值从小到大的顺序进行排序。例如,列表为 L=[21,13,5,34,2],那么排序后的顺序为 L=[2,5,13,21,34]。请用递归实现快速排序。

【解题思路】　以递归思维去思考排序问题,即:假设已经排出了长度比 n 小的列表的顺序,不需要想这个顺序是如何排出来的,只需要思考如何利用这个顺序去求 n 个数的列表如何排序。

这里给出一种高速而有效的排序方式——快速排序(quick sort),简称为快排。该算法的基本思想为:从待排序列表的 n 个元素中抽出一个基准数,由此基准数分出两个列表,分别保存比基准数小的元素和比基准数大的元素,总列表的排序就可以由这两个小列表的排序结果组合而成。基本步骤如下。

(1) 在待排序的数中选择一个基准数,通常选择第一个数,也可以随机选择数列中的任意一个数作为基准数,如此能够较大概率地避免极度不平均的分割情况重复出现。为了简单起见,这里使用数列中第一个数 L[0]作为基准数。

(2) 将待排序的数分割成独立的两个列表。一个列表 L1 中的数值均比基准数 L[0]值小,另一个列表 L2 中的数值比基准数 L[0]值大。

(3) 然后分别对这两个较小列表 L1 和 L2 进行排序,返回排序后的 L1+[基准数]+排序后的 L2。

(4) 终止条件:L 中只有一个数或为空时就返回列表 L(程序中,终止条件应该放在最前面做比较)。

下面给出快速排序的 Python 代码,如<程序:快速排序程序段>所示。

```
#<程序: 快速排序程序段>
def qsort(L):
    if len(L)<= 1: return L
    a = L[0]; L1 = []; L2 = []
    for e in L[1:]:
        if (e <= a):L1.append(e)
        else: L2.append(e)
    return qsort(L1) + [a] + qsort(L2)
```

兰　兰：这个程序很神奇，qsort(L)是由 qsort(L1)和 qsort(L2)组合而成，我们是否需要在编程时探究 qsort(L1)、qsort(L2)到底是怎么计算出来的呢？

沙老师：在写递归函数时只需要关注两大重点：递归关系和终止条件。我在此再三强调，在写递归函数时不需要具体思考小问题是如何解决的，而是假设已经解决了。所以在快排的关系式中不需要想 qsort(L1)和 qsort(L2)到底是怎么排序的，而是只要假设它们已经排好序了。然而为了满足你们的好奇心，接下来要谈一下程序是怎么执行的。注意，在推导递归关系式时千万不要思考如下程序执行的细节。

对一组数 21、13、5、34、2 排序为例，演示如何使用快排进行排序。

首先，确定此列表第一个数 21 为基准数，那么比 21 小的列表 L1 为 13、5、2，比 21 大的列表 L2 为 34。

然后，需要对 L1 和 L2 分别进行快速排序。L2 中只有一个元素 34，所以该列表已经有序，可以直接返回[34]。列表 L1 为[13,5,2]，所以需要对 L1 进行快速排序。递归的思路就是把 L1 当成新的 L，用同样的方式对 L 进行排序。确定一个基准数值后，分割 L 成为新的 L1 和 L2，此基准数为 13，则 L1 为[5,2]，L2 为空。

对[5,2]进行快速排序。先确定一个基准数 5，比 5 小的列表为[2]，比 5 大的列表为空[]。两者皆可马上返回，返回后则[2,5]就排好序了。又返回上层与[13]连接，则[2,5,13]就排好序了。再返回上层，与开始时的基准数[21]和返回的[34]连接，则最后[2,5,13,21,34]就完成排序了，递归函数最终返回该序列。

用图 4-2 的方式可以清晰地看到快速排序的过程。

练习题 4.1.1　多米诺骨牌。

【问题描述】　有若干长为 2、宽为 1 的多米诺骨牌(如图 4-3(a)所示)，给出一个宽为 2、长为 n 的方框，请问用这些多米诺骨牌将该方框填满有多少种填法？请用递归求解。如当 n 等于 3 时，有如图 4-3(b)、图 4-3(c)、图 4-3(d)所示的 3 种填法。

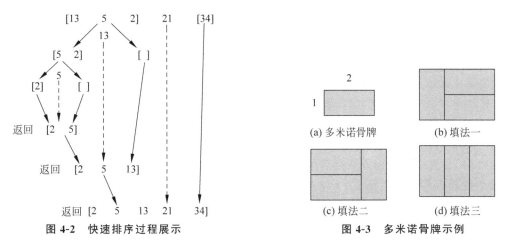

图 4-2　快速排序过程展示　　　　图 4-3　多米诺骨牌示例

【解题思路】　首先还是需要按照递归的思路先将大问题分解成小问题；然后思考小问题的解如何组成大问题的解，列出递归关系式，注意不要忘记终止条件；最后根据递归关系

式编写程序。至于如何将大问题分解成小问题,主要分成两种情况:

(1) 最右边的骨牌横着放;

(2) 最右边的骨牌竖着放。

注意,最右边的骨牌摆放除了这两种情况不可能会有其他情况;同时这两种情况不会有交集,即不可能出现最右边的骨牌既是横着放又是竖着放的情况。

可以用 $f(n)$ 来表示当方框长为 n 时填法的总数。当长度为 n 时,分别讨论上述两种情况:假如最右边骨牌为竖着放的,代表排放的总数等于 $f(n-1)$ 种;当最右边为两个横着放置的骨牌,代表排放的总数等于 $f(n-2)$ 种。这两种情况的总和就是方框长为 n 时填法的总数。所以递归关系式为: $f(n) = f(n-1) + f(n-2)$;终止条件为: $f(1)=1,f(2)=2$ 。这种关系也叫斐波那契关系式。用递归思维是不是很简单就解决问题了!

兰　兰：沙老师,我们在思考递归关系式时需要注意些什么吗?

沙老师：在递归关系的推导里,当我们将大问题分解成小问题时,必须保证两个关系:

(1) 分解成的所有情况的并集必须涵盖所有可能;

(2) 分解成的所有情况间的交集为空。

4.1.2　递归求解的例子

前面通过使用递归思维分析了多个例子,带领大家了解了递归求解问题的基本思路,那么在计算机科学中是如何用递归技巧来编程的呢? 在编程中,一般通过递归函数来运用递归技巧。下面可以用一个简单的例子来初步认识递归函数的形式。

【问题描述】　求一个数列每项元素的和。例如,数列 $L=[1,2,3,4]$,则 L 中所有元素的和为 $sum=1+2+3+4=10$ 。

【解题思路】　当然,这个例子可以用 for 循环的方式来解决,在第 1 章中已经讲解过。这里通过递归的方式来实现,目的是让大家了解如何编写递归函数。下面介绍两种递归方式。

1. 第一种递归方式

先定义表达式 $f(n)$ 表示列表 L 中前 n 个数的和,例如,问题描述中给出的 L,它的前两个元素之和为 $f(2)=1+2=3$ 。按照递归思维,假设 L 前 $n-1$ 个元素之和 $f(n-1)$ 已经求得,则 L 中前 n 个元素之和 $f(n)$ 就是第 n 个元素的值加上 $f(n-1)$ 。所以,递归关系式为: $f(n) = f(n-1)+L[n-1]$ 。当 $n=1$ 时,前 n 个数之和就是这个元素本身,所以终止条件为 $f(1)=L[0]$;为了避免输入空列表的情况,加一个终止条件:当 $n=0$ 时, $f(0)=0$ 。代码如 <程序:数列求和_1>所示。

```python
#<程序:数列求和_1>
def sum_1(L):
    #print(L)                    #见后面的练习题 4.1.2
    if len(L) == 1:
        #print("L[0] = ",L[0])   #见后面的练习题 4.1.3
```

```
        return L[0]
    if len(L) == 0:return 0              # 避免输入为空的情况
    r = sum_1(L[0:len(L) - 1]) + L[len(L) - 1]
    #print("r = ",r)                      # 见后面的练习题 4.1.3
    return r
L = [1,2,3,4]
print("列表所有元素之和为：",sum_1(L))
```

为了让大家了解递归函数的执行过程,以问题描述中的 L＝[1,2,3,4]为例,首先调用 sum_1(L),其中 L＝[1,2,3,4],函数中由于 len(L)大于 1,所以执行语句"r＝ sum_1(L[0: len(L)－1]) ＋ L[len(L)－1]",该语句就是将求列表[1,2,3,4]之和的问题转换为求列表最后一个元素与列表[1,2,3]之和的问题;同样求列表[1,2,3]之和的问题,需要调用 sum_1([1,2,3])求解,又转换到求最后一项与列表[1,2]之和的问题;以此类推,最终到需要求列表[1]之和的问题,即 f(1)＝L[0]＝1,该问题也就不能再被分解了。这时程序会自动一层一层返回,将小问题的解进行合并,求得上层小问题的解,最终得到大问题的解,合并的过程为：f(2)＝f(1)＋2＝3；f(3)＝f(2)＋3＝6；f(4)＝f(3)＋4＝10,最终解就是 10,如图 4-4 所示。

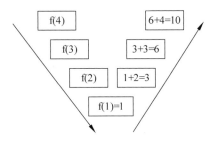

图 4-4　数列求和方式一示意

练习题 4.1.2　请将<程序：数列求和_1>中的递归函数中 print(L)前面的"#"去掉, 运行程序,看看结果如何。

【解题思路】　由于每次递归调用函数,参数列表都会去掉最后一个元素,所以最终的输出结果如下：

```
[1, 2, 3, 4]
[1, 2, 3]
[1, 2]
[1]
```

列表所有元素之和为 10。

练习题 4.1.3　如果将<程序：数列求和_1>中的递归函数中 print("L[0]＝",L[0])和 print("r＝",r)前面的"#"去掉,运行程序,看看结果如何。

【解题思路】　递归函数是一层层地去掉最后一个元素,所以当列表只有一个元素时就会剩下元素 1,则执行"print("L[0]＝",L[0])"语句,输出的是：L[0]＝ 1；r 的值是递归函数返回时产生的结果,所以第一次返回时 r＝3；第二次返回时 r＝6；第三次返回时 r＝10。

2. 第二种递归方式

递归的形式可以有多种,下面使用一种"二分法"的方式解决数列求和问题。如果将待求和的列表 L 大致平均分成两部分 L1、L2,那么该列表 L 所有元素之和为 sum(L)＝sum(L1)＋sum(L2),这里的 sum(L)表示列表 L 中所有元素之和。同样,对于 L1 和 L2 的各自之和,也可以采用上述方式求解。所以,第二种递归方式就是每次将待处理的数列分成两半,分别求和,再将结果合并起来,得到的就是最终结果。当然不能遗漏了终止条件:当列表 L 为空时,sum(L)＝0;当列表 L 只有一个元素时,sum(L)＝L[0]。根据上述思路,Python 代码如<程序:数列求和_2>所示。

```
#<程序:数列求和_2>
def sum_2(L):
    if len(L) == 0: return 0              #终止条件 1: 列表为空
    if len(L) == 1: return L[0]           #终止条件 2: 列表只有一个元素
    r0 = sum_2(L[0:len(L)//2])
    r1 = sum_2(L[len(L)//2:len(L)])        #注意运算符"//"求得的才是整数
    #print("r0 = ",r0,",r1 = ",r1,",r0 + r1 = ",r0 + r1)   #见后面练习题 4.1.4
    return r0 + r1
#以下为主函数
L = [1,2,3,4]
print("列表所有元素之和为: ",sum_2(L))
```

同样以求数列 L＝[1,2,3,4]之和为例,具体了解一下递归执行过程。主函数中调用 sum_2(L),函数中首先判断参数 L 是否满足终止条件,不满足则将数列 L 分成两半,分别求和再相加。其中前一半为[1,2],后一半为[3,4],对这两半分别求和,同样调用函数 sum_2(),执行过程如下。

(1) 对前一半数列[1,2]求和,先将[1,2]分成两半,分别求和再相加,其中前一半为 [1],后一半为[2];由于[1]中只有一个元素了,[1]的和就是 1,以此类推,[2]的和也是 2,将这两部分和相加,得到[1,2]的和是 3。

(2) 对后一半数列[3,4]求和,过程与对[1,2]求和相同,得到[3,4]的和为 7。

最后将数列 L 的这两部分的和相加,得到数列 L 的和为 10。同学们可以借助图 4-5 来理解递归函数的执行过程。

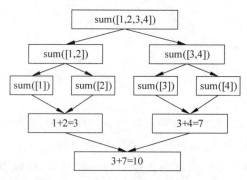

图 4-5 数列求和方式二示意

练习题 **4.1.4** 请将<程序：数列求和_2>中的递归函数中 print() 前面的"♯"去掉,运行程序,看看结果如何。

【解题思路】 同学们可以自己动手尝试一下,独立思考为什么会得到这样的结果。程序输出如下:

```
r0 = 1 ,r1 = 2 ,r0 + r1 = 3
r0 = 3 ,r1 = 4 ,r0 + r1 = 7
r0 = 3 ,r1 = 7 ,r0 + r1 = 10
列表所有元素之和为: 10
```

兰　兰: 第一种方法已经使用递归的方式讲解了数列求和问题,为什么还要用第二种方法再求一遍呢?

沙老师: 用两种递归方法来求数列之和的主要目的是:

(1) 让同学们明白递归的方式不止一种,不同的递归思想可以达到同样的目的;

(2) 第二种方法这种分成两部分处理的方式更有利于在多核计算机中进行计算,因为这两部分是互相独立的,同时对各部分进行处理,所以程序运行时间会缩短很多;

(3) 这两种方法涉及对递归深度的理解,Python 的默认执行环境下递归深度只能到 1000,所以第一种方法对于求 1000 个以上的数之和程序就无法执行了,但第二种方法所能求的最大数列的长度能够达到 2^{1000},这是一个非常大的数,数量堪比宇宙灰尘。

所以,在使用递归求解问题时要尽量使用第二种方法的思维方式。

运用上面学到的知识,请同学们先自己思考下面几个练习题。

练习题 **4.1.5** 请用第二种方法中的递归思想查找给定列表 L 中的最小值,例如,列表 L=[12,56,88,11,2],查找结果为 2。

【解题思路】 与<程序:数列求和_2>类似,每次将原列表分成两部分,然后这两部分列表再分别用递归的方法去查找自己的最小值。终止条件为:当列表长度为 1,返回列表第一个元素;列表为空时返回空列表。代码如<程序:求数列最小值>所示。

```
♯<程序:求数列最小值>
def find_min(L):
    if len(L) == 1:return L[0]
    if len(L) == 0:return []              ♯处理输入为 L = []的情况
    min1 = find_min(L[0:len(L)//2])
    min2 = find_min(L[len(L)//2:len(L)])
    if min1 < min2:return min1
    else: return min2
```

练习题 **4.1.6** 请用第二种方法的思想递归地查找给定列表 L 中的最小值与最大值。例如,列表 L=[12,56,88,11,2],查找结果为 2、88。

【解题思路】 与<程序:数列求和_2>思维类似,先将列表 L 分成两部分 L1、L2,再分别求两部分各自的最小值和最大值,最后整个列表 L 的最小值和最大值就是两部分最小值和最大值比较之后的结果,所以递归关系式为:f_min(L)=min(f_min(L1),f_min(L2)),f_max(L)=max(f_max(L1),f_max(L2))。终止条件请同学们自行思考(提示:如果列表中只剩下两个元素或只剩下一个元素,这些情况该怎么处理)。代码如<程序:求数列最大、最小值——二分法>所示。

```python
#<程序:求数列最大、最小值——二分法>
def find_min_max(L):
    if len(L) == 2:
        if L[0]< L[1]:return L[0],L[1]        #最小值 L[0],最大值 L[1]
        else:return L[1],L[0]                  #最小值 L[1],最大值 L[0]
    if len(L) == 1:return L[0],L[0]
    if len(L) == 0:return [],[]                #其实不可能会发生
    min1,max1 = find_min_max(L[0:len(L)//2])
    min2,max2 = find_min_max(L[len(L)//2:len(L)])
    if min1 > min2:min1 = min2
    if max1 < max2:max1 = max2
    return min1,max1
```

经 验 谈

任何符合结合律的操作都可以分成几部分进行处理。例如,sum=(a+b)+c= a+(b+c),min(a,min(b,c))=min(min(a,b),c)都符合结合律,所以这类问题都可以分成几个小部分,再将小部分的解合并成大问题的解。相反,对于不符合结合律的问题,如(a+b)/c≠a+(b/c),就不能分成不同的部分处理。

通过上面的例子,我们已经对递归函数有了一个初步的了解。递归函数就是通过自身调用自身的方式一层一层向下执行,直到遇到返回条件,再一层一层地向上返回。所以,写递归函数的时候一定要注意 3 点:输入(参数)、返回值以及终止条件。在此给出递归函数的一个基本模式。

递归函数的模式

```
def fun(输入):
    if 递归终止条件:
        return 返回值
    实际需要执行的函数体
    (包括变量的声明、递归函数的调用、调用后结果的处理等)
    return 返回值      #这一返回值可有可无
```

注意,应在最前面就写出递归的终止条件,一旦写错了终止条件,可能最终结果就是错的,也可能程序会无休止地递归下去,或者递归到某一层时参数边界值会报错……在后面的讲解中将不断强调终止条件的重要性。

在编写递归函数时,由于递归函数是通过自身调用自身的方式一层一层将问题剥离,直到最底层,然后又一层一层返回到上一层函数中,那么在层与层之间,通常使用 3 种方式将结果或作用进行传递。总结如下。

经　验　谈

在编写递归函数时,怎样把结果或作用传回上一层?

(1) return 方式(推荐使用这种方式)。编写函数时,利用在函数中 return 的方式将需要传递的值返回。

(2) global 关键字方式。将需要返回的变量设置为全局变量,这样,每次递归函数会通过改变这个全局变量来将该值传递给下一层或上一层的函数(但 global 方式破坏了完美函数的原则,所以不建议使用这种方式)。

(3) 可变的参数。将要传递的值作为可变的参数传递进来(例如,list 可作为可变的参数)。注意,这里强调"可变",若想对参数值进行修改,则必须是可变的参数。

4.2　用递归方式重温例题

在前面的章节我们讲解过数列求和、归并操作和因数分解 3 个例子的非递归实现,本节将用递归的方式重温这 3 个例子,介绍如何用递归的方式来分析问题,如何根据分析思路写出递归函数。

4.2.1　递归实现数列求和

前面使用递归方式实现了求列表中所有元素之和的问题,我们知道在列表中的元素一般是无规则的,而在数学中会经常碰到一些有规则的数列求和问题,常见数列有两种:等差数列和等比数列。

下面分别使用递归思想实现求等差数列和等比数列之和,锻炼同学们的递归思维以及动手编程的能力。

1. 等差数列求和

【问题描述】　给出等差数列的第一项 a_1,以及任意相邻两项之差 d(公差)和数列的个数 n(项数),求该数列各项之和(如整数数列是[5,10,15,20,25],那么数列和为:5+10+15+20+25=75)。

输入:数列的第一项 a_1,相邻两项之差 d 和数列的个数 n。

输出:数列各项之和 sum。

【解题思路】　首先需要根据递归思维定义递归关系式,确定终止条件,最后根据递归关系式编写 Python 程序。

已知等差数列第一项 a_1、公差 d 和项数 n,那么该数列为:$a_1, a_2 = a_1 + 1*d, a_3 = a_1 + 2*d, a_4 = a_1 + 3*d, \cdots, a_n = a_1 + (n-1)*d$。我们用 f(n) 来表示前 n 项之和,按照递归思维先假设等差数列前 n-1 项之和 f(n-1) 已经求得,那么想要求前 n 项之和 f(n),只要前 n-1 项之和 f(n-1) 加上第 n 项项数 a_n 即可,所以递归关系式为:$f(n) = a_n + f(n-1)$,终

止条件为 $f(1)=a_1$。其中，$a_n=a_1+(n-1)*d$。Python 实现如<程序：等差数列之和递归例子>所示。

```
#<程序：等差数列之和递归例子>
def arithmetic_seq(a1,d,n):
    if n == 1:return a1
    return a1 + (n-1) * d + arithmetic_seq(a1,d,n-1)
#以下为主函数
a1 = 5; n = 5; d = 5
sum = arithmetic_seq(a1,d,n)
print("The sum of arithmetic sequence is ",sum)
```

兰　兰：这种写法很奇怪，为什么不从第一个数开始递归呢？
沙老师：没错，这种写法不好，因为需要比较多的计算量来计算最后一项，所以要改成
　　　　return a1+ arithmetic_seq(a1+d,d,n-1)。

2. 等比数列求和

【问题描述】　已知等比数列首项为 a_1，公比为 q，项数为 n(n≥1)，求等比数列前 n 项和。如首项为 2，等比为 3，项数为 5 的等比数列[2,6,18,54,162]，它的和为 $2+6+18+54+162=242$。

输入：等比数列首项 a_1，公比 q，项数 n。

输出：等比数列前 n 项和。

【解题思路】　本题与等差数列求和问题相类似，同样先需要根据递归思维求得递归关系式，确定终止条件，最后根据递归关系式编写 Python 程序。

已知等比数列第一项 a_1、公比 q 和项数 n，那么该数列为：$a_1=a_1*q^0$，$a_2=a_1*q^1$，$a_3=a_1*q^2$，$\cdots$，$a_n=a_1*q^{n-1}$。我们用 $f(n)$ 来表示前 n 项之和，根据递归思维，假设等比数列前 n-1 项项数之和 $f(n-1)$ 已经求得，那么前 n 项之和 $f(n)$ 就可以用 $f(n-1)$ 加上第 n 项项数 a_n 求得，所以递归关系式为 $f(n)=a_n+f(n-1)$，终止条件为 $f(1)=a_1$，其中，$a_n=a_1*q^{n-1}$。代码如<程序：等比数列求和递归例子 1>所示。

```
#<程序：等比数列求和递归例子 1>
def geometric_seq(a1,q,n):
    if n == 1:return a1
    return a1 * q ** (n-1) + geometric_seq(a1, q, n-1)
#以下为主函数
a1 = 2; q = 3; n = 5
sum = geometric_seq(a1,q,n)
print("The sum of geometric sequence is ",sum)
```

上述程序同样可以有更为快速的递归程序，由于后一项可以由前一项乘等比 q 求得，所以递归时我们可以用乘法运算替代幂运算，如<程序：等比数列求和递归例子 2（较好）>所示。

```
#<程序: 等比数列求和递归例子2 (较好)>
def geometric_seq(a1,q,n):
    if n == 1:return a1
    return a1 + geometric_seq(a1 * q,q,n-1)
#主函数与上例相同
```

4.2.2 递归实现归并

在数学中我们经常遇到这类题目: 有两个升序(由小到大排序)列表,如 A=[2,7],B=[1,4,14,15,21],将两个列表合并成一个列表 L,使得 L 内的元素仍然从小到大排列,即 L=[1,2,4,7,14,15,21]。

上述题目是一个典型的有序列表归并操作,第 1 章曾简单介绍过归并操作,并给出了归并操作的算法描述,本节要用非递归和递归两种方法详细地讲述递归操作的实现。

1. 非递归实现归并操作

我们已经学习了如何使用循环实现两个有序列表的归并,具体步骤如下。

(1) 从两个列表中各拿出一个数,为了方便起见,我们从头开始取数。

(2) 将取出的两个数进行比较,并将较小的数放入新建列表 L 中,然后从较小数所在列表中再取出一个数,与之前没有放入 L 中的数进行比较,同样将较大数放入列表 L 末尾。重复执行步骤(2),直到一个列表全部取完。

(3) 将还有元素的列表的剩余元素按顺序放入 L 末尾,即完成了合并,且能保证合并结果仍然从小到大排序。

了解了归并循环执行过程,Python 实现如<程序: 归并的非递归实现>所示。

```
#<程序: 归并的非递归实现>
def merge(A,B):
    L=[];i=0;j=0
    while(i<len(A) and j<len(B)):
        if(A[i]<B[j]):L.append(A[i]);i=i+1
        else:L.append(B[j]);j=j+1
    if i<len(A):return L+A[i:len(A)]
    else:return L+B[j:len(B)]
#以下为主函数
A = [2,7];B = [1,4,14,15,21]
L = merge(A,B)
print("The merge list is ",L)
```

该程序的输出结果如下:

```
The merge list is [1, 2, 4, 7, 14, 15, 21]
```

2. 递归实现归并操作

接下来思考如何使用递归实现归并操作。

首先,用 merge(A,B)来表示两个有序列表 A、B 的归并操作结果。由于归并操作中每次都是将两个列表的第一个元素 A[0]和 B[0]进行比较,有两种情况:

(1) 若 A[0]<B[0],则假设两个列表除 A[0]外已经合并完成,即已经求得 merge(A[1:],B),那么 A[0]放在该合并后列表之前即可。

(2) 若 A[0]≥B[0],则假设两个列表除 B[0]外已经合并完成,即已经求得 merge(A,B[1:]),那么 B[0]放在该合成列表之前即可。

终止条件为:当两个列表任一为空,则 A、B 合并后的列表就是整个非空列表。综上所述,递归关系式为

$$
merge(A,B)=\begin{cases}
B, & len(A)=0 \\
A, & len(B)=0 \\
[A[0]]+merge(A[1:],\ B), & A[0]<B[0] \\
[B[0]]+merge(A,B[1:]), & A[0]\geqslant B[0]
\end{cases}
$$

Python 实现如<程序:归并的递归实现>所示。

```
#<程序:归并的递归实现>
def merge(A,B):
    if len(A) == 0: return B
    elif len(B) == 0: return A
    if A[0]> B[0]: return [B[0]] + merge(A,B[1:])
    else: return [A[0]] + merge(A[1:],B)
# 以下为主函数:
A = [2,7];B = [1,4,14,15,21]
L = merge(A,B)
print("The merge list is ",L)
```

该程序的输出结果如下:

```
The merge list is [1, 2, 4, 7, 14, 15, 21]
```

从非递归与递归这两种方式的代码实现可以看出,递归实现的代码会更加简短,递归的优越性显而易见。

4.2.3 递归求解因数分解

在数学中经常遇到这类题目:将一个整数 num 分解成若干质因数之积,如果不能分解,则表示该整数为质数。如 12,可以分解成 2、2、3 之积,即:12=2×2×3;如 7,不能分解,则输出"The number is prime!"。

本题就是求整数 num 的所有质因数集合。所谓"因数",就是能整除 num 的数(1 和自己本身除外);所谓"质因数",就是整除 num 且为质数(不能被 1 和自己本身之外的任意数

整除)的数。

根据因数的定义,我们知道一个数的因数必定在 2 到这个数的平方根之间(包括平方根),所以需要引入 sqrt()这个 math 库中的专有方法。了解了因数的取值范围,就可以从小到大遍历所有可能的整数 i,一旦某个整数 i 能整除 num,则说明 i 就是 num 的质因数,这样 num 就可以分解成 i 和 num//i 之积。也就是说,num//i 是 num 的因数,很明显,num//i 的质因数也是 num 的质因数,所以我们可以按照同样的规则求 num//i 的质因数,以此类推,直到最后剩下的数遍历了所有数可能都没找到因数,则说明该数也是 num 的质因数,终止程序。

以 12 为例,$2\sim\sqrt{12}$ 第一个能整除 12 的数是 2,因此 $12 = 2\times6$;求 6 的质因数,$2\sim\sqrt{6}$ 第一个能整除 6 的数是 2,因此 $12 = 2\times2\times3$;求 3 的质因数,$2\sim\sqrt{3}$ 没有能整除 3 的数,因此数 3 就是 12 的最后一个质因数。最终,12 能够分解成质因数 2、2 和 3 之积。代码如<程序:因数分解>所示。

```
# <程序:因数分解>
import math
def factor(L,n):
    for i in range(2, int(math.sqrt(n)) + 1):
        if n % i == 0:
            L.append(i)
            factor(L,n//i)
            break
    else: L.append(n)
    return L
```

 兰 兰:假如没有 break,会一直循环得到所有因数吗?

沙老师:如果没有 break 语句,则会重复找到相同因数,并且找到的因数可能不是质数。

4.3 list、string 内置函数的非递归与递归实现

本节将使用递归求解的思维来实现列表和字符串的部分内置函数,从而在帮助大家理解函数原理的同时熟悉使用递归方法解决问题。

在实现函数之前,我们要再次强调一下"变与不变问题"。通过前面的介绍,我们知道,列表是可变的,调用列表内置函数时,会直接在原列表上进行操作,例如,reverse()函数实现了对原列表中所有元素的反转,而我们自己实现的函数将不会改变原列表,而是返回一个新的列表。例如,当调用我们自己编写的 reverse()函数时,会返回一个对所有元素进行反转后的新列表,原列表并没有改变。字符串是不可变的,所以无论是内置函数还是我们实现的函数,都不是在原字符串上进行操作,而是生成新字符串。

4.3.1 列表内置函数的实现

列表的内置函数有一个共同点:括号内的参数中不会有列表本身,例如,内置函数 reverse(),它的调用方式是 L.reverse(),其中 L 是 reverse()函数要进行反转操作的列表。而我们自己在实现列表内置函数时,需要把待操作的列表作为参数传递进去,比如我们实现的函数 my_reverse(),其调用方式是 my_reverse(L),其中 L 是待操作列表,以参数的形式传递进去。

1. L.reverse()

该函数实现的功能为:反转 L 中的所有元素。例如,L=[1,2,3],执行 L.reverse()后 L 值变为[3,2,1]。而我们实现的函数 my_reverse(L)会返回一个新列表[3,2,1],原列表 L=[1,2,3]并没有改变。

输入:列表 L。

输出:列表 L 的反转列表。

【非递归实现】 my_reverse()函数的非递归实现过程见图 4-6,例如,要反转列表 L=[1,2,3],存放结果的列表初始值为 A=[],把 L 中的元素从最后一个开始直到第一个元素依次添加到 A 中,代码如<程序:非递归实现 my_reverse>所示。

L=[1, 2, 3]　　　　　结果列表

添加最后一个元素到结果:　　　　　↑L[2]　　　　　[]+[L[2]]=[3]

添加倒数第二个元素到结果:　　　　↑L[1]　　　　　[3]+[L[1]]=[3,2]

添加倒数第三个元素到结果:　↑L[0]　　　　　[3,2]+[L[0]]=[3,2,1]

图 4-6　my_reverse()函数非递归实现过程的示意图

```
#<程序:非递归实现 my_reverse>
def my_reverse(L):
    A = []
    for i in range(len(L) - 1, - 1, - 1):
        A.append(L[i])
    return A
```

【递归实现】 my_reverse()函数递归实现的过程如下:要反转列表 L 的所有元素,可以先假设列表 L 中除最后一个元素之外的所有元素已经反转完成,结果为 my_reverse(L[0:len(L)−1]),则将 L 中的最后一个元素放到该结果之前,就是反转 L 列表的结果,即 [L[len(L)−1]]+my_reverse(L[0:len(L)−1])。终止条件为:当列表 L 的元素个数小于或等于 1 时,返回 L。代码如<程序:递归实现 reverse>所示。

```
#<程序:递归实现 reverse>
def my_reverse(L):
    if len(L)< = 1:return L
    return [L[len(L) - 1]] + my_reverse(L[0:len(L) - 1])
```

来看一个例子,my_reverse()函数要反转的列表 L 的初始值为[1,2,3],函数内部会判断 L 的长度是否小于或等于 1,如果 L 的长度小于或等于 1 则函数返回 L 本身,否则返回最后一个元素"＋"my_reverse(除去最后一个元素的列表)。第一次调用 my_reverse()函数,参数为[1,2,3],发现[1,2,3]的长度大于 1,函数的返回值为两部分相"＋"的结果:一部分是[3],另一部分是 L 除去最后一个元素的剩余部分(即[1,2])继续传进 my_reverse()函数的返回值。第二次是[1,2]传进了 my_reverse()函数,发现[1,2]的长度大于 1,函数的返回值为[2]和剩余部分[1]继续传进 my_reverse()函数的返回值相"＋"的结果。继续第三次调用 my_reverse()函数,此时传进去的参数[1]的长度等于 1,返回值为[1],终止递归。可以得到第二次调用 my_reverse()的返回值为[2]＋[1]＝[2,1],第一次调用 my_reverse()的返回值为[3]＋[2,1]＝[3,2,1]。上述过程的示意图如图 4-7 所示。

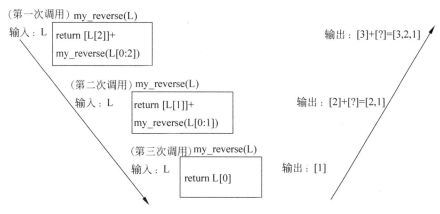

图 4-7 my_reverse()函数递归实现过程的示意图

前面程序使用的递归思维是每次检查列表中第一个元素的方式。换一种思维来解决这个问题,请大家思考一下如何用二分法的方式来实现程序,也就是把列表 L 平均分成两部分,分别做递归执行。递归思维如下:将 L 分为 L1 和 L2,假设函数的名字为 my_reverse2,先递归执行 my_reverse2(L2),再递归执行 my_reverse2(L1),然后将两部分的结果相"＋"。注意,每次递归后两部分结果相加时要将列表的后半部分的执行结果放在前面。终止条件为:当 L 为空或只有一个元素时,直接返回列表 L。代码如<程序:二分法递归实现 reverse>所示。

```
#<程序:二分法递归实现 reverse>
def my_reverse2(L):
    if len(L)<=1:return L
    return my_reverse(L[len(L)//2:]) + my_reverse(L[:len(L)//2])
```

2. L.remove(x)

L.remove(x)函数实现的功能是:删除列表 L 中第一个值为 x 的元素。假设 L 为[1,2,3,4],使用内置函数 L.remove(3)后,原列表 L 变成了[1,2,4];而我们实现的函数 my_remove(L,x)会返回一个新列表[1,2,4],原列表 L 仍是[1,2,3,4],并没有改变。

输入：列表 L；待删除的元素 x。

输出：若有该元素，则输出为删除列表 L 中第一个 x 后的新列表；

若无该元素，则输出为列表 L。

【非递归实现】 my_remove()函数的非递归实现过程如图 4-8 所示，例如，要删除列表 L=[1,2,3,4]中的元素 x=3，存放结果的列表 A 初始值为[]，x 依次和列表中的每个元素进行比较，i 表示列表中的第几个元素，当 L[i]不等于 x 时，表示 L[i]不是要删除的元素，将 L[i]添加到 A 中；当 L[i]等于 x 时，表示该元素需要被删除，则把该元素之后的所有元素添加到 A 中并返回。

```
                    L=[   1,    2,    3,    4 ]
第 1 次比较：             ↑i=0                         []+L[0]=[1]
第 2 次比较：                  ↑i=1                    [1]+L[1]=[1,2]
第 3 次比较：                        ↑i=2              [1,2]+L[3:]=[1,2,4]
```

图 4-8 my_remove()函数非递归实现过程的示意图

代码如<程序：非递归实现 my_remove>所示。

```
#<程序：非递归实现 my_remove>
def my_remove(L,x):
    if not x in L:return L
    A = []
    for i in range(len(L)):
        if L[i] == x:A = A + L[i + 1:];break
        A = A + [L[i]]
    return A
```

兰　兰：请点评一下这个程序。

沙老师：这个程序功能是对的，但是，这个程序会产生许多无谓的开销。假如以 100 分为满分的话，它只能得 60 分。主要存在两个问题：

(1) 第一句用 x in L 来检查 x 是否在 L 中的做法是不明智的。在 Python 中使用 in 会将列表从头到尾遍历一次。假设 x 是 L 中的最后一个元素，那么在执行 x in L 时要遍历 L 一次，在 for 循环中还要遍历一次。

(2) 在 for 循环里面使用 A＝A＋[L[i]]时，每次执行这条语句都会产生一个新列表，并把内容实时复制过去，当 L 长度为 10 000 时，要复制 10 000 次。所以，程序应该写成如<程序：非递归实现 my_remove(较好)>所示。

```
#<程序：非递归实现 my_remove(较好)>
def my_remove(L,x):
    A = L[:]
    for i in range(len(L)):
        if L[i] == x:A = A[:i] + A[i + 1:];break
    return A
```

【递归实现】 my_remove()函数递归实现的思想如下。首先分两种情况：第一种情况，列表 L 第一个元素是 x，那我们直接返回列表中剩余元素；第二种情况，列表 L 第一个元素不是 x，则说明 x 可能在 L[1:]中，假设已经递归执行完 my_remove(L[1:],x)，那么 L[0]和 my_remove(L[1:],x)相连接即为 my_remove(L,x)的结果。终止条件为：如果 L 是空列表，那么返回空列表；如果 L 的第一个元素是 x，那么返回 L[1:]。代码如<程序：递归实现 my_remove>所示。

```
#<程序：递归实现 my_remove>
def my_remove(L,x):
    if len(L) == 0:return[]
    if L[0] == x:return L[1:]
    return [L[0]] + my_remove(L[1:],x)
```

以上面的题目为例，第一次调用 my_remove()函数时 L=[1,2,3,4]，x=3，由于 L[0]不等于 3，则函数的返回值为[1]和调用 my_remove([2,3,4],x)的返回值相"+"的结果；第二次调用 my_remove()函数时 L=[2,3,4]，由于 L[0]不等于 3，则函数的返回值为[2]和调用 my_remove([3,4],x)的返回值相"+"的结果；第三次调用 my_remove()函数时 L=[3,4]，由于 L[0]等于 3，则返回值为 L[0]之后的元素[4]，终止递归。回溯过程中可以得到第二次调用 my_remove()的返回值为[2]+[4]=[2,4]，第一次调用 my_remove()的返回值为[1]+[2,4]=[1,2,4]。

如何用二分法的方式来实现这个程序呢？递归思维如下：将 L 分为 L1 和 L2，假设函数的名字为 my_remove2，先递归执行 my_remove2(L1,x)，所返回的值有两种可能的情形。第一种是 x 在 L1 中，那么 L2 不需要递归执行，直接将 my_remove2(L1,x)的执行结果与 L2 相连接；第二种是 x 不在 L1 里面，那么递归执行 my_remove2(L2,x)，将 L1 与 my_remove2(L2,x)的执行结果相连接。终止条件为：当 L 为空时，返回空列表；当 L 中只有一个元素时，如果这个元素是 x，则返回空列表，否则返回 L。代码如<程序：递归实现 my_remove2 使用二分法>所示。

```
#<程序：递归实现 my_remove2 使用二分法>
def my_remove2(L,x):
    if len(L) == 0: return []
    if len(L) == 1:                          #使用二分法时,为保险起见,单独处理长度为 1 的情形
        if L[0] == x:return []
        else: return L
    if L[0] == x:return L[1:]
    A1 = my_remove2(L[0:len(L)//2],x)
    if len(A1) == len(L)//2 :                #前半部分没找到 x,往后半部分找
        return A1 + my_remove2(L[len(L)//2:],x)
    else: return A1 + L[len(L)//2:]          #前面已经找到 x,不需要再找了
```

兰　兰：为什么终止条件要处理列表长度为 1 时的情况，能不能去掉？

沙老师：你可以自己去掉看看程序会发生什么情况，请自己思考为什么出现这种"死循环"的情况。

3. L. index(x)

L. index(x)函数实现的功能为：返回第一个值为 x 的元素的索引,如不存在,则抛出异常。假如 L=[1,2,3],执行完操作 L. index(2),会返回元素 2 的位置信息 1,当要查找的元素不在列表中时,原来自带的函数会抛出异常,现要对函数 my_index(L,x)做一些完整性及安全性的调整。函数 my_index 会返回一个列表,用来存放 x 在 L 中所有的索引值,假如没有,则返回的列表为空。

输入：列表 L；要查找下标的元素 x。

输出：若有该元素 x,则输出的列表中包含该元素在 L 中的所有索引值；

若无该元素 x,则返回空列表。

【非递归实现】 代码如<程序：非递归实现 my_index >所示。

```
#<程序：非递归实现 my_index >
def my_index(L,x):
    R = [ ]
    for i in range(len(L)):
        if(L[i] == x):R.append(i)
    return R
```

【递归实现】 my_index()函数递归实现的思想如下。分为两种情况：第一种情况是,如果列表 L 中 L[0]不是要查找的元素 x,那么,递归执行列表中剩余元素；第二种情况是,列表中 L[0]是要查找的元素 x,则将该元素在原列表中的索引保存下来,然后递归执行列表中剩余的元素。

这里需要解决两个问题。①当传入的 L 越来越短时,如何知道 L[0]在原列表中的位置？解决方法就是将较小列表在原列表的起始位置当作参数传递到函数中,这会产生另一个问题：递归函数的参数与原来函数的参数定义不一致了,解决方法就是将递归函数作为一个嵌套函数放在原函数中。②当递归函数找到元素时,如何将元素的索引值积累起来？这里有两种解决方法。

第一种是在递归函数外面定义一个空列表 R,每次找到就将索引值积累到 R 中。终止条件是当列表为空时返回。代码如<程序：递归实现 my_index1_r1 >所示。

```
#<程序：递归实现 my_index_r1 >
def my_index_r1(L,x):
    def r_index(L,index_min):          #递归的嵌套函数
        if len(L) == 0: return
        if L[0] == x:R.append(index_min)
        r_index(L[1:],index_min + 1)
    R = [ ]                            #用于存放 x 索引的列表,R 是 my_index_r1()的局部变量
    r_index(L,0)
    return R
```

第二种是递归函数的结果列表使用 return 的方式返回,如果找到这个元素,就将索引加入下一次递归函数所返回的列表中。终止条件为：当 L 为空时,则返回空列表。代码如

<程序：递归实现 my_index_r2>所示。

```python
#<程序：递归实现 my_index_r2>
def my_index_r2(L, x):
    def r_index(L, index_min):
        if len(L) == 0: return []              #注意,返回一个空列表
        if L[0] == x:return [index_min] + r_index(L[1:], index_min + 1)
        #将结果列表用 return 返回
        else: return r_index(L[1:], index_min + 1)
    return r_index(L, 0)
```

同样,我们也尝试使用二分法来解决这个问题,将递归函数作为一个嵌套函数放在原函数中。递归思维如下:将 L 以 L[mid]为界分成两个子列表,分别递归执行 r_index(L[:mid], index_min)和 r_index(L[mid:], index_min + mid),然后将两者返回的结果列表相加并返回。终止条件是:当 L 为空时,返回空列表;当 L 中只有一个元素时,如果这个元素为 x,那么直接返回其索引,否则返回空列表。代码如<程序：二分法递归实现 my_index_r3>所示。

```python
#<程序：二分法递归实现 my_index_r3>
def my_index_r3(L, x):
    def r_index(L, index_min):
        if len(L) == 0: return []
        if len(L) == 1:
            if L[0] == x: return [index_min]
            else: return []
        mid = len(L)//2                #中点索引
        return r_index(L[:mid], index_min) + r_index(L[mid:], index_min + mid)
    return r_index(L, 0)
```

但是在函数 my_index_r3(L, x)中,嵌套的函数 r_index(L, index_min)在进行递归执行时使用了分片操作,由于分片会先产生新列表再作复制,这样会使开销无谓地变大。所以我们对函数进行了如下的优化:不使用分片,而是传入原来较小列表 L 在原列表的起始索引和长度。在递归执行 r_index 时将每次递归执行的列表的初始位置索引 index_min 和长度 length 作为传递的参数,这样就可以避免多次的分片操作。代码如<程序：二分法递归实现 my_index_r4(最优)>所示。

```python
#<程序：二分法递归实现 my_index_r4 (最优)>
def my_index_r4(L, x):
    def r_index(index_min, length):
        if length == 0: return []
        if length == 1:
            if L[index_min] == x: return [index_min]
            else: return []
        mid = length//2
        return r_index(index_min, mid) + r_index(index_min + mid, length - mid)
    return r_index(0, len(L))
```

4.3.2 字符串内置函数的实现

与列表内置函数类似,字符串的内置函数也有一个共同点:括号内的参数中不会有字符串本身。而我们自己在实现字符串内置函数时,需要把待操作的字符串作为参数传递进去。同时,字符串的内置函数会有一些可选参数,但是我们自己实现的函数会将这些可选参数都作为固定参数。

下面将用非递归和递归两种方式实现部分字符串的内置函数。

1. S.count（sub[，start[，end]]）

S.count（sub[，start[，end]]）内置函数实现的功能是:统计在字符串 S 中字符串 sub 出现的次数,start 和 end 定义字符串开始查找的位置和结束的位置,且 start 和 end 是可选参数,当 start 和 end 为空时,默认 start 为 S 的起始位置 0,end 为 S 的终止位置 len(S)。例如,S= 'cdcdcd',要统计 S 中'cdc'出现的次数,执行完操作 S.count('cdc')后得到结果 1;又如 S2= 'cdcdcdc',要统计 S2 中'cdc'出现的次数,执行完操作 S2.count('cdc')后得到结果 2,注意,重复出现的 sub 不能有重叠。我们实现的函数 my_count(S,sub)与内置函数的功能与返回值相同,只是 start 和 end 取默认值,不需要传它们的值。

输入: 字符串 S;要计数的子字符串 sub。

输出: 在字符串 S 中字符串 sub 出现的次数 count。

【非递归实现】 my_count()函数的非递归实现过程如下:从 i 位置开始取与 sub 相同长度的子串和 sub 进行比较,即判断 S[i:i+len(sub)]和 sub 是否相等,若相等,则统计量 count 加 1,下一次比较位置为 i=i+len(sub);若不相等,统计量 count 不变,下一次比较位置为 i=i+1,重复这一过程,直到 i 到达终止位置为止。代码如<程序:非递归实现 my_count >所示。

```
#<程序：非递归实现 my_count >
def my_count(S,sub):
    count = 0;i = 0
    while(i < = len(S) - len(sub)):
        if(S[i:i + len(sub)] == sub):
            i = i + len(sub);count = count + 1
        else:i = i + 1
    return count
```

【递归实现】 my_count()函数递归实现的思想如下:判断字符串 S 的前 len(sub)个元素是否等于子字符串 sub,如果等于,那么说明字符串 S 的前 len(sub)个元素组成了一个子字符串 sub,假设 S 中除前 len(sub)个元素外的字符串中 sub 个数已经求得,即 my_count(S[len(sub):],sub),那么 my_count(S,sub)的结果为 1+ my_count(S[len(sub):],sub);如果 S 前 len(sub)个元素不等于子字符串 sub,那么就放弃第一个元素,调用 my_count()函数统计从第二个位置开始有多少个 sub 字符串。终止条件为:当 S 的长度小于字符串 sub 的长度时,返回 0。代码如<程序:递归实现 my_count >所示。

```
#<程序：递归实现 my_count>
def my_count(S,sub):
    if len(S)< len(sub):return 0
    if S[:len(sub)]!= sub:return my_count(S[1:],sub)
    else:return 1 + my_count(S[len(sub):],sub)
```

2. S.strip([chars])

S.strip([chars])内置函数实现的功能是：在字符串 S 开头结尾去除 chars 字符串中的字符，直到遇到不能去除的字符为止。例如，S= 'saaaayypsayqyaaaas'，在执行 S.strip('say')后，返回新字符串的值'psayq'。注意参数 chars 是可选参数，当 chars 为空时，默认删除空白符（包括'\n'、'\r'、'\t'、' '）。而我们实现的函数 my_strip(S,chars)与原内置函数 strip 功能大致相同，不过参数 chars 是固定参数，函数只删除 S 开头结尾的在 chars 字符串中的字符，所以调用时必须给出 chars。

输入：字符串 S；要去除的字符构成的字符串 chars。

输出：在字符串 S 中去除字符串 chars 中字符后形成的新字符串。

【非递归实现】　my_strip()函数的非递归实现过程如下：从字符串开头处开始遍历，直到遇到不在 chars 中的字符或遍历完整个字符串为止，这样就得到了跳过开头部分元素的新的起始索引。然后从字串结尾处开始往前遍历，直到遇到不在 chars 中的字符或遍历完整个字符串为止，这样就得到了跳过结尾部分元素的新的终止索引。最后输出由求得的起始和终止索引确定的字符串 S。代码如<程序：非递归实现 my_strip>所示。

```
#<程序：非递归实现 my_strip>
def my_strip(S,chars):
    for i in range(len(S)):
        if(S[i] not in chars): first = i; break
    else: return ""
    for j in range(len(S) - 1,first - 1, - 1):
        if(S[j] not in chars): last = j; break
    return S[first:last + 1]
```

【递归实现】　my_strip()函数递归实现的过程如下：判断 S 起始位置的字符 S[start]是不是 chars 中的元素，如果是，则去除 S[start]这个元素，对字符串剩余部分递归执行 r_strip(start+1,length−1)；如果不是，那么说明 S 开头没有可以去除的元素了，接下来要开始去除 S 末尾在 chars 中的元素。从字符串的末尾开始判断，若 S[start+length−1]在 chars 中，则将 S[start+length−1]去除，对 S 除了最后一个位置之外的剩余部分继续递归执行 r_strip(start,length−1)。直到字符串首尾均没有 chars 中的元素，满足递归的终止条件，递归终止，返回首尾去除 chars 中元素后的字符串。递归的终止条件为：当字符串中只有一个字符时，如果这个字符是 chars 中的元素，返回空字符串；如果不是，则返回原字符串；或者它的首尾都不是 chars 中的元素，则返回当时的 S。代码如<程序：递归实现 my_strip>所示。

```
#<程序: 递归实现 my_strip>
def my_strip(S, chars):
    def r_strip(start, length):
        if length == 1:
            if S[start] in chars:return ""
            else:return S[start]
        if S[start] in chars:return r_strip(start + 1, length - 1)
        if S[start + length - 1] in chars:return r_strip(start, length - 1)
        return S[start:start + length]
    return r_strip(0, len(S))
```

请审查上述两个代码的正确性,尤其是各种边界情形。例如,chars = "say"时,S = "ssaaaya", S = "pass", S = "aaasssyp"等情形。

3. S. split([seq], [maxsplit])

字符串的内置函数 split 实现的功能是:以 seq 为分隔符分割字符串,maxsplit 表示最多分割次数,最终将分割的结果以列表的形式返回。比如字符串 S = 'www. google. com',在执行 my_split(S, '. ', 3)后,返回['www', 'google', 'com']。注意 seq 和 maxsplit 是默认参数,seq 默认值为空格,maxsplit 默认值是无穷大。

而我们实现的函数 my_split(S, seq, maxsplit)与原内置函数功能大致相同,不过参数 seq 是固定参数,函数只以字符串 seq 为分割串;maxsplit 也是固定参数,用于限制 split 的次数,因此在调用函数时必须给参数 seq 和 maxsplit 传值。由于字符串的内置函数 split()与列表的内置函数 count()类似,故这里只简单介绍如何来实现 my_split()函数。

输入:字符串 S;作为分割标准的子字符串 seq;最大分割次数 maxsplit。

输出:字符串 S 分割后形成的多个子字符串构成的列表。

【非递归实现】 非递归方式实现思路为:循环遍历字符串,每次定位到 seq 时,就将其之前的子字符串添加到返回结果的列表中,为了减小开销,这里使用 append。同时 maxsplit 减 1,并将下一次循环时字符串 S 的起始位置跳过 seq 的长度,即 i 加 seq。如果没有定位到 seq,则 i 加 1,继续定位下一个字符。直到字符串 S 的长度小于字符串 seq 的长度或者 maxsplit 递减到 1 时停止。因为当 maxsplit 等于 0 时,分割出的子字符串的次数已经达到初始时由 maxsplit 设定的目标次数,无须再进行分割。代码如<程序:非递归实现 my_split >所示。

```
#<程序: 非递归实现 my_split>
def my_split(S, seq, maxsplit):
    A = [];i = b = 0                    #b 是每段的起始索引
    while i <= len(S) - len(seq) and maxsplit >= 1:
        if S[i:i + len(seq)] == seq: #找到一个 seq
            A. append(S[b:i])
            maxsplit = maxsplit - 1
            b = i + len(seq)
            i = b
        else:i = i + 1
    A. append(S[b:])                   #注意,不能写 return A. append(S[b:]). append,会返回 None
    return A
```

【递归实现】 my_split()函数递归实现的过程如下:遍历字符串,每当定位到 seq 时,假设 seq 后面的字符串已经分割完成,返回值应该由两部分连接而成:一部分是 S 中 seq 之前的子串 S[0:i],另一部分是 S 中该 seq 后面的子串的递归执行结果 my_split2(S[i+len(seq):len(S)],seq,maxsplit−1)。终止条件为:当字符串 S 中没有分割串 seq 时,返回值为当前字符串 S;当分割次数达到 maxsplit 时,分割不能继续进行,返回 S。代码如<程序:递归实现 my_split >所示。

```
#<程序:递归实现 my_split >
def my_split2(S,seq,maxsplit):
    if maxsplit == 0 : return [S]
    i = 0
    while i <= len(S) − len(seq):
        if S[i:i + len(seq)] == seq :
            return [S[0:i]] + my_split2(S[i + len(seq):len(S)],seq,maxsplit − 1)
        else:i += 1
    return [S]
```

练习题 4.3.1 用递归和非递归两种方式实现 String 的 find()函数,实现的函数格式为 my_find(S,sub)。my_find()函数会查找字符串 S 中 sub 第一次出现的位置,例如,S 为 'cdcdcd',sub 为 'dc',执行完操作 my_find(S,sub)后得到结果 1。

输入:字符串 S;要查找的字符串 sub。

输出:S 中 sub 第一次出现的位置。

【解题思路】 非递归实现过程:从字符串 S 索引 0 处开始依次寻找 sub 字符串,如果找到 sub,则返回当前位置处的索引值;如果没有找到,就将索引值加 1 继续向后寻找,直到遍历到索引为 len(S)−len(sub),仍然没有找到 sub 则说明该字符串 S 中没有字符串 sub,返回−1。

递归实现更加简单:判断字符串 S 的索引 start 处开始的一段与 sub 等长的子字符串是否等于字符串 sub,如果相等,则说明索引 start 就是我们要求的位置,因此返回 start;如果不相等,则从索引 start 的下一个位置开始到 len(S)−len(sub)为止继续寻找 sub 字符串,也就是将 start+1 作为参数调用函数 r_find(),返回值就是它调用的 r_find()函数的返回值。被调用的 r_find()函数会重复上面步骤,直到找到字符串 sub 或者符合终止条件为止。终止条件为:当字符串 S 的剩余长度小于子字符串 sub 的长度时,返回−1。

【答案】 非递归和递归的函数实现分别如<程序:非递归实现 find >和<程序:递归实现 find >所示。

```
#<程序:非递归实现 find >
def my_find(S,sub):
    for i in range(len(S) − len(sub) + 1):
        if S[i:i + len(sub)] == sub:
            return i;
    else:return − 1
```

```
#<程序：递归实现 find>
def my_find2(S,sub):
    def r_find(start):
        if start > len(S) - len(sub): return - 1
        if(S[start:start + len(sub)] == sub):return start
        else: return r_find(start + 1)
    return r_find(0)
```

练习题 4.3.2　用递归和非递归两种方式实现 String 的 replace()函数。实现的函数格式为 my_replace(S,old,new,count)。my_replace()函数会在 S 中用 new 替换 old,count 定义了替换次数。假设 S= 'aabbccbb',要将字符串'bb'替换为'zz',替换次数为一次,执行完操作 my_replace(S,'bb', 'zz',1)后得到结果 'aazzccbb'。

输入：字符串 S；被替换的字符串 old；替换的字符串 new；替换次数 count。

输出：S 被替换完成后形成的新字符串。

【解题思路】　非递归实现如下：从字符串 S 的开头开始寻找 old 子字符串,每次找到 old 子字符串,就将 old 子字符串前面的部分加入结果字符串中,然后将 old 子字符串用 new 子字符串替换后也加入结果字符串中；接下来从下一个位置处开始继续寻找 old 子字符串,一直循环下去,直到在字符串 S 中未查找的字符长度小于 old 子字符串长度或者替换次数已经达到 count 次时停止。

递归实现如下：判断字符串 S 的开头处的与 old 长度相等的子字符串是否等于 old,如果相等,则将 old 子字符串用 new 子字符串替换后加入结果字符串中,接下来对 S 剩余部分继续调用 my_replace()进行替换,得到的返回值也应当加入结果字符串；如果不相等,则说明开头第一个字符不需要替换,因此把开头第一个字符加入结果字符串中,接下来对 S 除开头的剩余部分继续调用 my_replace()进行替换,得到的返回值也应当加入结果字符串。被调用的 my_replace()函数会重复上面步骤,直到符合终止条件为止,即：当 S 为空或者替换次数已经达到 count 次,返回 S。

【答案】　非递归和递归的函数实现分别如<程序：非递归实现 replace >和<程序：递归实现 replace >所示。

```
#<程序：非递归实现 replace>
def my_replace(S,old,new,count):
    i = 0;A = ''
    if count == 0:return S
    while(i + len(old)< = len(S)):
        if(S[i:i + len(old)] == old):            #如果在字符串中找到子字符串 old
            A = A + new                          #将 new 加入结果字符串中
            count = count - 1;i = i + len(old)
            if count == 0:break
        else:
            A = A + S[i];i = i + 1
    A = A + S[i:]                                #加上剩下的部分
    return A
```

```
#<程序：递归实现 replace>
def my_replace2(S,old,new,count):
    if count == 0 or S == "":return S
```

```
    if S[:len(old)] == old:
        return new + my_replace2(S[len(old):],old,new,count − 1)
    return S[0] + my_replace2(S[1:],old,new,count)
```

练习题 4.3.3 用递归和非递归两种方式实现 String 的 capitalize()函数。实现的函数格式为 my_capitalize(S)。my_capitalize()函数会把 S 中首字母大写,其他字母小写。假设 S='abcdE',执行完 my_capitalize(S)后,函数返回'Abcde'。在实现该函数时,大小写转换可以使用 Python 自带的内置函数 upper()和 lower()函数。

输入:字符串 S。

输出:S 中首字母大写其他字母小写后得到的新字符串。

【解题思路】 首先考虑非递归实现:非常简单,将字符串 S 的第一个字符变为大写后加入结果字符串,S 第一个字符后面的字符全部变为小写,然后加入结果字符串,将得到的结果字符串返回。

递归实现如下:如果 S 中不止一个字符,S 中的最后一个字符必定是要变成小写字符,而最后一个字符前面的字符串的第一个字符应当大写,其余字符为小写,也就是剩余部分也应当调用 my_capitalize()函数进行处理。就这样递归地向下调用,终止条件为:当 S 为空串时,返回空串;当 S 只有一个字符时,那么返回 S 中唯一字符的大写字符。

【答案】 非递归和递归实现分别如<程序:非递归实现 capitalize >和<程序递归实现 capitaliza >所示。

```
# <程序:非递归实现 capitalize >
def my_capitalize(S):
    if len(S) == 0:return ''
    A = S[0].upper()
    for i in range(1,len(S)):
        A = A + S[i].lower()
    return A
```

```
# <程序:递归实现 capitalize >
def my_capitalize(S):
    if len(S) == 0:return ''
    if len(S) == 1:return S[0].upper()
    return my_capitalize(S[:len(S) − 1]) + S[len(S) − 1].lower()
```

练习题 4.3.4 用递归和非递归两种方式实现 String 的 upper()函数。实现的函数格式为 my_upper(S)。my_upper()函数会返回新字符串,这个新字符串的每个位置上的字符都是 S 相应位置的字符的大写字符。假设 S= 'abcdE',执行完操作 my_upper(S)后,返回结果'ABCDE'。

输入:字符串 S。

输出:S 中字母全部大写的新字符串。

【解题思路】 可以使用练习题 4.3.3 中使用的 upper()函数,判断每个字符是否大写,如果否,则用 upper()函数将该字符变为大写。但是在这一题中,我们将使用另一种方法。

首先,需要介绍两个必要的函数:ord()函数,它可以将一个字符输出为对应的数值;chr()函数,它可以将输入的数值转换为对应的字符。可以这样理解:在计算机中,字符都是以数值的形式存储的,每个字符都用一个数值表示。比如字符'a'对应的数值是97。在输入 ord('a')之后,会发现屏幕上输出数值97。而在输入 chr(97)之后,屏幕上会输出字符'a'。在计算机中,小写字符 a~z 对应数值 97~122,大写字符 A~Z 对应数值 65~90。

了解了这些基础知识之后,就可以用计算的方式将小写字符变成大写。比如,一个字符 ch=b,如何变成大写字符呢?大写字符和小写字符之间的数值差为 65-97=-32,所以只需在字符 b 对应的数值基础上加上这个差值,即 ord(b)+(-32)=66,再利用 ch=chr(66)=B 的方式,就得到了大写字符 B。

接下来实现 upper()函数。首先考虑非递归实现:顺序遍历字符串 S 的每个字符,小写字符变成大写字符加入新字符串中,大写字符保持不变加入新字符串中,然后返回得到的新字符串。

递归实现如下:假设字符串 S 中除第一个字符外的所有字符都已经由 my_upper()函数完成处理,即 my_upper(S[1:len(S)]),那么 my_upper(S)的返回值为 S[0]的处理结果与 my_upper(S[1:len(S)])的返回值连接而成。终止条件为:当 S 为空串时,返回值就是空串。

【答案】 非递归和递归实现分别如<程序:非递归实现 upper >和<程序:递归实现 upper >所示。

```
#<程序:非递归实现 upper >
def my_upper(S):
    A = ''
    for i in range(0,len(S)):
        if('a'< = S[i]< = 'z'):A = A + chr(ord(S[i]) + ord('A') - ord('a'))
        else:A = A + S[i]
    return A
```

```
#<程序:递归实现 upper >
def my_upper(S):
    if len(S) == 0:return ''
    if 'a'< = S[0]< = 'z': return chr(ord(S[0]) + ord('A') - ord('a')) + my_upper(S[1:len(S)])
    return S[0] + my_upper(S[1:len(S)])
```

练习题 4.3.5 用递归和非递归两种方式实现 String 的 isalnum()函数。实现的函数格式为 my_isalnum(S),my_isalnum()函数会判断字符串是否由字母和数字组成。例如,S= 'asd123',显然 S 仅由字母和数字组成,在执行完操作 my_isalnum(S)后返回 True。

输入:字符串 S。

输出:S 是否由字母和数字组成。

【解题思路】 首先考虑非递归实现:顺序遍历字符串 S 的每个字符,一旦检查出字母和数字以外的字符,就说明 S 不只由字母和数字组成,返回 False。如果遍历完字符串 S 都没有遇到字母和数字以外的字符,则说明 S 只由字母和数字组成,返回 True。

递归实现如下：如果第一个字符是字母或数字，那么整个字符串的返回值取决于剩下的子串是否由字母和数字组成，递归调用来检查；而如果第一个字符不是字母或数字，则说明这个字符串不只由字母和数字组成，即刻返回 False，此为终止条件之一。其他的终止条件为：当 S 只有一个字符时，如果这个字符是字母或数字，那么就返回 True；如果不是字母或数字，那么就返回 False。这次的实现不用分片，而用传递索引来完成。

【答案】 非递归和递归实现分别如<程序：非递归实现 isalnum >和<程序：递归实现 isalnum >所示。

```
#<程序：非递归实现 isalnum >
def my_isalnum(S):
    if len(S) == 0 :return False
    else:
        for s in S:
            if not(('a'<= s <= 'z')or('A'<= s <= 'Z')or('0'<= s <= '9')):break
        else:return True
    return False
```

```
#<程序：递归实现 isalnum >
def my_isalnum(S):
    if(len(S) == 0): return False
    def check(x):
        if('a'<= x <= 'z')or('A'<= x <= 'Z')or('0'<= x <= '9'):
                return True
        else: return False
    def r_isalnum(index):
        if(index == len(S) - 1): return check(S[index])
        if check(S[index]) : return r_isalnum(index + 1)
    #如果第一个字符是字母或数字，则判断剩余的字符是字母或数字
        else: return False
    return r_isalnum(0)
```

练习题 4.3.6 用递归和非递归两种方式实现 String 的 isalpha()函数。实现的函数格式为 my_isalpha(S)，my_isalpha()函数会判断字符串是否由字母组成，例如，S='asd123'，在执行语句 my_isalpha(S)后返回 False。

输入：字符串 S。

输出：S 是否由字母组成。

【解题思路】 my_isalpha()和 my_isalnum()函数的实现大致相同，请读者自行完成。

练习题 4.3.7 用递归和非递归两种方式实现 String 的 isdigit()函数。实现的函数格式为 my_isdigit(S)，my_isdigit()函数会判断字符串是否由数字组成，例如，S='asd123'，在执行语句 my_isdigit(S)后返回 False。

输入：字符串 S。

输出：S 是否由数字组成。

【解题思路】 my_isdigit()和 my_isalnum()函数的实现大致相同，请读者自行完成。

4.4 通过四种不同的递归方式解决排序问题

本节将通过几种常用的排序算法,让大家进一步熟悉递归思想的运用。

对于排序,首先需要解决的就是"比较"问题。有的同学可能会说:"这很简单,前面的章节中讲过,用<、>等比较运算符就可以完成两个元素的比较。"例如,比较两个整数,用"if a<b"的方式就可以实现了。然而在实际问题中,我们要排列的数据对象可能不是"整数"这样的简单形式,例如,对一组学生信息[['小明',99],['阿珍',98]]进行排序,每条学生信息是由"姓名+成绩"组成,对于这两个信息 a=['小明',99]和 b=['阿珍',98],如果要按照成绩进行排序,我们该怎么做呢? 显然不能够通过"if a<b"来判断,这时就需要自定义一个函数 less_than(),该函数的输入为两个列表 a 和 b,通过返回 True 或 False 实现对 a、b 列表中成绩大小的判断,代码如<程序:自定义排序算法对 a、b 排序——less_than(a,b)>所示。

```python
#<程序:自定义排序算法对 a、b 排序——less_than(a,b)>
def less_than(a,b):
    if(a[1]< b[1]):return True
    return False
def sort(a,b):
    if less_than(a,b):return b,a        #从大到小
    return a,b
a=['小明',99];b=['阿珍',98]
print(sort(a,b))
```

了解了排序中"比较"这一问题之后,再来系统地看一下排序问题。在给出排序的定义之前,先来了解几个概念,我们在第 3 章的时候就曾提到过"记录""关键字"这些概念。这里再简单复习一下:"记录"是由一个或多个数据项组成的集合,学生信息记录如表 4-1 所示,可以看到一条学生信息的记录是由学生姓名、学号、总成绩、数学成绩、英语成绩这些数据项组成的。"关键字"是数据项中的某个值,它可以标识一个记录,比如"学号"可以用来标识一个记录,我们通过学号可以找到唯一的一条记录,当然通过某些"关键字"可以找到若干条记录,比如通过总成绩可以找到总成绩相同的多条记录。

表 4-1　学生信息记录 1

姓名	学号	总成绩	数学成绩	英语成绩
小明	001	175	90	85
阿珍	002	168	78	90
小红	003	184	92	92
小萌	004	184	95	89

在实际应用中,对于像表 4-1 这样的数据,可能会有更为复杂的排序规则。比如:先按照总成绩排序,若总成绩相等,则按照数学成绩排序;若数学成绩相等,再按照英语成绩排序;

若还是相等,则按照名字的姓氏排序。若按照上述规则,可以得到如表 4-2 所示的排序表。

表 4-2 学生信息记录 2

姓名	学号	总成绩	数学成绩	英语成绩
小萌	004	184	95	89
小红	003	184	92	92
小明	001	175	90	85
阿珍	002	168	78	90

由此,可以把排序问题概括为:将一个包含记录的序列重新排列成一个按所定义的大小关系有序的序列。对于两条记录的比较,有时需要通过多个属性来决定。例如,将班上学生信息记录的排序自定义为:按学生总成绩降序,若总成绩相等,则按数学成绩降序排列。所以当前记录中学生总成绩为(175,168,184,184),需要调整为从高到低的序列(184,184,175,168),并且对于两个总成绩为 184 的记录按数学成绩降序排列,排列完成后如表 4-2 所示。

为简单起见,本节将以序列中的元素为整数为例,对该序列做从小到大的排序。我们将介绍常见的 4 种排序算法:选择排序、插入排序、快速排序和归并排序。这 4 种排序的输入都是序列 L,返回值为一个从小到大排好序的有序序列。

4.4.1 选择排序

第 2 章所介绍的选择排序的主要思想是:每趟排序在当前排序序列中选出关键字最小的元素,添加到有序序列中,如图 4-9 所示。

可以使用循环的方式来实现(如第 2 章实现的 Python 程序),但是本章为了让大家熟悉递归思维,所以使用递归实现选择排序。当用递归思维时,这个解释更加简单明了。

递归思维是:假设已经有一个排序程序 SelectSort(L),可以对 n−1 个元素完成排序,那

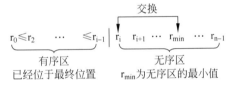

图 4-9 简单选择排序的思想图解

么对 n 个元素的列表 L 排序,可以先选出 L 中最小的元素,然后将这个元素连接上经过调用 SelectSort(剩下 n−1 个元素)的返回列表,即是最后的排序好的列表。递归的终止条件为:当列表 L 中只有一个元素时,则列表是有序的,返回列表 L。

根据以上思路,实现的函数为 SelectSort(L),其中 L 是待排序列表。每次都选择 L 中的最小值和 L 的第一个元素交换,那么返回值为[L[0]] + SelectSort(L[1:]),代码如<程序:递归实现选择排序(有瑕疵)>所示。

```
♯<程序:递归实现选择排序(有瑕疵)>
def SelectSort(L):
    if len(L)< = 1:return L
    min = 0
    for i in range(1,len(L)):
        if L[i]< L[min]:min = i
    L[min],L[0] = L[0],L[min]
    return [L[0]] + SelectSort(L[1:])
```

兰　兰：执行了<程序：递归实现选择排序(有瑕疵)>的函数 SelectSort(A)之后，其中
　　　　　A=[8,6,5,4,3]，发现 A 被改变，这是为什么呢？A 怎么才可以不被改变？

沙老师：因为 A 作为参数传入函数后，L 作为参数变量指向 A 的列表内容。所以在第一
　　　　　次执行该函数时，L[0]和 L[min]交换，同时外层的 A 也会发生相应的改变。但
　　　　　是在递归调用时使用了分片，产生了新的列表，所以，在之后的递归中不会影响
　　　　　到外层的 A，最终 A 的两个值被改变。我们一般不希望程序会改变外层列表，所
　　　　　以在开始时对传入的参数进行复制，使用 L=L[:]就会复制产生一个新列表。
　　　　　代码如<程序：递归实现选择排序>所示。

```
#<程序：递归实现选择排序>
def SelectSort(L):
    L = L[:]
    if len(L)<= 1:return L
    min = 0
    for i in range(1,len(L)):
        if L[i]< L[min]:min = i
    L[min],L[0] = L[0],L[min]
    return [L[0]] + SelectSort(L[1:])
```

4.4.2　插入排序

插入排序的基本思想是：依次将待排序序列中的每条记录插入一个已排好序的序列中，直到全部记录都排好序，如图 4-10 所示。

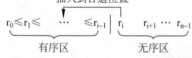
插入到合适位置

$r_0 \leqslant r_1 \leqslant$ … $\leqslant r_{i-1}$ | r_i r_{i+1} … r_{n-1}

有序区　　　　　无序区

图 4-10　插入排序的基本思想图解

实现步骤如下。

（1）整个待排序序列分为有序区和无序区，初始时有序区为待排序序列中的第一个元素，无序区包括剩余待排序的记录。

（2）将无序区的第一个元素插到有序区的合适位置，从而使无序区减少一个元素，有序区增加一个元素。

（3）重复步骤（2），直到无序区没有元素为止。

下面以对列表[12,15，9,20,6,31,24]从小到大排为例，插入排序过程如图 4-11 所示。

初始键值序列	[12]	15	9	20	6	31	24
第一趟排序结果	[12	15]	9	20	6	31	24
第二趟排序结果	[9	12	15]	20	6	31	24
第三趟排序结果	[9	12	15	20]	6	31	24
第四趟排序结果	[6	9	12	15	20]	31	24
第五趟排序结果	[6	9	12	15	20	31]	24
第六趟排序结果	[6	9	12	15	20	24	31]

图 4-11　直接插入排序过程示例

在图 4-11 中,初始的序列为无序的,有序区只有第一个元素,每趟排序都将无序区的第一个元素插到有序区中,有序区元素增加一个,无序区元素减少一个,直到无序区没有元素,说明排序完成。注意在这个实例中,每次无序区的元素插入有序区时,是通过顺序查找来找到正确的插入位置。其实找到元素插入位置有一个更好的方法——二分法,在后面的章节中详细介绍。

了解了插入排序的过程,便可以使用递归实现。

假设待排序列表为 L。可以想象有一个有序列表 R,开始时 R=[],然后 R 逐次增长。我们的目的就是将 L 中的数都插入 R 中,得到的新列表就是 L 的排序结果。首先,从 L 里选第一个元素插入 R 中的正确位置,使加入一个元素后的 R 仍然是有序的,而此时 L 少了一个元素。对当前 R 和 L 继续调用插入排序函数,重复进行上述操作,使有序数组 R 不断增加元素,而无序列表 L 不断减少元素。递归的终止条件为:当列表 L 长度为 0 时,也就是说,所有元素都已经插入 R 中,返回的 R 就是包含初始 L 中全部数的有序列表。

根据以上思路,代码如<程序:递归实现插入排序算法>所示。

```
#<程序:递归实现插入排序算法 >
def InsertSort(L):
    def r_InsertSort(R,L):
        if len(L) == 0:return R
        for i in range(0,len(R)):
            if L[0]<= R[i]:
                return r_InsertSort(R[0:i] + [L[0]] + R[i:],L[1:])
        return r_InsertSort(R + [L[0]],L[1:])
    return r_InsertSort([],L)
```

4.4.3 快速排序

快速排序的基本思想是:首先选一个基准值,将待排序记录分割成独立的两部分,左侧记录的元素均小于或等于基准值,右侧记录的元素均大于基准值,然后分别对这两部分重复上述过程,直到整个序列有序,如图 4-12 所示。

$[r_0 \quad \cdots \quad r_{i-1}]$ r_i $[r_{i+1} \quad \cdots \quad r_{n-1}]$

$\leq r_i$ 基准值 $> r_i$

图 4-12 快速排序的基本思想

选择基准值的方法有很多种,最简单的方式是每次都从待排序序列中选择第一个元素作为基准值。但是使用这种选择基准值的方法,如果待排序列为正序或逆序,就会将除基准值以外的所有记录分到基准值的一边,这是快速排序最坏的情况,为了避免这种情况的出现,我们采用随机选取基准值的方式,在待排序序列中随机选择一个元素作为基准值。

了解了快速排序的基本思想,便可以递归实现:假设待排序列表为 L,列表长度为 n。我们每次从列表 L 中选择一个基准值,将原始列表划分为两个子列表,被划分出的这两个列表满足:基准值左边的列表小于或等于基准值,且右边的列表大于基准值。接下来对基

准值左边列表递归调用快速排序函数,使基准值左边的列表变为有序,对基准值右边的列表
也递归调用快速排序函数,使基准值右边的列表也变为有序,则返回结果为:基准值左边列
表＋[基准值]＋基准值右边列表。递归的终止条件为:当列表 L 长度小于或等于 1 时,列
表就是有序的,返回列表 L 即可。代码如<程序:递归实现快速排序算法(错误＋瑕疵)>
所示。

```
#<程序:递归实现快速排序算法(错误＋瑕疵)>
from random import randint
def QuickSort(L):
    if len(L)< = 1:return L
    R1 = R2 = []
    r = randint(0,len(L) − 1)
    for i in range(len(L)):
        if i!= r:
            if L[i]< = L[r]:R1 = R1.append(L[i])
            else:R2 = R2 + [L[i]]
    return QuickSort(R1) + [L[r]] + QuickSort(R2)
```

兰　兰:这个程序为什么会出错? 瑕疵在哪里呢?

沙老师:这个程序的错误是在 R1＝R2＝[],这会造成 R1 和 R2 指向同一个列表。瑕疵
　　　　是:if i!＝ r,这句话会造成所有的 i 都要被检查,产生无谓的开销。比较好的做
　　　　法是使用 for 循环将 L 分为两个部分。程序如<程序:递归实现快速排序算法>。
　　　　从这里可以看出,代码多一些并不代表程序会执行得比较慢。

```
#<程序:递归实现快速排序算法>
from random import randint
def QuickSort(L):
    if len(L)< = 1:return L
    R1 = [];R2 = []
    r = randint(0,len(L) − 1)
    for i in range(0,r):
        if L[i]< = L[r]:R1.append(L[i])
        else:R2.append(L[i])
    for i in range(r + 1,len(L)):
        if L[i]< = L[r]:R1.append(L[i])
        else:R2.append(L[i])
    return QuickSort(R1) + [L[r]] + QuickSort(R2)
```

　　下面分析该程序的执行效率。划分列表一直到子列表的长度等于 1(也就是从 1 个列
表划分为 2 个列表,2 个列表划分为 4 个列表……),故划分的层数为 $\log_2 n$;而每一层划分
都需要进行 n 次比较(例如,第一层划分是从 1 个列表划分为 2 个列表,被划分出的这 2 个
列表应当满足基准左边数的值都不大于基准值且基准右边数的值都不小于基准值,要满足
这个条件,要把这一层所有无序列表中的每个数分别与它的基准数进行比较,由于所有无序
列表的长度不超过 n,故这一层需要进行不超过 n 次比较),所以其理想比较次数约为
$n\log_2 n$。

　　快速排序思想本身就是使用递归的思维,很难使用循环的方式,这与前面两种算法是不

一样的。大家也可以试一试,如果不使用递归来编写程序是很困难的。下面的归并排序就是典型的递归思维。

4.4.4　归并排序

归并排序是典型的"分治"法(Divide and Conquer)。其基本思想是先进行二分,再将其结果组合治理而成,这是递归思维下的排序程序。

仔细研究可知,一个序列会层层地进行划分,当划分到底的时候,将划分得到的有序序列进行两两归并,直至所有待排序记录都在一个有序序列中为止。

前面已经介绍了"归并"操作,它是将两个已经排好序的序列结合成一个排好序的序列,如图 4-13 所示。

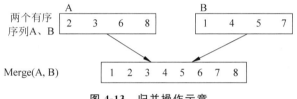

图 4-13　归并操作示意

归并排序非常简单,它直接将待排序的元素分为两个大致相等的子序列,再分别对这两个子序列递归调用 MergeSort()函数进行排序,最后调用 merge()函数将返回的两个有序的子序列归并成一个含有全部记录的有序序列。终止条件为:当待排序列长度小于或等于 1 时,返回该序列。

下面以序列[8,3,2,6,7,1,5,4]为例,展示归并排序过程。图 4-14 所示为对上述序列进行归并排序的递归实现过程,将待排序序列分成两个相等的子序列的过程也可以用递归实现,结合实例可以看到该递归的终止条件为待排序序列中只有一个元素。读者尝试用非递归的循环方式来完成归并排序,是否容易呢?

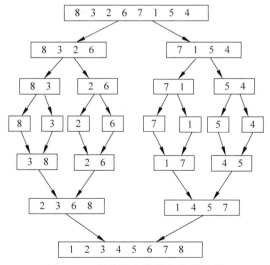

图 4-14　归并排序的递归执行过程

递归实现归并排序的代码如<程序：递归实现归并排序算法——MergeSort >所示。

```
♯<程序：递归实现归并排序算法——MergeSort >
def MergeSort(L):
    if len(L)< = 1:return L
    L1 = MergeSort(L[0:len(L)//2])
    L2 = MergeSort(L[len(L)//2:])
    return merge(L1,L2)          ♯merge()函数见 4.2.2 节
```

4.4.5　四种排序方式的比较

上面介绍了四种排序算法。在实际应用中，我们总是希望用比较快的算法解决问题，那么这四种算法哪个比较快呢？为简单起见，这里以列表为例分别分析这四种算法的快慢，将每种算法的比较次数作为开销来判断算法的快慢，比较次数越多，算法就越慢。对每种算法分两种情况进行比较：一种情况是假设待排序列表是一个随机的无序列表，另一种情况是假设待排序列表基本有序，只有最后两个数的位置需要互换。第一种情况称为"**完全无序**"，第二种情况称为"**基本有序**"。

1. 选择排序

在选择排序中，无论待排序列表的情况是完全无序还是基本有序，每趟的比较中只有将待排序列表中的数全部比较后才能确定其中的最小值。所以，选择排序在这两种情况下的比较次数是相同的。选择排序的过程如下：它由 $n-1$ 趟选择构成，初始时，在 n 个数中选取最小的数作为有序列表中的第 1 个数，这一趟的比较次数为 $n-1$；以此类推，第 i 趟在 $n-i+1$ 个数中选取最小的数作为有序列表中的第 i 个数，这一趟的比较次数为 $n-i$。所以总的比较次数为：$1+2+\cdots+(n-1)$，即选择排序的开销为 $n(n-1)/2$。

2. 插入排序

对于插入排序，除了比较次数的开销，还需要考虑插入后的移位次数。插入排序的过程如下：它由 $n-1$ 趟排序组成，初始时只考虑列表下标 0 处的元素，只有一个元素，显然是有序的。然后第一趟将下标 1 处的元素插入有序序列中，保证列表前两个数有序；第二趟将下标 2 处的元素插入有序序列中，保证列表中前 3 个数有序；……；第 $n-1$ 趟将下标 $n-1$ 处的元素插入有序序列中，保证列表中前 n 个数有序，也就是整个列表有序了。

了解了插入排序的过程后，可以据此分析插入排序。

(1) 在完全无序的情况下，开销主要分为两部分：一部分是比较次数；另一部分是插入后的移位次数。在比较数的大小时，可以使用两种方式：一种是从头到尾一个个比较，另一种方式是使用二分法。

① 首先使用从头到尾比较的方式，对于下标 0 处的元素，要保证它之前的数字是有序的，需要与它前面的所有数比较，因此比较次数为 0；以此类推，对于下标 i 处的元素，要保证它之前的数字是有序的，如果下标 i 处的元素是最大的，即为最坏情况，需要与它前面的所有 i 个数比较，因此比较次数为 i。所以，在最坏情况下，总的比较次数为 $0+1+2+\cdots+(n-1)$，即

$n(n-1)/2$。一般情况下，假设有 k 个数，平均比较次数为 $k/2(k=0,1,\cdots,n-1)$。所以这里 n 个数一般情况下的总比较次数平均为 $n(n-1)/4$。同样，在最坏的情况下，移位的次数为 $n(n-1)/2$；在一般情况下，移位次数平均为 $n(n-1)/4$。所以，在完全无序情况下，当使用从头到尾一个个比较的方式时，插入排序的总开销为比较次数与移位开销的和，即 $n(n-1)/2$。我们只会注意其增长的趋势，重点看多项式的最高次数项的次数，而不会计较其他项或系数是多少，也就是 $T(n)$ 基本是以函数 n^2 的方式增长。

② 使用二分法的方式时，例如，现在有 k 个元素有序，将一个元素插入时，需要 $\log_2 k$ 的比较次数。有 n 个元素，假设 n 是 2 的指数倍，要将 n 个元素全部插入，则在最坏情况下总的比较次数为 $n\log_2 n$。因为使用移位方式不变，所以使用二分法的平均移位次数也是 $n(n-1)/4$。所以，在无序情况下使用二分法的总开销最坏为 $n(n-1)/4+n\log_2 n$。同样，我们看开销增长趋势，注意多项式的最高次数项，也就是 $T(n)$ 基本上还是以函数 n^2 的方式增长。

（2）在基本有序的情况下，插入的开销可以忽略不计，只需要考虑比较次数，而不需要考虑移位。所以使用从头到尾一一比较的方式，开销为 $n(n-1)/4$。使用二分法的方式时，最坏开销为 $n\log_2 n$。

3. 快速排序

在快速排序中，考虑的是递归的方法，所以不能以简单的循环来考虑开销。对递归程序开销的计算，技巧是将开销也定义为一个递归函数，然后再估计这个递归函数的解析式。

快速排序的过程如下：首先将原始列表划分为两个基本等长的子列表 L1 和 L2，则列表中的 n 个数进行了 n 次比较。比较完之后，L1 和 L2 再分别进行递归排序。假设两个列表 L1 和 L2 都可以分为 $n/2$，定义 $T(n)$ 表示长度为 n 的列表在平均分割下的快速排序的开销。其开销可以分为两部分：

（1）长度为 $n/2$ 的两个子列表的快速排序的开销，就是 $T(n/2)$。

（2）每个数分别与它的基准数比较，共 n 次比较的开销。另外，$T(1)=0$ 明显为终止条件。

所以 $T(n)$ 的递归关系式为：假设 n 是 2 的指数倍，$T(n)=2T(n/2)+n-1$，$T(1)=0$。

可以递推展开得出，$T(n)=n\log_2 n-(n-1)$。所以，在完全无序情况下快速排序的开销为 $n\log_2 n-(n-1)$。在算法的开销分析中，我们注意其增长的趋势，也就是 $T(n)$ 基本上以 $n\log_2 n$ 的方式增长。

假设 n 是 2 的指数倍，对于 $T(n)=2T(n/2)+n-1$ 的展开如下：$T(n)=2(2T(n/4)+n/2-1)+n-1=4T(n/4)+n-2+n-1=4(2T(n/8)+n/4-1)+n-2+n-1=8T(n/8)+3n-(1+2+4)\cdots\cdots$展开到 $T(n/n)\cdots\cdots$所以 $T(n)=n\log_2 n-(n-1)$。

在基本有序的情况下，如果基准数固定是第一个数，则每次选取第一个数后，二分后的结果会变得非常不均等，在这个数的左边会有 0 个数，右边则有 $n-1$ 个数。这时，$T(n)=T(n-1)+n-1$，通过递推可得，$T(n)=n(n-1)/2$。在基本有序又选择第一个数为基准数的情况下，开销竟然变为 $n(n-1)/2$。这个开销就完全失去 log 函数所带来的节约优势了。但如果每次随机选择基准数来划分列表，还是可以在列表基本有序的情况下，将列表大概率地分为大致等长的两个子列表，则开销与前面讨论的完全无序情况时相同，$T(n)=$

$nlog_2 n-(n-1)$。所以在基本有序的情况下，使用随机选择基准数的快速排序方式，其开销会远小于固定选择第一个数为基准数的方式。

4. 归并排序

归并排序使用的是递归的思维，所以要使用递归的方式来思考归并排序的开销问题。定义 $T(n)$ 是对 n 个数的列表进行归并排序的开销，则对长度为 n 的列表进行归并排序的开销可以分为如下两部分：

（1）对长度为 n/2 的两个子列表进行归并排序的开销，就是 2 倍的 $T(n/2)$，在调用递归函数前要准备两个 n/2 长度的分片列表，所以开销为 n。

（2）两个排好序的子列表归并成为 n 个数的列表，设开销为 n。所以，假设 n 是 2 的指数倍，$T(n) = 2 T(n/2) + 2n$，$T(1)=0$。

经过展开推演后，总开销 $T(n) = 2 nlog_2 n$，所以 $T(n)$ 的增长趋势是 $nlog_2 n$。

在基本有序的情况下，假设对两个长度分别为 n/2 的已经排好序的列表 L1 和 L2 进行归并，由于 L1 中基本所有数都比 L2[0] 小，经过 n/2 次的比较后，确定 L2 中的第一个数大于 L1 中的 n/2 个数后，L2 的其余数只需要复制过去，所以只比较了 n/2 次，有 $T(n) = 2T(n/2) + 3n/2$，$T(1)=0$，则总比较次数为 $3n/2 \times log_2 n$。比完全无序的情况下开销会稍微少点，增长趋势仍然是 $nlog_2 n$。

总的来说，对无序的列表而言，选择排序和插入排序的开销是以函数 n^2 的趋势来增长。快速排序的开销平均而言是以函数 $nlog_2 n$ 的方式来增长，而归并排序的开销也是以函数 $nlog_2 n$ 的方式来增长。一般来说，在实际运算的经验中快速排序的执行时间是最快的。

习题 4.1　用二分法的递归方式求 n 个元素列表的最小值和最大值，改写本章的<程序：求数列最大、最小值——二分法>，传递参数时不用分片，而是用它在原来列表的索引及长度。然后分析程序的开销，开销的增长趋势是什么？

习题 4.2　用二分法的递归方式实现求给定数列 L 中所有元素的平均数。例如，给定数列 L = [12，32，45，78，22]，则该数列平均数为(12+32+45+78+22)/ 5 = 37.8。

习题 4.3　用递归方式实现求给定正整数 n 的阶乘 n!。例如，n=3，则 n 的阶乘为 3×2×1=6。

习题 4.4　用递归方式实现求给定列表 L 中所有元素的最小数。如 L = [11，15，9，14，8，5]，则最小数为 5。

习题 4.5　调用 import time 库，编写一个程序能测试<程序：非递归实现 my_remove>和它的较好程序的时间差异。建议所要删除的元素是一个长列表的最后一个。

习题 4.6　解释<程序：递归实现 my_remove2 使用二分法>的终止条件，为何要考虑长度为 1 的情形？

习题 4.7　用递归的方式判断一个给定字符串是否为回文，例如"abccb"不是回文，

"madam"是回文。

习题 4.8　用递归和非递归两种方式实现 list 的内置函数 pop(),函数格式为 my_pop(L,i)。pop()函数将列表 L 中索引为 i 的元素弹出并返回其值。假设 L=[1,2,3],执行完 my_pop(L,2)后返回 3 以及新列表值[1,2]。

习题 4.9　请解释快速排序中,如果每次都选择第一个数为基准数,在什么情况下执行时间不佳。

习题 4.10　已知汉诺塔问题如下:汉诺塔(又称河内塔)问题是源于印度一个古老传说的益智玩具。大梵天创造世界的时候做了 3 根金刚石柱子,在一根柱子上从下往上按照从小到大顺序摆着 64 片黄金圆盘。大梵天命令婆罗门把圆盘从下往上按从大到小顺序重新摆放在另一根柱子上,并且规定,在小圆盘上不能放大圆盘,在 3 根柱子之间一次只能移动一个圆盘。

针对汉诺塔问题,用递归方式实现如下函数:假设 3 根柱子分别为 A、B、C,用户输入 A 柱上初始圆盘的个数,函数用递归方式求解出移动步骤并打印出来。

习题 4.11　已知角谷定理:输入一个自然数,若为偶数,则把它除以 2;若为奇数,则把它乘以 3 加 1,经过如此有限次运算后,总可以得到自然数 1。用递归方式实现:输入任意一个自然数,输出经过多少次可得到自然数 1。

习题 4.12　用递归方式求$(x+1)^n$展开式的系数列表,其中 n 为给定值,例如,当 n=2 时,系数为 1,2,1,输出系数组成的列表[1,2,1]。

习题 4.13　给定一个字符串,用递归方式判断字符串中"1"的个数的奇偶性。例如,字符串为"112101",那么"1"的个数为 4。

习题 4.14　写一个递归函数 DigitSum(n),输入一个非负整数,返回组成它的数字之和。例如,调用 DigitSum(1729),则应该返回 1+7+2+9 的结果 19。

习题 4.15　用递归方式实现求列表 L 长度的 len()函数。

习题 4.16　用递归方式求解如下数学问题:一个人赶着鸭子去每个村庄卖,每经过一个村子卖出所赶鸭子的一半加一只。这样他经过了 7 个村子后还剩两只鸭子,问他出发时共赶多少只鸭子? 经过每个村子卖出多少只鸭子?

习题 4.17　用递归和非递归两种方式实现 String 的 isalpha()函数。实现的函数格式为 my_isalpha(S),my_isalpha()函数会判断字符串是否全部由字母组成,例如,S='asd123',在执行语句 my_isalpha(S)后返回 False。

习题 4.18　给定一个整数列表 L,输出一个列表 S,其中 S[i]=L[0]到 L[i]的和。例如,L=[1,2,4,2],则输出 S=[1,3,7,9]。用简单递归方式实现此程序,再用二分递归方式来实现此程序。

习题 4.19　用递归方式打印如下图案:

//4444

//333

//22

//1

习题 4.20　请证明当 $T(n)=2T(n/2)+n$,$T(1)=0$ 时,$T(n)=n\log_2 n$,假设 n 是 2 的指数倍。

习题 4.21 请证明当 T(n)＝2T(n/2)＋n－1,T(1)＝0 时,T(n)＝nlog₂n－(n－1),假设 n 是 2 的指数倍。

习题 4.22 当 T(n)＝T(n/2)＋1,T(1)＝0 时,假设 n 是 2 的指数倍,T(n)的多项式是什么?

习题 4.23 当 T(n)＝T(n/2)＋n,T(1)＝0 时,假设 n 是 2 的指数倍,T(n)的多项式是什么?

习题 4.24 分析用二分法的递归方式求 1＋2＋…＋n 的开销。为什么开销的增长趋势是以函数 n 的方式增长? 假设 T(n)代表其开销,那么 T(n)的递归关系式是什么?

习题 4.25 假设有 4 种钱币:1 分钱、5 分钱、10 分钱和 25 分钱。请问 100 分钱有多少种不同钱币的组合方式? 例如,5 分钱有两种组合方式:5 个 1 分钱和 1 个 5 分钱,10 分钱有 4 种组合方式:10 个 1 分钱,2 个 5 分钱,5 个 1 分钱加上 1 个 5 分钱,1 个 10 分钱。请先写出递归关系式。

习题 4.26 用递归方式将一个多层嵌套 list 展开成一层,以 list＝['and', 'B', ['not', 'A'],[1,2,1,[2,1],[1,1,[2,2,1]]]], ['not', 'A', 'A'],['or', 'A', 'B' ,'A'] , 'B']为例,则 list 展开结果为['and', 'B', 'not', 'A', 1, 2, 1, 2, 1, 1, 1, 2, 2, 1, 'not', 'A', 'A', 'or', 'A', 'B', 'A', 'B']。

习题 4.27 用递归方式求从 m 个数里取 n 个数的组合个数,已知组合递推公式为 comn(m,n)＝comn(m－1,n－1)＋ comn(m－1,n)。例如,m＝5,n＝3,则组合数为 10。

习题 4.28 请用非递归方式实现归并排序。

第 **5** 章

熟练递归编程

第 4 章中讲解了递归函数以及递归思维,也带大家练习了很多递归的小程序,熟练递归编程是编程教育的重点!所以本章将讲解多个较为复杂和完整的例子,使读者能进一步熟悉递归算法的思维。在本章的前面,首先讲解一个在解决问题中十分常用也非常重要的思想:二分法思想。通过二分查找、求解算术平方根等小例子让大家熟悉二分法思想。然后再通过一些完整的实例来带大家熟练递归编程,如:求两个数的最大公因数、中国余数定理、解线性方程组、排列组合问题等。其中排列问题和组合问题是本章的重点,我们希望通过讲解各种可用的求解方法来培养大家思考问题的方式并拓宽思路。相信从本章中读者也会渐渐体会到计算机思维和它的美丽。

5.1 二分法求解问题

二分法思想在平时解决问题时十分重要,它可大大降低问题的复杂度,故本节首先讲解什么是二分法思想,然后通过几个小例子带领大家熟练掌握这一思想,并体会二分法思想的妙处。

5.1.1 什么是二分法

何为"二分法"? 首先来看一个小游戏:以前电视台上有个很受大家欢迎的栏目《看商品,猜价格》,游戏规则是给出一件商品让你猜出它的准确价格,主持人给的提示只有"高了"或"低了",如果在规定时间里猜中商品价格,这件商品就是你的了。例如,主持人给出一个微波炉的价格介于 200～1000 元,它的实际价格是 860 元。

其中一种猜价格的方法为:参赛者按照价格依次递增的顺序进行猜测,比如依次猜300、400、500、600、700、800,主持人都会给出"低了"的提示,接下来猜 900,主持人则给出"高了"的提示,这时我们知道价格介于 800～900 元,然后又从 800 开始递增地去猜,重复上述操作,直到猜中为止。

上述方法显然很慢,那么有没有一种快速而简单的方法呢? 我们可以这样猜,第一次猜200～1000 元中间的价格 600 元,这时主持人会给出"低了"的提示,我们立马知道价格在600～1000 元了,第二次猜 600 到 1000 的中间价格 800 元,这时主持人给出"低了"的提示,我们便知道价格在 800～1000 元,第三次再取中间价格 900 元,主持人给出"高了"的提示,而此时我们只用了 3 次就把区间锁定在 800～900 了,利用这种方法再去猜 800～900 的数,直到猜中为止。

综上所述,第二种方法每次将猜测的区间缩小到原来的一半,明显好于第一种方法。这种每次将解空间缩小为原来空间的一半,逐步逼近正确的解的方法就是二分法,图 5-1 所示为二分法的思路图。有的同学可能会说本书前面的排序例子,比如归并排序、快速排序也是用的二分法,这样的看法不够全面,我们在排序中是先将问题分成两部分,然后分别对每部分进行处理,再将处理结果合并成最终的答案,是一种"先分后合,分而治之"的思想,严格说这是分治法,就如同在 4.1.2 节中讲解用分治法的思想求数列的和、求数列的最小值和最大值一样;而二分法主要强调的是"分",其基本思想是,每次将搜索的区间减少一半,因此可以快速缩小搜索范围,区别是二分法"分而未合"。

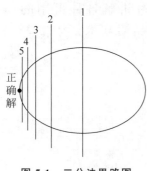

图 5-1 二分法思路图

5.1.2 在有序序列中使用二分法查找元素位置

本节主要研究在给定的一个有序序列中如何快速找出某个给定的元素位置,简称为二

分查找,5.1.1节的猜价格游戏其实就是二分查找的例子。那么如何进行二分查找呢？我们可以这样做：每次取当前所剩序列的中间元素作为比较对象,若给定的值和中间元素相等,则查找成功；若给定值小于中间元素,则在中间元素的左半区继续查找；若给定值大于中间元素,则在中间元素的右半区继续查找。不断重复上述过程直到查找成功,或所查找的区域没有元素,查找失败。

上述二分查找方法的过程如图 5-2 所示,k 为要查找的值,查找区间是 $r_0 \sim r_n$（有序区间)。我们选择区间中间的值 r_{mid} 作为比较对象,若 $k=r_{mid}$ 则查找成功；若 $k>r_{mid}$,则在右半区进行查找；若 $k<r_{mid}$ 则在左半区进行查找。在左半区或右半区中进行查找时,继续使用取中间值比较的方式。

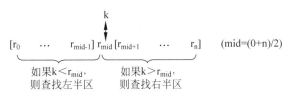

$$[r_0 \quad \cdots \quad r_{mid-1}] \ r_{mid} \ [r_{mid+1} \quad \cdots \quad r_n] \quad (mid=(0+n)/2)$$

如果$k<r_{mid}$,　　　如果$k>r_{mid}$,
则查找左半区　　　则查找右半区

图 5-2　二分查找的基本思想图解

本节将通过讲解在有序序列中查找和插入元素这两个小例子来带领大家理解二分法思想。

1. 在有序序列中查找元素位置(二分查找)

【问题描述】　对于给定的有序序列 L,在该序列中用二分法的思想查找元素 k 是否存在于 L 中。若存在,则返回索引值；否则返回−1 或者 False。

【解题思路】　假定一个有序序列为 L=[7,14,18,21,23,29,31,35,38,42,46,49,52],利用二分查找的方法在该序列中查找值为 14 的元素。我们可以利用图 5-3 清晰地表示查找过程。最开始用变量 low 和 high 来标识当前查找的区间范围即为整个 L,之后每次计算出该区间的中点 mid=(low+high)//2,则将 L[mid]的值与 14 做对比,若 L[mid]>14,则将 mid−1 赋值给 high；若 L[mid]<14,则将 mid+1 赋值给 low,如此循环下去,直到找到该元素为止,即 L[min]值为 14。

问题：请各位同学想一想,为什么是将 mid−1 而不是 mid 赋值给 high? 同样,为什么是将 mid+1 而不是 mid 赋值给 low?

了解了二分法查找的过程,就可以方便地用程序实现了,如<程序：非递归实现二分查找>所示,BinSearch_ non_recursive 函数有两个参数：L 和 k,该函数可实现在列表 L 中找元素 k 的位置的功能。在函数的开始,我们需要一些辅助变量：low 表示待查找区间的起始位置,high 表示结束位置。每次都取中间元素和 k 进行比较,若 k 比中间位置的元素小,则说明待查找的元素在左半区间,则令 high=mid−1,继续执行循环；若 k 比中间位置的元素大,则说明待查找的元素在右半区间,则令 low=mid+1,继续执行循环；若 k 和中间位置元素相等,则查找成功,可以直接返回中间位置 mid,无须继续循环。当然,while 循环要有终止条件：当不满足 low≤high 时,即若出现 low>high 的情况,则表明没有找到 k,查找失败,返回−1。

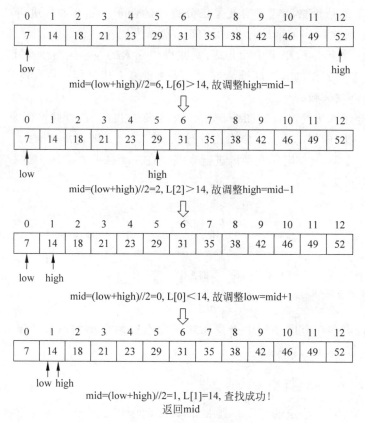

图 5-3　二分查找过程

```
#<程序：非递归实现二分查找>
def BinSearch_non_recursive(L,k):
    low = 0;high = len(L) − 1
    while(low <= high):
        mid = (low + high)//2              #注意整除符号
        if k < L[mid]: high = mid − 1
        elif k > L[mid]: low = mid + 1
        else: return mid
    return − 1
```

　　当然,二分法查找的过程也可以用递归实现,递归的思路是要查找的元素 k 每次和列表中的中间元素比较,若不相等,则将查找区间分为左半区和右半区,若 k 小于中间元素,则在左半区继续查找;若 k 大于中间元素,则在右半区继续查找。递归终止的条件是查找区间的中间元素为要查找元素 k,即查找成功,或者查找区间为空,即查找失败。注意,在编写递归函数时需要返回两个值:第一个返回值是布尔值,True 表示找到,False 表示没找到;第二个返回值表示所找到的元素在序列中的索引。分析到这里,有的同学可能会问:当前函数所返回的索引是折半后新序列的索引,并不是原序列的索引啊!没错,所以如果查找的是右半部分,还需要在返回索引时加上另一半序列的长度。程序实现如<程序:递归实现二分查找>所示。

```
#<程序：递归实现二分查找>
def BinSearch(L,k):
    if L == []:return False, -1                        #没找到
    if len(L) == 1:
        if k == L[0]:return True,0
        return False, -1
    if k == L[len(L)//2]:return True,len(L)//2
    if k < L[len(L)//2]:return BinSearch(L[0:len(L)//2],k)
    else:
        flag, index = BinSearch(L[len(L)//2:],k)      #可否 len(L)//2+1?
        return flag,len(L)//2 + index
```

函数 BinSearch(L,k)表示在列表 L 中查找元素 k,若 L 为空,则返回 False、−1,表示查找失败,递归终止。若 L 中只剩一个元素,则判断该元素是否和 k 相等,若相等则返回 True 以及 k 在当前 L 中的位置(即 0),查找成功,递归终止;若不相等则返回 False、−1,递归终止。若 L 中的元素个数大于 1,则 k 和 L 的中间元素比较,若 k 等于 L[len(L)//2],则查找成功,返回 True 以及 k 在当前 L 中的位置 len(L)//2,递归终止;若 k 小于 L[len(L)//2],则继续调用 BinSearch(L[0:len(L)//2],k),在 L 的左半区域继续查找,若 k 大于 L[len(L)//2],继续调用 BinSearch(L[len(L)//2:],k),在 L 的右半区域继续查找,并将调用函数返回的元素位置加 len(L)//2。

问题(见习题 5.1)　要如何改写程序,可使得若 k 大于 L[len(L)//2],调用 BinSearch(L[len(L)//2+1:],k)。注意,要改动 return 的索引 len(L)//2+index。

兰　兰: 为什么一定要用两个返回值呢? 既然没有找到,则索引值可以返回−1,也就是说,可以用−1表示没有找到,那么第一个布尔类型的返回值岂不是多余的?

沙老师: 两个返回值是必需的! 请仔细想一想,虽然在没有找到时会返回−1,但是这个−1会返回给上一层函数,而在计算右半部分的索引值时需要加上序列长度值的一半,所以一旦−1加上这个数之后就是一个正数,如果没有 False 标志,就无法判别是否真的找到了 k 这个值。所以再次提醒大家,递归函数的终止条件,包括终止的时候需要返回什么,很重要!

练习题 5.1.1　如何改写程序使得上述递归函数的返回值只有一个。

【解题思路】　上述递归函数之所以需要返回两个值,是因为在传递参数的过程中列表发生了改变,则其索引也相应地发生了变化,而我们要求的是原列表的索引,所以在对列表索引进行返回时会相应进行一定的加法运算而造成结果出错。所以,为了避免这种情况的发生,可以将新的参数列表在原列表中的起始位置作为参数进行传递。但是这就造成递归函数的参数与之前定义的不一致,所以可以通过嵌套函数的方式使得递归函数与外界的界面保持接口一致,且接口相对简洁。代码如<程序:嵌套递归实现二分查找 1>所示。

```
#<程序：嵌套递归实现二分查找 1>
def binary_r0_search(L,a):
    def r0_search(L,index_min):
```

```
        if len(L) == 0: return - 1              ♯ - 1代表没有找到
        mid = len(L)//2
        if L[mid]> a: x = r0_search(L[0:mid],index_min)
        elif L[mid]< a:x = r0_search(L[mid + 1:len(L)],index_min + mid + 1)
        else: x = index_min + mid
        return x
    return r0_search(L,0)
```

练习题 5.1.2　　由于分片需要复制成为新的子列表,较为耗时,如何改写程序使得递归函数传递的列表参数不使用分片?

【解题思路】　将列表的索引作为递归函数的参数来传递,由参数中传递的索引来确定递归执行的子列表的起始和终止位置,这样就可以避免通过分片的方式来确定子列表。代码如<程序:嵌套递归实现二分查找 2>所示。

```
♯<程序:嵌套递归实现二分查找 2>
def Binary_r1_search(L,a):
    def r1_search(index_min,index_max):
        if index_min > index_max: return - 1
        mid = (index_min + index_max)//2
        if L[mid]> a: x = r1_search(index_min,mid - 1)
        elif L[mid]< a: x = r1_search(mid + 1,index_max)
        else: x = mid
        return x
    return r1_search(0,len(L) - 1)
```

2. 二分查找待插入元素位置

【问题描述】　编写程序,对于给定的有序序列 L,在该序列中用二分查找的思想找到待插入元素 k 应该插入 L 的哪个位置,使得插入后的序列仍然有序。

【解题思路】　其实这个问题与我们前面介绍插入排序的过程类似。插入排序时,就是每次将无序区的元素插入有序区,那么我们需要为该元素找一个正确的插入位置,该位置也就是有序区第一个比它大的元素的位置或者排在所有元素之后的位置,例如,有序列表 L=[1,3,5,8],我们需要将 k=7 插入 L 中,有序表中第一个比它大的元素是 8,它在 L 中的位置是 3,所以通过分片这样做:L[0:3]+[k]+L[3:],从而得到插入后的新的列表。在前面介绍插入排序的时候使用的是顺序查找的方法找到需要插入的位置,在了解了二分法的思想之后,便可以使用二分法找到该位置再将元素插入。所以可以编写一个函数 BinInsert(L,k),该函数可以实现对于给定的元素 k,利用二分查找在序列 L 中找到准确的插入位置,并将该位置的索引返回。代码如<程序:二分法查找插入位置>所示。

```
♯<程序:二分法查找插入位置>
def BinInsert(L,k):
    low = 0;high = len(L) - 1
    while(low < = high):
        mid = (low + high)//2
```

```
            if k < L[mid]:high = mid − 1
            elif k > L[mid]:low = mid + 1
            else:return mid + 1
    return low
```

当在 L 中找到 k 时,返回的 mid 是该元素的位置,所以插入位置应为 mid 的后一个位置,即 mid+1;当没有找到该元素时,low 记录的位置就是要插入的位置。

二分法查找元素插入位置的过程也可以用递归实现,递归的思路是:首先将待插入的元素 k 和列表的第一个元素以及最后一个元素比较,如果小于第一个元素,则插入列表的起始位置,返回索引 index_min;如果大于列表的最后一个元素,则插入列表最后一个元素的下一位,返回索引 index_min+len(L)。如果以上两种情况都不成立,就将 k 和列表的中间元素 L[mid]比较,将比较区间分为左半区和右半区,若 k 小于中间元素,则在左半区继续比较,递归执行 r0_Insert(L[0:mid],index_min);若 k 大于中间元素,则在右半区继续比较,递归执行 r0_Insert(L[mid+1:],index_min+mid+1);若 k 等于中间元素,则插入位置就是中间元素的后面一位,返回索引 index_min+mid+1。递归终止的条件分为 3 种情况:一是列表为空时返回起始位置索引;二是待插入元素小于列表的第一个元素或大于列表的最后一个元素时,返回列表的第一个或者最后一个位置之后的索引;三是列表的中间元素等于要插入的元素 k 时,返回中间元素后一个位置的索引。代码如<程序:二分法递归查找插入位置>所示。

问题: 可否去掉"if k<L[0]: return index_min"?

♯<程序:二分法递归查找插入位置>
```
def binary_r0_Insert(L,k):
    def r0_Insert(L,index_min):
        if len(L) == 0: return index_min
        if k < L[0]: return index_min
        if k > L[len(L) − 1]: return index_min + len(L)
        mid = len(L)//2
        if L[mid]> k:x = r0_Insert(L[0:mid],index_min)
        elif L[mid]< k:x = r0_Insert(L[mid + 1:],index_min + mid + 1)
        else: x = index_min + mid + 1
        return x
    return r0_Insert(L,0)
```

5.1.3 求解算术平方根

二分法不止有二分查找这一处应用,还有很多问题可以利用二分法的思想来解决。再来看一个求解算术平方根的例子。在中学的时候我们就学过算术平方根这一概念,一个正数有正负两个平方根,其中,正的叫作算术平方根。本节将讲解如何利用二分法的思想求解算术平方根。

【问题描述】 在给定精度的前提下,求解一个实数 c 的算术平方根。

【解题思路】 比如 4 的算术平方根是 2,25 的算术平方根是 5,那么如果 c=10,就很难求得 10 的精准的算术平方根的值,若想求精度为 0.01 的 c 的算术平方根的解,又该怎么算呢?

首先解释一下精度为 0.01 是什么意思:假设 c 的算术平方根的真实解为 x,而计算所求得的解为 x′,那么只要 $|x'-x|{\leqslant}0.01$,就认为 x′ 为精度是 0.01 的 c 的算术平方根的解。

现在再来想想怎样计算 c 的算术平方根,可以想到这样一种方法:根据已知算术平方根的数确定 c 的算术平方根的范围,然后在这个范围内寻找答案。例如,如果 c=10,根据 3 的平方是 9,4 的平方是 16,所以 c 的算术平方根 g 一定满足:3<g<4。那么可以让 g=3,然后重复给 g 加一个很小的数 h,直到 g^2 足够接近 c,从而求得 c 的算术平方根 g。但当输出结果精度增加时,算法不得不减小步长 h,以避免 g+h 跳过可接受的解范围。随着精度的提高,h 的值减小,算法所需要进行查找的次数将大大增加。由此我们会想,如何能够减少逼近最终解的步骤,加快逼近过程,从而更快速地求得解。此时就可以利用二分法的思想,每次将求解值域的区间减少一半,从而快速缩小搜索的范围。

当 c≥1 时,解的范围是 0<x<c。不妨先假设 min=0,max=c。则 x 的值肯定介于 min 到 max,然后取中间值(min+max)/2,令该值为 g。比较 $|g^2-c|$ 与 0.01 的大小,如果 $|g^2-c|$ 在求解精度范围内(<0.01),该值即为所求解;如果 $g^2-c>0.01$,表示 g 的值偏大,因此从 g 到 max 的区间不可能包含要找的最终解。于是,可以在算法中将新的 max 设定为当前 g 的值,并继续搜索。同样,如果 $g^2-c<0.01$,表示 g 的值偏小,此时可以将新的 min 设定为当前 g 的值。你发现了吗?每次循环都将求解范围缩小了一半。这就是二分法的求解过程。它大大加快了问题求解的速度。

下面以 max=10,min=0,中点值 g=5 为例,详细讲解二分法计算 10 的算术平方根的过程。首先,测试 g=5,发现 5×5=25>10,这表示正确的平方根值 x 不在 5~10 的这一区域内,所以可以不再考虑 5~10 的区域。于是可以将 max 设定为 5。这样,求解空间立刻变为了原来的一半。接下来在 0~5 的区间中,以同样的方式用二分法缩小解的空间。对于新的中间值 g=2.5,比较 2.5^2 与 10 的大小。因为 2.5^2 比 10 小,那么从 0~2.5 的区间就可以不考虑了,得到新的求解空间为[2.5,5]。以此类推,经过 n 次循环后,所得到的范围就减到 $10/2^n$ 数量级。例如,当 n=40 时,$10/2^n$ 就已经到小数点后 11 位了。

设定精度为 0.000 000 000 01,改进后求算术平方根的具体算法描述如下:

输入:一个任意实数 c。

输出:c 的算术平方根 g。

(1) 令 min=0,max=c;

(2) 令 $g'=(min+max)/2$;

(3) 如果 g'^2-c 足够接近于 0,g′ 即为所求解 g;

(4) 否则,如果 $g'^2<c$,min=g′,否则 max=g′;

(5) 重复步骤(2),直到满足条件,输出 g′,终止程序。

该算法实现代码如<程序:算术平方根运算——二分法>所示。

```
# <程序:算术平方根运算——二分法>
def square_root_2(c):
    i = 0 ; m_max = c ; m_min = 0
```

```
        g = (m_min + m_max)/2
        while (abs(g * g − c) > 0.00000000001):            #while 循环开始
            if (g * g < c): m_min = g
            else: m_max = g
            g = (m_min + m_max)/2
            i = i + 1
            print ("%d:%.13f" % (i,g))                    #while 循环结束
#函数之外执行
square_root_2 (10)
```

如上程序用短短几行代码实现了求解算术平方根的功能。程序包括一个 while 循环部分以及一个 if 语句。循环部分判断 g^2 与 c 的大小，然后针对不同的情况，改变相应 m_min 或 m_max 的值，快速缩小求解空间。运行该程序的输出如下：

```
1:2.5000000000000
2:3.7500000000000
3:3.1250000000000
…
38:3.1622776601762
39:3.1622776601671
```

分析结果可知，该算法仅仅用了 39 次循环迭代便实现了算术平方根的计算，并且精度达到了 0.000 000 000 01。

5.1.4　二分答案问题——木料加工

二分法能够在每次的"选择"中去掉一半的可能解，这个选择是通过一个函数来确定的，这样的函数称为决策（Decision）函数。举例来说，当我们想要用小数来近似 $\sqrt{10}$ 的时候，首先要确定解可能的范围为（3，4），接下来在解范围内取中间值 g，要看真正的解在比 g 大还是比 g 小的范围内，我们用 g×g−10>ε（ε 在前面小节中取 0.000 000 000 01，以表示真正解的精度）代表真正的解应该在比 g 小的范围内，否则真正的解在比 g 大的范围内。所以，g×g−10 这个函数就是一个二分法的决策函数。二分法的精髓就是这样的决策函数，我们记为 decision（）。通过给 decision（）函数传入每个解范围的中间值 mid，即 decision（mid），根据该函数可以决定接下来选择 mid 的左边范围还是右边范围来继续判断。

在二分法的一些实例中，决策函数的计算可能会比较复杂，我们用木材加工这个例子来做说明。木材厂有一些原木，现在想把这些原木切割成 k 个长度相同的小段木料，每小段木料长度为 x（原木可以有剩余），k 的大小是事先给定的，在切割时希望得到的小段木料长度 x 越大越好。这类问题我们可以称为二分答案问题，即对具有单调性的解空间进行二分查找，大多数情况下用于求解满足某种条件下的最大（小）值。所谓单调性，就是一个函数有可能单调递增或者单调递减。对于函数 f（x），随着自变量 x 的增加，f（x）的值不会减小，这就是单调递增。单调递减也是用同样道理定义的。

【问题描述】　木材厂有 n 根原木，长度分别为 L[i]。如果需要从它们中切割出 k 根长度相同的小段木料，那么，对于这 k 根小段木料，每根的长度 x 最长为多少？（注意：原木的

长度都是正整数,要求切割得到的小段木料的长度 x 也是正整数,原木可以有剩余)。

例如,给定 3 根原木,长度记录在列表 L 中,L＝[1,3,5]。当 k＝1 时,切割得到的 1 根小段木料长度为 5(长度最长的那根原木即为所求);当 k＝2 时,切割得到的 2 根小段木料长度均为 3(由长度为 3 和长度为 5 的原木各切得一根);当 k＝3 时,切割得到的 3 根小段木料长度均为 2(由长度为 3 的原木切割得到一根,由长度为 5 的原木切割得到两根)。

【解题思路】 给定 n 根原木的长度,要求切出 k 根等长的小段木料,求每根小段木料长度 x 的最大值。解决这个问题可以采用二分法在解空间中查找 x 满足约束条件的最大值。约束条件就是当前长度 x 是否可以切出 k 根小段木料,容易得到所能切得的最大根数 $num = \sum_{i=0}^{len(L)-1} L[i] // x$。如果 num≥k,满足约束条件,即可以切出 k 根木料,但是这个 x 是不是最大值呢? 如果 x 满足约束条件,同时 x＋1 不满足约束条件,那么这个边界值 x 即为所求切得的最大小段木料长度。

接下来,我们就可以用二分搜索法来找这个最大长度 x。对于二分搜索,可以将过程分解为以下几步(说明:后续内容使用到的 mid 对应于上述内容的 x)。

- 首先,确定初始搜索的解空间 [low,high]。在该问题中,原木长度均为正整数,且要求切割得到的小段木料长度也是正整数,因此小段木料的最短长度为 1,所以将 low 初始化为 1;high 取最长原木的长度 max(L),因为切割得到的小段木料不可能比最长原木还长。例如,L＝[1,3,5],初始解空间就是[1,5]。

- 其次,确定 Decision 函数。该问题的 Decision 函数是 $num = \sum_{i=0}^{len(L)-1} L[i] // x$。首先在解空间中使用二分法得到 mid＝(low＋high)//2,然后通过 Decision 函数判断当前 mid 能否满足切出 k 根小段木料的要求。如果当前 mid 值可以切割出所需段数(即 num≥k),说明当前 mid 值满足约束条件,但并不能确定其是否已经是最大值,可能 mid＋1 也满足条件,因此我们需要选择 mid 值的右边继续尝试,令 low＝mid＋1,high 不变,这时 mid 值左边的一半解空间就被丢弃了;根据新的 low 和 high 计算当前 mid 值,如果当前 mid 值不满足约束条件,即在当前 mid 值下切割不出所需段数(即 num＜k),显然 mid 偏大了,不能够切割出 k 个小段木料,那么就选择 mid 值左边继续尝试,令 high＝mid－1,low 不变,也就是将 mid 值右边的一半解空间丢弃掉了。然后通过不断更新 low 与 high 以不断接近答案,直到 low＞high 时结束,也就是当解空间变成[high,low]这样一个无意义的搜索范围时结束查找,结束时所得的 high 值就是可以加工出的小段木料的最大长度 x。

我们想想为什么输出是 high 值呢? 首先说明,在每次缩小解范围至[low,high]时,最终的解一定小于或等于 high 值,因为当 high 值被收缩至 mid－1 时,mid 已经被验证不满足约束条件,也就是 high 值右边的解一定是不可行的(提醒:本题的解一定是正整数)。那为什么解不一定是大于或等于 low 值的呢? 因为当 mid 值满足约束条件时,low 被赋值 mid＋1,但若这时 mid 满足约束条件,但 mid＋1 不满足约束条件,那么 mid 其实就是正确的解,但是执行 low＝mid＋1 就正好跳过了正确的解,显然 low 不可用于最终解的确定。

那为什么最终的 high 值就是最终解呢? 思考最后一轮迭代时的情况,也就是当 low 和 high 相等时,此时 low＝high＝mid。若当前 mid 使得 num≥k,也就是当前 mid 能够满足约束条件,执行 low＝mid＋1＞high,这时 mid 与 high 即为可满足约束的最大木料长度。但如果当前 mid 使得 num＜k,也就是说在目前[low,high]范围内不存在正确的解,这说明在之前解范围的缩小中,low 正好跳过了正确解,而且 low－1 作为之前某一轮的 mid 一定是满足约束条件的,此时执行 high＝mid－1 即为最大可满足约束的木料长度。因此,无论在什么情况下,我们输出 high 作为最终答案。

具体算法描述如下(实现代码见<程序:木料加工-二分法(方法一)>)。

输入:输入一个非负整数列表 L 和一个正整数 k;

输出:每小段木料的最大长度。

(1)令 low＝1,high＝max(L);

(2)令 mid＝(low＋high)// 2;

(3)计算长度为 mid 的情况下 num 的值,num＝$\sum_{i=0}^{len(L)-1} L[i]//mid$;

(4)如果 num 的值大于或等于 k,令 low＝mid＋1;

(5)反之,如果 num 的值小于 k,令 high＝mid－1;

(6)重复步骤(2),直到不再满足 low≤high 的循环条件,即当 low＞high 时,则输出 high,终止程序。

```python
#<程序:木料加工-二分法(方法一)>
def Maxlength(L,k):
    low = 1; high = max(L); count = 0
    while low < = high:
        count += 1
        num = 0
        mid = (low + high)//2
        for i in range(len(L)):
            num += L[i] // mid;
        if num > = k:
            low = mid + 1
        else:
            high = mid - 1
        print('{}:{} {}'.format(count,mid,num))
    return high
# 函数之外执行
k = 8
L = [124,224,319]
Maxlength(L,k)
```

运行该程序的输出如下:

```
1:160 2
2:80 6
3:40 15
4:60 10
5:70 8
6:75 7
```

```
7:72 8
8:73 8
9:74 8
```

　　分析结果可知,算法用了 9 次循环迭代找到了长度为 124cm、224cm 和 319cm 三根原木,切成 8 段小段木料的每段最大长度是 74cm。

　　练习题 5.1.3　请讨论<程序:木料加工-二分法(方法一)>的代码中,为什么返回的是 high?

　　【解题思路】　请思考为什么 low 不可能是解?

　　练习题 5.1.4　可否将<程序:木料加工-二分法(方法一)>代码中的"if num >= k"改为"num > k","else"表示"num <= k"? 这样修改后程序还对吗?

　　【算法再讨论】　上述方法虽然正确,但是让人疑惑终止条件和返回值的设定——为什么返回值是 high 值? 需要经过大量的思考和讨论各种情况才能确定返回值,这不是良好的算法,一个优秀的算法不要晦涩难懂,要如何才能避免"烦人"的加 1 减 1 的误差? 我们有没有什么系统性的思考方式以避免错误?

　　我们再思考前一个程序的瑕疵。我们描述如下的情况来说明解竟然不是一直在[low,high]区间内。在 while 循环中,假设 mid 已经是设为最终的解值,这时的 mid 一定是满足约束条件的,执行 low=mid+1 就直接跳过了最终解值,解竟然不是一直在[low,high]区间内。这时候要想得到最终解值,只能等待最后一轮,当 low=high=mid 时,decision(mid) 不满足约束条件,执行 high=mid-1 得到最终的解。此时 high 比 low 还小! 这不是有些怪异吗? 因此我们就需要花费很多时间来检查 while 循环条件、high 值和 low 值的变化过程、二分法的搜索过程,以及最终解到底需要输出什么,来判断程序是否有错。遇到这种需要加 1 减 1 的问题的确让人很头疼,归根结底,还是因为解范围没有被限制在[low,high]区间内,让人没有办法从道理上明白到底程序是否正确。

　　原来的程序中在缩小解范围时有 low=mid+1,high=mid-1。我们考虑新的算法,当设定新的 low 与 high 时去掉+1、-1。希望保证最后的正确解一定在 while 循环中的[low,high)区间内。当 low 等于 high-1 时,就知道已经得到了最后的解了。这样的算法清楚明了。

　　我们想要保证解在任何时刻都大于或等于 low,小于 high,首先初始搜索解空间确定为 [1,max(L)+1],也就是初始 low=1,high=max(L)+1,切割出长度为 max(L)+1 一定是无法达到的状态。同样在解空间内使用二分法得到 mid=(low+high)//2,然后通过 Decision 函数判断当前 mid 是否满足切出 k 根小段木料的要求,这里的 Decision 函数与上一种方法相同,都是 $num = \sum_{i=0}^{len(L)-1} L[i]//mid$。 当 num≥k 时,说明当前的 mid 值能够满足约束条件,这里我们执行 low=mid,那么一定可以保证的是,解一定是大于或等于 low 的;当 num<k 时,说明当前的 mid 值不能够满足约束条件,我们执行 high=mid,那么可以保证解一定在小于 high 的范围内。因此,当我们以上述步骤改变 low 和 high 值时,任意时刻我们都能够保证解在[low,high)范围内。并且,当解范围没有办法再继续收缩时,也就是 low=high-1 时,最终的解就被确定,因为解是正整数,因此输出 low 即可。

　　我们再重新思考一下。在该方法中,首先,初始解空间保证解一定在[low,high)范围内；其次，在每次的解范围收缩过程中，执行 low＝mid 保证了 low 位置一定满足约束条件，执行 high＝mid 保证 high 位置一定不满足约束条件，因此保证解一定在［low,high）范围内；再者，当解范围没有办法再收缩时，只有 low 等于 high－1 这一种情况，因为如果继续收缩解范围，此时 mid＝low,Decision(mid)一定满足约束条件，low 依然等于 mid，位置不会再改变；最后，low 等于 high－1 时，因为解大于或等于 low，小于 high，且解为正整数，因此此时就是 low 满足约束条件、low＋1 不满足约束条件这样一个临界情况，因此 low 就是最终可切割出 k 根小段木料的最大长度。

因此，我们对<程序：木料加工-二分法（方法一）>做如下修改（方法二）：

（1）初始 high 值由 high＝max(L)修改为

```
high = max(L) + 1
```

（2）low 和 high 值的更新，由 low＝mid＋1,high＝mid－1 修改为

```
low = mid
high = mid
```

（3）终止条件由 while low＜＝high 修改为

```
while low != high - 1
```

（4）最终解返回值由 return high 修改为

```
return low
```

练习题 5.1.5　请按照方法二自行改写<程序：木料加工-二分法（方法一）>，请思考为什么 low 是最终的解，该方法和方法一的区别在哪里。

5.2　求两个数的最大公因数

相信大家都遇到过求最大公因数（Greatest Common Divisor,GCD）问题。比如求 12 和 8 的最大公因数，求得为 4，一般这样表示：gcd(12,8)＝4。如何编写程序求解最大公因数呢？本节介绍两种方法：方法一是通过分解因数的方式求最大公因数；方法二是利用欧几里得（Euclid）算法。

5.2.1　因数分解法求最大公因数

对于求 GCD 问题，大家在中学时所学的方法就是先对两个数做因数分解，然后找出所有公共的因子，把它们相乘就得到了最大公因数。比如求 gcd(12,8)，那么首先对 12 进行因数分解，得到 12 的因子序列 A＝[2,2,3]，再对 8 做因数分解得到 8 的因子序列 B＝

[2,2,2]。那么 A 和 B 所有公共的因子为[2,2]，所以 gcd(12,8)＝2×2＝4。根据上述算法，实现代码共需要做的就是两步：第一步，分别对两个数进行因数分解求得对应的因子序列；第二步，找到两个因子序列中的公共元素，把它们相乘从而得到最大公因数。

兰　兰：求最大公因数时，使用先因数分解再找所有公共因子的方式难道不好吗？

沙老师：这种方式虽然能找到最大公因数，但是这是极度没有效率的算法。我们还是先看看怎么实现这个算法，然后再与好的算法比较，你就会发觉两者有天壤之别。

对于第一步因数分解，曾经在 4.2.3 节中讲解过递归方式求解因数分解问题，为方便起见，再次贴出这段代码(<程序：因数分解 1>)。

```python
#<程序：因数分解 1>
import math
def factors_1(L,x):                    #L为最终返回的因子列表,x为待分解的数
    for i in range(2,int(math.sqrt(x)) + 1):
        if x % i == 0:
            L.append(i)
            factors_1(L,x//i)
            break
        else: L.append(x)
```

同时给出另一种写法，见<程序：因数分解 2>，原理与<程序：因数分解 1>是一样的，此处不再赘述，只不过参数不一样。<程序：因数分解 1>中是通过将因子列表 L 作为参数在递归中进行层层传递的；而<程序：因数分解 2>中只有一个待分解数 x 作为参数，该代码是将因子列表 R 以 return 的方式在递归中进行层层传递的。我们在 4.2.3 节讲解递归的时候曾经提到过，递归编程传递结果比较常用的方式就是传参和 return 的方式，不推荐使用 global 的方式。这里给出了传参和 return 两种不同写法供参考。

```python
#<程序：因数分解 2>
import math
def factors_2(x):                      #x 为待分解的数
    y = int(math.sqrt(x))
    R = []                             #R 为最终返回的因子列表
    for i in range(2,y + 1):
        if (x % i ==0):
            R.append(i)
            R = R + factors_2(x//i)
            break
        else: R = [x]                  #找不到因子,故为素数
    return R
```

有了第一步因数分解，再来看看第二步求公共因子该如何编写程序。思路很简单，仍假设求 gcd(12,8)，在求得 12 的因子序列 A＝[2,2,3]和 8 的因子序列 B＝[2,2,2]之后，遍历 A 中的元素，每次检查该元素是否在 B 中，如果存在，则将该元素存放进列表 C 中，并在 B 中将其删除；若不存在，则继续查找 A 中的下一个元素，以此类推，直到循环结束，就可以得

到公共的因子 C＝[2,2]。最后将 C 中的所有元素相乘,就得到了 12 和 8 这两个数的最大公因数 4。因数分解方法求解 GCD 问题代码如<程序:因数分解方法求解 GCD 问题>所示。

```
♯<程序:因数分解方法求解 GCD 问题>
import math
def product(L):
    y = 1
    for i in L:y = y * i
    return(y)
def GCD_factors(x,y):                    ♯求解 x 和 y 的最大公因数
    Lx = factors_2(x)                    ♯见<程序:因数分解 2>
    Ly = factors_2(y)
    def search_and_delete(a, L):         ♯若元素 a 在列表 L 中,则删除 L 中的一个 a
        for i in range(len(L)):
            if L[i] == a:
                return True, L[0:i] + L[i + 1:len(L)]
        return False, L
    R = []
    for e in Lx:
        found, Ly = search_and_delete(e,Ly)
        if found: R.append(e)
    return product(R)
```

其中 GCD_factors()函数为主体部分,用于求解 x 和 y 两个数的最大公因数。先利用 factors_2()函数分别求得两个数的因子序列,然后利用 search_and_delete()函数求得公共因子序列,最后用 product()函数将公共因子序列中的元素相乘,得到最大公因数。

虽然用因数分解法求最大公因数在中学时就学习过,但它的效率很低。后面将把它和更好的算法进行对比,就会发现有在时间开销方面远远优于因数分解法的更好的算法。

5.2.2 欧几里得算法求最大公因数

欧几里得算法可以通过比较灵活的计算方式求得两个数的最大公因数。假设两个数分别为 A 和 B,且 A＞B。假设 gcd(A,B)＝g,那么 A＝a*g,B＝b*g,则 A－B＝(a－b)*g。g 仍然是 A－B 的因数。所以 gcd(A,B)＝gcd(B,A－B)。同理,g 是 A－B,A－2B,甚至是 A－kB 的因数,只要 kB＜A 即可。也就是 g 是 A 对 B 取余的因数。所以 gcd(A,B)＝gcd(B,A ％ B),以此类推,参数越变越小,直到 A ％ B＝0 为止,此时 B 的值即为最大公因数。比如 A＝120,B＝82。则求解过程如下:

$$gcd(120,82)＝gcd(82,38)＝gcd(38,6)＝gcd(6,2)$$

在上述过程中,最终计算得到 6 ％ 2 为 0,最大公因数就是 2。再举一个例子,A＝12,B＝7,求 gcd(12,7)。求解过程如下:

$$gcd(12,7)＝ gcd(7,5)＝ gcd(5,2)＝ gcd(2,1)$$

由于 2％1 为 0,所以 gcd(12,7)＝1。可以通过一张图来更形象地解释求 gcd(12,7)的过程,如图 5-4 所示。大家也可以自己用画图的方法去求解一下 gcd(84,35)和 gcd(120,82),求解示意图分别如图 5-5 和图 5-6 所示。

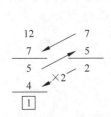

图 5-4 求解 gcd(12,7)

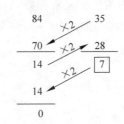

图 5-5 求解 gcd(84,35)

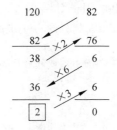

图 5-6 求解 gcd(120,82)

　　欧几里得算法通常也被大家叫作辗转相除法。相信大家在自己求解的过程中就会发现,欧几里得算法仍然是将大问题分解为小问题,例如,当我们要求解 gcd(12,7)时,可以将其缩小为求解 gcd(7,5),然后还可以继续将问题缩小为求解 gcd(5,2)……直到最终问题缩小到求解 gcd(2,1),已经不能再缩小了,从而返回所得到的解。

　　其原理是在每次取余化简的时候,这个因子 g 一直都在,并没有因为一系列的加减操作而被去掉,那么只要以这种方式一直化简,最终一定会化简到只剩下 g,也就得到了我们想要的答案。

　　有了该算法之后,就不难写出其实现代码,见<程序:欧几里得算法求最大公因数>。只需短短几行递归代码,就解决了这一问题,同时该算法也比 5.2.1 节中的解法更快捷(将在 5.2.3 节中详细比较)。

```
♯<程序:欧几里得算法求最大公因数>
def GCD_Euclid(x,y):              ♯计算 x 与 y 的最大公因数
    if x < y: x,y = y,x          ♯确保 x >= y
    if x % y == 0: return(y)
    return GCD_Euclid (x % y,y)
```

　　兰　兰:其实用 Euclid 算法求最大公因数也是二分法的思想!

　　可以看到,每次求 gcd(A,B) = gcd(B,A mod B)的过程中,每次都必定有 A mod B≤(A/2)。比如求解 gcd(120,82)时有 38≤(120/2)、6≤(82/2);求 gcd(12,5)时有 5≤(12/2)……也就是每次问题的解空间都缩减了至少一半。我们可以来证明一下:每次 A 除以 B 所得的余数必然小于或等于 A 的一半(即 A ％ B<(A/2))。

　　定理:若 A>B,则 A ％ B 必定小于(A/2)。

　　证明:这个问题可分成两种情况,依次证明。

　　(1) 情况一:当 B≤(A/2)时。由于 A ％ B<B 一定成立(余数一定比除数小),所以 A ％ B<B≤(A/2)成立。

　　(2) 情况二:当 B>(A/2)时。A ％ B = A−B<(A/2)。

　　综上,得证 A ％ B<(A/2)。即每次计算都会将原问题缩小到原来的一半,衰减趋势与二分法是一样的。所以,并不是只有每次将问题分成左右两部分的才是二分法,类似欧几里得算法这种每次将问题缩减成一半的都归作二分法思想。

5.2.3　讨论因数分解法与欧几里得算法的优劣

1. 时间开销上的巨大差异

到目前为止，我们已经讲解了两种方法来求最大公因数：第一种是因数分解的方法求GCD，第二种是二分法的思想求解 GCD，那么这两种方法在执行的时候有哪些差别呢？同学们或许还没有感受到二分法解决问题的优势到底在哪里，那么现在来试验一下，见<程序：算法比较 1>。

```
#<程序：算法比较 1>
p = 1200; q = 248
print("p = % d, q = % d, GCD(p,q) = % d" % (p,q, GCD_factors (p,q)))
#输出结果：p = 1200, q = 248, GCD(p,q) = 8
print("p = % d, q = % d, GCD(p,q) = % d" % (p,q, GCD_Euclid (p,q)))
#输出结果：p = 1200, q = 248, GCD(p,q) = 8
```

可以看到，求得的结果是一样的，从时间上来看，二者都是 1s 内就完成了计算。那么如果换成更大一些的数呢？我们来试试，见<程序：算法比较 2>。

```
#<程序：算法比较 2>
p1 = 128543041447753; q = 123456789 * 99
print("因数分解的方式求 GCD( % d, % d) = % d" % (p1,q,GCD_factors(p1,q)))
#输出结果：因数分解的方式求 GCD(128543041447753,12222222111) = 1
print("Euclid 方式求 GCD( % d, % d) = % d" % (p1,q, GCD_Euclid (p1, q)))
#输出结果：Euclid 方式求 GCD(128543041447753,12222222111) = 1
```

这两种方法仍然都可以在 1s 内就得到结果。如果需要求解更大的数呢？再来试试，见<程序：算法比较 3>。

```
#<程序：算法比较 3>
p2 = 1062573853363145487845851
p3 = 9281768726631581096755073792885767 * 99
q = 123456789 * 99
print("Euclid 方式求 GCD( % d, % d) = % d" % (p2,q, GCD_Euclid (p2, q)))
#输出结果：Euclid 方式求 GCD(1062573853363145487845851,12222222111) = 1
print("Euclid 方式求 GCD( % d, % d) = % d" % (p3,q, GCD_Euclid (p3, q)))
#输出结果：Euclid 方式求 GCD(918895103936526528578748700549569093 3, 12222222111) = 99
print("因数分解的方式求 GCD( % d, % d) = % d" % (p2,q,GCD_factors(p2,q)))
#很久得不到结果……
```

此时就看出了差别！q 的值没有变，只是把 p 的值变得更大，利用欧几里得算法求gcd(p2,q)和gcd(p3,q)时，仍然可以在几秒内得到结果；而如果利用因数分解的方式求gcd(p2,q)，需要好几个小时，要是求 gcd(p3,q)，至少需要好几年！

我们可以通过一个大致的计算来验证一下使用因数分解的方式求解 GCD 是否真的这么慢。已知 p1、p2 都是质数，所以分解因数的时候一定需要从 1 遍历到这个质数的算术平方根,假设利用因数分解法求解 gcd(p1,q)需要 1s 的时间。那么 p2 比 p1 多了 10 位,在用因数分解方法的过程中,由于只是计算到 sqrt(x),所以计算 p2 时会比 p1 多计算 5 位,已知 p1、p2 都是质数,也就是说对 p2 做因数分解时的遍历次数将是对 p1 做因数分解时的 10 万倍! 已经假设求解 gcd(p1,q)是 1s,那么求解 gcd(p2,q)将是 10 万秒!

10 万秒是什么概念? 先看看一天是多长时间:86 400s(1×24×60×60=86 400),还没有 10 万秒多,所以保守估计,用因数分解的方法求 gcd(p2,q)需要一天多的时间! 求 gcd(p2,q)已经这么慢了,那么求解 gcd(p3,q)呢? p3 在 p2 的基础上又多加了 10 位数,所以求解 gcd(p3,q)的时间将又是 gcd(p2,q)的 10 万倍! 那绝对是需要很多年才能计算出来! 相反,利用欧几里得算法无论是求解 gcd(p2,q)还是 gcd(p3,q),都只需几秒就计算出来了。

2. 100 位数大不大

> **兰 兰:** 上面的例子中最大的数 p3 也不过是 30 多位数,100 位的数大不大? 欧几里得算法还能很快地求解出最大公因数吗?
>
> **沙老师:** 100 位的数很大,但是欧几里得算法仍然可以很快求出最大公因数! 我们可以从理论上对时间进行估算。

前面比较了因数分解法和欧几里得算法的执行时间,那么这里再来具体分析一下这两种算法的执行时间如何用数学方程式表示。对于求 GCD 的问题,数据规模就是待求解最大公因数的两个数 x 和 y(x>y)的数值大小,计算机需要比较的次数也就是需要遍历或者计算的次数。

对于因数分解法,在分解因数的时候,最坏的情况就是这个数为质数,我们要从 1 遍历到 $\sqrt{x}$,那么在因数分解的过程中,执行时间就为 $\sqrt{x}$,后面再求解公共因数的时间取决于因数分解所得到的因数的个数,我们姑且认为分解因数法求最大公因数的执行时间为 $\sqrt{x}$。虽然说只需要分解 x 和 y 这两个数,但是这两个数可能会非常大,比如 x 有 100 位,那么这个数字将比宇宙中微尘的数量还巨大,根据前面的分析,因数分解法求解的时间绝对不只是好几年。

而对于欧几里得算法,我们前面已经证明过,该算法运用了二分法的思想,在求解的过程中,每次问题都缩减为原来的一半,然后在这一半中继续二分求解,直到最终找到答案。所以如果原来的问题规模为 x,则第一次二分后,问题规模下降为 x/2;再下一次还会继续二分,问题规模下降为(x/2)/2=x/4;再继续二分,下降为(x/4)/2=x/8;…;第 n 次二分会将问题规模下降为 $x/2^n$,直到最终求得解。可以看到,二分法可以让问题的规模以 log 以 2 为底的速度下降,即欧几里得算法的执行时间可以表示为 $\log_2 x$。所以即使 x 是 100 位、1000 位的数字,经过对数运算之后也会变得非常小!

如果在因数分解的时候需要从 1 遍历到一个 100 位的数字,那么程序将会耗时多久呢? 首先假设遍历 100 个数耗时 10^{-6}s。

那么平均遍历一个数耗时为 10^{-8}s,则 1s 可以遍历 10^8 个数;1 年有 365×24×60×60=$3.15×10^7$s。所以 1 年可以遍历 $3.15×10^7×10^8=3.15×10^{15}$ 个数。

现在有一个 100 位的数,则从 1 遍历到这个数需要 $10^{100}/(3.15×10^{15})>10^{84}$ 年!

10^{84} 年是什么概念？据天文学家估算宇宙至今的寿命才仅仅 13.8×10^{9} 年,可见 10^{84} 年是多么巨大的时间长度。

然而对于欧几里得算法来说,因为它采用了二分法的思想,每次都是将问题缩减到一半,问题的复杂度是以 log 以 2 为底的趋势在递减的,所以用欧几里得算法求解 100 位数的最大公因数只需要计算 $\log_2 10^{100} = 330$ 次,前面已经求出每次遍历耗时 10^{-8} s,所以总耗时为 330×10^{-8} s $= 3.3 \times 10^{-6}$ s! 这两种算法的时间差距真是天壤之别! 至此,相信现在大家已经看到了二分思想的优势所在,它可以将问题规模以 log 以 2 为底的速度进行缩小,使得计算量很大的问题在短时间内就可以求解,所以,二分法的思想在解决问题中是相当重要的!

兰　兰: 那如果用欧几里得算法计算 200 位的数字应该同样会很快吧?

沙老师: 那是自然。想想看,其实计算公式只需要修改一下 10 的指数,变为 $\log_2 10^{200} \times 10^{-8} = 2 \times 3.3 \times 10^{-6}$ s $= 6.6 \times 10^{-6}$ s,所以仍然是很快的。

练习题 **5.2.1**　给出两个 100 位的质数 x 和 y,请同学们自己用欧几里得算法求解一下 gcd(x,y) 是否为 1? 计算速度是否真的很快?

x=399519254321365238048050533286114440263640458912420026988809149671387451602273666697884118175266583

1；

y=520796321864665847397451938265664111132061910302432472428765650343430987114967313584705737117913618

3。

3. 不同算法的执行时间复杂度

兰　兰: 没想到不同的解法竟然会带来这么大的时间上的差异! 但是应该怎样衡量不同解法的好坏我还不是很清楚,您能再详细讲解一下吗?

沙老师: 这个问题问得很好! 衡量算法的好坏标准有很多,最常用的就是以执行时间来作为衡量标准,下面给大家详细讲解一下。

在程序的世界中,仅仅能写出代码只是初级的,还要仔细思考是否有更好的解法来解决这个问题,一个好的解法会把执行时间从很多年都计算不出结果优化到几秒钟就可以解决该问题。当然,有的同学会说执行时间只有真正让计算机执行了才知道是多久啊! 没错,所以可以把计算机比较的次数当作执行时间,当写好一个算法后,可以分析该算法,然后用数学方程式来表示该算法随着数据规模 n 的增长,其执行时间(比较次数)将会以怎样的趋势来增长。

这里可以将执行时间的增长趋势大致分为两类:

(1) 指数型增长,比如 2^n；

(2) 多项式型增长,如 n^2、n、$n\log_2 n$、$\log_2 n$ 等。画出其中的几种函数,给大家一个更加直观的感受,如图 5-7 所示。

可以看到 $\log_2 n$ 的增长趋势是最小的,而 2^n 增长得最快,也就是说,随着数据规模 n 的增加,2^n 需要的执行时间越长,而 $\log_2 n$ 执行时间是 4 个函数中最短的。

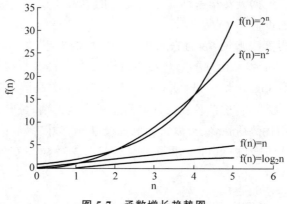

图 5-7 函数增长趋势图

在比较算法的执行时间时基本只看时间趋势,不计较它的系数,在计算机科学中,我们经常用 O 来表示它的时间复杂度。例如,一个算法的趋势是 $\log_2 n$,那么就说它的时间复杂度是 $O(\log_2 n)$,又如一个算法的趋势是 n^2,那么就说它的时间复杂度是 $O(n^2)$。

下面通过几个例子来看看不同算法对应的不同时间复杂度,例如:

(1)要找出 n 个数中的最小数,需要遍历 n 个数,它的时间复杂度为 $O(n)$;或者把 n 个数加起来时间复杂度也是 $O(n)$。

(2)在有序序列中用二分法查找元素位置的时间复杂度是 $O(\log_2 n)$。

(3)如果将 n 个数用选择排序的方法从大到小排序,由于每次要从剩余的待排序数中选出最小数,所以执行次数是 $1+2+3+\cdots+n=(n+1)n/2$,我们只关注最高次数的项为 n^2,不重视它的系数,所以选择排序算法的时间复杂度为 $O(n^2)$。

(4)代码如<程序:输出所有 k 位二进制数>所示:输入一个正整数 k,输出所有 k 位二进制数。这里使用递归的方法,假设 k 位二进制数的后 k-1 位已经确定,则 k 位二进制数有两种可能,第一位为 0 或 1,递归执行 F(k-1),将第一位与后 k-1 位的递归执行结果相连接,程序的时间复杂度为 $O(2^n)$。

```python
#<程序:输出所有 k 位二进制数>
def F(k):
    if k == 1: return ['0', '1']
    R = F(k-1); L = []
    for e in R: L.append('0' + e)
    for e in R: L.append('1' + e)
    return L
```

兰　兰:如果一个算法的时间复杂度是 $O(n)$ 或 $O(\log_2 n)$,这个算法是不是就是快速的算法?

沙老师:假如 n 是要处理的个数或位数,那么 $O(n)$ 的算法是快速的算法,假如 n 是输入的值,那么 $O(n)$ 是非常慢的,所以对于 n 代表的含义不要混淆。例如,n 代表 100 位数,那么 n 并不算大,而如果 n 代表 100 位数的值,那么 n 就非常大了。上文中因数分解的 n 就是值,所以时间复杂度为 $O(n)$ 的算法是非常慢的,而时间复杂度为 $O(\log_2 n)$ 的算法无论 n 是位数还是值,经过二分递减后,速度依然非常快。

经过上面的详细分析,相信大家已然体会到不同算法之间复杂度的差别,所以希望大家在编程的时候能够勤思考,在写出完美的函数的同时也能设计出优美的算法,从而高效地解决问题。

5.3 中国余数定理问题

我们曾经在第 2 章玩过一个游戏:找到一个 0~34 的数,这个数除以 7 余 3,除以 5 会余 2,请问这个数是什么数?答案是 17。在 2.1.4 节中我们讲解了用循环遍历的方式来求解该问题,但是同学们是否想过,如果这个数相当大,这两种方法还会适用吗?显然不能,可能要算上好几万年!这个问题被称为**中国余数定理**问题。本节将讲解如何更快速地解决中国余数定理这一问题。对这个问题解法的讨论,将会对我们的编程思维有较深的启示。

5.3.1 相关的基础知识

1. 什么是中国余数定理

通俗地讲,若有一个数 x 满足如下方程组 $x\%m_1=a_1$,$x\%m_2=a_2$,$x\%m_3=a_3$,$\cdots$,$x\%m_n=a_n$,且 m_1,m_2,$\cdots$,m_n 两两互质,则在 0~$(m_1 m_2 \cdots m_n)-1$ 必定有解 x 并且是唯一解 x。这就是中国余数定理。本节假设只考虑相对于 m_1、m_2 的两个余数来求解。对应第 2 章中的例子,就是 x 需要满足两个方程组,其中 $m_1=7$、$m_2=5$、$a_1=3$、$a_2=2$,即方程组为:$x\%7=3$、$x\%5=2$,最后求得 $x=17$。

以上述例子为例,再来讲解一个数学知识。从中国余数定理的“唯一解”可以知道每个自然数(0 到 $m_1 m_2-1$)都可以用一对数字(a,b)来唯一表示,当然 m_1 与 m_2 互质,其中 a 为该自然数除以 m_1 的余数,b 为该自然数除以 m_2 的余数。假设 $m_1=7$,$m_2=5$,那么所有 0~34 的数就有了如表 5-1 所示的表示方法。

表 5-1　(a,b)形式表示自然数

0	1	2	3	4	5	6	7	8	9	10	⋯
(0,0)	(1,1)	(2,2)	(3,3)	(4,4)	(5,0)	(6,1)	(0,2)	(1,3)	(2,4)	(3,0)	⋯

这是除了二进制、十进制等进制方式外的另外一种数字表示方式。可以看到,每个数字对只会出现一次,所以(0,2)就代表数字是 7。同时,数字对之间还可以做正常的加、减、乘等运算,比如 7+3=10,对应的数字对中(0,2)+(3,3)=(3,5)=(3,0),从表 5-1 可以看到数字对(3,0)表示的正好是自然数 10。

中国余数定理已经在实际中应用,比如在信息安全方面,最为广泛应用的 RSA 加密算法就应用了中国余数定理来节省运算开销。这种加密算法使用的数字长度至少有 200 位,这个 200 位数的域是由两个 100 位的质数 p 和 q 相乘而得的。为了减少在长度为 200 位的数上进行运算所产生的开销,就会将这个域上的数字,用两个 100 位的数 x％p 和

x ％ q 来表示,然后使用这一对数进行运算,这样运算开销就会比较少。有兴趣的读者可以自行查阅资料进行学习。

2. 取余的基本性质

在中国余数定理中,我们看到了取余运算,在之前的章节仅仅只学习了何为取余运算,下面将深入学习取余运算的基本性质。

我们在数学上学习过取余运算: x mod p=r 或在 Python 写成 x ％p = r,其定义为 p 能整除 x−r,也可以将其写为 x=r (mod p)。读作: x 等于 r 相对于对 p 取余。

但是,为什么可以写作 x"="r (mod p)呢? 在数学中的"="(等于)关系的充要条件是要符合相等律、交换律和传递律。大家可以验证 x=r (mod p)确实是等于的关系。相等律: x=x (mod p); 交换律: 若 x=r (mod p),则 r=x (mod p); 传递律: 若 a=b (mod p),b=c (mod p),则 a=c (mod p),都是可以从定义中轻易证明的。

当 x=r (mod p)时,就是 p 能整除 x−r(或 x−r 是 p 的倍数)。举个例子,我们写作 10=3(mod 7),是因为 10−3 是 7 的倍数,即 7 能整除 10−3。那为什么 10= −4 (mod 7)? 同样,因为 7 能整除 10−(−4)。−11= −4 (mod 7)也是因为 7 能整除−11−(−4)。所以,如果对 7 取余,可以将无限多个整数分为 7 个集合,并且这 7 个集合之间没有交集。将 0~6 称为对 7 取余的域。大家想想,这是很有意思的,一个无限大的集合,被分成有限个数的子集。而在一个子集中的所有数在取余的定义中是相等的,所以这些数可以在运算中随便地被更换,如图 5-8 所示。

$$①\{\cdots,-21,-14,-7,0,7,14,21,\cdots\}=0(\text{mod } 7)$$
$$②\{\cdots,-20,-13,-6,1,8,15,22,\cdots\}=1(\text{mod } 7)$$
$$③\{\cdots,-19,-12,-5,2,9,16,23,\cdots\}=2(\text{mod } 7)$$
$$\cdots$$
$$⑦\{\cdots,-15,-8,-1,6,13,20,27,\cdots\}=6(\text{mod } 7)$$

图 5-8　对 7 取余的所有不相交集合

下面来看取余的 3 个性质。大家可以用定义来证明。

性质一: 如果 a=b(mod p),则 a+c=b+c(mod p)。例如,10=3(mod 7),则 10+2=3+2(mod 7)。

性质二: 如果 a=b(mod p),c=d(mod p),则 a+c=b+d(mod p)。例如,10=3(mod 7),2=−5(mod 7),则 12=−2(mod 7)。

我们可以来验证一下性质二,若 10=3(mod 7),2=−5(mod p),则 10+2=3−5(mod 7)是否正确? 10−3 是 7 的倍数,2−(−5)是 7 的倍数,并且 12−(−2)也是 7 的倍数,所以结果是正确的。但是我们为什么不用中学时学习的方法来验证呢? 比如计算 10 除以 7 的余数是否为 3。因为通过判断是否可以被整除来定义取余运算时,只需要检查相减的结果是否为 7 的倍数,而不用计算除以 7 的余数到底是多少。

性质三: 如果 a=b(mod p),则 ak=bk(mod p);同理,a=b(mod p),c=d(mod p),则 ac=bd(mod p)。

其实,通过上面 3 个性质,可以得出只要等式相等,结合任意等式做加、减、乘运算的结果还是相等的。

利用这 3 个性质,可以将复杂的式子简化。举一个较复杂的例子,$(51×48+73-15)×8(\bmod 7)$ 应该等于多少呢?可以看出该式在计算中其值会变得很庞大,但因为在取余之后可以把无限多的数划分为 mod 7 域的集合,然后就可以转换为 $0\sim6$(或 $0\sim-6$)的加减乘运算。所以,如同 $51(\bmod 7)=2$ 一样,也可以将其他的数进行同样的取余运算,这些数都会落在 $0\sim6$ 的集合中,利用取余的 3 个性质,则 $(51×48+73-15)×8(\bmod 7)=((2×-1)+3-1))×1(\bmod 7)$,最后结果为 0。

再比如:$8^{100}=1(\bmod 7)$ 也一定是正确的。假如你真的计算 8 的 100 次方,那就太傻了。为什么呢?因为 $8=1(\bmod 7)$,则 $8^{100}=1^{100}(\bmod 7)$,而 1^{100} 仍然为 1,所以 $8^{100}=1(\bmod 7)$。

那么,2^{32} 应该等于多少呢?$2^1=2(\bmod 7)$,$2^2=4(\bmod 7)$…当计算 2^4 时,可以将 2^4 分解为 $2^2×2^2$,所以可以将等式写作 $2^2×2^2=4×4\ (\bmod 7)=2(\bmod 7)$,则 $2^4=2(\bmod 7)$。同理,可以将 2^8 分解为 $2^4×2^4$,$2^4×2^4=2×2(\bmod 7)$,则得到 $2^8=4(\bmod 7)$。所以,最后可求得 $2^{32}=4(\bmod 7)$。

练习题 5.3.1 请求解 $3^{32}=x(\bmod 7)$,$4^{32}=x(\bmod 7)$,这两个等式中的 x 分别为多少。

【答案】 因为 $3^2=2(\bmod 7)$,则 $3^4=2×2(\bmod 7)=4(\bmod 7)$,$3^8=4×4(\bmod 7)=2(\bmod 7)$,$3^{16}=2×2(\bmod 7)=4(\bmod 7)$,最后,可得 $3^{32}=2(\bmod 7)$。所以,该式中 x 为 2。

同理,因为 $4^2=2(\bmod 7)$,则 $4^4=2×2(\bmod 7)=4(\bmod 7)$,$4^8=4×4(\bmod 7)=2(\bmod 7)$,$4^{16}=2×2(\bmod 7)=4(\bmod 7)$,最后,可得 $4^{32}=2(\bmod 7)$。同样,该式中 x 为 2。

练习题 5.3.2 写 Python 程序算出 $a^x \bmod b$ 的值。函数为 mod (a, x, b),返回 $a^x \bmod b$ 的值。假设 a、b 是最多为 10 位的整数,而 x 可以是最多为 200 位的整数。请用递归的思维来编写此程序。

3. 什么是 1/x(mod p)

在求解中国余数定理的过程中,要通过求解倒数来解决问题。求倒数是解决中国余数定理的重要步骤,下面我们来深入学习倒数。

在小学课本中倒数是这样定义的:如果 a 为 x 的倒数,写为 a=1/x➙ax=1。按照这样的定义,倒数可能为分数。然而这里学习的倒数是 x 对 p 取余的倒数,其范围是 x 对 p 取余的域,所以它是一个 $0\sim p-1$ 的整数。例如,求 3 对 7 取余的倒数,$1/3(\bmod 7)$ 应该是个整数。那么 x 对 p 取余的倒数的定义是什么呢?其实这个定义很简单,就是 $1/x\ (\bmod p)=a$,就是 $ax=1\ (\bmod p)$。

要特别注意的是,只有在 x 与 p 互质的时候,x 对 p 取余有倒数。例如,p 为 4 时,2 对 4 取余就不会有倒数,$2a=1(\bmod 4)$ 这个等式是不成立的,因为 2a 必然为偶数,对 4 取余不可能为 1。但是 $3a=1(\bmod 4)$ 是可以的,显而易见的,当 p 为质数时,小于 p 的每个数对 p 取余都存在倒数。

接下来如何找到 a 呢?以对 7 取余为例,可以用一个个试的方法,求 2 对 7 取余的倒数 $2a=1(\bmod 7)$,当 a 为 4 时,可得 $4×2=1(\bmod 7)$,所以 2 对 7 取余的倒数为 4。同理,3、4、5 对 7 取余的倒数也可以通过 $3a=1(\bmod 7)$、$4a=1(\bmod 7)$ 和 $5a=1(\bmod 7)$ 分别得出,如表 5-2 所示。

表 5-2 对 7 取余的倒数

$1/2(\bmod 7)$	$1/3(\bmod 7)$	$1/4(\bmod 7)$	$1/5(\bmod 7)$
4	5	2	3

兰 兰：这个倒数不是一个分数哦，它一定是 $0\sim p-1$ 的整数。

4. 如何快速求 $1/x$（mod p）

当 p 非常大，例如，p 有上百位这么大时，用一个个试的方法是不可取的。如同前面使用因数分解求最大公因数，使用几万年的时间也得不出结果，那么如何在 1 秒内算出它的倒数呢？如同使用欧几里得算法求最大公因数只需 1 秒钟的时间，要用到 log 函数的概念了，这个问题可以用欧几里得算法加以扩展，用它快速算出对应的倒数。

当要求解 x 对 p 取余的倒数时，第一步要确定 x 与 p 必须互质。第二步，要求解 ax+bp=1，x 对 p 取余的倒数就是 a。ax+bp=1 的含义为给定 x 与 p，要求出对应的 a 与 b，使得 ax+bp=1。为什么可以从 ax+bp=1 中求得 x 对 p 取余的倒数？因为 ax-1 是 p 的倍数，所以 ax+bp=1→ax=1（mod p）。也就是 a 与 x 互为倒数。

在数学中，若 x 和 p 已知，则必定存在整数 a、b，使得 ax + bp = gcd(x,p)。当 x 与 p 互质时，gcd(x,p)=1，即 ax + bp = gcd(x,p)=1 中 a 为 x 对 p 取余的倒数。那么如何求解 a 和 b？

假设求 7 对 12 取余的倒数，可以以 7a+12b=gcd（7,12）为例，因为 gcd（7,12）是以 7 和 12 为系数进行加、减、乘运算的结果，所以，可以在欧几里得算法上加以改变，利用图 5-9(a)求解 gcd（7,12），逆向推理求得结果如图 5-9(b)所示。请注意，这种逆向推理是为了理解原理，不是我们将来的程序所使用的方式。

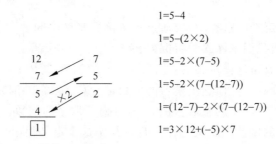

(a) 欧几里得算法求解gcd(7, 12)   (b) 逆向推理gcd(7, 12)

图 5-9 求解 gcd(7,12)

通过推理，可以得出 a=-5，b=3。因为 7 对 12 取余的倒数应该介于 0~11，所以如果求得负数，我们需要一直对 a 加 12，当结果为正时停止。此时可以得到 -5+12=7，7 就是 7 对 12 取余的倒数。而求得的 b=3 刚好是 12 对 7 取余的倒数，所以可以通过欧几里得算法同时求得 7 对 12 取余的倒数和 12 对 7 取余的倒数。

事实上，我们不需要在求得 gcd(7,12)之后，再从后往前推来求解 a 和 b。在求解 gcd（7,12）的过程中其实都是对 7 和 12 的加、减、乘的运算，可以用向量(m,n)的形式来表示求 GCD 过程中的每个数,该数字为 $7m+12n$。那么,7 可以表示为 $(1,0)$,即 $7=1×7+0×12$;12 可以表示为 $(0,1)$,即 $12=0×7+1×12$。然后利用 (m,n) 来进行加、减、乘的计算。这样 7 和 12 的加、减、乘运算就可以用简单的向量的加、减、乘运算来表示,相对应位置的值做运算,例如,$12-7=5$ 的运算就是 $(1,0)-(0,1)$ 等于 $(1,-1)$,而 $(1,-1)$ 就是 5;$(7×2+12×3)×k$ 可以用相应的位置 $(2,3)$ 乘以 k 表示,即 $(2k,3k)$。

最后,求解 $gcd(7,12)$ 的问题就变成了求解 $gcd((1,0),(0,1))$ 的问题。最终向量 $(3,-5)$ 表示 $3×12-(-5)×7=1$,其中 $-5+12=7$ 即为 7 对 12 取余的倒数,3 为 12 对 7 取余的倒数。具体计算过程如图 5-10 所示。

有了这个思路,就可以在原来欧几里得算法求解 GCD 的代码上做一些修改。在求解的过程中记录下这些数字对,所传的参数应该有 4 个:x、y、Vx、Vy。其中 x 和 y 就是待求解最大公因数的两个数,变量 Vx 以 $[m,n]$ 的形式记录 x 的向量表示形式,变量 Vy 以 $[m,n]$ 的形式记录 y 的向量表示形式。

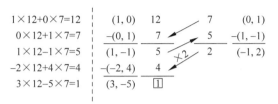

图 5-10 求解倒数示意图

所以,若求 12 和 7 的最大公因数,则调用函数的时候传递的参数应为 Extended_Euclid $(12,7,$ $[1,0],[0,1])$,具体的代码如<程序:欧几里得算法求最大公因数扩展>所示。

♯<程序:欧几里得算法求最大公因数扩展>
```
def Extended_Euclid(x,y,Vx,Vy):
    r = x % y; z = x//y
    if r == 0: return(y,Vy)          ♯y 即为 GCD,并且 Vy[0] * x + Vy[1] * y = GCD
    Vx[0] = Vx[0] - z * Vy[0]
    Vx[1] = Vx[1] - z * Vy[1]
    return Extended_Euclid(y, r, Vy, Vx)
```

要求解 7 对 12 取余的倒数,因为欧几里得算法要保证 $x \geqslant y$,此时在调用 Extended_Euclid() 函数时应该是 Extended_Euclid$(12,7,[1,0],[0,1])$,得到的返回结果是 $(y,Vy)=(1,[3,-5])$,其中 $y=1$ 是 12 和 7 的最大公因数,$Vy=[3,-5]$ 是最大公因数的另一种表示形式,现在需要的是 y 对 x 取余的倒数 Vy[1],因为一定要保证倒数在 $0 \sim p-1$ 的范围内,所以应返回 Vy[1]%12=7。同理,求解 12 对 7 取余的倒数,此时调用 Extended_Euclid() 函数 Extended_Euclid$(12,7,[1,0],[0,1])$,得到的返回结果是 $(y,Vy)=(1,[3,-5])$,则 12 对 7 取余的倒数为 Vy[0]%7=3。有了这一思路,就可以写出<程序:求倒数>。

♯<程序:求倒数>
```
def Mod_inverse(e, n):
    Vx = [1,0]; Vy = [0,1]
    if e > n:                    ♯因为要 Euclid 算法要确保 e≥n
        G, X = Extended_Euclid(e,n,Vx,Vy)
        d = X[0] % n
    else:
        G, X = Extended_Euclid(n,e,Vx,Vy)
        d = X[1] % n
    return d
```

可以按照<程序：求倒数检验>的方式来检验一下，可得求解是正确的。

```
#<程序：求倒数检验>
p = 12; q = 7
print("%d's inverse (mod %d) = %d" % (p, q, Mod_inverse(p, q)))
#输出结果：12's inverse (mod 7) = 3
print("%d's inverse (mod %d) = %d" % (q, p, Mod_inverse(q, p)))
#输出结果：7's inverse (mod 12) = 7
```

5.3.2 中国余数定理问题的求解

有了基本概念之后，再来学习如何快速求解中国余数定理问题。这里只以求解满足两个方程组的 x 为例。设一个未知数 x 满足 x%p＝a、x%q＝b，其中 p 与 q 互质，则如何找到 0～pq－1 范围内的一个解 x。

举一个具体的例子：x%12＝2、x%7＝1，求解 0～83 的 x 的解，则该例中 p＝12、q＝7、a＝2、b＝1。

【分析过程】 如图 5-11(a)所示，令 x 等于①、②两部分数相加，若想使得 x%p＝a，x%q＝b，则①中应该有 a 且②中应该有 b。而①中必须有 q 相乘才能使得 x%q 的时候①的部分为 0；同理，②中必须有 p 相乘才能使得 x%p 的时候②的部分为 0，此时①中有 qa，②中有 pb，但仅有这些还不够，qa%p 的结果并不一定会是 a；同理，pb%q 的结果并不一定会是 b。因此，还需要在①的部分添加 q 的倒数 q^{-1}，满足 $qq^{-1}=1$，那么①部分变为 qaq^{-1}，此时①部分既能满足除以 p 余 a，又能满足①部分刚好可以整除 q；同理，在②的部分也应添加 p 的倒数 p^{-1}，满足 $pp^{-1}=1$，那么②部分变为 pbp^{-1}，此时②部分既能满足除以 q 余 b，又能满足②部分刚好可以整除 p。如此，就凑成了如图 5-11(b)的形式。

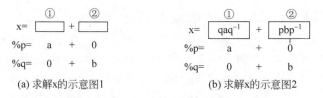

(a) 求解x的示意图1　　　　　(b) 求解x的示意图2

图 5-11　求解 x 的示意图

现在唯一要求解的是 q^{-1} 和 p^{-1}。这里 q^{-1} 和 p^{-1} 就是我们在相关基础知识中介绍的取余运算的倒数：对于式子 $qq^{-1} \bmod p = 1$，且 p 与 q 互质，则在 1～p－1 范围内必定存在一个解 q^{-1} 使得该式子成立，那么 q^{-1} 就是 q 对 p 取余的倒数。同理，对于 $pp^{-1} \bmod q = 1$，p^{-1} 就是 p 对 q 取余的倒数。至此，便了解了中国余数定理的所需求解变量。

前面学习了利用欧几里得算法来求解倒数的方法，通过这种方法，可以求得图 5-11(b)中为了计算 x 所需的所有变量的值，①的部分：$qaq^{-1}=7\times2\times(-5)=-70$，而 －70 刚好除以 12 余 2，且 －70 能整除 7，如果将 (－5)%p 使其变为 0～p－1 的整数，则有 －5＋12＝7，7 是 7 相对 12 而言的倒数；②的部分：$pbp^{-1}=12\times1\times3=36$，而 36 刚好除以 7 余 1，且 36 能整除 12。那么再将①、②部分组合，求得 x：$x=qaq^{-1}+pbp^{-1}=-70+36=$

50。所以,在 0～83 这个范围内,可以除以 12 余 2,除以 7 余 1 的数为 50。我们来验证一下这个解:50%12＝2,且 50%7＝1,答案正确! 至此,便求解了两个方程的中国余数定理问题。

【编程思路】 由图 5-11(b)可以看到,当给定一个有两个方程的中国余数定理问题时,就已经得知了变量 p、q、a、b 的值,只需要再计算出 p^{-1} 和 q^{-1} 就可以求得 x。所以现在求解中国余数定理的问题变成了如何求解倒数的问题。

由于前面通过对欧几里得算法进行扩展,已经实现了求倒数的程序<程序:求倒数>。现在就可以写下求解中国余数定理问题的完整代码。首先说一下整体代码的思路:对于求解两个方程的中国余数定理问题,主体函数需要 4 个参数:p、q、a、b,即 Chinese_remainder(p, q, a, b),返回值就是 0～pq－1 的一个解 x,那么该函数内部具体都需要做些什么?

(1) 首先,检查 p 和 q 是否互质,如果否,则不符合中国余数定理的要求,直接返回错误。

(2) 计算 p 相对 q 而言的倒数 p^{-1};计算 q 相对 p 而言的倒数 q^{-1}。

(3) 根据图 5-11(b)中的公式计算 $x＝(qaq^{-1}＋pbp^{-1})\%(pq)$。

具体代码如<程序:中国余数定理问题>所示。

```
#<程序:中国余数定理问题>
def Chinese_remainder(p, q, a, b):
    if GCD(p,q)!= 1: return －1
    inv_p = Mod_inverse(p,q)
    inv_q = Mod_inverse(q,p)
    return (q * inv_q * a + p * inv_p * b) % (p * q)      #注:求得的解需要在 0～pq－1
#以下为主函数
p = 12; q = 7
print("中国余数定理问题:找到 x,即 x mod( % d, % d) = ( % d, % d). x =  % d" % (p,q,2,1,Chinese_
remainder(p,q,2,1)))
#输出结果为 中国余数定理问题:找到 x,即 x mod(12,7) = (2,1). x = 50
```

5.4 关于递归函数开销的讨论

递归函数是一个很优美的东西,但直接将递归关系式编写成递归函数的形式将会有一些额外的开销,主要有 3 种:

(1) 函数调用产生的开销;

(2) 参数传递时产生的开销;

(3) 可能重复计算产生的开销。

此外,递归函数还有深度限制。在 Python 的默认执行环境下递归只允许最多 1000 层的深度。所以在编写递归的时候,要小心诸如 $f(n)＝f(n-1)＋kn$ 等关系式,因为这类关系式在 n 大于 1000 的时候,递归的深度就超过 1000 了,这在 Python 的执行环境中就会出现问题。但是假如递归关系式是 $f(n)＝2f(n/2)＋n$ 这种二分的形式,那么 n 的值就可以达到 2^{1000},这个值对大部分的应用都是足够大的。所以在设计递归关系式时要尽量用二分法的方式。

5.4.1　函数调用的开销

想要了解函数调用产生的开销,首先要了解调用函数的执行过程。

程序中调用函数时,将调用其他函数的函数称为主调函数(Caller);而被主函数调用的其他函数称为被调函数(Callee)。一个函数很可能既调用别的函数,又被另外的函数调用,但我们只关注某一次调用过程中谁为主调函数,谁为被调函数。在图 5-12 所示的函数调用过程示意图中,第一次为 Fun0 函数调用 Fun1 函数,其中 Fun0 函数为主调函数,Fun1 函数为被调函数。第二次为 Fun1 函数调用 Fun2 函数,此时 Fun1 函数为主调函数,Fun2 函数为被调函数。至于递归函数的调用,由于是自己调用自己,所以递归函数既是主调函数又是被调函数。

发生函数调用时,程序会从主调函数跳转到被调函数的第一条语句,然后按顺序依次执行被调函数中的语句。被调函数执行完后会返回到主调函数中,并且是返回主调函数语句的后一条语句,也就是"从哪里离开,就回到哪里"。图 5-12 中(1)~(6)就与执行过程中函数调用与返回的过程一一对应。

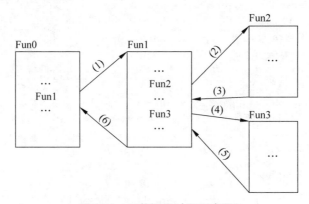

图 5-12　函数调用过程示意图

当被调函数执行完成后返回时,计算机是怎么知道"从哪里离开,回到哪里"呢？为了解决这个问题,主调函数事实上会在离开前先将现在的程序地址保存为"返回地址"。在一个系统的数据结构上,当被调函数完成并返回时,会先从该数据结构中调取"返回地址",然后再返回到指定地址。由图 5-12 可知函数调用的特点是：越晚被调用的函数,越早返回,即"后进先出",因此我们采用"栈"这个数据结构来保存返回地址。

所谓"栈",就是一个允许在同一端进行插入和删除操作的特殊线性表,在 Python 中可以用列表实现。允许进行插入和删除操作的一端称为栈顶(top),另一端为栈底(bottom)。插入数据称为进栈(Push),删除则称为出栈(Pop)。图 5-13 所示为函数 Fun1 调用函数 Fun2 以及调用 Fun3 时栈中返回地址的变化过程。

函数调用过程不仅仅是保存返回地址这么简单,事实上,函数的局部变量也是与返回地址绑定在一起用栈来管理的。因为局部变量只有在所在函数内才有意义,一旦所在函数被调用并跳到另一个函数中,如果不将局部变量保存下来,该局部变量就会失效,等被调函数执行结束并返回时,即使有返回地址也不能还原主调函数的信息,所以局部变量如同返回地

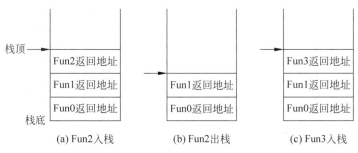

图 5-13 返回地址的存储

址一般也是需要保存在栈中的,如图 5-14 所示。

综合前面所讲到的知识,可以总结出一个函数调用过程分为两部分:

(1)在函数被调用时,要为该函数开辟栈空间,将数据(包括参数、返回值、局部变量和函数执行过程中产生的临时变量等)以及控制信息(返回地址等)压入栈中;

(2)在函数返回时,需要将这些信息从栈中弹出,并释放这些空间。

这些工作都是由栈来完成的,而创建栈空间、进栈和出栈都是需要一定的开销的,这些开销就是函数调用的开销。整体而言,这个开销是可以忍受的,大家不要为了节省这个开销,就不写函数了,因为函数可以让程序清楚、易懂、容易找错、容易维护、容易修改。

图 5-14 栈内存储信息内容

5.4.2 参数传递过程中的开销

调用函数时一般会有参数的传递。主调函数在调用被调函数时会将某一变量(或几个变量)以参数的形式传递过去,但是请注意,在 Python 中,参数传递时并不是将变量的具体值传递过去,而是将变量的地址传递到被调函数中,无论该变量是可变量(如列表等),还是不可变量(如字符串、整数等)。这个特性和其他编程语言是不同的。

在 Python 中要注意,由于可变参数和不可变参数具有的不同性质,导致参数在被调函数中改变时会有不同的效果。如果在被调函数中不可变参数被改变,会自动创建新的存储空间保存新的值,那么原来地址中保存的参数值不会被改变。如果在被调函数中可变参数被改变,并不会创建新的空间,而是在原地址上对参数值进行修改。为了避免可变参数在被调函数中改变,并导致主调函数中的变量发生变化,我们在被调函数中一般先将可变参数的值整体复制到一个新的局部变量,再进行改变。

上述参数传递过程中的地址传递和空间创建并不会造成程序过多的开销,但是当传递的参数为列表的形式,传递时又对列表进行**分片操作**,就会在传参之前先创建空间,复制及保存列表分片之后的结果,然后再将新的地址传递给被调函数。假如分片的长度长,则分片的开销是很明显的,这在前面的章节已经有详细的介绍。对于递归函数,如果调用时采用的是对列表进行分片之后再进行传参,就要想想是否可以避免这个开销,因为递归函数是一个自己调用自己的过程,也就是说,调用了几次递归函数就要分片几次,分片开销积累下来对程序的效率会造成一定的影响。所以,在对函数进行传参时要少用列表的分片形式,尽可能地用传递索引的形式来减少开销。

下面以5.1.2节介绍的在有序序列中使用二分查找元素的位置为例,比较在递归中分别采用列表分片形式和传递索引形式的时间差异。由于这两种传参形式已经在前面编程实现过,其中<程序:递归实现二分查找>采用的是列表分片的方式进行参数传递,<程序:嵌套递归实现二分查找2>采用的是传递索引的方式,在接下来对这两种方式进行比较时就直接调用程序,而不再次对程序进行编写。时间开销对比程序如<程序:递归实现二分查找时间开销对比>所示。

```
#<程序:递归实现二分查找时间开销对比>
Import time
def test_time(k):
    print("#########列表长度%d#########"%(k))
    L = [i for i in range(k)]
    start = time.clock()
    print(BinSearch(L,k-1))                 #调用传递列表分片参数的函数
    elapsed = time.clock() - start
    print("使用传递分片形式花时间: ",elapsed)
    start = time.clock()
    print(binary_r1_search(L,k-1))          #调用传递索引参数的函数
    elapsed = time.clock() - start
    print("使用传递索引形式花时间: ",elapsed)
test_time(10000000)                         #主函数
test_time(20000000)
```

在运行上述程序之后,会发现使用列表分片的开销较大,导致传递参数过程中开销变大。所以需尽量少在递归调用中使用列表分片进行参数传递,而是用起始索引和终止索引来代替列表分片。上述程序的执行结果如下:

```
#########列表长度10000000#########
(True, 9999999)
使用传递分片形式花时间: 0.13213618599999988
9999999
使用传递索引形式花时间: 0.0086033550000000201
#########列表长度20000000#########
(True, 19999999)
使用传递分片形式花时间: 0.2511941200000001
19999999
使用传递索引形式花时间: 0.009255024999999861
```

5.4.3 重复计算的开销

除了以上两种开销,递归调用过程中还可能会有许多重复计算,这种重复计算是可以用8.4节介绍的动态规划方式来避免的。

举例而言,递归关系式如斐波那契关系 f(n)＝f(n－1)＋f(n－2)这种形式,假如直接写程序就是直接写成递归函数。当计算 f(n)时会计算 f(n－1)和 f(n－2),而计算 f(n－1)时又会计算 f(n－2)和 f(n－3),计算 f(n－2)时也会计算 f(n－3)和 f(n－4),以此类推,会产生大量重复计算。所以,在这种递归关系式的情形下,不应该直接用递归函数来编程,正确的编程方式是从已知的 f(0)与 f(1)推出 f(2),f(3)……一直推到 f(n)。这种基于递归关系式从小到大推导的方式叫作动态规划,在 8.4 节会有详细的介绍。

动态规划的重点在于递归关系式的推导以及终止条件的确定,这与递归思维一致,只是在编程的时候不直接写成递归函数,而是采用循环方式从小到大求得结果,其中主要用列表存储中间已算出的值。

综上所述,为了减少递归函数造成的开销以及减少递归的深度,可以通过以下两种方式来解决:

(1) 尽可能使用二分法思想,并且参数传递时用传递索引的方式代替列表分片。

(2) 如果直接将递归关系式编写成递归函数会产生大量重复计算,那么请利用动态规划算法从小往大推导求解。感兴趣的同学可以提前自学 8.4 节。

5.5　用递归思维解决线性方程组问题

第 1 章曾经提到鸡兔同笼问题,该问题其实就是两个变量的线性方程组求解问题。当然,还有 3 个变量、4 个变量的线性方程求解问题。那么对于这种线性方程求解问题有没有一个通用的求解方法呢? 这个例子可以让我们体会到递归思维的简洁和优美。下面分析一下这个问题。

先来看一个有 3 个变量的方程组 S:

$$S:\begin{cases} 2x_1+3x_2+x_3=4 & ① \\ 4x_1+2x_2+3x_3=17 & ② \\ 7x_1+x_2-x_3=1 & ③ \end{cases}$$

【分析过程】　对于给定的方程组,可以用矩阵相乘的形式表示:系数为一个矩阵 A,变量为一个矩阵 X,等号右侧的值为一个矩阵 b。实际上就是 AX＝b,对于方程组 S 可以表示为: A＝[[2,3,1],[4,2,3],[7,1,－1]],X＝[x_1,x_2,x_3](实际编程中并不需要 X,因为从 A 或者 b 中都可以得知有多少个未知数),b＝[4,17,1],如图 5-15 所示。

$$\begin{matrix} & A & & X & & b \\ \begin{bmatrix} 2 & 3 & 1 \\ 4 & 2 & 3 \\ 7 & 1 & -1 \end{bmatrix} & \cdot & \begin{bmatrix} x_1 \\ x_2 \\ x_3 \end{bmatrix} & = & \begin{bmatrix} 4 \\ 17 \\ 1 \end{bmatrix} \end{matrix}$$

图 5-15　方程组 S 的表示方式

以上面的方程组 S 为例,我们来看以下具体的执行过程。

(1) 对于输入的 A 和 b,将三维的式子降为二维(通过消除 x_1):首先将②和①中 x_1 的系数统一后两个式子再相减,②×2－①×4(注意:在代码中只需要利用矩阵 A 和 b 就可以进行计算,为什么以互相乘以对方的系数这种方式进行计算请同学们先思考一下,我们将在后面进行讲解),得到一个新的式子④:－$8x_2$＋$2x_3$＝18。然后将③和①中 x_1 的系数统一后两个式子再相减,③×2－①×7,得到一个新的式子⑤:－$19x_2$－$9x_3$＝－26。这样就成功地将三维的方程式 S 降为二维的方程式 S1,如图 5-16 所示。

图 5-16 三维降到二维示意图

(2) 同样输入新的 A 和 b,递归处理该问题,将二维的式子降为一维(通过消除 x_2),具体过程如图 5-17 所示,得到一维的式子 S2。

图 5-17 二维降到一维示意图

(3) 输入新的 A 和 b,递归处理该问题。由于现在 b 中只有一个元素了,也就意味着只有一个未知数,可以求解了。所以根据式子⑥$110x_3$＝550 可以求得 x_3＝5。将其添加至结果集中,则结果集为[5],同时将该结果返回给上一层的方程式 S1。

(4) 利用方程式 S1 中的式子④,将 x_3＝5 代入,就可以求得 x_2。x_2＝－1,并将其添加至结果集中,则结果集为[－1,5],同时将该结果返回给上一层方程式 S。

(5) 利用方程式 S 中的式子①,将 x_2＝－1、x_3＝5 代入,可以求得 x_1。x_1＝1,并将其添加至结果集中,结果集为[1,－1,5]。至此,便求得了方程组 S 的解为[1,－1,5]。

【解题思路】 经过上面的描述,相信大家已经看出来,这同样是一个递归的思想:对于一个有 n 个变量的方程组,假设已经求出了后 n－1 个变量,可以很容易地求出第一个变量,只不过在每次求解变量时要检查一下该变量的系数是否为 0。终止条件为:直到递归到求第一个变量,如果该变量系数不为零,则返回该变量解;否则,返回错误信息。代码如<程序:线性方程组求解>所示。

```
#<程序:线性方程组求解>
#解决 Ax=b。A 是个 n·n 的矩阵,b 是个 n 维的向量,x 是 n 个未知数所组成的向量
def solve_linear(A0,b0):
    A = A0[:]; b = b0[:]          #将参数先复制下来,以避免修改原有数据,这是一种好习惯!
    if len(b) ==1:
        if A[0][0] != 0: return True, [b[0]/A[0][0]]
        else:
```

```
            print("Error: Division by ZERO. Your input is wrong. NO solution.")
            return False, [9999999999]
    for i in range(len(b)):              #判断 A[0][0]是否为 0
        if A[i][0] != 0: base = i;break
    else: print("ERROR: All zeros"); return False, []
    if base != 0:                        #确认 A[0][0],第一个等式的第一项系数不是 0
        A[0],A[base] = A[base],A[0]
        b[0],b[base] = b[base],b[0]
    c1 = A[0][0]
    Anew = []; bnew = []                 #会减少一个维度
    for i in range(1,len(b)):
        if A[i][0]!= 0:
            a = []; c2 = A[i][0]
            for j in range(1,len(b)):
                t = A[i][j] * c1 - c2 * A[0][j]      #尽量少用除法!
                a.append(t)
            Anew.append(a)
            bnew.append(b[i] * c1 - c2 * b[0])
        else:                            #如果 A[i][0] == 0,则不需要做计算,直接就可以降维
            Anew.append(A[i][1:len(b)])
            bnew.append(b[i])
    flag, Ans1 = solve_linear(Anew,bnew)          #递归
    if flag == False: return False, Ans1
    t = 0
    for i in range(len(Ans1)):           #将 A[0]等式代入 Ans1,求出 x 值
        t = t + A[0][i + 1] * Ans1[i]
    x = (b[0] - t)/A[0][0]               #最后用了除法
    Answer = [x] + Ans1
    return flag, Answer
#以下为主函数
A = [[10,1,5],[0, - 1,9],[4,1,1]]
b = [7, - 11,5]
print("A = ",A, "\nb = ",b)
flag, X = solve_linear(A,b)
if flag:
    print("The solution is",X)
print("\n"," ###   ## " * 10)
```

通过使用递归实现求解线性方程组的程序,有 3 点需注意的地方:

(1) 在编程中尽量少用除法。由于计算机中有精准度的问题,所以在降维的时候应尽量少用除法。比如式子①$10x_1 + x_2 = 9$ 和式子②$3x_1 + 5x_2 = 8$。降维可以用很多种计算方式,可以采用②×(10/3)－①,但是由于计算机在计算除法的时候会将结果存为实数,那么$10/3 = 3.33333\cdots$这样后面的计算就会显得很麻烦。因此,我们聪明地采取了另一种方式,也就是通过②×10－①×3 的方式来降维,方便后面的计算。

(2) 可以看到,solve_linear()函数中有很多地方在处理第一个方程式中的第一项(即 A[0][0])是不是 0 这一问题。因为在降维的时候每次都是用其他方程式的第一个系数与第一个方程式的第一个系数来做化简,所以需要保证 A[0][0]!＝0。那么如果 A[0][0]＝0,

就可以将当前的第一个方程式与第一个系数不为 0 的方程式做交换,从而保证交换后整个方程式中 A[0][0]≠0,如图 5-18 所示。

$$\begin{cases} -x_2+9x_3=-11 & ① \\ 10x_1+x_2+5x_3=7 & ② \\ 4x_1+x_2+x_3=5 & ③ \end{cases} \xrightarrow{\text{交换方程}} \begin{cases} 10x_1+x_2+5x_3=7 & ① \\ -x_2+9x_3=-11 & ② \\ 4x_1+x_2+x_3=5 & ③ \end{cases}$$

图 5-18　交换方程示意图

当化简到只有一维的时候,仍然要检查 A[0][0]是否为 0,因为此时 A[0][0]要作为被除数,若为 0,则说明该方程无解。

(3) 有些方程是无解的,比如式子①$2x_1+3x_2=4$ 和式子②$4x_1+6x_2=0$。这明显是两条平行线,在降维的时候②×2-①×4 得到结果为 0=-16,即 $x_2=(-16)/0$,很显然,无解。

5.6 用各种编程方式解决排列问题

接下来要展现如何用多种编程思维方式来解决一个常用的问题——排列组合问题。希望同学们能深入探讨和理解这些不同的编程思维,同时也希望各位能挑战自己,试着设计不同的程序来解此问题。学好此节后,编程的境界就能上一个新台阶。

我们平时在电视中经常会看到"开彩票"节目,开彩票就是在一个箱子里放有 n 个球,每个球上都标有数字,先后从中抽取出 k 个球,所得到的这个数字序列就是开彩票的结果,若买家买的彩票序列与该结果完全一样,买家才算中了大奖。比如现在箱子里有[12,3,6]3 个球,要从中抽取 2 个球,假设先抽取出了 3 号球,然后又抽取出了 6 号球,则得到的开彩票结果为[3,6],如果某个买家买的彩票为[3,6],就要恭喜他中了大奖。请注意,若有人买的彩票为[6,3],由于彩票的顺序不对,我们要很遗憾地告诉他,他没有中奖。

像这种从 n 个数中按顺序抽取 k 个数,从而得到新的序列的问题称为排列问题。那么在刚才的例子中,我们只列举出了从 3 个球中按顺序抽取两个球可能得到的两种结果,分别是[3,6]和[6,3],实际上,还有很多种可能的结果,如[12, 3]、[12, 6]、[3, 12]…那么,像这种对于一个有 n 个元素的序列,选取其中的 k 个元素进行排列,并将所有可能得到的结果以序列的形式输出,到底有多少种可能呢?数学上将该排列问题表示为求解 A_n^k,其中 n 为所有元素的个数,k 为进行排序的元素个数。例如,L=[12,3,6],则 A_3^2 的所有可能结果为 [[12, 3], [12, 6], [3, 12], [3, 6], [6, 12], [6, 3]]共 6 种。当然也有 n=k 的情况,这种情况称为全排列,在这个例子中,A_3^3 的所有可能结果为[[12, 3, 6], [12, 6, 3], [3, 12, 6], [3, 6, 12], [6, 12, 3], [6, 3, 12]]。如何编写程序来求解出排列问题?本节将分成两大部分来介绍,首先介绍全排列问题的解法(即 k=n),然后介绍通用的排列问题的解法(即 k≤n)。

5.6.1 全排列问题

对于全排列问题,可以表示为 A_n^n。例如,L=[12,3,5,3],则全排列的结果为[[12, 3,5,3],[12,5,3,3],[3,12,5,3],[3,5,12,3],[5,3,12,3],[5,12,3,3]]。再如,S=[d,d,a],则全排列的结果为[[d,d,a],[d,a,d],[a,d,d]]。我们知道,对 n 个数全排列的个数为 n 的阶乘。设 f(n)为对 n 个不同数的排列个数,则递归关系为 f(n)=nf(n−1),f(1)=1。

本节将讲解两种方法来解决全排列问题。这两种都是递归的思维。

1. 全排列问题解法一

怎么样实现一个序列的全排列呢?先定义 P(L)表示对长度为 n 的序列 L 所对应的全排列的所有解,P(L)是个双层列表,每个元素代表一种排列。由前面的递归知识可以想到,对于一个长度为 n 的序列 L,可以假设已经求得后面 n−1 位数的全排列 P(L[1:n]),然后再把第一位元素 L[0]插入不同的位置上。先插在所有元素的最开始,再依次往后插在两项元素中间,共有 n 个位置可以插入。终止条件为:当 n=1 时,返回这个值所组成的列表。注意,程序最终返回的全排列结果应该是一个双层的列表。先来看具体的实现,代码如<程序:全排列解法一>所示。

```
#<程序:全排列解法一>
def permutation_all_1(L):
    if len(L) <= 1: return [L]
    T = permutation_all_1(L[1:len(L)])
    R = []
    for i in range(0, len(L)):
        for t in T:
            x = t[0:i] + [L[0]] + t[i:len(L)]
            if x not in R:              #去掉因 list 中有重复的值而产生的一样的排列方式
                                        #假如 L 中没有重复元素,这个 if 可以去掉
                R.append(x)
    return(R)
```

上述代码的思想是这样的:利用递归的方式,每次将序列切分成两部分,第 0 项为一部分,剩下的为另一部分。每次处理剩下的那一部分,把 L[0]插入剩下的这部分序列的不同位置中去,最终得到结果。大家可以验证全排列的个数确实是遵循 f(n)=nf(n−1)的关系式的。

我们通过图解的方式具体解释一下是怎样一步步得到最终结果的。假设 L=[8,3,5],则具体的执行流程如图 5-19 所示。

当然,这里有一点需要注意,对于像 S=['d', 'd', 'a']这种列表中有重复值的情况,需要做一些处理,不然会有很多重复的结果。去重的处理方式有很多种,在上述代码中,选择使用"if x not in R:"这一方式来去掉重复的解。如果没有这句代码,会得到如下的结果:[['d', 'd', 'a'], ['d', 'a', 'd'], ['d', 'd', 'a'], ['a', 'd', 'd'], ['d', 'a', 'd'], ['a',

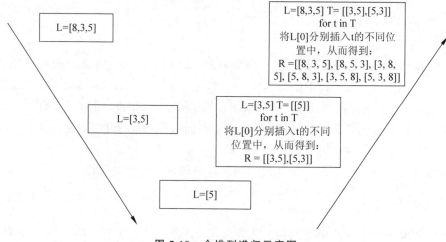

图 5-19 全排列递归示意图

'd', 'd']],可以看到有很多重复的解。而有了这句代码,就可以得到正确的结果:[['d','d', 'a'], ['d', 'a', 'd'], ['a', 'd', 'd']]。

2. 全排列问题解法二

全排列解法一是将递归放在 for 循环之外,有了解法一的思路,我们还可以做进一步的思考。如果输入是一个从小到大有序的序列,比如 L=[0,1,2],是否可以再设计一个解法,使得输出全排列的结果也是一个从小到大排列好的列表?

比如对上述的列表 L 进行全排序,得到的从小到大排好序的列表结果 R 为:R=[[0, 1, 2], [0, 2, 1], [1, 0, 2], [1, 2, 0], [2, 0, 1], [2, 1, 0]]。即结果 R 中,先按照每个元素的第 0 项排序(即 L[0][0]、L[1][0]、L[2][0]、L[3][0]、L[4][0]、L[5][0]是有序的),若第 0 项相同,则再按照每个元素的第 1 项排序,若第 1 项相同,再按照每个元素的第 2 项,以此类推,将 R 中的每个元素按照从小到大的顺序排列好。这种有序的结果在某些情况下是有用的,比如在程序大赛中,要求返回的结果是有序的,如果利用全排列解法一,还需要再对结果进行排序,而如果参赛者可以设计出新的解法,直接得到有序的结果,那么必将节省很多时间。

相比全排列解法一,如何能够保证新设计的解法得到的解是有序的? 我们设计出一种将 for 循环放在递归之内的算法,其实大致思路是类似的:每次把 L[i]抽取出来,剩余的元素算作另一部分,假设剩余元素的全排列经过递归已经求得,然后在 L[i]后面添加这部分的解形成完整的一个排列解。终止条件为:当列表中的元素个数小于或等于 1 时,返回原列表。

注意,与解法一不同的是,这里一定要将 L[i]放在最前面,而不是将其插入另一部分得到的解中,只有这样才能够保证解的顺序。比如对于有序的序列 L=[0,1,2,3]来说,就可以这样做:0+递归(1,2,3);1+递归(0,2,3);2+递归(0,1,3);3+递归(0,1,2)。由于每次抽取的 L[i]都是从小到大的,从而保证了整体全排列的解是按照①0…;②1…;③2…;④3…这样 4 部分有序排列的,而对于提取出 L[i]后剩下的部分继续做递归时由于规则是一样的,从而保证了①、②、③、④每一部分的内部同样是有序的,所以最终的解必定是有序

的。有了上述的思路,就可以写出如下代码:

♯<程序：全排列解法二>

```
def permutation_all_2(L):
    if len(L) <= 1: return [L]
    R = []
    for i in range(len(L)):
        L1 = L[0:i] + L[i+1:len(L)]          ♯把L[i]抽出来,其他顺序不变
        L1_new = permutation_all_2(L1)        ♯对剩下的部分递归做全排列
        for e in L1_new:
            comb = [L[i]] + e                 ♯注意,是L[i]在前
            if not comb in R:                 ♯用于去除重复的解,如L=[0,1,1,1]会有重复解
                R.append([L[i]] + e)
    return(R)
```

<程序：全排列解法二>中利用 for 循环每次提取出 L[i],把剩下的元素重新组合成一个新的待处理列表 L1,对 L1 以同样的方式递归地进行全排列得到所有的排序结果 L1_new,那么最后需要做的就是将 L[i]分别与 L1_new 中的每个元素做组合,得到最终的解并加入结果集中。当然,编程的时候同样要注意 L 中有重复元素的情况,记得去除重复的解。

至此,代码就编写结束了。我们可以来对比验证一下,若 L=[0,1,2],则利用<程序：全排列解法二>得到的结果为 R=[[0,1,2],[0,2,1],[1,0,2],[1,2,0],[2,0,1],[2,1,0]],而利用<程序：全排列解法一>得到的结果为 R=[[0,1,2],[0,2,1],[1,0,2],[2,0,1],[1,2,0],[2,1,0]]。可以看到,对于输入是有序的序列,全排列之后,解法二可以得到一个从小到大的有序解。

5.6.2 通用排列问题

5.6.1 节的代码只能够求解 k=n 的情况,那么当 k<n 的时候应该怎么做? 此时就需要重新思考该问题,设计出通用的算法,使得 k<n 或者 k=n 的时候都可以使用。这里将给出两种方法解决 A_n^k 问题：其中解法一为非递归的求解方式,利用 for 循环,通过逐层递增的方式最终求得 k 个数的所有排列；解法二为通过每次将问题分解成两部分,最后再组合在一起的方式求得所有的解。

1. 通用排列问题解法一(非递归方式求解)

如果不用递归的方式,是否可以求解这一问题呢? 这里给出一种利用 for 循环逐层递增的方法来求解排列问题。整体思路为：若想求 L 中 k 个数排列的集合,for 循环则循环 k 次,从 1 个数开始一直扩充到 k 个数截止。具体如下：先给第一个位置取数,得到选取一个数的所有可能结果；然后在第一个数已经取好的基础上,再添加第二个数,注意第二个数和前面已有的数不能重复；再在第一、二个数都取好的基础上,添加第三个数,第三个数和前面已有的数不能重复；一直到添加完所有 k 个数,就得到了 n 个数中取 k 个数的排列的全部结果。下面以 L=[1,2,3,4],k=3 为例,看一下这个方法的具体流程。

(1)第一次循环：初始化结果集为 R=[[]]。先取第一个数,用 L=[1,2,3,4]对 R 进

行第一次扩充操作,也就是用 L 中的数给结果集中每个子列表添加一个数,得到新的子列表,即得到新的结果集 R=[[1][2][3][4]]。也就是说,第一次循环得到了第一位数字的所有可能的集合,如图 5-20 所示。

(2)第二次循环:再为上一步产生的 R 中每个元素添加第二个数,对 R 中的每个元素来说,添加第二个数时就要去除自身已有的数。所以在这一步中,去除第一步已经选的 1 个数,可以取的数就只有 n−1 个。例如,对 R 中的[1]来说,可以再取的数字只剩 2、3、4;对[2]来说,可以再取的数字只剩 1、3、4……那么,[1]在扩充第二个数之后,生成了 3 种子结果:[1,2]、[1,3]、[1,4];[2]在添加第二个数之后,生成了 3 种子结果:[2,1][2,3][2,4];同理[3]、[4]也要进行同样的操作。经过这一步,便得到了所有两个数的排列可能,R=[[1, 2], [1, 3], [1, 4], [2, 1], [2, 3], [2, 4], [3, 1], [3, 2], [3, 4], [4, 1], [4, 2], [4, 3]],如图 5-21 所示。

<table>
<tr><td>R</td><td></td><td>L中的元素</td><td></td><td>[1]</td><td></td><td>R</td><td>L中的元素</td><td></td><td></td></tr>
<tr><td>[]</td><td>⊗</td><td>[1][2][3][4]</td><td>得到
新的R→</td><td>[2]
[3]
[4]</td><td></td><td>[1]
[2]
[3]
[4]</td><td>⊗ [1][2][3][4]</td><td>得到
新的R→</td><td>[1,2][1,3][1,4]
[2,1][2,3][2,4]
[3,1][3,2][3,4]
[4,1][4,2][4,3]</td></tr>
</table>

图 5-20　第一次循环示意图　　　　　　图 5-21　第二次循环示意图

(3)第三次循环:取第三个数,对上一步的结果 R 中的每个元素来说,可以取的数只有 n−2 个了,因为每个元素中已经有了两个数了。例如,对 R 中的[1,2]来说,可以取的数字只剩 3、4;对[1,3]来说,可以取的数字只剩 2、4……那么,[1,2]在取第三个数之后,产生了两个子结果:[1,2,3][1,2,4];[1,3]在取第三个数之后,产生了两个子结果:[1,3,2][1,3,4];同理,R 中的所有元素都执行上述操作,最终每个元素都扩充到 3 个数字,即得到了所有 3 个数的排列可能,R= [[1, 2, 3], [1, 2, 4], [1, 3, 2], [1, 3, 4], [1, 4, 2], [1, 4, 3], [2, 1, 3], [2, 1, 4], [2, 3, 1], [2, 3, 4], [2, 4, 1], [2, 4, 3], [3, 1, 2], [3, 1, 4], [3, 2, 1], [3, 2, 4], [3, 4, 1], [3, 4, 2], [4, 1, 2], [4, 1, 3], [4, 2, 1], [4, 2, 3], [4, 3, 1], [4, 3, 2]]。此时便求得了 A_4^3 的解,循环结束,如图 5-22 所示。

图 5-22　第三次循环示意图

代码如<程序:permutation_1>所示。这个程序并不是很有效率,因为即使 L 中没有重复元素,程序中的检查"if f not in e:"也会产生许多的开销。这个程序其实是人们习惯使用的方式,不是很好,也较难扩展到当 L 有重复元素的情况。

```
♯<程序: permutation_1 >
def permutation_1(L,k):
    def product2(R,L):
                                    ♯辅助函数 product2,给当前结果集 R 中的每个元素扩充一位
        R1 = [ ]
        if R == [[ ]]:              ♯如果 R == [[ ]],则需要给 R 扩充到第一位
            for e in L: R1.append([e])
        else:                       ♯如果 R 中已经有了元素,则直接进行扩充
            for e in R:
                for f in L:
                    if f not in e: R1.append(e + [f])
        return R1
    if k > len(L) or k < 0:
        print('错误的输入,k 应当小于 L 中的元素个数,且 k 为非负数!')
        return [ ]                  ♯当 k < 0 或 k > len(L)时,排列数为 0,返回的是空列表[ ]
    if k == 0: return [[ ]]         ♯注意,当 k = 0 这一特殊情况时应返回[[ ]]
    R = [[ ]]
    for i in range (k): R = product2(R,L)
    return R
```

练习题 5.6.1　请用递归搜索的方式解决通用排列问题。这是后面将要介绍的深度递归搜索的思想(6.2 节的菜鸡狼过河,8.2 节的图深度优先搜索)。

此问题的递归搜索的思维如下:初始化一个长度为 k 的列表 T,先尝试填写 T [0],再填写 T [1],再填写 T [2],……,T 填写满了之后将其添加到结果集中,再回退到上一状态,尝试填写其他元素,直到搜索完所有的可能。

【解题思路】　先通过一个具体的例子来理解递归搜索的过程:L = [5,3,9],k = 3,则初始化 T 使得 T 有 k 个元素(位置)。设 T = [1,-1,-1](或任意值),返回结果用 R 表示。

(1) T[0] = 5,此时 T = [5,-1,-1]。T [1]在剩下可选的元素中选择一个,即 T[1] = 3,此时 T = [5,3,-1];则 T[2]还可以在剩下的元素中选 9,即 T[2] = 9,此时 T = [5,3,9]且 T 满了,添加到 R 中。R = [[5,3,9]]。

(2) 返回到 T [0] = 5,T [1] = 3,即 T = [5,3,-1]的状态。T[2]还没有填写,但是发现 9 已经填写过,再也没有可以填写的元素了,所以需要继续回退。

(3) 回退到再上一层,即 T[0] = 5,T = [5,-1,-1]的状态。步骤(1)中 T [1]已经填写过 3,所以这次 T [1] = 9,那么 T = [5,9,-1]。还剩下 T [2],则 T[2]从剩下的数中选取一个,T[2] = 3,此时 T = [5,9,3]且满了,添加到 R 中。R = [[5,3,9],[5,9,3]]。

(4) 再返回到 T [0] = 5,T [1] = 9,T = [5,9,-1]的状态。此时再次尝试填写 T [2],发现已经没有可以再尝试的数字了,所以继续回退。

(5) 回退到 T [0] = 5,T = [5,-1,-1]的状态。此时发现确定了 T [0] = 5 之后,已经尝试搜索了 T [1]和 T [2]的所有可能。那么就需要在 T [0]填写其他的数再进行尝试。这次 T [0] = 3,T = [3,-1,-1]。再按照上面的思想,去搜索 T [1]的所有可能,然后搜索 T [2]的所有可能。此时得到 R = [[5,3,9],[5,9,3], [3,5,9] , [3,9,5]]。

……

最终得到结果 R = [[5,3,9],[5,9,3],[3,5,9], [3,9,5],[9,5,3],[9,3,5]]。

【答案】 代码如<程序：permutation_dfs>所示。其中 dfs 代表深度优先搜索（Depth First Search）的意思。

```
#<程序：permutation_dfs>
def permutation_dfs(L,k):
    R = []
    T = [-1 for i in range(k)]          #这里用-1来进行初始化
    def P(L,num_pick,m):
        if m > num_pick-1: R.append(T[:])
        else:
            for i in L:
                if i not in T[0:m]:     #判断当前 T 中是否已经有了 i 这一元素
                    T[m] = i;P(L,num_pick,m+1)
    P(L,k,0)
    return R
```

<程序：permutation_1>和<程序：permutation_dfs>都只适用于 L 中没有重复元素的情况。如果遇到 L 中有重复元素的特殊情况，将不再适用。比如 L=[12,3,3,3]或 L=[6,6,4,7,7,6]都无法得到正确的解。如果想在这两个代码的基础上加以修改来处理 L 中有重复元素的情况会比较复杂，此处不做过多讲解（同学们可以自己仔细思考一下为什么这两种解法不好做修改，并动手尝试一下）。我们将给出排列问题的其他解法（见通用排列问题解法二），同时也能够处理 L 中有重复元素的特殊情况。

2. 通用排列问题解法二（特殊二分方式求解）

我们可以换一种递归的思路。这种思维方式非常有用，就是将解集合分成没有交集的两部分。列表 L 中选择 k 个元素做排列的时候可以将整个解 T 分成两部分：T1 部分表示一定选取 L[0]的那些排列；T2 部分表示一定不选 L[0]的那些排列，如图 5-23 所示。那么 T1 和 T2 这两部分又分别有多少种排列呢？我们来分析一下。对于 T1 部分，既然选定 L[0]，则还需在剩下的元素中选取 k−1 个进行排列，求得这部分的解 $S=A_{n-1}^{k-1}$（先假定 A_{n-1}^{k-1} 的解已经求出），那么对于 S 中的每个解 S_i，再把 L[0]分别插入 S_i 的不同位置，最终得到 T1 部分的所有解。对于 T2 部分，既然不选定 L[0]，那么还需在剩下的部分中选取 k 个元素，即 A_{n-1}^k。最后把这两部分的解加在一起就是全部的解了，即 $A_n^k=A_{n-1}^{k-1}+A_{n-1}^k$。其实上述的思想就是递归的一个思想，把一个大问题分解成小问题，最后再进行组合。

图 5-23 解法二思路示意图

下面通过一个具体的例子来对上述思想进行讲解。假设 L=[1,2,3]，k=2，求所有的解。要求 A_3^2 的解（用 T 表示），先分成两部分 T1 和 T2，则最后的解为 T=T1+T2。

对于 T1 部分，已经选定 L[0]，还要在 L1=[2,3]中再选一个，求 A_2^1。假设剩余部分元素的全排列结果 A_2^1 已经求得，则需要将 L[0]与每个结果进行排列，进而得到 T1。而 A_2^1 的解（用 S 表示）是以同样的递归方式求出的，即将 S 分成 S1 和 S2 两部分，求得解为 S=S1+S2=[[2],[3]]。即将 L[0]=1 插入[2]中不同位置得到[[2,1],[1,2]]；L[0]=1 插入[3]中不同位置得到[[3,1],[1,3]]。可以得到最终 T1 的解：T1 = [[2,1],[1,2],

[3,1],[1,3]]。至此,得到了所有包含 L[0] 的排列的解。

对于 T2 部分,不选定 L[0],则还要在 L1=[2,3] 中再选两个,求 A_2^2。使用上述类似的递归方法,将求 T2 的问题又转化为必须选 L1[0] 和不选 L1[0]。最终得到 T2 部分的解为 T2=[[2,3],[3,2]]。

通过上面的执行过程,得到了 T1 和 T2 部分的解,则最终的解 T = T1+T2 =[[1, 2],[1,3],[2,1],[3,1],[2,3],[3,2]]。具体的代码见<程序:permutation_2>。

```
# <程序: permutation_2 >
def permutation_2(L,k):
    if k == 0: return [[]]
    if len(L)< k: return [[]]
    T1 = [ ];T2 = [ ]
    if len(L) − 1 > = k:
        T2 = permutation_2(L[1:len(L)], k)            # 不选第一个元素
    if len(L)> = k:
        T1 = permutation_2(L[1:len(L)],k − 1)          # 必须选第一个元素
    R = [ ]
    for i in range(0, k):                            # 将 L[0] 插入 T1 中
        for t in T1:
            x = t[0:i] + [L[0]] + t[i:k]
            if x not in R: R.append(x)               # 去除会有重复的解
    # 下面这部分即 R = T1 + T2,但需要去除有重复的元素
        for e in T2:
            if e not in R: R.append(e)
    return(R)
```

前面提到解法一没有解决 L 中有重复元素的情况;在解法二中,分别在 T1 和 T2 部分做了处理,将重复的解去除,最终得到没有重复的解。

5.7 用各种编程方式解决组合问题

组合问题其实与排列问题类似,但是有一个重要的差别在于组合问题的解与顺序无关。生活中也有很多组合的例子,比如一个班级中有 50 人,现需要挑选 3 个人去参加学校组织的活动,那么老师先选择兰兰,再选择阿珍,最后选择小红(即[兰兰,阿珍,小红])和先选择小红,再选择阿珍,最后选择兰兰(即[小红,阿珍,兰兰])的结果其实是一样的。可以看出组合问题与顺序无关,重点在选择哪些元素上。

我们给出组合问题的定义:对于一个有 n 个元素的序列,选取其中的 k 个数进行组合,并将所有可能的组合结果以列表的形式输出(即求 C_n^k,其中 n 为所有元素的个数,k 为进行组合的元素个数)。例如:L = [1,2,3,4],k = 3(即 C_4^3)所有可能的组合为[1,2,3]、[1,2,4]、[1,3,4]和[2,3,4],则结果用双层列表表示为[[1,2,3], [1,2,4], [1,3,4], [2,3,4]]。同样,我们还需要注意 L 中有重复元素的问题,如遇到 L=[3,3,2,3]的时候应该怎么处理。

本节将讲解 4 种方法解决组合问题。其中解法一是一种比较笨的方式；解法二延续了排列问题逐层递增的思想；解法三延续了排列问题中每次将问题分成两部分的递归思想；而解法四给出了循环递归解决该问题的方法。

5.7.1 在排列问题的解法上解决组合问题(解法一)

有了前面排列的基础,我们首先会想到一个很笨的方法,那就是利用 5.6 节中求排列问题的函数先求得解 T,然后将 T 中的每个元素进行排序,再去除那些重复的,就得到所有组合的解(因为组合对元素的顺序没有要求)。代码如<程序：combination_1>所示。

```
#<程序：combination_1>
def combination_1(L,k):
    T = permutation_2(L,k)        #5.6 节排列问题中的函数
    T1 = []
    for e in T: T1.append(qsort(e))
    return removeDUPLICATE(T1)
def qsort(L):                      #对一个 list 做快速排序
    if len(L)< = 1: return L
    a = L[0]; L0 = []; L1 = []
    for e in L[1:]:
        if (e< = a): L0.append(e)
        else: L1.append(e)
    return qsort(L0) + [a] + qsort(L1)
def removeDUPLICATE(A):            #去除重复的元素
    T = qsort(A)
    L = []
    if len(T)> = 1: L.append(T[0])
    for i in range(1,len(T)):
        if T[i] != T[i - 1]: L.append(T[i])
    return(L)
```

上述代码中 combination_1()函数就是主体部分,首先利用 5.6 节中的 permutation_2()函数求得排列的解。qsort()函数为快速排序函数,关于排序在前面的部分已经讲解过,此处不再赘述,只不过这里选择的基准值始终是当前 L 中的第 0 号元素。removeDUPLICATE()函数的功能就是去重。下面以一个例子来解释：L=[1,2,3],k=2,则求解排列问题可以得到所有排列的解 T= [[1, 2], [1, 3], [2,1], [3, 1], [2, 3], [3, 2]]；对 T 中的每个元素进行排序得到 T1= [[1, 2], [1, 3], [1,2], [1, 3], [2, 3], [2, 3]]；然后调用 removeDUPLICATE()函数,首先对 T1 进行排序得到[[1, 2], [1, 2], [1, 3], [1, 3], [2, 3], [2, 3]],然后通过比较来去重,得到最终的结果[[1, 2], [1, 3], [2, 3]]。由于我们调用的是 permutation_2()函数,并且后面还有去重操作,所以<程序：combination_1>完全可以应对 L 中有重复元素的情况。

这种方式的执行效率肯定是不高的,但是由于充分利用了已经编写好的函数,所以可以快速地编写出一个正确的程序来完成任务。

5.7.2 非递归方式解决组合问题（解法二）

在排列问题中，我们运用逐层递增的思路解决了排列问题，那么是否能用同样的思路解决组合问题呢？

可以先试验一下看看，以 L＝[1,2,3,4]为例：首先取第一个数，得到临时结果 R＝[[1],[2],[3],[4]]，然后分别对 R 中的每个元素扩充第二个数，[1]扩充后的结果是[[1,2][1,3][1,4]]，而[2]扩充后的结果为[[2,1][2,3][2,4]]，到这里我们发现[1,2]和[2,1]这两项虽然对于排列问题来说是不同的两项，但是由于组合问题对顺序没有要求，所以这两项对于组合来说其实是重复项。因此不能直接将<程序：permutation_1>中的代码挪用过来，而要在对元素扩充时多加一个限制条件，使最终的组合结果中没有重复项。

综上所述，可以在原有排列算法的基础上这样改变：仍然层层扩充地添加数，初始化临时结果集为[[]]，取第一个数，用全部 n 个数对结果集[[]]进行第一次扩充操作，得到新的列表 R。然后，再为 R 中的每个元素扩充第二个数，在扩充的同时要满足下面这两个条件：一是注意要排除已有的数字；二是新添加的数一定要比待扩充列表中的最后一个数大。循环执行扩充步骤，直到扩充到 k 个数时，终止循环。经过 k 次这样的扩充，就得到了 n 个数取 k 个数的全部组合，且没有重复。

下面举一个具体的例子来详细说明一下算法的流程，以 L＝[1,2,3,4]为例，k＝3，结果为 R。

（1）扩充第一个数：先使用 L 中的每个元素对空的 R 做元素扩充，得到新的 R＝[[1],[2],[3],[4]]，如图 5-24 所示。

（2）扩充第二个数：对于 R 中的每个列表 e，获取 L 中的每个元素 f，只要 f 不在 e 中，且 f 比 e 中的最后一个元素大，就将 e 和[f]连接，将结果 e＋[f]更新到列表 R 中，最终 R＝[[1,2],[1,3],[1,4] ,[2,3],[2,4] ,[3,4]]，如图 5-25 所示。

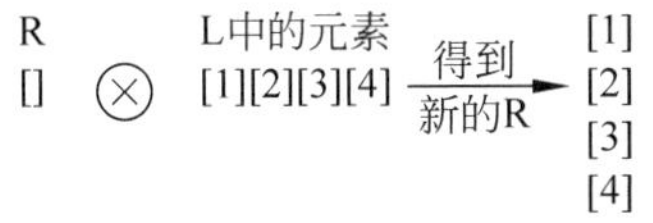

图 5-24　扩充第一个数的示意图 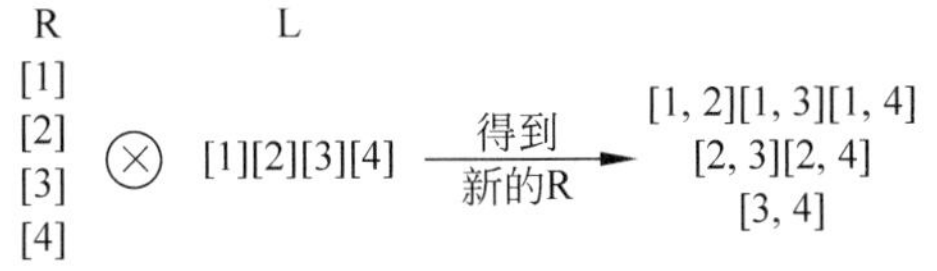　　　图 5-25　扩充第二个数的示意图

（3）扩充第三个数：对于 R 中的每个列表 e，获取 L 中的每个元素 f，只要 f 不在 e 中，且 f 比 e 中的最后一个元素大，就将 e 和[f]连接，将结果 e＋[f]更新到列表 R 中，R＝[[1,2,3],[1,2,4] ,[1,3,4],[2,3,4]]。至此，便得到了最终的结果。可以看出，在每一步的过程中，每次扩充的时候添加的数必须要满足前面所提到的两个条件，所以结果集中没有重复的元素，如图 5-26 所示。

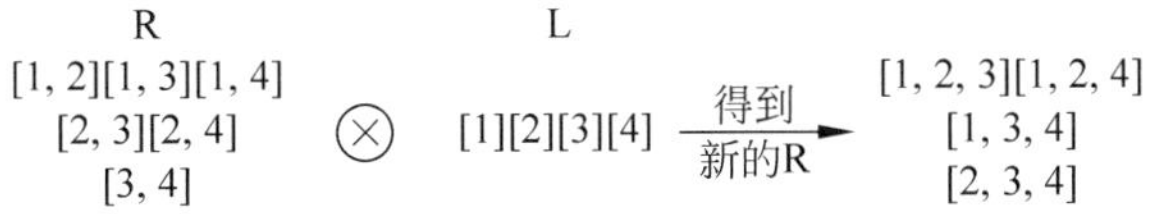

图 5-26　扩充第三个数的示意图

代码实现如<程序：combination_2>所示。需要注意的是，与<程序：permutation_1>类似，<程序：combination_2>目前也不能正确地处理 L 中有重复元素的情况，在该代码的基础上做修改会比较复杂，这里不做过多讲解。

```
#<程序：combination_2>
def combination_2(L,k):
    def product(R,L):              #辅助函数 product,给当前结果集 R 中每个元素扩充一位
        R1 = []                     #初始化结果为一个空列表 R1
        if R == [[]]:               #如果 R == [[]],则扩充到第一个数
            for e in L: R1.append([e])
        else:                       #如果 R!= [[]],则根据两个规则扩充元素
            for e in R:
                for f in L:
                    if not f in e and f > e[len(e) - 1]:   #确保排除已有的数字且新添加的数
                                                            #一定要比待扩充列表中的最后一个数大
                        R1.append(e + [f])
        return R1
    if k > len(L) or k < 0:
        print('错误的输入,k 应当小于 L 中的元素个数,且 k 为非负数!')
        return []
    if k == 0: return [[]]           #注意!当 k = 0 时,应当返回[[]]而不是[]
    R = [[]]
    for i in range (k): R = product(R,L)
    return R
```

5.7.3 特殊二分方式解决组合问题(解法三)

与排列问题中解法二的思想类似，同样可以用这种思路递归地解决组合问题，而且比排列更简单的是，我们不需要关心数字之间的顺序问题。如图 5-27 所示，对于一个列表，在解决 C_n^k 这个问题的时候可以将该问题分成两部分：T1 部分表示一定选取 L[0] 的那些组合；T2 部分表示一定不选 L[0] 的那些组合。那么 T1 和 T2 这两部分又分别有多少种组合呢？

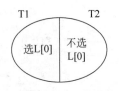

图 5-27　解法二的思路示意图

我们来分析一下：对于 T1 部分，既然选定 L[0]，则还需在剩下的元素中选取 k−1 个元素，所以 T1 部分解的个数也就是 C_{n-1}^{k-1} 的解的个数(假定 C_{n-1}^{k-1} 的解已经求出)，那么只需把 L[0] 分别与 C_{n-1}^{k-1} 问题的所有解进行组合就得到了 T1 部分的所有解。对于 T2 部分，既然不选定 L[0]，那么还需在剩下的部分中选取 k 个元素，即 C_{n-1}^{k}。最后把这两部分的解加在一起就是要求的全部解，即 $C_n^k = C_{n-1}^{k-1} + C_{n-1}^{k}$。

具体的代码见<程序：combination_3>。这个程序是不是简洁又美丽？

```
#<程序：combination_3>
def combination_3(L, k):
    if len(L) <= k: return [L]
    if k == 0: return [[]]        #当要选择的元素个数是 0 个时,返回结果为空
```

```
        T1 = combination_3(L[0:len(L) - 1],k - 1)        #一定选择最后一个元素的结果 T1
        T2 = combination_3(L[0:len(L) - 1],k)            #不选最后一个元素,得到的结果 T2
        T = []
        for e in T1:
            e.append(L[len(L) - 1])
            T.append(e)
        return(T2 + T)
```

练习题 5.7.1　请将<程序：combination_3 >的代码改成可以处理 L 有重复元素的情况。

【解题思路】　分别处理 T1 和 T2 部分的时候可以对其中的每个子列表进行排序,然后才添加到最终要合并的结果中,这样便于比较是否有重复的元素。

练习题 5.7.2　请参考排列问题中的练习题 5.6.1,同样以递归搜索方式解决组合问题。

【解题思路】　在实际编写代码的过程中,需要考虑到排列与组合的不同点:组合的解与顺序无关。比如,L=[5,3,9,8],k=2,思考<程序：permutation_dfs >,T[0]=5、T[0]=3、T[0]=9、T[0]=8 都是可以的(T[0]=5 时 T[1]=3 或 T[1]=9 或 T[1]=8;T[0]=8 时 T[1]=5 或 T[1]=3 或 T[1]=9……),因为排列与顺序有关。对于组合来说,如果还按照排列的方式来选,就会出现重复的解,比如 T[0]=5、T[1]=8 和 T[0]=8、T[1]=5 实际是同一个解。所以在编写组合问题的代码时需要注意,应该如何解决这一问题呢? 可以设定规则:若确定 T[0]=5,则 T[1]中的元素就只能从[3,9,8]中选;若确定 T[0]=3,则 T[1]中的元素就只能从[9,8]中选;若确定 T[0]=9,则 T[1]中的元素就只能从[8]中选。这样就不会有重复的解出现了。

具体实现如<程序：combination_dfs >所示。如果 L 中有重复元素,那么通过每次对 T_new 进行排序,从而方便去除重复的解,故该程序可以解决 L 中有重复元素的问题。注意:如果 L 中没有重复元素,那么 sort 和后面的 if 检查是可以去除的。

```
#<程序：combination_dfs >
def combination_dfs(L,k):
    R = []; T = ['']*k
    def F(L,num_pick,m):
        if m > num_pick - 1:
            T_new = T[:]; T_new.sort()                    #若 L 中有重复,才需要做 sort 和检查
            if not T_new in R: R.append(T_new)
        else:
            for i in range(len(L) - (num_pick - m) + 1):  #注意 i 的选择范围
                T[m] = L[i]
                F(L[i + 1:len(L)],num_pick,m + 1)
    F(L,k,0)
    return R
```

5.7.4　循环递归方式解决组合问题(解法四)

除了使用特殊二分法求解外,还可以换一种递归的方式来解决组合问题,也就是多分法

的方式,递归调用是在 for 循环内的。函数的参数仍然是 L 和 k,其中,L 表示当前要处理的列表,k 表示当前要选取的元素个数。对于求从 L 中取 k 个数组合时,可以分为以下情况:

(1) 一定选择倒数第 1 个数,然后从剩下的 n−1 个数中选 k−1 个数的组合。

(2) 一定不选倒数第 1 个数,一定选倒数第 2 个数,再从剩下的 n−2 个数中选 k−1 个数的组合。

(3) 一定不选倒数第 1、2 个数,一定选倒数第 3 个数,从剩下的 n−3 个数中选 k−1 个数的组合。

......

以此类推,考虑剩下的数越来越少,一直到剩下的数为 k−1 的极限。也就是到 n−k+1,直到一定不选倒数第 1,2,…,n−k 个数,一定选倒数第 n−k+1 个数,从剩下的 k−1 个数中选 k−1 个数的组合。

从上面的分析中可总结得出当从 L 中取 k 个数时,可以分为最多 n−k+1(n≥k+1) 种需要递归的情况。这里以一个简单的例子来解释这种思路。假设 L=[1,2,3,4],现在求从 L 中取 2 个数的解,即 C_4^2,可以分为 3 种情况。

情况一:一定选取最后一个数 L[3](即[4]),那么需要求从剩下的前 3 个数([1,2,3]) 里取一个数(即还需要选 k−1 个数,C_3^1)的解,记为 A1,再与 L[3]进行组合。怎么求解 A1 呢?可以利用递归的方式继续去求得 C_3^1 这一问题的解,则又可以分为如下 3 种情况:

(1) 此时函数应传入的参数为 L=[1,2,3]和 k=1。首先,一定选取 L[2](即[3]),则还需在剩下的前两个数([1,2])中选零个数,即 C_2^0。再将 L[2]与 C_2^0 的所有解组合。故最终返回解 B1=[3]。

(2) 一定选取 L[1](即[2]),还需在剩下的前一个数([1])中选零个数,即 C_1^0。再将 L[1]与 C_1^0 的所有解组合。最终返回解 B2=[2]。

(3) 一定选取 L[0](即[1]),此时 L[0]前面已经没有可选的元素了,即需要将 L[0]与 C_0^0 的所有解组合。最终返回解 B3=[1]。

得到的所有解组合在一起即为 A1 的解。A1=[[3],[2],[1]]。当求得 A1 之后,只需要将 L[3]分别插入 A1 的所有解中,即可得到所有带数字 4 的组合 S1=[[3,4],[2,4],[1,4]]。求得该情况下的结果后,进入下一种情况。

情况二:一定选取 L[2](即[3]),由于包含数字 4 的所有组合已经被找出来了,所以不会再考虑 4 了。那么还需要在剩下的前两个数中([1,2])中选一个数,即求 C_2^1 的解,记为 A2。A2 的求解也是利用递归的方式,参数变为 L=[1,2]、k=1,此处不再赘述,最终求得 A2=[[2],[1]]。再将 A2 的所有元素分别与 L[2]组合,得到 S2,即所有包含数字 3 而没有数字 4 的组合 S2=[[2,3],[1,3]]。求得该情况下的结果后,进入下一种情况。

情况三:一定选取 L[1](即[2]),那么还需在 L[1]前面所有剩下的元素中选一个,即求 C_1^1 的解,记为 A3。A3 的求解也是利用递归的方式,参数变为 L=[1]、k=1,最终求得 A3=[[1]]。再将 A3 的所有元素分别与 L[1]组合,得到 S3,即所有包含 2,但不含 3 和 4 的组合,S3=[[1,2]]。

以上 3 种情况已经囊括了所有组合,因为若从 L[0]开始继续选取元素,即便确定选取 L[0],还需要在 L[0]之前剩下的元素中选取一个,但显然已经没有元素可以选了。故以上 3 种情况已经求得所有组合,循环终止,将得到的解合并起来就是最终的答案 S=S1+S2+S3=[[3,4],[2,4],[1,4],[2,3],[1,3],[1,2]]。

总结上述解法,得到这样一个公式:$C_4^2 = C_3^1 + C_2^1 + C_1^1$。而 $C_3^1 = C_2^0 + C_1^0 + C_0^0$,这其实就是一个递归思想,把大问题拆分成小问题,最后再把小问题的解组合起来。那么可以总结出这样一个递推关系式:$C_n^k = C_{n-1}^{k-1} + C_{n-2}^{k-1} + \cdots + C_{k-1}^{k-1}$。

最后确定递归的终止条件:当 k=0 或者 k>len(L)时返回空列表[[]]。同时也会出现 L 中所剩下的元素个数等于 k 的情况,此时就应该返回整个当前 L。

有了前面的递推公式和终止条件,现在就可以写出相应的递归函数。见<程序:combination_4>。

```
#<程序: combination_4>
def combination_4(L,k):
    if k == 0 or len(L)< k:return [[]]
    if len(L) == k: return [L]
    n = len(L); T = [L[n-1]]; R = []
    for i in range(n-1,k-2,-1):              #注意循环的范围
        A = combination_4(L[0:i],k-1)
        for e in A:
            e_new = e + T
            e_new.sort()                     #排序,方便去重,若L没有重复,则sort和if可去掉
            if not e_new in R: R.append(e_new)
        T = [L[i-1]]                          #记得在每次外面的for循环中更新T的值,T总是表
                                              #示要选取当前要处理的list中的最后一个元素
    return R
```

该递归函数的输入仍然是 L(列表)和 k(从列表中选取的个数),首先需要两个变量:T 用来记录每次 L 中的最后一个数,表示必定要选取它;R 变量用作返回值。

接下来就通过 for 循环的方式来模拟 $C_{n-1}^{k-1} + C_{n-2}^{k-1} + \cdots + C_{k-1}^{k-1}$ 这一部分,即变量 i 是从 n−1 依次递减到 k−1,保证剩下可选的元素个数大于或等于 k。由于 Python 中 range()函数是左闭右开的区间,故应写为 range(n−1,k−2,−1)。可以举例来验证这个 range()函数是否正确,$C_8^5 = C_7^4 + C_6^4 + C_5^4 + C_4^4$,即 n=8、k=5,那么变量 i 就应该从 7 依次递减到 4,可以看出 range()函数是正确的。变量 A 则为确定选取当前 L 中最后一个元素 T 之后 C_{n-1}^{k-1} 的解,然后将 T 与 A 中的每个元素组合就得到了包含 T 的所有组合的解,需要注意更新 T 的值。最后通过确认递归的终止条件来返回最终解。<程序:combination_4>同样通过对每个待添加进结果集中的元素进行排序,从而达到去重的目的。注意,若 L 本身就没有重复的元素,那么 sort 和下面的 if 检查都可以去掉。

这个程序很有趣,它的递归调用是在 for 循环内。论其简洁的程度,是没有前面特殊二分法那么简单明了的。

习题5.1　改写<程序:递归实现二分查找>,使得若 k 大于 L[len(L)//2],调用 BinSearch(L[len(L)//2+1:],k)。注意,return 的索引 len(L)//2+index 要改动。另外,

可否去掉 if len(L)==1 的检查。

习题 5.2 用非递归实现二分法求解问题中的<程序：二分法递归查找插入位置>。

习题 5.3 <程序：二分法递归查找插入位置>中,假如去掉"if k<L[0]：return index_min",程序是否还是正确的?

习题 5.4 用递归实现求解算术平方根问题中的<程序：算术平方根运算——二分法>。

习题 5.5 修改求解算术平方根问题中的<程序：算术平方根运算——二分法>的代码,使其可以求解一个实数 c 的 k 次方根(函数有 c 和 k 两个参数)。

习题 5.6 编写代码,求解 $\log_{10} x = a$,精度为 0.000 000 000 01。函数的形式为"def log(a)：… return x"。

习题 5.7 假如有 n 个钱币,其中有一个钱币是假的,已知假的钱币比较轻,你只有一个天平,如何用非递归和递归思维来找到这个假币?请写出 Python 程序。请先写出一个起始函数来设定一个列表,列表有 100 个 1,代表 100 个钱币,再随机设定一个索引值,将其改为小于 1 的任意数,代表是个假钱币。你的程序要输出这个假钱币的索引。

习题 5.8 如果在 n(n≥4)个硬币中有两个较轻的假币,要怎么找出假币?请编程实现。

习题 5.9 n(n≥3)枚硬币中有一枚是假币,但如果只知道假币的重量和真币不同,怎么才能在这 n 枚硬币中找出这枚假币?请编程实现。

习题 5.10 调用 time 库,测试用分解因数和欧几里得两种 gcd(p,q)程序对下列 4 个 p 值的执行时间,$p_1 = 53\,722\,280\,714\,561$,$p_2 = 658\,381\,238\,967\,811$,$p_3 = 4\,890\,443\,419\,341\,343$,$p_4 = 51\,610\,544\,808\,296\,093$,而 q=1 234 567。你能得出什么结论?

习题 5.11 编程实现求 k(k≥3)个数的最大公因数。

习题 5.12 编程实现求 k(k≥3)个数的最小公倍数。

习题 5.13 请不用递归的方式再次实现欧几里得算法求最大公因数中的<程序：欧几里得算法求最大公因数>。

习题 5.14 请根据本章讲解的欧几里得方法,自己在草稿纸上计算 gcd(388,128),看看是否仅需几步就求解出答案。

习题 5.15 编程实现随机产生 1 个 20 位的数,使得该数与 111 这个数互质。

习题 5.16 请根据 5.3 节中的知识,自己动手写出自然数 1~10 的数字对(a,b)表示方法,其中 a 为该自然数除以 3 的余数,b 为该自然数除以 8 的余数。并检验一下,做加法运算时是否正确。

习题 5.17 请用手算 $3^{64} \bmod 7$。

习题 5.18 请用手算 $(3^{97} \times 2)^{33} \bmod 7$。

习题 5.19 写 Python 程序算出 $a^x \bmod b$ 的值。函数 mod(a, x, b),返回 $a^x \bmod b$ 的值。假设 a 和 b 是最多 10 位的整数,而 x 可以是最多 200 位的整数。请用递归的思维来编写此程序。

习题 5.20 如同上题,但是 x 可能是 800 位的整数。必须快速地算出答案来。

习题 5.21 利用中国余数定理中的<程序：求倒数>求解 p 对 q 取余的倒数和 q 对 p 取余的倒数。

(1) p=25,q=34,先动手计算一下,然后运行程序,看结果是否正确。

（2）P 为习题 5.15 中得到的 20 位的数，q 为 111，运行<程序：求倒数>求得 p'和 q'。

习题 5.22 改写 Extended_Euclid()函数，不用递归的方式。

习题 5.23 编程实现 3 个方程的中国余数定理求解问题。提示：3 个方程的中国余数定理仍旧可以用"凑"的思想凑出解。

习题 5.24 为了深入理解"凑"的思想，请同学们思考求解 $y = ax^2 + bx + c$ 问题。已知该曲线经过的 3 个点分别为 $(x0, y0)$、$(x1, y1)$、$(x2, y2)$。如何利用"凑"的思想求得系数 a、b、c?

提示：凑的方法如下所示。

	1		2		3
	$\boxed{y0 \times \dfrac{(\ldots)(\ldots)}{(\ldots)(\ldots)}}$	$+$	$\boxed{y1 \times \dfrac{(\ldots)(\ldots)}{(\ldots)(\ldots)}}$	$+$	$\boxed{y2 \times \dfrac{(\ldots)(\ldots)}{(\ldots)(\ldots)}}$
代入x0	y0	$+$	0	$+$	0
代入x0	0	$+$	y1	$+$	0
代入x0	0	$+$	0	$+$	y2

习题 5.25 世界上常用的一种安全编码方式为 RSA，其中产生公钥和私钥的过程中会用到本章介绍的倒数的概念，实现方式为：给定两个质数 p、q，随机产生一个奇数 e，满足 $e < (p-1)(q-1)$，且与 $(p-1)(q-1)$ 互质，即 $\gcd(e, (p-1)(q-1)) = 1$，在 e 的基础上产生 e 的倒数 d，即 $ed = 1 \pmod{(p-1)(q-1)}$。以上过程中产生的 e 即为公钥，d 为私钥。

请编程实现求解私钥：对于给定的两个质数 p = 128 543 041 447 753 和 q = 1 062 573 853 363 145 487 845 851，先随机产生 $e < (p-1)(q-1)$ 并且满足 $\gcd(e, (p-1)(q-1)) = 1$，然后求出 d 并打印出来。

习题 5.26 在上一题的基础上，假设 n = pq，给定任意一个整数 m，m < n，请试验当 $m^e \bmod n$，结果为 m'，那么对 $(m')^d \bmod n$ 会产生原来的 m。如果上述结论成立，则在信息传递中，发送者只需要传递 m'，接收者会用私钥 d 就可以得到原来真实的信息 m。请用中国余数定理来完成 $m^e \bmod n$ 的计算，其原理就是首先计算 $m^e \bmod p$，再计算 $m^e \bmod q$，最后利用中国余数定理即可得到 $m^e \bmod n$ 的结果。所以请编写能够实现快速求得 $m^e \bmod p$ 的程序，注意 e 和 p 都可能是很大的数。

习题 5.27 不用递归方式实现线性方程组求解问题。

习题 5.28 请将<程序：combination_3>的代码改成可以处理 L 有重复元素的情况。

习题 5.29 请认真学习本节中排列问题和组合问题的思想以及程序，在代码中添加一些 print 语句作为辅助信息，分别用有重复元素的列表和没有重复元素的列表作为待处理的参数，执行程序，体会每个程序的执行过程。

习题 5.30 请分析本章所展现的各个组合程序的优劣。

习题 5.31 改写<程序：combination_4 >。使得从 L 的第一个元素开始考虑，而不是从最后一个开始考虑。也就是首先考虑一定选择第一个数 L[0]，然后从剩下的 n−1 个数中选 k−1 个数的组合；然后，一定不选 L[0]，一定选第 2 个数 L[1]，再从剩下的 n−2 个数中选 k−1 个数的组合；以此类推。

习题 5.32 你能自己设计出一种本章没有展现的排列或组合的程序吗？请尝试。

第6章

智能是计算出来的

引 言

　　计算机被广泛应用于人们的日常生活中,我们可以用它来搜索信息,求解数学问题,处理加工数据等。大家有没有思考过计算机是怎么做到这些的呢？难道它也是有智慧的,也可以像人一样思考吗？在没有学过计算机科学的人看来,计算机真的是非常神秘,其神秘之处是由于不了解计算机为什么能如此"聪明"。本章会揭开计算机神秘的面纱,告诉同学们计算机的智能都是通过编程得到的,也就是通过计算而来的。本章展示并解释了5个有趣的编程实例,包含老鼠走迷宫问题、菜鸡狼过河问题、AB猜数字游戏、24点游戏和最后拿牌就输的游戏,让同学们在学习如何分析解决问题的过程中,感受到由于编程而展现出来的人工智能。本章提供了基本的程序代码,请读者自行完善。

6.1 老鼠走迷宫问题

本节以老鼠走迷宫为例向大家介绍在遇到具体问题时,如何分析问题并利用计算机快速解决问题。

【问题描述】　一只老鼠在一个 n×n 迷宫的入口处,它想要经过迷宫的内部从出口出来,问这只老鼠能否顺利走出迷宫? 如果可以,请给出一条从入口到出口的路径。

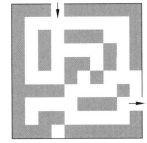

【问题举例】　图 6-1 所示是一个 10×10 的迷宫,阴影部分是墙,白色部分是可以走的路,迷宫的四周有围栏。10×10 表示这个迷宫的长和宽分别是 10。迷宫的入口在上面,迷宫的出口在右面。问能否找到一条从迷宫入口到出口的路径。如果不能找到,那么老鼠就无法从迷宫内部到达出口;如果能够找到,就给出这条路径。

图 6-1　一个 10×10 的迷宫

【解题思路】　在弄清楚了这个例子的已知条件和输入输出后,还不能直接对问题进行求解。一般来说,很多问题都是用语言描述的,而计算机科学求解问题的方式是计算,也正是由于计算机不能直接理解人类的语言描述,因此需要将这些问题用数学的形式重新表达。也就是说,要用数学模型重新定义问题,这也是计算机科学求解问题时至关重要的环节,它的成功与否直接决定着能否解决问题。下面就以老鼠走迷宫这一问题为例,来看看如何将语言描述转换为数学模型。

观察图 6-2(a)所示的 10×10 的迷宫,这个迷宫其实是由 10×10＝100 个格子组成的,其中蓝色格子代表墙,白色格子代表路。"有阴影格子代表墙,白色格子代表路"是用语言形式描述的,那么对于计算机来说,可以用数字来表示墙和路,从而将语言描述转换为计算机可以"理解"的数学形式。用 1 和 0 分别表示蓝色格子和白色格子,可以得到如图 6-2(b)所示的迷宫。

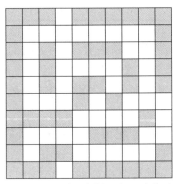

1	1	1	0	1	1	1	1	1	1
1	0	0	0	0	0	0	0	0	1
1	0	1	0	1	1	1	0	0	1
1	0	1	0	0	0	0	1	1	1
1	0	1	1	1	1	0	1	1	1
1	0	0	0	0	1	0	1	0	0
1	1	1	1	0	0	0	0	1	0
1	0	0	0	0	1	1	1	0	0
1	0	1	1	0	0	0	0	0	1
1	1	1	0	1	1	1	1	1	1

(a) 将10×10的迷宫划分成100个格子　　　(b) 用1和0定义蓝色格子和白色格子

图 6-2　用数学形式重新定义 10×10 的迷宫

观察图 6-2(b),这个迷宫是不是看起来很像一个列表?将上面 10×10 的迷宫转化为如下的列表,即

$$m[10][10]=[$$
$$[1,1,1,0,1,1,1,1,1,1],$$
$$[1,0,0,0,0,0,0,0,0,1],$$
$$[1,0,1,0,1,1,1,0,0,1],$$
$$[1,0,1,0,0,0,0,1,0,1],$$
$$[1,0,1,0,1,1,0,1,0,1],$$
$$[1,0,0,0,1,0,1,0,0,0],$$
$$[1,1,1,1,0,0,0,0,1,0],$$
$$[1,0,0,0,0,1,1,1,0,0],$$
$$[1,0,1,1,0,0,0,0,0,1],$$
$$[1,1,1,0,1,1,1,1,1,1]]$$

有了对迷宫的数学定义,就可以很简单地定义迷宫的入口和出口了。如图 6-2 所示的迷宫,入口是 m[0][3],出口是 m[7][9]。

在用数学模型重新定义了问题后,接下来分析如何解决问题。老鼠走迷宫问题,主要就是解决老鼠往哪个方向走,即怎么走的问题。

对于迷宫中的任意一个蓝格子,老鼠都不会在该蓝格子上,因为它代表墙。老鼠只可能出现在白格子上,比如入口就是一个白格子,老鼠从入口出发,然后按照一定的规则开始移动,即:对于迷宫中的任意一个白格子,老鼠可以选择向上、下、左、右这 4 个相邻的格子走。但是

图 6-3 判断每个格子的行走方向

只有当相邻的格子是白色的时候才能走。如图 6-3 所示,如果老鼠在中间的白色格上,它只能选择向上或者向左走,因为它的右边和下边都是墙。

将老鼠在每个格子上的行走情况用数组的形式表示:假设老鼠在 m[i][j](0<i<9,0<j<9),与 m[i][j]上、下、左、右相邻的元素分别是 m[i−1][j]、m[i+1][j]、m[i][j−1]、m[i][j+1],只有这些相邻元素为 0 时,老鼠才能走过去。

有了上述的一些表示方法,现在再来思考一下老鼠要以怎样的策略走迷宫。先想一想,人在走迷宫时是怎样做的?其实我们在走迷宫的时候就是一个探索、尝试的策略。也就是说,我们会以当前位置为基准,看周围有哪一条路可以走,那么就去尝试(因为我们也不知道哪一条路是对的,所以只能是逐个尝试着去走),如果走着走着发现此路不通,我们只能回到上一个位置去尝试没有走过的其他路,如此往复,直到找到出口。其实对于老鼠走迷宫的问题,思路也是一样的。有的同学可能会有疑问,人在找寻出路的时候会用大脑记住有哪条路走过了,哪条路没有走,那么对于计算机来说要怎么做呢?它可以利用一个新的数字"2"来标记出老鼠是否已经走过这个格子,即如果老鼠走过这个格子,那么 m[i][j]=2。接下来还要思考,老鼠在行走的过程中都会出现哪些情况,分别要怎样处理?共可以归纳为 3 种情况:

(1) 找到出口,其实这种情况也就是程序的终止条件;

(2) 没找到出口,当前位置 m[i][j]周围有路可以走,那么就按照指定的某种尝试顺序

继续做下一步的尝试；

（3）m[i][j]周围的路都试过了，没有可以走的路，说明到了死胡同，那么可以再用一个新的数字"3"来表示此路不通。

根据上面的思路，相信大家已经清楚应该怎样编写老鼠在迷宫中是如何移动的这个函数了。将该函数定义为 visit(i,j)，参数 i 和 j 表示老鼠当前的位置 m[i][j]，其功能就是模拟老鼠走迷宫的过程，最终得到修改过的矩阵 m，m 中记录着老鼠走迷宫时的所有状态。在本例中是利用递归的思想实现 visit()函数的，这是因为我们发现无论老鼠处于迷宫中的哪个位置，它找出口的方式都是一样的，也就是说，可以将老鼠从入口到出口找一条路径的问题转化成从迷宫中的白格子到出口的问题。代码见<程序：老鼠走迷宫函数>，其中 sta1、sta2、fsh1、fsh2 和 success 均为全局变量。success 表示是否找到了出口，如果没有，则值为 0；否则值为 1。sta1、sta2、fsh1、fsh2 分别代表入口和出口的横、纵坐标值。

```python
#<程序：老鼠走迷宫函数>
m = [[1,1,1,0,1,1,1,1,1,1],
     [1,0,0,0,0,0,0,0,0,1],
     [1,0,1,0,1,1,1,0,0,1],
     [1,0,1,0,0,0,0,1,0,1],
     [1,0,1,0,1,1,0,1,0,1],
     [1,0,0,0,1,0,1,0,0,0],
     [1,1,1,1,0,0,0,0,1,0],
     [1,0,0,0,0,1,1,1,0,0],
     [1,0,1,1,0,0,0,0,0,1],
     [1,1,1,0,1,1,1,1,1,1]]
sta1 = 0;sta2 = 3;fsh1 = 7;fsh2 = 9; success = 0
def legal(x,y):
    if 0 <= x < len(m) and 0 <= y < len(m[0]) and m[x][y] == 0: return True
    else: return False
def visit(i,j):
    m[i][j] = 2
    global success
    if(i == fsh1)and(j == fsh2): success = 1
    if(success!= 1)and legal(i - 1,j): visit(i - 1,j)
    if(success!= 1)and legal(i + 1,j): visit(i + 1,j)
    if(success!= 1)and legal(i,j - 1): visit(i,j - 1)
    if(success!= 1)and legal(i,j + 1): visit(i,j + 1)
    if success!= 1: m[i][j] = 3
    return success
def LabyrinthRat():
    print('显示迷宫：')
    for i in range(len(m)): print(m[i])
    print('入口：m[ % d][ % d]：出口：m[ % d][ % d]' % (sta1,sta2,fsh1,fsh2))
    if (visit(sta1,sta2)) == 0:print('没有找到出口')
    else:
        print('显示路径：')
    for i in range(10):print(m[i])
LabyrinthRat()
```

我们利用递归的思想实现了 visit()函数,在利用递归的思想解决问题时,一个重要的部分就是终止条件,在本例中,终止条件是老鼠已经走到了出口,我们将 success 设置为 1 表明该情况。当老鼠还没有到达出口时,按照上下左右的顺序依次判断对应的方向是否能走通,若可以则往该方向上前进一步,并继续调用 visit()函数。若 4 个方向均无路可走了,则意味着老鼠进入了死胡同,用数值 3 标识该位置。

为了得到老鼠走的路径,利用 LabyrinthRat()函数显示最终的结果。该函数首先输出原始的迷宫地图,以及入口和出口的位置。然后调用 visit()模拟老鼠走迷宫的过程。根据 visit()函数的返回值,输出对应的结果,即返回值为 0,输出"没有找到出口";返回值为 1,表明老鼠走到了出口,则输出"显示路径"并将整个迷宫显示出来。

利用 LabyrinthRat()函数去求解如图 6-2 所示的迷宫问题,设置好迷宫的入口和出口后,调用该函数会得到下面的结果。

```
显示迷宫:
[1, 1, 1, 0, 1, 1, 1, 1, 1, 1]
[1, 0, 0, 0, 0, 0, 0, 0, 0, 1]
[1, 0, 1, 0, 1, 1, 1, 0, 0, 1]
[1, 0, 1, 0, 0, 0, 0, 1, 0, 1]
[1, 0, 1, 0, 1, 1, 0, 1, 0, 1]
[1, 0, 0, 1, 0, 1, 0, 0, 0, 0]
[1, 1, 1, 0, 0, 0, 0, 1, 0]
[1, 0, 0, 0, 1, 1, 1, 0, 0]
[1, 0, 1, 1, 0, 0, 0, 0, 1]
[1, 1, 1, 0, 1, 1, 1, 1, 1]
入口: m[0][3]; 出口: m[7][9]
显示路径:
[1, 1, 1, 2, 1, 1, 1, 1, 1, 1]
[1, 3, 3, 2, 2, 2, 2, 2, 3, 1]
[1, 3, 1, 3, 1, 1, 1, 2, 2, 1]
[1, 3, 1, 3, 3, 3, 3, 1, 2, 1]
[1, 3, 1, 3, 1, 1, 3, 1, 2, 1]
[1, 3, 3, 3, 1, 3, 1, 2, 2, 0]
[1, 1, 1, 1, 2, 2, 2, 2, 1, 0]
[1, 0, 0, 0, 2, 1, 1, 1, 2, 2]
[1, 0, 1, 1, 2, 2, 2, 2, 2, 1]
[1, 1, 1, 0, 1, 1, 1, 1, 1, 1]
```

到目前为止,老鼠走迷宫问题已经基本介绍完了。在此总结一下:本例中,为了得到从入口到出口的一条路径,要尝试所有可能的方案,直到走出迷宫。或许同学们会觉得这种暴力求解的方法并不聪明。但是由于计算机具有强大的计算能力,它能够在非常短的时间内得到正确的结果,给人感觉计算机就像拥有了智能,能够像人一样思考。因此,我们说计算机的智能是计算出来的。

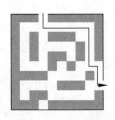

图 6-4　走出迷宫的最短路径

练习题 6.1.1　细心的同学或许会发现:用前面给出的程序求解出的迷宫路径并不是通过迷宫的最短路径,还有更短的路径可以走出这个迷宫,路径如图 6-4 所示。请大家思考:为什么书中所给的程序求得的路径并不是这条最短路径？如何修改程序可以求出从迷宫入口到出口的最短路径？

【解题思路】　观察这两条不同的路径可以发现，两者从 m[5][8] 这个位置开始指向不同的方向。这是因为原程序中，visit(i,j) 函数在判断下一步的移动方向时是以上、下、左、右的顺序来判断的，所以在 m[5][8] 这个位置上判断下一步的移动方向时，首先找到的可以通过的路径是左边的 m[5][7]，并继续沿着这条路径往前移动，根本没有判断 m[5][8] 右侧的 m[5][9] 是否也可以通过。

所以要想求出经过迷宫的最短路径，需要在每找到一条路径之后把这条路径存起来，然后返回到上一步，再寻找是否还有其他的路径，最后选择长度最短的路径作为结果输出。为了达到这个目的，可能需要一个栈，每走一步就 push 这步位置进栈，每返回上一步，就要 pop 这个位置。到达终点时，在栈中所存的连串位置就是路径。具体在 6.2 节会有解释。

6.2　菜鸡狼过河问题

【问题描述】　农夫需要携带菜、鸡、狼过河，由于船比较小，除农夫之外每次只能运一种东西，还有一个棘手的问题，就是如果没有农夫看着，鸡会吃菜，狼会吃鸡。请考虑一种方法，让农夫能够安全地携带这些物品过河。

在 1.1.4 节已经基本介绍过解决该问题的基本思想了，即根据农夫、菜、鸡和狼的位置关系可以有很多个状态，例如，初始状态就是左岸（起点）有农夫、狼、鸡和菜，船和右岸（终点）都没有任何物品；终止状态为左岸和船上都没有任何物品，且右岸有农夫、狼、鸡和菜。这些状态的总数目是有限的，我们的算法需要遍历这有限个状态，直到找到一条从初始状态转换到终止状态的"路径"，并且根据题目要求，这条"路径"上的每个状态都应该是安全的状态。

此外，还需要考虑在每次过河后，状态是否发生了改变，来判断算法是否会陷入无穷无尽的循环。因为可能会出现农夫先将鸡从左岸运送到右岸，紧接着又将鸡从右岸运送到左岸的情况，如果农夫重复执行这一过程，程序将永远无法执行完。因此，如果岸边所剩物品组成的集合以及船的方向在这一条"路径"中重复出现过，就应该放弃这一状态，让农夫选择其他的物品带过河。

根据上述思路，过河问题的求解大致分为以下几个步骤。

（1）初始状态即左岸有农夫、菜、鸡和狼，船和右岸没有任何物品；结束状态则为左岸和船上没有任何物品，右岸有农夫、菜、鸡和狼。

（2）从岸边出发前，农夫在船停靠的岸边选择带着某件物品（狼、鸡、菜）上船，并判断剩余的物品是否处于安全的状态，如果不安全，则说明农夫不能带该物品上船，需要在岸边重新选择一个物品带上船并继续判断，直到找到一种物品农夫带上船后岸边处于安全状态；若农夫将岸边所有物品都尝试过一次仍然找不到使岸边处于安全状态的解决方案，则结束程序。

（3）根据步骤（2）选出的安全状态，判断这个状态在之前是否出现过，即岸边所剩物品组成的集合以及船的方向与之前渡河状态是否完全一样,如果一样,则重复执行步骤(2)和(3);若不一样,那么农夫就可以带着该物品出发完成一次渡河,输出并记录此时渡河状态。

(4) 将物品运到对岸后,判断物品是否全部运到右岸,若不是且渡河次数没有超过一个给定值,则执行步骤(2)到步骤(4);若是,则表示完成了渡河,输出所有渡河状态并结束程序。

有了解决问题的基本思想和解决步骤后,下面就来讲解如何编写程序解决过河问题。首先,数据结构与函数作为算法的具体实现、程序的骨肉,先要分析过河问题中涉及的数据结构和函数,具体说明如下。

数据结构。根据分析我们知道要实现过河问题,需要记录的内容包括岸上的物品及其敌对关系、左岸和右岸的物品状态、所有尝试过的状态以及正确的过河方案。下面具体分析每个部分用到的数据结构。

(1) 利用字典结构记录物品以及其敌对关系,如下所示,Enemy 在记录物品的同时,将它的敌人也保存了下来。在使用时,通过字典自带的 get() 函数即可获取相应的信息。

```
＃物品及其敌对关系的数据结构
Enemy = {"chicken":["wolf"], "vegetable":["chicken"],"wolf":[]}
```

(2) 用列表 L、R、History 和 Stack 分别记录左岸、右岸的物品状态,所有尝试过的状态以及正确的过河方案。

History:保存检查过的全部历史状态。其中记录的状态除了岸上的物品外,还有船的方向。以初始状态为例,左岸上的物品有菜、鸡和狼,右岸上物品为空,因此 L = ["wolf", "vegetable","chicken"],而 R=[]。在这种情况下,农夫选择物品鸡从左岸运到右岸,因此,需要向 History 中添加该状态,即 History. append([['vegetable','wolf'], True]),其中 ['vegetable','wolf'] 为左岸的物品,True 表示船从左岸开到了右岸。因为通过左岸的物品我们可以得到农夫将船运送到右岸后右岸的所有物品为['chicken'],所以当船开向右岸时,History 中只记录左岸的物品;当船开向左岸时,History 中只记录右岸的物品。

Stack:在农夫经过几次运送后,找到了一种能够安全过河的方案,我们就利用 Stack 保存该方案。为了便于输出每次过河船所带的物品,Stack 中存储了每次过河时左岸、船和右岸的物品以及船的方向。

函数。程序主要包含以下几大功能模块。

(1) 判断岸上的状态是否安全,称为 safe() 函数;

(2) 运送物品,即 move() 函数;

(3) 判断是否陷入无穷无尽的循环中,即该过河方案是否在之前的运行中出现过,定义为 repeat() 函数。

下面具体介绍每个函数的实现过程。

1. safe(L,Enemy)函数

safe(L,Enemy)函数的功能为:根据 Enemy 中记录的敌对关系,判断 L 中的物品是否处于安全状态。我们对每个 L 中的物品 e,在 Enemy 中查找它的"敌人",然后判断它的"敌人"是否在 L 中。若存在,则表明 L 中的物品处于不安全的状态。代码如<程序:过河问题之safe 函数>所示。

♯<程序：过河问题之 **safe** 函数>

```
def safe(L,Enemy):          ♯判断 L 中的物品是否处于安全状态
    for e in L:
        T = Enemy.get(e,[])
        for x in T:
            if x in L: return False
    return True
```

2. move(Left,Boat,Right,LtoR)函数

move(Left,Boat,Right,LtoR)函数的功能为：模拟船过河的过程，主要包含判断是否已经达到终止状态（将所有物品运送到右岸）、船从左岸到右岸和船从右岸到左岸三大部分。其中 Left、Boat、Right 分别是存储左岸、船和右岸上物品的列表；LtoR 是一个布尔值，当船从左岸开往右岸时为真，否则为假。

当船到达终止状态时，即 Left＝[]，就得到了一种过河方案。对于过河问题而言，过河方案有时不是唯一的，为了得到最佳的过河方案（运送物品次数最少的方案），需要将已有的过河方案和当前的过河方案进行比较，并利用列表 Result 将 Stack 中最佳的过河方案记录下来。

当船没有到达终止状态时，需要判断船是从左岸开向右岸还是右岸开向左岸。由于这两种情况的核心思想类似，先以船从左岸到右岸 move(Left,Boat,Right,LtoR)为例重点介绍该过程。

（1）当船的状态为 LtoR 时，需要在 Left 中选出放在 Right 中的物品。可选择的物品除了在 Left 中的，还有船上从右岸带回来的物品 Boat，因此在挑选物品之前先把船上的物品放到左岸（Left＝Left＋Boat）。

（2）选择 Left 中的一个物品进行运送前，先判断它是否为刚从右岸带回来的物品 Boat，是则选择其他物品判断；不是则执行（3）。该判断能够避免船从右岸带回来的物品马上又被带了回去，从而使程序陷入循环中。

（3）将该物品从 Left 中移除，并判断带走该物品后岸上的物品是否处于安全状态。若安全则执行（4）；否则继续执行（2）。

（4）判断当前的过河状态是否已经执行过。若是则继续执行（2）；否则，将该状态加到 History 中。将左岸、右岸和船的完整信息存到列表 Stack 中，用于输出过河的方案。

（5）上述过程模拟了船从左岸到右岸的过程，接下来需要让船从右岸回到左岸，可以递归调用 move(Left,Boat,Right,not LtoR)。

虽然船从右岸到左岸与上述过程基本相同，但仍然有一点不同，需要特别注意：由于我们的目的是将左岸的全部物品运送到右岸，因此要避免船从左岸到右岸时为空的状态，但船从右岸到左岸时应该尽量为空，所以船从右岸到左岸时，船的状态应该多一个 empty，表示船为空。

通过上述的讲解，大家应当已经清楚怎样编写 move()函数了，具体的实现代码如<程序：过河问题之 move 函数>所示。其中 sol 记录了有多少种过河的方案，Min 记录了最佳的过河方案中船运送物品的次数。请注意，在本例的实现中，我们引入了一个 tryall 变量来

记录目前尝试的过河次数。当 tryall 达到一定数量时(本例为 50 000 次),如果没有得到结果,则认为找不到结果,返回。

```
#<程序:过河问题之 move 函数>
def move(Left, Boat, Right, LtoR):            #船的移动函数
    global History, Stack, trial, maxn, sol, Result, Min, tryall
    if Left == []:                            #左岸上的物品已经全部运到了右岸
        sol += 1
        S = Stack[:]
        if Result == []: Min = len(S); Result.append(S)
        elif len(S) < Min: Result = [S]; Min = len(S)
        elif len(S) == Min: Result.append(S)
        return
    trial += 1                                #过河次数
    if trial > 50000: tryall = False; return
    if LtoR:                                   #船从左岸到右岸
        Left = Left + Boat                     #可选择的物品为左岸上的物品和船上带回来的物品
        for e in Left:
            if [e] != Boat:                    #避免出现带来的物品再带回去的情况
                Boat = [e]                     #带走物品 e
                L = Left[:]
                L.remove(e)                    #将 e 从物品的所有组合中删掉
                if safe(L, Enemy):             #判断带走 e 后,岸上的物品是否安全
                    h1 = [qsort(L), not LtoR]
                    m1 = [qsort(L), Boat, qsort(Right), not LtoR]
                    if not repeat(h1, History): #判断过河方案是否已经存在
                        History.append(h1)
                        Stack.append(m1)
                        move(L, Boat, Right, not LtoR)
                        History.pop()
                        Stack.pop()
    else:                                      #船从右岸到左岸
        Right = Right + Boat                   #可选择的物品为右岸上的物品和船上带过来的物品
        for e in ["empty"] + Right:
            if [e] != Boat:                    #避免出现带来的物品再带回去的情况
                if e == "empty": Boat = []
                else:
                    Boat = [e]                 #带走物品 e
                R = Right[:]
                if e != "empty": R.remove(e)       #将 e 从物品的所有组合中删掉
                if safe(R, Enemy):                 #判断带走 e 后,岸上的物品是否安全
                    h1 = [qsort(R), not LtoR]
                    m1 = [qsort(Left), Boat, qsort(R), not LtoR]
                    if not repeat(h1, History):    #判断过河方案是否已经存在
                        History.append(h1)
                        Stack.append(m1)
                        move(Left, Boat, R, not LtoR)
                        History.pop()
                        Stack.pop()
```

细心的同学可能会发现，在 move() 函数中，对于列表 History 和 Stack，用到了 pop() 方法，这在之前的讲解中并没有提到，它到底是干什么的呢？

pop() 方法是 Python 的内置函数之一，其主要功能是移除列表中的一个元素（默认为最后一个元素），并且返回该元素的值。在本例中，农夫从所有的物品选择一个安全的物品 e 带上船，并在列表 History 和 Stack 中记录下这个状态（假设为状态 1），递归调用 move() 函数，在状态 1 上继续模拟船的运送过程，该过程仍会向 History 和 Stack 中添加状态（假设为状态 2），以此类推，假设在添加了状态 n 之后，move() 函数达到终止条件。根据递归的思想，程序会回到上一个状态，即状态 n−1，因此需要移除最后一个状态从而得到状态 n−1，并在该状态上，继续尝试其他运送的方案，从而得到所有的解决方案。

为了让同学们更清楚地理解上述过程，我们模拟菜鸡狼过河这一过程，具体解释 pop() 的功能。由于 History 和 Stack 两个列表均用到了 pop() 方法，为简单起见，我们以 History 为例讲解运送的状态。

在初始情况下，只有一个状态（状态 0，见表 6-1）。在这种状态下，农夫只能选择将鸡带上船，运送到右岸，此时 History 中多了一个状态（状态 1）。农夫空船回到左岸，添加状态 2。在该状态下，农夫可以选择将狼带上船或者将菜带上船，首先假设农夫将狼带上船，运送到右岸，则得到新的状态 3，即菜在左岸，鸡、狼和农夫在右岸。由于狼和鸡是敌对关系，并且狼是刚刚被带到右岸的，因此船夫只能带鸡回到左岸得到状态 4，以此类推，直到农夫将所有物品带到右岸（状态 7），递归函数 move() 达到终止条件，要返回上一个状态（状态 6），因此调用 pop() 函数将状态 7 移除，在状态 6 下，由于没有其他可选择的物品了，所以利用 pop() 函数回到状态 5……直到回到状态 2（左岸是菜和狼，右岸是鸡，农夫从右岸回到左岸）。由于已经尝试了先将狼带过河，还没有尝试先将菜运送过河，因此在状态 2 下继续选择将菜运过河得到状态 8。在状态 8 下按照上述思想继续选择物品运送……直到得到状态 12，农夫将所有物品运过河。然后再利用 pop() 函数回退到上一状态去尝试没有选择的物品直到所有状态均被移除。History 中的内容如图 6-5 所示。

表 6-1　菜鸡狼过河问题的状态编号及对应状态

状态编号	状　　态	状态编号	状　　态
0	[[菜、鸡、狼],[],True]	7	[[],[菜、鸡、狼],True]
1	[[菜、狼],[鸡],True]	8	[[狼],[菜、鸡],True]
2	[[菜、狼],[鸡],False]	9	[[鸡、狼],[菜],False]
3	[[菜],[鸡、狼],True]	10	[[鸡],[菜、狼],True]
4	[[菜、鸡],[狼],False]	11	[[鸡],[菜、狼],False]
5	[[鸡],[菜、狼],True]	12	[[],[菜、鸡、狼],False]
6	[[鸡],[菜、狼],False]		

了解了这个 History 的变化过程，就能看出一个规律：每次弹出的都是所存状态中最后添加的状态，以添加状态 7 后的 History 为例，按照编号由小到大的顺序依次添加了状态 0 至状态 7，但是在弹出的时候，是按照编号由大到小弹出的。换句话说，后添加的状态最先被弹出，即"后进先出"，这种思想其实就是"栈"的思想。

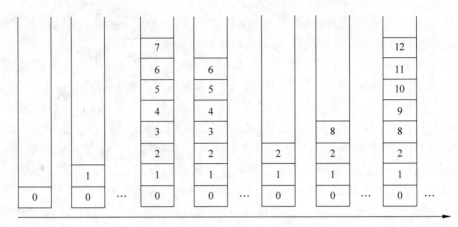

初始状态　添加状态1 … 添加状态7 弹出状态7 … 弹出状态3 添加状态8 … 添加状态12 …

图 6-5　菜鸡狼过河问题中 History 所保存状态的变化过程

3. repeat(h,H)函数

repeat(h,H)函数的功能为：用于判断当前的过河状态是否已经执行过,若执行过,返回True；否则返回False。其中 h 为当前的过河状态,H 记录了已执行过的过河状态。repeat()函数避免了过河方案陷入无穷无尽的循环中。代码如<程序：过河问题之 repeat 函数>所示。

```
♯<程序：过河问题之 repeat 函数>
def repeat(h, H):          ♯判断 h 是否存在于 H 中
    if h in H: return True
    return False
```

菜鸡狼过河问题的核心函数已基本介绍完了,为了能够得到最终的过河方案且让程序看起来更友好,还需要一些输出函数和提示函数。

4. print_result(S)函数

print_result(S)函数的功能为：打印过河的方案,其中 S 存储了每次的过河状态,格式为[[左岸物品],[船上的物品],[右岸物品],[船的方向]]。函数首先打印出初始状态,然后根据船的移动方向的不同,以不同的格式打印出每条状态。这里用到了字符串的格式化操作,这在第 3 章已经详细地讲解了,如此不再赘述。代码如<程序：过河问题之 print_result 函数>所示。

```
♯<程序：过河问题之 print_result 函数>
def print_result(S):            ♯输出 S 中的路线
    i = 0
    for e in S:
        if i == 0:
            print("Initially:(左岸 % s)< = 船 % s(右岸 % s)" % (e[0],e[1],e[2]))
        else:
            if e[3]:
```

```
            print("Step %d:(左岸 %s)<= 船 %s <= (右岸 %s)" %(i,e[0],e[1], e[2]))
        else:
            print("Step %d:(左岸 %s) =>船 %s =>(右岸 %s)" %(i,e[0],e[1], e[2]))
    i += 1
```

5. main()函数

main()函数的功能是：定义相关的数据结构并在运行过程中为用户提供信息，增强程序的友好性。程序首先对要用到的变量进行了初始化，其次调用 move()函数模拟船运行的过程，最后输出结果。代码如<程序：过河问题完整程序>所示。

```
# <程序：过河问题完整程序>
# 以下为主函数
Enemy = {"chicken":["wolf"], "vegetable":["chicken"],"wolf":[]}
# 记录敌对关系的字典
History = []                              # 为了避免进入循环,存储了历史状态的列表
trial = 0                                 # 记录 trial 的个数
Stack = []                                # 记录了一个方案的移动状态的列表
Result = []                               # 记录了最少的过河次数的方案
sol = 0                                   # 所有可能的方案的个数
Min = 0                                   # 最少的过河次数
tryall = True
def main():                               # 主函数
    L_init = ["wolf","vegetable","chicken"]  # 初始状态
    Left = L_init[:]
    Boat = []
    Right = []
    print("Initially:(左岸 %s)" %(L_init))
    h = [qsort(Left + Boat), qsort(Right), True]
    m = [qsort(Left),Boat, qsort(Right), True]
    History.append(h)
    Stack.append(m)
    move(Left, Boat, Right, True)
    if len(Result)> 0:
        if tryall: print("Computer has tried all the possible ways")
        else: print("Computer has tried %d times" %(trial))
        print("There are %d good solutions" %(len(Result)))
        for i in range(len(Result)):
            print(" ======== " * 2)
            print("The solution %d with length %d" %(i + 1,len(Result[i]) - 1))
            print_result(Result[i])
    else: print("####No Solution####")
```

运行菜鸡狼过河问题的完整代码,会得到下面的结果：

```
>>>
Initially:(左岸 ['wolf', 'vegetable', 'chicken'])
Computer has tried all the possible ways
There are 2 good solutions
=================
The solution 1 with length 7
Initially:(左岸['chicken', 'vegetable', 'wolf'])<=船[](右岸[])
Step 1:(左岸['vegetable', 'wolf'])=>船['chicken']=>(右岸[])
Step 2:(左岸['vegetable', 'wolf'])<=船[]<=(右岸['chicken'])
Step 3:(左岸['vegetable'])=>船['wolf']=>(右岸['chicken'])
Step 4:(左岸['vegetable'])<=船['chicken']<=(右岸['wolf'])
Step 5:(左岸['chicken'])=>船['vegetable']=>(右岸['wolf'])
Step 6:(左岸['chicken'])<=船[]<=(右岸['vegetable', 'wolf'])
Step 7:(左岸[])=>船['chicken']=>(右岸['vegetable', 'wolf'])
=================
The solution 2 with length 7
Initially:(左岸['chicken', 'vegetable', 'wolf'])<=船[](右岸[])
Step 1:(左岸['vegetable', 'wolf'])=>船['chicken']=>(右岸[])
Step 2:(左岸['vegetable', 'wolf'])<=船[]<=(右岸['chicken'])
Step 3:(左岸['wolf'])=>船['vegetable']=>(右岸['chicken'])
Step 4:(左岸['wolf'])<=船['chicken']<=(右岸['vegetable'])
Step 5:(左岸['chicken'])=>船['wolf']=>(右岸['vegetable'])
Step 6:(左岸['chicken'])<=船[]<=(右岸['vegetable', 'wolf'])
Step 7:(左岸[])=>船['chicken']=>(右岸['vegetable', 'wolf'])
```

从结果可以看出，对于本例中给出的条件，共有两种最佳的过河方案能够让农夫和菜鸡狼安全过河，并且在这两种方案中，农夫均需要过河 7 次。

在此总结一下解决菜鸡狼过河问题的基本方法：为了得到所有的过河方案，需要尝试每种过河方案，最后选择过河次数最少的过河方案。在本例中只有 3 个物品，每次只能带一个物品过河，对于人来说遍历本例中的所有方案不是件难事。但是当物品增多并且每次能带多种物品过河时，情况就复杂得多了，人往往很难快速地得到问题的解。而对于计算机而言，它能够利用强大的计算能力，遍历每种方案，在很短的时间内给出所有可行的方案。

练习题 6.2.1 假设在菜鸡狼过河问题中，每次过河船可以运送两个物品，请通过程序得出船上可运送物品的所有组合，并使得船上物品安全。那么，应该如何求解菜鸡狼过河问题？

【解题思路】 假设船在每次过河时可以运送两个物品，在菜鸡狼 3 个物品中不考虑安全的问题，可以求得共有 3 种选择方式。但是，当岸边的物品变多了，那么不能简单地计算出共有多少种选择物品的方式来保证每次选择的物品不会重复。

为了计算不重复地选择岸边两个物品的所有组合，就需要用到第 5 章讲到的组合问题 combination(L,k)，来求得在列表 L 的 len(L)个物品中选择 k 个物品运送，共可以有多少种组合方式，这里 k 为 2。当然，每当选择一种组合方式时，要先调用 safe()函数判断运送后岸边物品是否安全，然后将物品组合运送到对岸，并且从所有组合中将该组合方式移除。

6.3　AB 猜数字游戏

【问题描述】　两个人进行 AB 猜数字游戏,其中一人设定一个秘密的数字,对方在已知数字位数的情况下猜测这个数字的值(所设定的秘密数字中不能有重复的数)。每猜测一次,可获得一次提示,其中用 xA 来表示猜测的数字中有 x 个数的值与其对应位置是完全正确的,用 yB 来表示猜测的数字中有 y 个数的值是正确的但是位置不对。两个人轮流进行猜数字游戏,看谁能先猜到对方的数字。

【问题举例】　为了让同学们更清晰地了解游戏规则,可以简单地模拟一次游戏过程。假设小明和小芳进行 AB 游戏,小芳作为出题方选定了一个秘密数字 732 让小明猜。小明在得知小芳的数字为 3 位数后,猜测过程如下:

小明猜:017

小芳提示:0A1B(因为只有 7 在小芳选定的秘密数中,但是它的位置不对)

小明猜:142

小芳提示:1A0B(因为只有 2 在小芳选定的秘密数中,且位置和值均正确)

小明猜:972

小芳提示:1A1B

小明猜:762

小芳提示:2A0B

小明猜:782

小芳提示:2A0B

小明猜:732

小芳提示:3A0B,恭喜你,猜中了!

游戏模拟到这里,我想同学们一定已经很清楚地了解了 AB 游戏的规则,有兴趣的同学可以和小伙伴们一起进行这个游戏,比比看谁能先猜出对方的数字。

【解题思路】　掌握了游戏规则后,就要思考如何实现这个游戏了。由于是互动游戏,所以本例中假设计算机作为猜数字的一方,人作为提供秘密数字的一方,考虑如何设计算法能够让计算机快速地猜出数字。

请同学们思考一下,我们每次猜的数字都是怎么来的呢?是随便猜的么?显然不是,因为可以通过提示删除一些不满足条件的数字,在剩余的数字中选择,从而加速猜中的过程。因此,解决本问题的关键就是如何让计算机和人脑一样能够"思考"。

再来回顾本节开始的例子,假设计算机作为猜数字的一方,分析其猜测的过程,如图 6-6 所示。计算机得知猜的数字为 3 位数时,计算机会将所有可能的 3 位数全部列出来(注意例子中所设定的秘密数字中不能有重复的数)。那么,计算机列出的 3 位数是 012~987 满足条件的数字,因为 988、989、990~999 均不在需要考虑的数字范围内。同时,在 012~987 中,020、111、220 等数字是不满足条件的数字,计算机也不会考虑这些数字。因此计算机会在满足条件的 720 个 3 位数中,随机选择 017 进行猜测。

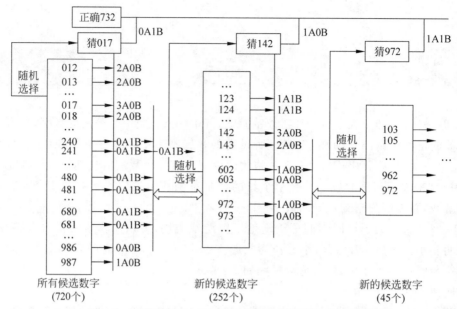

图 6-6　以秘密数字 732 为例，模拟计算机猜数字的过程

根据猜测 017 时给出的结果 0A1B，对列举出来的 012～987 进行筛选。将与 017 形成 0A1B 关系的数字筛选出来（共有 252 个候选数字）。从这些候选数字中，随机选择其中的数字 142 进行猜测。

根据猜测 142 时给出的结果 1A0B，对上次的 252 个候选数字进行筛选。将与 142 形成 1A0B 关系的数字筛选出来（共有 45 个候选数字）。继续从这些候选数字中，随机选择其中的数字 972 进行猜测。

根据猜测 972 时给出的结果 1A1B，对上次的 45 个候选数字进行筛选。将与 972 形成 1A1B 关系的数字筛选出来。以此类推，直至猜到正确数字 732 为止。

根据上面的分析，可以总结出计算机猜数字的大体思想：游戏开始时，根据秘密数字的位数生成一个候选数字集合。在每次猜数字之后，根据给出的提示，计算机在这个候选数字集合中删除不满足条件的数字。随着猜数字次数的增多，候选数字的个数不断缩小，直到得到正确的秘密数字。

介绍了 AB 猜数字游戏的基本思想后，就来分析如何编程实现这个游戏。从上面的分析中可以知道，计算机猜数字的过程主要分为以下 4 部分：

（1）根据数字的位数生成所有的可能数字，定义为 generateALL() 函数；

（2）从可能的数字集合中随机猜一个数字，定义为 guess_number_rand() 函数；

（3）判断所猜的数字与秘密数字相比是几 A 几 B，定义为 verifyAB() 函数；

（4）根据提示对数字集合进行筛选，即为 prune() 函数。

下面介绍每个函数的具体实现方式。

1. generateALL（length）函数

generateALL(length) 函数的功能为：根据传入参数的位数 length 来产生所有可能的候选数字，即从 $0\sim10^{length}$。例如，length 等于 3 时，说明要是生成 3 位数，共有 10^3 种可能的数,在生成的过程中位数不够,要用 0 补齐,故所有可能的候选数字为 $000\sim999$。但是可以看出函数生成出来的数字中的每位数字可以是重复的。若想生成没有重复的秘密数字,则需要调用 duplicate(A)函数,检查字符串 A 中是否具有重复数字。该函数对 A 中的每位数判断它是否在后续的数字中出现过,若出现过,则返回 True;否则返回 False。代码如<程序:产生所有不重复的候选数字>所示。

```
#<程序:产生所有不重复的候选数字>
def generateALL(length):
    L = [];
    for i in range(10 ** length):
        t1 = str(i);len_t1 = len(t1)          # 整数变成字串
        for j in range(length - len_t1):
            t1 = "0" + t1
        if not duplicate(t1):                 # 检查有没有重复的数字
            L.append(t1)
    return(L)
def duplicate(A):                             # 检查 A 中是否有重复的数字
    for i in range(0,len(A)):
        for j in range(i + 1,len(A)):
            if A[i] == A[j]: return True
    return False
```

2. guess_number_rand(L)函数

guess_number_rand(L)函数的功能为:从候选数字集合 L 中随机选取一个数字返回作为本次猜的数字。其中函数 randint(a,b)用于生成一个指定范围内的整数。因为函数 randint(a,b)是属于 random 模块中的方法,所以使用 randint(a,b)时需在程序前面加上语句:from random import randint。其中参数 a 是下限,参数 b 是上限,生成的随机数 n: $a\leqslant n\leqslant b$。代码如<程序:在候选数字集合中随机猜一个数字>所示。

```
#<程序:在候选数字集合中随机猜一个数字>
def guess_number_rand(L):                      # 从可能的数字中随机猜一个数
    if len(L) == 1: return L[0]
    i = randint(0,len(L) - 1)
    return L[i]
```

3. verifyAB(SL,GL)函数

verifyAB(SL,GL)函数的功能为:判断计算机所猜的数字 GL 与正确的秘密数字 SL 为几 A 几 B。函数会依次取出 GL 中的每位数和 SL 中相对应的每位相比较,若相等,则 A 的个数加 1;否则判断取出的这一位数在不在密码数中,若在则 B 加 1。最后返回结果[a, b]。代码如<程序:在没有重复数字的情况下判断几 A 几 B>所示。

```
#<程序:在没有重复数字的情况下判断几 A 几 B>
def verifyAB(SL, GL):
    if len(SL) != len(GL):
        print("ERROR in verifyAB"); return([])
    a = 0; b = 0
```

```
for i in range(len(GL)):
    if GL[i] == SL[i]: a += 1          ♯先检查是否同位置
    elif GL[i] in SL: b += 1           ♯注意这是 else if,不同位置的出现是 B
return [a,b]
```

4. prune(Legal,G,Ans)函数

prune(Legal,G,Ans)函数的功能为:根据每次猜的数 G 以及提示 Ans,对候选数字集 Legal 进行筛选。利用 for 循环控制语句从可能数列表中筛选出与 G 为 Ans 关系的数,通过前面的思路分析可知,正确答案一定就在这些数里。代码如<程序:筛选候选数字集合>所示。

```
♯<程序:筛选候选数字集合>
def prune(Legal,G,Ans):     ♯通过提示对可能的数进行筛选,G 是新猜的数,Ans 是猜 G 时的 AB 答案
    L = []
    for e in Legal:
        a = verifyAB(e,G)
        if a == Ans: L.append(e)
    return L
```

在 AB 猜数字游戏中,除了上述 4 个核心函数外,还需要一个主函数,即 main()函数,为用户提供提示消息,来增加程序的友好性,执行过程如下:

(1) 程序输出游戏规则"猜数字游戏,几个 A 代表有几个数正确,并且位置也对,几个 B 来表示有几个数正确但是位置不对"。

(2) 提示玩家"你想让计算机猜几个数字(eg. 5?)";玩家输入要让计算机猜的位数后,提示玩家"请输入你的秘密数字(数字不可以重复),计算机将要对你的秘密数字进行猜测"等待玩家输入要让计算机猜的数字。

(3) 待玩家输入秘密数字后,对玩家输入的数字位数和密码数字进行检测,若输入的位数小于 10 并且输入的位数和输入的密码数的位数相同,则输入合法,计算机将进行下一步猜测,若不合法,将重复步骤(2),直到用户输入合法。

(4) 计算机会根据玩家输入的数字的位数,调用函数 generateALL(length)产生所有候选数字,并输出第一次产生可能数的数量。初始化结果列表 Answer=[0,0]表示此时的结果为 0A0B,并用 i 记录猜测的次数。

(5) 计算机猜测秘密数字,调用函数 guess_number_rand(L)随机从可能数 Legal_list 中选取一个数 G1。判断 AB 答案本来应当交由玩家来判断,但是此处交给了计算机来执行,计算机利用函数 verifyAB(L1, L2)判断 G1 的 AB 答案更新结果列表 Answer,利用猜测的数字 G1 和 G1 的 AB 答案对可能的数进行筛选,函数 prune(Legal,G,Ans)返回筛选后的可能数列表,对可能的数 Legal_list 进行更新并对猜测次数 i 加 1。输出提示信息:猜测次数 i、猜测的数 G1、判断的结果 Answer 及筛选过后可能数的个数。

(6) 判断计算机是否将秘密数字的每位全部猜对,即结果列表 Answer[0](当前猜中的 A 的个数)是否小于秘密数字的位数,如果小于则说明没有全部猜对,重复步骤(5)直到计算机将秘密数字的每位都猜对。

游戏过程的代码如<程序：AB 猜数字游戏 main 函数>所示。

```
♯<程序：AB 猜数字游戏 main 函数>
def main():
    print("猜数字游戏,几个 A 代表有几个数正确,并且位置也对,几个 B 来表示有几个数字正确但
是位置不对")
    for i in range(20):
        while(True):
            S = input("你想让计算机猜几个数字 (eg. 5?)")
            SL = input("请输入你的秘密数字(数字可以重复). 计算机将要对你的秘密数字进行
猜测")
            if S.isdigit() and SL.isdigit():
                digit_num = int(S)
                if digit_num < 10 and len(SL) == digit_num:
                    break
        Legal_list = generateALL(digit_num)
        print("第一次将有 %d 个可能数" %(len(Legal_list)))
        Answer = [0,0]; i = 0
        while Answer[0]< digit_num:
            G1 = guess_number_rand(Legal_list)
            Answer = verifyAB(SL,G1)
            Legal_list = prune(Legal_list,G1,Answer)
            i = i + 1
            print("第 %d 次猜测: %s, 答案:%d A, %d B. 剩有 %d 个可能的数" %(i,G1,
Answer[0],Answer[1],len(Legal_list)))
    return
```

可以运行上述程序,进行一次 AB 猜数字游戏,运行结果如下：

```
>>>
猜数字游戏,几个 A 代表有几个数正确,并且位置也对,几个 B 代表有几个数字正确但是位置不对.
How many digits do you want computer to guess (eg. 5?)3
Now enter your secret number(数字不可以重复). Computer will try to guess it.579
There are 720 possible numbers at first
Guess 1 times: 865, Answer:0 A, 1 B. There are 252 possible numbers
Guess 2 times: 514, Answer:1 A, 0 B. There are 45 possible numbers
Guess 3 times: 284, Answer:0 A, 0 B. There are 20 possible numbers
Guess 4 times: 617, Answer:0 A, 1 B. There are 3 possible numbers
Guess 5 times: 579, Answer:3 A, 0 B. There are 1 possible numbers
```

我们设置了一个秘密数字 579,计算机输出共有 720 种可能的 3 位数字,并通过 5 次猜测就猜到了正确的数字。

兰　兰：是不是因为 3 位数的候选数字太少了,计算机才能快速地得到了正确的解。如果设置成较多位数的秘密数字,计算机是不是就猜不出了？

下面给出一个 6 位的秘密数字,计算机的猜测如下,可以看出在具有 151 200 个候选数字的情况下,计算机也只需要 7 次就猜对了正确的数字。

```
>>>
How many digits do you want computer to guess (eg. 5?)6
Now enter your secret number(数字不可以重复). Computer will try to guess it.574391
There are 151200 possible numbers at first
Guess 1 times: 436709, Answer:0 A, 4 B. There are 32580 possible numbers
Guess 2 times: 907845, Answer:0 A, 4 B. There are 6419 possible numbers
Guess 3 times: 065384, Answer:1 A, 2 B. There are 944 possible numbers
Guess 4 times: 760592, Answer:1 A, 2 B. There are 91 possible numbers
Guess 5 times: 284397, Answer:3 A, 1 B. There are 3 possible numbers
Guess 6 times: 083197, Answer:1 A, 3 B. There are 1 possible numbers
Guess 7 times: 574391, Answer:6 A, 0 B. There are 1 possible numbers
```

到目前为止,AB猜数字游戏就已经介绍完了,我们再来回顾一下:为了获得正确的秘密数字,计算机首先生成一个满足要求的所有候选数字的集合,然后根据每次猜数字的提示,在候选数字集中剔除掉不满足提示的数字。计算机之所以能够通过较少的次数就能获得结果,主要是因为在对候选数字集合筛选时,每次能够剔除掉大部分的候选数字。从本例中,我们可以看到在对如此多个元素的集合进行比较操作时,计算机利用其强大的计算能力,也能快速地获得正确的结果。

　　练习题 6.3.1　前面学习 AB 猜数字游戏时,规定秘密数字中不可有重复的数,如果将游戏规则改为可以有重复的数,那么计算机将会以怎样的过程来猜测这个秘密数字呢? 如何修改程序?

　　【解题思路】　"不可有重复数字"和"可以有重复数字"这两种不同的规则主要会导致程序中两个函数出现以下差异。

　　(1) 在函数 generateALL()中,如果可以有重复数字,那么就无须用函数 duplicate()检查是否有重复数字,直接将 for 循环生成的所有数字添加到候选数字列表 L 中。

　　(2) 在利用函数 verifyAB()计算 xAyB 中的 y 时,如果不可有重复的数,那么当然可以直接使用 in 来判断某个数是否出现在秘密数字中的其他位置上。但是如果可以有重复的数,例如,玩家设定的秘密数字为 012,计算机猜测的数字为 011,原程序会计算得出 2A1B,而实际正确的答案应该为 2A0B。为了避免出现这种错误,需要先计算 xAyB 中的 x,并将秘密数字和计算机猜测数字中对应位置数字相同的数位删除。以上述数字为例,删除之后两个数字分别变为 2 和 1,然后再计算 xAyB 中的 y。

6.4　24 点游戏

　　【问题描述】　24 点游戏是一个算术游戏,具体规则如下:给出 4 张牌,可以任意运用加、减、乘、除操作,任意交换牌的顺序,同时也可以任意使用结合律,看是否能通过组合运算得到数字 24。

　　【问题举例】　举一个简单的例子,假设有 4 张牌,它们的数值分别是[8, 5, 13, 11],通过不同的组合方式,可以得到不同的表达式使它们的结果均为 24,比如$(5-13)\times(8-11)=24$、$(8-11)\times(5-13)=24$、$8\times((5-13)+11)=24$、$8\times(5-(13-11))=24$ 等共 20 种可

能的组合。

由上面的例子可以看到,对于给出的 4 张牌,其组合的方式有很多种,不同的组合方式有可能会得到不同的计算结果。一个式子(如(5－13)×(8－11)＝24),其等式左边主要包含 3 部分:数字、运算符和括号。也就是说,要解决这个问题,其实就是这 3 部分的不同排列组合问题。那么共有多少种"数字＋运算符＋括号"的排列组合呢?

假设 4 张牌分别为 a1、a2、a3、a4,首先对于这 4 张牌的排列组合共有 4! 种(不考虑是否有重复的牌的情况下)。而这一部分刚好可以用到第 5 章中的排列问题的解决方法,所以这个问题算是已经解决了。其次,对于 4 张牌,中间有 3 个空隙可以插入"＋""－""＊""/"这 4 种操作符,那么操作符的插入方法共有 $4^3＝64$ 种。最后,需要考虑如何添加括号。其实对于这4 张牌,加括号的方式只有固定的 5 种:((a1 a2)(a3 a4))、(((a1 a2) a3)a4)、((a1 (a2 a3))a4)、(a1 ((a2 a3) a4))、(a1 (a2 (a3 a4)))。所以总共的组合方式有 4! ×64×5 种。

【解题思路】 在 24 点游戏中,为了得到结果等于 24 的表达式,最直接的方式就是将所有的表达式都列举出来,然后判断每个表达式的结果是否满足条件即可。

有了算法的基本思想后,再来考虑如何通过编程解决 24 点问题。根据上面的分析,我们知道程序若能完成以下 3 大部分的功能,24 点游戏也就基本实现了。

(1) 列出所有可能的表达式,定义为 combination_L_op()函数;

(2) 计算每个表达式的值,即为 evaluate()函数;

(3) 将每个表达式的值与 24 进行比较,定义为 verify()函数。

下面介绍每个功能的具体实现方式。

1. combination_L_op(A,op)函数

combination_L_op(A,op)函数的功能为:将 4 张牌、4 种操作符和括号组成的所有可能的表达式列举出来,存入列表中并返回,其中参数 A 和 op 均是列表,分别存放 4 张牌的数值和"＋""－""＊""/"这 4 个操作符。该函数可以有 3 种实现方式:第一种是采用非递归的思想用 for 循环实现;第二种是利用字符串格式化的知识实现;第三种是利用递归的思想实现。

【解法一】 根据前面例子中的分析,可以先利用第 5 章中的解决排列问题的 permutations()函数得到 4 张牌的所有排列的解,然后通过 3 层的嵌套 for 循环将操作符插入每种排列组合中。最后为每种数字与操作符的组合添加 5 种不同的加括号方式,进而得到所有可能的表达式。代码如<程序:24 点游戏之列出所有的表达式(解法一)>所示。

```
#<程序:24 点游戏之列出所有的表达式(解法一)>
def combinations_L_op(A, OP):
    L = permutations(A)          #返回列表 L 包含所有的排列
    R = []
    for op1 in OP:
        for op2 in OP:
            for op3 in OP:
                for a in L:
                    x = [a[0]] + [op1] + [a[1]] + [op2] + [a[2]] + [op3] + [a[3]]
                    R.append(x)
    L = [];
    for a in R:
```

```
            x = ['(','(']+a[0:3]+[')']+[a[3]]+['('+a[4:7]+[')',')']
            L.append(x)
            x = ['('']+a[0:2]+['('']+a[2:4]+['('']+a[4:7]+[')',')',')']
            L.append(x)
            x = ['('']+a[0:2]+['(','('']+a[2:5]+[')']+a[5:7]+[')',')']
            L.append(x)
            x = ['(','('']+a[0:2]+['('']+a[2:5]+[')',')']+a[5:7]+[')']
            L.append(x)
            x = ['(','(','('']+a[0:3]+[')']+a[3:5]+[')']+a[5:7]+[')']
            L.append(x)
        return(L)
```

【解法二】 从上面的程序可以看出对表达式加括号的方法过于死板,让人眼花缭乱。同学们可能会想有没有一种更简洁的加括号方式呢? 当然有,接下来就换一种方式完成combination_L_op()函数。该方法主要是利用了前面字符串格式化的知识点,既然对于4张牌来说加括号的方式只有固定的5种,那么可以事先定义好这5种模式,然后在得到4张牌和操作符的所有排列之后将其插入相应的位置,代码如<程序:combination_L_op 解法二>所示。

```
# <程序: combination_L_op 解法二>
def combination_L_op_2(A, OP):
    explist = ["( ( %d %s %d ) %s ( %d %s %d ) )",\
               "( ( ( %d %s %d ) %s %d ) %s %d )",\
               "( ( %d %s ( %d %s %d ) ) %s %d )",\
               "( %d %s ( ( %d %s %d ) %s %d ) )",\
               "( %d %s ( %d %s ( %d %s %d ) ) )"]
    R = []; L = permutations(A)
    for a in L:
        for e in explist:
            for op1 in OP:
                for op2 in OP:
                    for op3 in OP:
                        s = e % (a[0],op1,a[1],op2,a[2],op3,a[3])   # 注意元素类型
                        t1 = s.split()
                        R.append(convert2INT(t1))
    return R
# A 是一个字符串列表,A 中的元素能转变成整数的尽量转变为整数
# 例如, A = ['(', '3', '*', '(', '(', '13', '-', '12', ')', '*', '4', ')', ')']
def convert2INT(A):
    L = []
    for e in A:
        if e.isdigit(): L.append(int(e))
        else: L.append(e)
    return L
```

<程序:combination_L_op 解法二>在处理括号的问题上显然要比第一种方法更简洁,但是解法二需要注意的是类型的转换,其中 s 是字符串类型(如 s = '(3 * ((13-12) * 4))'),所以需要转换成列表形式。首先利用字符串内置的函数 split()将其转换成一个字符串列表(如 t1 = ['(', '3', '*', '(', '(', '13', '-', '12', ')', '*', '4', ')', ')']),然而由

于该字符串列表中的每项元素都是字符串,所以还需要将字符串转换成整数类型,利用convert2INT()函数实现这一功能,最终全都追加到 R 中作为结果返回。

兰 兰:对于 4 个数字有 5 种加括号的方式,但是当数字增多时,如果用上边的两种解法我们仍然需要把所有的加括号的方式列出来,这岂不是很麻烦吗?

沙老师:没错,这也正是前两种方法的弊端,接下来我们给出一种更简洁的方法。

【解法三】 我们可以利用递归的方式求得 k 张牌所有加括号的方式。例如,k=3 时,返回 L=['(%d %s (%d %s %d))', '((%d %s %d) %s %d)']。

如何利用递归的方式来解决加括号这一问题呢?可以将问题分成两部分:前 i 张牌的加括号方式为一部分(i 可以为 1 到 k-1),后 k-i 张牌的加括号方式为另一部分,分别用递归的方式处理这两部分,直到剩一张牌的时候就只有一种可能(即%d),最后将这两部分用操作符组合在一起,即可得到想要的解。其实这是一个递归的数学关系式。设 F(k)为对 k 张牌插入括号的方法个数。我们知道,F(1)=1,F(2)=1,可以看出 F(3)=F(1)F(2)+F(2)F(1)=2,而 F(4)=F(1)F(3)+F(2)F(2)+F(3)F(1)=5。请问 F(5)是多少呢?用图 6-7 来解释。

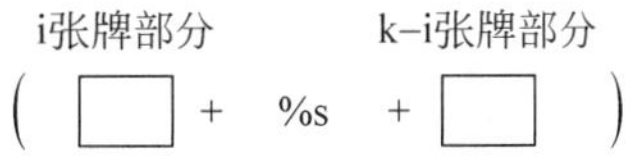

图 6-7 加括号递归思路示意图

用递归方式求得 k 张牌所有加括号方式的代码如<程序:k 张牌括号方式>所示。

```
#<程序:k 张牌括号方式>
def generate_exps(k):              #产生前面程序所述的 explist,对任意 k
    if k == 1: return ["%d"]       #只有一张牌,则返回["%d"]
    L = []
    for i in range(1, k):
        L1 = generate_exps(i)
        L2 = generate_exps(k - i)
        for e1 in L1:
            for e2 in L2:
                s = "( %s "%(e1) + " %s "+ " %s )"%(e2)
                L = L + [s]
    return(L)
```

下面对代码<程序:k 张牌括号方式>,举一个具体的例子来说明执行过程。求 k=4 的所有加括号的方式。若 k=4,则在拆分的时候需要分成:1 张牌部分+3 张牌部分;2 张牌部分+2 张牌部分;3 张牌部分+1 张牌部分。具体的执行流程如下:

① 1 张牌部分+3 张牌部分如图 6-8 所示。

② 2 张牌部分+2 张牌部分如图 6-9 所示。

③ 3 张牌部分+1 张牌部分如图 6-10 所示。

经过上面的过程,可得到最终的解 L=['(%d %s (%d %s (%d %s %d)))', '(%d %s ((%d %s %d) %s %d))', '((%d %s %d) %s (%d %s %d))', '((%d %s (%d %s %d)) %s %d)', '(((%d %s %d) %s %d) %s %d)']。

有了 generate_exps()函数,就可以在 combinations_L_op()函数中直接利用它来产生

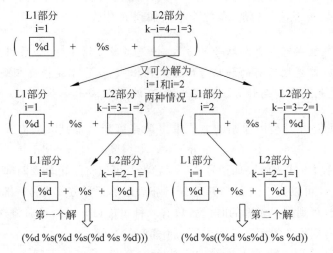

图 6-8　1 张牌部分＋3 张牌部分

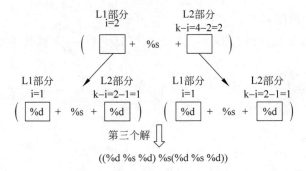

图 6-9　2 张牌部分＋2 张牌部分

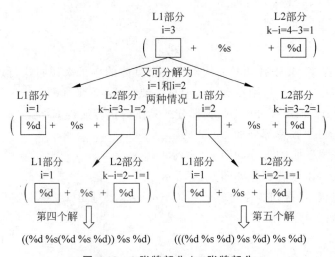

图 6-10　3 张牌部分＋1 张牌部分

加括号的方式，代码如<程序：combination_L_op 解法三>所示。

```
#<程序：combination_L_op 解法三>
def combinations_L_op_num(A, OP):
    k = len(A)
    explist = generate_exps(k)
    R = []; L = permutations(A)
    for a in L:
        for e in explist:
            for op1 in OP:
                for op2 in OP:
                    for op3 in OP:
                        s = e % (a[0],op1,a[1],op2,a[2],op3,a[3])
                        t1 = s.split()
                        R.append(convert2INT(t1))
    return R
```

我们已经介绍了 3 种列出所有表达式的方法了，同学们可以尝试去改写解法三让代码适用于 5 张或者更多的牌，切实感受一下这种递归方式的简洁性与通用性。下面介绍第二个功能模块——计算表达式的值。

2. evaluate(L)函数

evaluate(L)函数的功能为：计算表达式 L 的值。下面介绍 3 种自己编写函数计算表达式的值的方法。第一种方法利用 Python 自带的 eval()函数实现；第二种方法利用递归的思想求解；第三种方法利用了栈这一结构实现。第一种方法是比较简单的方法。从学习的角度而言，强烈建议读者仔细研究后两种方法。

【解法一】 其实 Python 自带的 eval()函数就能实现这个功能，但是该函数在除数为 0时，会显示出现异常而终止程序，并不是很友好。因此，需要运用 3.5.4 节中学习的异常处理，处理当函数中除数为 0 时的异常 ZeroDivisionError。

在处理异常时，可使用 try-except 结构。如果除数为 0，则执行 except 的处理部分，返回 False 和 $-10\,000$；不为 0，则返回 True 和 eval()函数的计算结果。同时注意，在使用eval()函数时要将列表 L 转换为字符串，因为 eval()的作用之一是将字符串转换为有效的表达式并返回计算结果。同学们可以自己编写 join()函数实现从列表到字符串的转换，也可以使用 Python 自带的 join()函数。代码如<程序：eval 函数求解>所示。

```
#<程序：eval 函数求解>
def evaluate1(L):
    try:
        S = eval(join(L))
        return True, S
    except ZeroDivisionError:
        return False, -10000
```

【解法二】 给定一个表达式，如 L=['(', '(', '(', 8, '+', 5, ')', '+', 13, ')','−', 11, ')']，我们知道先算 8+5，L 则变为['(', '(', '(',13,')', '+', 13, ')', '−', 11, ')']，

即一个数值更少的表达式,我们需要继续求这个表达式的值,直到表达式中只有两个数和一个操作符。根据上面的分析,可以利用递归的思想来解决这一问题,将求表达式的值分解成两部分,分别去求得计算值,然后再对这两个值做计算。

基本思想如下:每次从左至右扫描当前表达式,当可以将整个表达式剥离成两部分(分别称为 L1 和 L2 部分)的时候,再分别递归处理这两部分,直到剥离到表达式中只有两个数和一个操作符为止,这样就可以计算出该结果,并将结果返回给上一层。然后上一层就可以利用返回的结果计算出当前表达式的值再返回给它的上一层。最终,到最上层的时候就可以得到最后的计算结果。递归求解表达式 L 的值的代码如<程序:evaluate 递归求解>所示。

```
#<程序:evaluate 递归求解>
def evaluate2(L):
    if len(L) == 1: return True, L[0]
    L1 = []; left = 0
    for i in range(1, len(L) - 1):
        L1.append(L[i])
        if L[i] == '(': left += 1;
        elif L[i] == ')': left -= 1;
        if left == 0: break
    i += 1; op = L[i]; L2 = L[i+1:len(L) - 1];
    flag1,x1 = evaluate2(L1)
    flag2,x2 = evaluate2(L2)
    if op == '+': return flag1 and flag2, x1 + x2
    if op == '-': return flag1 and flag2, x1 - x2
    if op == '*': return flag1 and flag2, x1 * x2
    if op == '/':
        if x2 == 0: return False, -10000
        else: return flag1 and flag2, x1/x2
```

根据上面的代码,我们以 L=['(', '(', '(', 8, '+', 5, ')', '+', 13, ')', '-', 11, ')']为例,来解释函数执行的具体过程。可以看到,对于当前表达式,最外层的括号其实是没有用的,所以在处理的时候直接跳过最外层的括号,同时,设定 left 变量初始为 0,当遇到'('的时候加 1,遇到')'的时候减 1,当 left 为 0 的时候,则可以将 L1 这部分提取出来。

(1) 处理 L。从 L[1]开始 for 循环判断,当 left=0 时就可以提取出 L1 部分,L1=['(', '(', 8, '+', 5, ')', '+', 13, ')'],操作符 op='-',则剩下的部分就为 L2,L2=[11](剩下一个元素,直接返回该元素即可)。我们需要分别计算 L1 和 L2 部分(L2 部分已经得知结果为 11,故需要继续计算 L1 部分),然后两者相减,得到最终结果。

(2) 处理 L1。从 L1[1]开始判断,当 left=0 时就可以提取出 A1 部分,A1=['(', 8, '+', 5, ')'],操作符 op1='+',则剩下的部分为 A2,A2=[13](剩下一个元素,直接返回该元素即可)。我们需要分别计算 A1 和 A2 部分(A2 部分已经得知结果为 13,故需要继续计算 A1 部分),然后两者相加,得到 L1 结果。

(3) 处理 A1。从 A1[1]开始判断,当 left=0 的时候,就可以提取出 B1 部分,B1=[8],操作符 op2='+',则剩下的部分为 B2,B2=[5]。我们需要分别计算 B1 和 B2 部分,然后两者相加,得到 A1 的结果。由于 B1 和 B2 都只剩下一个元素,则直接返回该元素,故 A1＝B1＋B2＝8＋5＝13。将该结果返回,可以计算出 L1。

(4) 计算 L1。由于 A1 部分的结果已经返回,并且 A2 已经得知(A2＝[13]),所以 L1＝A1＋A2＝13＋13＝26。将该结果返回,可以计算出 L。

(5) 计算 L。由于 L1 部分的结果已经返回,并且 L2 已经得知(L2＝[11]),所以 L＝L1－L2＝26－11＝15。至此,便得到了最终的结果。

对于 evaluate( )函数,需要注意,在做除法的时候,有可能会遇到除以 0 这种特殊情况。所以要对这一情况做特殊处理,当除以 0 的时候是不可以计算的,也就是说,该表达式无法计算出值,那么应该返回 False。

其实还可以利用"栈"这一结构来实现 evaluate( )函数。首先需要讲解一下什么是"栈"。我们可以把栈当作一个筐,底部被封住,但是上面没有盖子,每次只能从上面这端放东西和取东西。那么对应到计算机中,栈就是限定只能在表头进行插入和删除操作的一个线性数据结构。栈存放数据时称为压入;取出数据时称为弹出。图 6-11 解释了栈的压入和弹出操作。

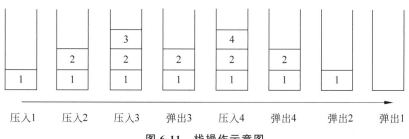

图 6-11 栈操作示意图

从图 6-11 可以看出,栈这一数据结构就是最先压入的数据会最后弹出,而最后被压入的数据可以最先被弹出,这也就是栈的"后进先出"的中心思想。

Python 中列表是个十分强大的数据结构,支持多种操作方式。列表的 append( )内置函数就可以当成压入行为,列表的 pop( )内置函数就可以看成是弹出行为(假设列表为 L,则 a＝L.pop( )就可以得到弹出的数据),所以在编程时可以直接用列表来模拟栈的压入和弹出操作。

【解法三】 有了栈的基础知识,再来思考如何利用栈来实现 evaluate( )函数。假设 L＝['(', '(', '(', 8, '＋', 5, ')', '＋', 13, ')', '－', 11, ')'],for 循环遍历 L,只要不是')',就依次将 L 中的元素压入栈中,当遇到')'时,就一次性弹出栈中的 4 个元素,包括两个操作数、一个操作符和一个'('。此时可以用弹出操作符来计算弹出的两个操作数,得到结果再次压入栈中作为新的操作数,然后继续遍历 L,如此反复,直到最后,得到计算整个式子的结果。下面以 L 这个式子为例,画图来讲解思路。

(1) for 循环遍历 L 只要没有遇到')'就将元素压入,如图 6-12 所示。

(2) 当遍历到 L[6]时发现 L[6]＝')',则开始弹出元素。注意弹出时的顺序,先弹出来的是第二个操作数 x2,然后弹出来的是操作符,再弹出来的才是第一个操作数 x1(弹出时变量的赋值顺序要正确,不然在计算时就会出错,比如本来应该是 8/4,结果弄成了 4/8,这样整个式子就会计算错误),最后弹出与 L[6]相对应的'('。得到操作符与操作数之后就做运

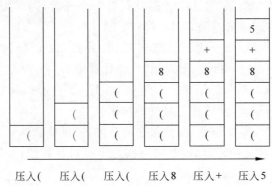

图 6-12 栈解法示意图一

算,并将计算的结果继续压入栈中。然后继续执行 for 循环,对 L[6]后面的元素继续做(1)中的操作,直到再次遇到')',如图 6-13 所示。

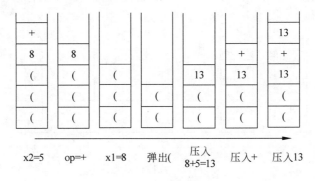

图 6-13 栈解法示意图二

(3) 当遍历到 L[9]时发现 L[9]= ')',则开始弹出元素。其操作与(2)中相同,此处不再赘述,如图 6-14 所示。

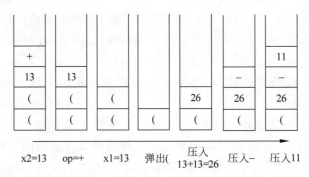

图 6-14 栈解法示意图三

(4) 当遍历到 L[12]时发现 L[12]= ')',则开始弹出元素。操作与(3)相同。x2=11,op=-,x1=26,则计算结果为 x1-x2=26-11=15。至此,已经遍历完了 L,跳出循环。最终栈中应该只有一个元素,就是计算出的式子的结果。最后将该元素弹出,作为返回值,如图 6-15 所示。

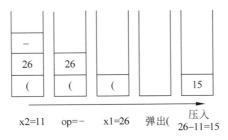

$x2=11 \quad op=- \quad x1=26 \quad$ 弹出($\quad$ 压入 $26-11=15$

图 6-15 栈解法示意图四

下面给出利用栈实现的计算表达式的值的程序,在实现代码的过程中仍然需要注意除以 0 的情况,需要进行特殊处理。代码如<程序:evaluate 函数利用栈求解>所示。

```
♯<程序:evaluate 函数利用栈求解>
def eval_onestack(L):
    OP = ['+','-','*','/']
    S = [];
    for a in L:
        if a == ')':
            if len(S)>= 4:
            ♯先弹出的是第二个操作数,然后弹出操作符,最后弹出的是第一个操作数
                x2 = S.pop(); op = S.pop();x1 = S.pop()
                p = S.pop()                          ♯弹出'('
            elif len(S) < 4 or p!= '(':
                print("\n ==== input L error ==== ", join(L))
                return False, -9999
            if op == '+': S.append(x1 + x2)
            if op == '-': S.append(x1 - x2)
            if op == '*': S.append(x1 * x2)
            if op == '/':
                if x2 == 0: return False, -10000      ♯不能除以 0
                else: S.append(x1/x2)
        else: S.append(a)
    if len(S) != 1 :                           ♯最后栈中应该只有一个元素,就是式子的计算结果
        return False, -8888
    else: return True, S.pop()
```

在知道如何计算表达的值之后,就需要验证表达式是否为 24 了。

3. verify(L,k)函数

verify(L,k)函数的功能:判断表达式 L 的值是否等于 k,若等于则返回 True;否则返回 False。该函数调用了之前介绍的 evaluate()函数来获得表达式的结果,并与 k 进行比较。代码如<程序:verify 函数验证表达式的值>所示。

```
♯<程序:verify 函数验证表达式的值>
def verify(L, k):
    flag, result = evaluate(L)
    if flag == False or result != k: return False
    return True
```

4. main() 函数

除了上述 3 个核心函数外,还要给出主函数为用户提供信息。代码如<程序:24 点游戏的主函数>所示。

```
#<程序:24 点游戏的主函数>
def main():
    OP = ['+','-','*','/']
    for i in range(16):                          #循环执行 16 次这个游戏
        print("\n","%"*30)
        A = [randint(1, 13) for j in range(4)]   #随机选出 4 张牌
        print("\n 你得到 4 张牌 ",A," 你能用任意+- */组合出 24 点吗?")
        S = input("若能,请输入完整表达式 (不知道就随便输入一个数字): ")
        if eval(S) == 24:                        #eval 函数为 Python 自有函数,可以计算一个式子的值
            print("恭喜你,恭喜你!!!!!,你很聪明! \n 我们再试试下一题.")
        else:
            print("\n <<<<<让计算机试试看吧!>>>>>")
            R = combination_L_op(A,OP)
            flag = False
            for a in R:
                if verify(a,24):
                    flag = True; print("\n ******* Answer = ",join(a))
            if flag == False: print("\n ***** 计算机试了所有组合,结论是这 4 张牌无解:",A,"\n")
            else: print("\n 你好像不是很聪明.")
```

24 点游戏的程序实现已经介绍完了,现在运行程序进行测试,结果如下所示。

```
>>>
% % % % % % % % % % % % % % % % % % % % % % % % % % % % % %
你得到 4 张牌 [4, 12, 10, 1] 你能用任意+- */组合出 24 点吗?
若能,请输入完整表达式(不知道就随便输入一个数字):1
<<<<<让计算机试试看吧!>>>>>
******* Answer = ((4*(10-1))-12)
******* Answer = ((12/(4+1))*10)
******* Answer = (12/((4+1)/10))
******* Answer = ((10/(4+1))*12)
******* Answer = (10/((4+1)/12))
******* Answer = ((12*10)/(4+1))
******* Answer = (12*(10/(4+1)))
******* Answer = ((12/(1+4))*10)
******* Answer = (12/((1+4)/10))
******* Answer = ((10*12)/(4+1))
******* Answer = (10*(12/(4+1)))
******* Answer = (((10-1)*4)-12)
******* Answer = ((10/(1+4))*12)
******* Answer = (10/((1+4)/12))
******* Answer = ((12*10)/(1+4))
******* Answer = (12*(10/(1+4)))
******* Answer = ((10*12)/(1+4))
******* Answer = (10*(12/(1+4)))
你好像不是很聪明.
```

可以看出,计算机通过尝试 4、12、10、1 所组成的所有的表达式能够找出所有满足条件的 18 种组合方式。虽然有些组合在人看来是一样的(计算顺序一样,只是加括号的方式不同),但是在本例的实现中,计算机还达不到如此智能。尽管如此,计算机仍能快速计算出每种表达式的值,并给出正确的结果,可见它的计算能力是多么强大。请试试看,将 24 点改变成任意点及 5 张牌组合的情况。

6.5　最后拿牌就输

【问题描述】　桌面上有 3 堆或 4 堆牌,你和机器依次从其中的某一堆中拿掉任意牌数(注意每次只能从一堆牌中拿牌),拿最后一张牌的是输家。问如何拿牌使得获胜的概率最大?

【问题举例】　假设桌面上现在有 3 堆牌,牌的个数为[2,2,2],如果机器先拿,它拿掉了第一堆的全部牌,桌面上则剩下[0,2,2],假如你拿掉第二堆的一张牌,则桌面剩下[0,1,2],机器拿掉第三堆的全部牌,剩下[0,1,0]。那么你只好拿最后一张牌,你就输了。有的同学可能想,当桌面上剩下[0,2,2]时,如果把第二堆牌全拿掉是不是就不会输了呢? 在这种情况下,桌面上还剩[0,0,2],机器拿掉第三堆牌的一张牌,剩下[0,0,1]。同样你还是输了。

【解题思路】　从此例中,不难发现[2,2]是一个必赢的组合,也就是说,对手在面对[2,2]这种情况时,无论怎样拿都会输。受此例启发,我们可能会想如果能够找出所有必赢的组合,那么在拿牌的时候尽可能地让拿牌后的结果成为一个必赢的组合,不就获胜了么? 没错,这就是我们(计算机)希望实现的!

兰　兰:是不是每次都能找到一种可以得到必赢组合的拿牌方式呢? 若不是的话,我们要怎么拿牌呢?

其实并不是每种拿牌方式都能拿成必赢的组合。假设拿牌后的组合为 L,L 不是必赢组合,这时轮到对手从 L 中拿牌了,如果此时对手存在一种拿牌方式让 L 变成一种必赢的组合,我们就输了。因此,我们需要避免这种情况发生,换言之,我们需要找到一个拿牌后的组合 L_1,使得 L_1 在对手拿牌后不能成为必赢的组合。

兰　兰:若我们找不到这样的组合 L_1,也就意味着无论我们怎么拿牌,对手都存在一种拿牌方式使牌成为必赢的组合,我们是不是一定会输呢?

沙老师:当然不是! 虽然对手通过某种拿牌方式能够让牌成为必赢的组合,但并不是对手的每一种拿法都会使其必赢。因此若对手失误了,没有选择合适的拿牌方式,就不会出现必赢的组合,我们还有机会获胜。

根据上面的分析,我想同学们已经基本掌握了最后拿牌就输这个游戏的窍门了,但是同学们可能还会有一个疑问:我怎么才能找出所有必赢的组合呢? 下面介绍这个问题的解决方法。

　　考虑最简单的情况：只有一堆牌且牌的个数为1。很显然,对手拿牌就意味着拿了最后一张牌,也就是说,对手就输了,因此[1]是一个必赢的组合。接着考虑有哪些其他的必赢组合,根据必赢模式的定义：无论对手怎样拿,他都会输,我们知道判断一个组合是否为必赢组合,需判断对于对手的每种拿牌方式,是否都会存在某种拿牌方式,使得我们拿牌后的组合变成必赢组合,如果是,那么这个组合即为必赢组合。例如,组合[1,1,1],无论对手从哪一个牌堆里拿走1张牌,我们可以通过拿走另一个牌堆中的1张牌,得到必赢组合[1],因此[1,1,1]也是一个必赢组合。同理,根据必赢组合[1]和[1,1,1],可以生成其他的必赢组合。换言之,我们可以根据已知的必赢组合,由小到大生成出其他必赢的组合。

　　数据结构：程序中设定在4堆牌上进行游戏,牌组合以列表的形式来表示。设L为此列表,首先将牌数为0的去掉,再进行L.sort()排序,所以[3,0,2,0]会保存为[2,3]。必赢的牌组合也以列表的形式表示,程序中用一个全局变量Pattern来表示已知的必赢组合列表,开始时Pattern初始为[[1]],后来每找到一个必赢的牌组合列表,就添加到Pattern中。所以Pattern会增长,例如,Pattern逐渐增长为[[1], [1,1,1], [2,2], [1,1,2,2], [2, 2,2,2], [1,2,3], [2,2,3,3], [1,1,3,3], [3,3], [3,3,3,3], [4,4], [1,1,4, 4], [2,2,4,4], [3,3,4,4], [4,4,4,4], [1,4,5], [2,3,4,5], [4,4,5,5], [2, 4,6], [1,3,4,6], …]。这些都是必赢的组合。

　　介绍完了基本思想后,接下来考虑如何通过程序实现这个游戏。由分析可知,实现这个游戏的关键就是：找出所有必赢的组合以及根据不同的情况选择对应的拿牌方式。下面详细介绍每个功能的具体实现方式。

1. 找出所有必赢的组合

　　(1) findall(Max)函数：利用下面的2个函数来找出所有4堆牌的必赢组合,假设每堆牌最多有Max牌数,例如,Max=15。

　　(2) findP(L)函数：判断L是否为一个必赢的组合。

　　其中用到的一个全局变量Pattern用于存储所有已知的必赢组合,其初始值为[[1]]。findP()函数的核心思想是：若L是一个必赢组合,则意味着无论对手怎么拿,都有一种拿牌方式使得拿完牌之后的组合变成一个已知的必赢组合。

　　检查L是一个必赢的组合：对手在L上任意(for each)拿牌,都存在(there exists)一种拿牌方式,使得剩下的牌组合在Pattern中。

　　为什么[2,2]是个必赢的组合？因为在对手所有的拿牌方式中,都存在一种拿牌方式,使得剩下牌组合在Pattern中。对手如果拿一张牌,我就可以拿第二堆的两张牌;对手如果拿两张牌,我就可以拿第二堆的一张牌,都会剩下[1],这个是在Pattern中的必赢牌组合。大家可以试试为什么[3,3]是个必赢的牌组合呢？

　　因此在编程时,用一个for循环遍历L的每一位,在循环内用一个while循环遍历对手各种拿牌的可能结果,调用checkP(L)函数判断每个结果是否存在一种拿牌方式,让剩下的牌组合变成必赢组合。

　　(3) checkP(L)函数：判断是否有一种拿牌方式使L直接变成必赢组合,若是返回True;否则返回False。其核心思想是尝试每种拿牌的方法,并判断拿牌后的结果是否为目前已有的必赢组合。

找出所有必赢组合的基本代码如<程序：找出所有的必赢组合>所示。

```
♯<程序：找出所有的必赢组合>
def findall(Max):
♯此处代码省略
♯找出具有 4 堆牌,每堆牌的数量最多为 Max 的所有必赢的组合,调用 findP()
def findP(L):                      ♯判断 L 是不是一个必赢组合
    global Pattern
    while (L.count(0)>0): L.remove(0)
    L.sort()
    if L in Pattern: return(True)
    flag = True
    for i in range(0,len(L)):      ♯遍历 L 中的每位
        a = L[i]; X = L[:]
        if (a == 0): continue
        while(a>0):                ♯遍历每位上所有的拿牌可能
            a = a-1; X[i] = a;
            if a == 0: X.remove(0)
            Y = X[:]; Y.sort()
            if (checkP(Y) == False):
                flag = False; return(False)
    if (flag == True):
        print("Find a new pattern",L);Pattern.append(L)
def checkP(L):                     ♯判断是否有一种拿牌方式使 L 直接变成必赢组合
    for i in range(0,len(L)):
        a = L[i]; X = L[:]
        if (a == 0): continue
        while(a>0):
            a = a-1; X[i] = a
            if a == 0: X.remove(0)
            Y = X[:];
            Y.sort()
            if Y in Pattern: return(True)
    return(False)
```

2. 选择合适的拿牌方式

Computer_move(L)函数：根据当前牌堆的情况 L 以及所有的必赢组合,机器选择一种较好的方式拿牌。根据前面的分析,它大致分为 3 个步骤。

（1）判断是否存在一种拿牌方式,使得 L 直接变成一种必赢的组合。若有则返回该必赢的组合。

（2）当不能直接返回必赢的组合时,机器尽可能返回一种组合,使得对手在面对该组合时,不会产生必赢的组合。

（3）若没有这样的组合,则意味着对手可以通过某一种拿牌方式让牌堆的状态变成必赢的组合,这种情况下我们只能随便在牌堆中拿牌。代码如<程序：Computer_move 函数>所示。

```
#<程序: Computer_move 函数>
def Computer_move(L):                          # Try to return a good move
    while (L.count(0)> 0): L.remove(0)         # 将 0 去除掉
    L.sort()
    if L == [1]: print("Oops! COMPUTER LOSES. Congratulations."); return(L)
    #
    # 此处代码省略:
    #   1.判断是否能通过一次移动使 L 变成必赢组合
    #   2.假如无法通过一次移动使 L 变成必赢组合,则使得对手在面对机器拿牌后的
    # 结果时,不能通过一次移动,让牌变成必赢组合,自己拿一次牌后,调用
    # checkP()检查是否为 False
    #   3.假如无论机器怎么拿,对手都存在一种拿牌方式使牌变成必赢组合,则随
    # 机拿一张牌
```

除了上述的核心函数外,还需要一些辅助的函数让程序运行起来,如下所示。

3. out_to_file(Pattern,filename)函数和 in_from_file(filename)函数

out_to_file(Pattern,filename)函数和 in_from_file(filename)函数的功能分别为:将所有的必赢组合写出文件中和将必赢组合从文件中读入。在第一次运行程序的时候,根据提示"Do you want computer to build up the winning patterns,yes?",输入 yes 后会将所有的必赢组合写出文件中。之后每次运行的时候不需要再重新生成,只需从文件中读入即可。代码如<程序: 将必赢组合写出文件或从文件读入>所示。

```
#<程序: 将必赢组合写出文件或从文件读入>
def out_to_file(W,filename):        # 将 W 中的内容写出文件中
    f = open(filename,"w")
    for e in W:
        s1 = convert_string(e)
        S = s1 + " "
        f.write(S)
    f.close()
def in_from_file(filename):
    f = open(filename,"r + ")
    L1 = f.readlines()
    L = L1[0].split()
    f.close()
    T = []
    for e in L:
        P = convert2int(e)
        P.sort()
        T.append(P)
    return T
```

4. legal(X,L)函数

legal(X,L)函数的功能为：判断 X 与 L 中对应位置的元素是否只有一个是不同的，即判断用户的输入是否合法。其基本思想是在我们知道 X 的值要小于 L 中的值的情况下，若 X 和 L 中只有一位不同，那么只需要通过增加 X 的对应位使得 X 和 L 相等即可。

5. main()函数

main()函数的功能为：给用户提供信息，增强程序的友好性。代码如<程序：main 函数 >所示。

```
#<程序：main 函数 >
def main():
    global Pattern
    S = input("Do you want computer to build up the winning patterns, yes?")
    S = S.upper();
    filename = "Cards4 - WIN.txt"
    if S == "Y" or S == "YES":
        findall(15,4); out_file(Pattern,filename)
        print("Save all winning patters to % s." % (filename))
    else:
        Pattern = in_file(filename)
    #此处代码省略
```

至此，最后拿牌就输这个游戏的实现已经基本介绍完了，经过大量的程序测试，我们发现人类几乎很少能赢过机器。这主要是因为机器"记住了"所有的必赢组合，并且能够在很短的时间内判断出如何拿牌能够具有较大的胜率。但是这并不意味着机器超越了人或者机器比人还智能。别忘了机器运行的程序是由我们所写出来的，它只不过是根据我们的指示在做事。请读者自行完成此程序。

习题 6.1　对于老鼠走迷宫问题，若我们将迷宫数组改成如下所示，输出的结果为何？将起点和终点互换后，结果又如何？

```
m = [[1,1,1,0,1,1,1,1,1,1], [1,0,0,0,1,0,1,0,1,1],
     [1,0,1,0,0,0,0,0,0,1], [1,0,1,0,1,0,0,1,0,1],
     [1,0,1,0,1,1,0,0,0,1], [1,0,0,0,1,0,1,0,1,1],
     [1,1,1,1,0,0,0,0,1,1], [1,0,0,0,0,1,1,1,0,0],
     [1,0,1,1,0,0,0,0,0,1], [1,1,1,1,1,1,1,1,1,1]]
```

习题 6.2　编写程序，能随机产生一个 k×k 的迷宫，任意起点和终点（在边界），必须确保至少有一条路径能从起点到终点。

习题 6.3   根据练习题 6.1.1 的解题思路编写程序,使其能够求得走出迷宫的最短路径。

习题 6.4   在解决老鼠走迷宫问题时,我们利用了递归求解问题的方法。请编写不用递归解决老鼠走迷宫问题的 Python 程序(提示:借助栈(stack)来实现)。

习题 6.5   在过河问题中,假设现在岸上除了菜、鸡、狼外,还有猫和狗共 5 种物品,我们给出敌对关系的字典 Enemy,船夫每次能带两个物品过河,问如何修改程序,能够获得正确的过河方案?

```
Enemy = {"chicken":["dog","wolf"],"vegetable":["chicken"],"wolf":[],
"dog":["wolf"],"cat":["dog"]}
```

习题 6.6   如习题 6.5,船夫每次能带多个物品过河,如何修改程序,能够获得正确的过河方案?

习题 6.7   在菜、鸡、狼过河问题中,请分析 History,你觉得要如何防止重复?

习题 6.8   在菜、鸡、狼过河问题中,假设 History 中记录的状态 h1 与 m1 的数据结构相同,程序会产生什么结果?

习题 6.9   在 AB 游戏中,我们为大家介绍的是计算机作为猜数字的一方,人作为提供数字的一方。若将角色互换,让计算机作为提供数字的一方,人来猜数字,请问要如何修改程序?

习题 6.10   将 AB 猜数字游戏的规则改为:可以有重复的数,根据练习题 6.3.1 的解题思路用程序实现计算机的猜测过程。

习题 6.11   在 24 点游戏中,我们的条件是有 4 张牌,通过加、减、乘、除获得 24 点。请修改程序,使它适用于任意点数的游戏,例如,变为 28 点游戏或任意 k 点游戏。

习题 6.12   如同上题,修改程序,可以是 5 张牌的加、减、乘、除。

习题 6.13   本章最后给出的最后拿牌就输的程序中有部分代码省略了,请写出省略部分的代码。完成这个程序:4 个牌堆,每个牌堆最多有 15 张牌,会有多少必赢的组合?

习题 6.14   请修改最后拿牌就输的游戏的程序,使其适用于 5 个牌堆的情况。每个牌堆最多有 15 张牌。请找出所有必赢的组合。

习题 6.15   数字华容道游戏。一个 3×3 的棋盘,上面有 8 个 1×1 正方棋子,编号为 1~8,所以在棋盘上会有一个空白处。如何利用这个空白处移动旁边的棋子,使得最后能恢复到从上到下,从左到右 1~8 排列的格式(在此称为正确格式)? 也就是第一行是 1、2、3;第二行是 4、5、6;第三行是 7、8。

(1) 编写一个函数,初始为正确格式,经过随机 k 步后,返回 k 步后棋盘的排列格式。此 k 步尽量不要重复。

(2) 编写一个程序,从(1)函数产生的棋盘格式为起点,搜索如何返回到正确格式,记录移动顺序。编写(1)函数的目的是为了确认存在一种移动顺序能返回到正确格式。

习题 6.16   同上题,但是棋盘成为 4×4,15 个棋子。再试试 5×5,24 个棋子。

习题 6.17   青蛙过河游戏。有一条河,从河的左岸到右岸分别有 7 块石头,每块石头只可以放得下一只青蛙。其中,左边的 3 块石头有 3 只绿青蛙,绿青蛙只能向右边移动;右边的 3 块石头有 3 只黄青蛙,黄青蛙只能向左边移动;中间的 1 块石头为空。青蛙只有两种移动方式,一是走:当前面的石头上没有青蛙时,只能走到前面的石头上;二是跳:当前面的石头上有一只青蛙时,则可以跳过这只青蛙,落在前面的石头上。绿青蛙和黄青蛙的移动不需要交替。直到左边的绿青蛙都移动到右边,右边的黄青蛙都移动到左边,则游戏结束。请用编程实现该程序。

习题 6.18 同上题,请求出绿青蛙和黄青蛙所需移动的最少次数。

习题 6.19 同上题,假如从河的左岸到右岸改为 9 块石头,且左岸有绿青蛙 4 只,右岸有黄青蛙 4 只,请编程实现游戏。

习题 6.20 五子棋游戏。一个 10×10 的棋盘,你和机器可以分别选择白棋和黑棋。双方交替下棋,下在棋盘直线与横线的交叉点上,谁先将自己所选颜色的棋相连为 5 个即为获胜,相连的 5 个棋方向可以为竖着或横着,或为棋盘的斜对角线方向。请用编程实现该程序。

习题 6.21 请在网上找寻或自行设计一个简单的益智游戏,然后编程完成这个游戏。请解释你的编程思路。

第 **7** 章　面向对象编程与小乌龟画图

引　言

　　本章讲述 Python 的自定义数据结构——类(class)和面向对象编程的基本概念。Python 也如同 C++、Java 语言一样，提供了面向对象的编程方式。面向对象的编程方式是以(自定义)数据结构为主，然后再编写出与这个数据结构相关的各种函数，这些函数称为方法(method)。Python 本身就是面向对象编程的具体实现，其中 Python 的列表、字符串、字典等就是 Python 的"自定义"数据结构，每个数据结构都有许多内置函数(也就是所谓的方法)，这些函数在第 3 章都有详述。当需要某个已经定义的数据结构时，就定义一个变量，将它归属于这个数据类型，这个变量通常被称为"对象"(object)，取这个特殊名字，是因为它不仅存有变量的值，也附带着所属数据类型的函数群。另外，本章讲述如何用 Python 自带的有趣的小乌龟(turtle)来画图，因为小乌龟本身也是典型的面向对象编程的产物。

初识面向对象编程

本节将带领大家初步认识面向对象编程中对象的概念,介绍如何描述一个对象,并通过一个简单的例子体会面向对象编程的优势。

7.1.1　什么是对象

什么是对象(object)？在现实生活中,随处可见的一种事物就是对象,对象是事物存在的实体。比如小狗是真实世界的一个对象,通常应该如何描述这个对象呢？我们可以从如下两个方面来讨论。

(1) 静态特征：比如,四条腿、一条尾巴、两只耳朵、黑色的……

(2) 动态特征：比如它跑得很快,喜欢睡懒觉,吃东西时会流口水,见了认识的人会摇尾巴,见了陌生人会"汪汪"大叫等。

从静态特征和动态特征两方面就可以简单地将小狗这个对象描述清楚。如果把人作为一个对象,你会从哪些方面来描述呢？无非就是他长什么样,比如高、矮、胖、瘦,帅气或丑陋等外貌特征来描述,还有他的爱好,比如喜欢唱歌、书法等行为特征来描述。

Python 中的对象也是如此,对象的静态特征称为"属性",对象的动态特征称为"方法"。概括来讲**"对象＝属性＋方法"**。

7.1.2　体会面向对象编程的优势

在前面面对具体问题时,是通过把解决问题的步骤写出来,让程序一步一步去执行,直到解决问题,这是一种**面向过程**(Procedure-Oriented)的思想,是一种以事件为中心的编程。接下来要介绍的**面向对象**(Object-Oriented)是一种以事物为中心的编程思想。

下面通过一个实例来比较面向过程和面向对象这两种不同的编程思想。例如,一个班级有 20 个学生,每个学生有自己的姓名和学号。开学后,学生进行选课,每个学生所选的课程名称和数目可能不同。

若使用面向过程的思想编程表示该过程,那么首先需要两个列表 name＝[]和 number＝[]分别存放学生的姓名和学号；其次需要创建一个列表 course＝[],该列表的每个元素又是一个列表,记录对应学生所选课程集合。此外,对应于 course,还需要一个 grade 列表来存放每门课的成绩,代码见<程序：学生信息——面向过程编程>。

```
# <程序：学生信息——面向过程编程>
name = ["兰兰","阿珍","小红"]
number = ["1000","1001","1002"]
course = [["计算机科学导论","算法导论","图论"],
         ["计算机科学导论","图论","数据结构"],
```

```
                    ["计算机操作系统","图论","计算机网络"]]
grade = [[98,97,90],[91,80,93],[90,89,78]]
```

　　现有一名学生转专业进入了该班,需要增加一条学生信息,只能对刚刚所建立的所有列表依次插入该转入学生的信息。现在已经初显面向过程编程的问题了,即扩展性很差。当学期结束时,如果要按成绩由低到高公布学生成绩,在对成绩列表 grade 进行排序的同时,name、number、course 等列表均要与成绩 grade 排序同步进行,十分麻烦。

　　相反,使用面向对象语言就可以轻松解决这些问题,可以将每个学生定义为一个对象,要做的就是描述这个对象,根据上面的例子如何描述"学生"这个对象呢?

　　我们知道,对象是由属性和方法组成的,这个例子中学生对象的属性有姓名、学号、所选课、每门课的成绩,等等。而学生对象的方法可能会有成绩录入、课程修改等,可以根据需要进行扩展。一个有 20 个元素,且每个元素是一个学生对象的列表就可以表示一个班级,如果有新生加入,只需要将新生对象添加到班级列表就可以实现,最后成绩的排序只需要对对象进行排序。在学习完本章后,大家就可以轻松地运用面向对象的编程思想实现这个例子。对于以数据为中心的应用,比如这个例子是以学生为中心,这种将学生作为对象的编程方式有更好的扩展性,思维方式更加自然。

　　读者要对面向对象编程有清楚的认知,面向对象编程是较"高层"的编程架构。首先需要有坚实的编程基础,再学习这种概念才是正确的。一开始学习编程就直接跳入面向对象编程,容易陷入云里雾里,最终只学会些"花拳绣腿"。面向对象的编程方式比较适用于编写大型或多人合作的程序。用这种模式,大家都有统一的数据类型及其相关的函数接口,更容易避免因沟通不良而导致的错误。举例来说,假如有人需要在某个数据类型上做些特殊化,他可以方便地利用面向对象编程的**"继承"**功能来继承原有的数据类型并加上自己特殊的方法。这样,其他人的程序就不需要改变了,因为原有数据类型的函数等接口都没有改变。

7.2　面向对象中的概念

　　在对面向对象编程有了初步了解后,本节详细介绍面向对象中涉及的概念,学完本节内容,大家就可以运用所掌握的面向对象的编程思想解决一些实际问题了。

7.2.1　类与对象

　　如果想要把前面描述的"小狗"对象用 Python 语言描述出来,首先需要创建一个类,然后通过类才能创建出我们想要的对象。

　　在 Python 中使用 class 关键字来定义类,格式如下:

```
class 类名:
    属性
    方法
```

可以看到类的内部包括属性(也称成员变量)和方法(也称成员函数),特征的描述称为属性,程序表示就是变量,方法在程序中是用函数描述的,调用这些函数来完成某些行为。代码如<程序:Dog 类 1>所示,该类定义了"小狗"的 4 种属性和 3 种方法。

```
♯<程序: Dog 类 1>
class Dog:
    leg = 4; tail = 1; ear = 2 ; weight = 5        ♯属性
    def run(self):                                 ♯方法 1
        print("我正在飞快地跑")
    def sleep(self):                               ♯方法 2
        print("我正在睡觉")
    def eat(self):                                 ♯方法 3
        print("食物真好吃")
```

有了类,就可以创建出多个类的对象了。这个过程叫作类的实例化(Instantiate),创建的对象也称为实例对象。这些对象都具有该类的属性和方法。可以通过"对象名.成员"的方式来访问。代码如<程序:创建对象并访问对象的属性和方法>所示,我们通过语句 mydog=Dog()创建了一个对象并利用 mydog.weight 和 mydog.run()语句访问了 mydog 对象中的属性和方法。

```
♯<程序: 创建对象并访问对象的属性和方法>
mydog = Dog()                          ♯创建名为 mydog 的对象
w1 = mydog.weight                      ♯访问 mydog 对象中的 weight 属性
print("我的小狗重:%d kg" % w1)         ♯输出: 我的小狗重:5 kg
mydog.run()                            ♯输出: 我正在飞快地跑
```

根据打印出的信息,可以得出这样一个结论:实例化得到的对象具有与类相同的属性和方法。前面提到过通过一个类可以创建多个对象,因此这些对象均具有完全相同的属性和方法。有的同学可能就有疑问了:如果修改了一个对象的某个属性,那么是否所有对象的对应属性均会发生改变呢? 通过下面的程序为大家具体讲解。

```
♯<程序: 修改对象的属性 >
mydog = Dog(); herdog = Dog()              ♯创建 mydog 和 herdog 对象
mydog.weight = 7                           ♯将我的小狗的重量修改成 7
w1 = mydog.weight
print("修改体重后,我的小狗重:%d kg" % w1)  ♯输出: 修改体重后,我的小狗重:7 kg
w2 = herdog.weight                         ♯访问 herdog 中的 weight 属性
print("她的小狗重:%d kg" % w2)             ♯输出: 她的小狗重:5 kg
```

在<程序:修改对象的属性>中,创建了两个对象:mydog 和 herdog,并通过直接给 mydog.weight 赋值修改了 mydog 对象的 weight 属性。通过打印出的信息可以发现:herdog 对象中 weight 属性的值仍与 Dog 类中设置的值一样,也就是说,对 mydog 对象中 weight 属性的修改并没有影响 herdog 中的 weight 属性。这其中蕴含了什么原理呢?

其实类中的变量(属性)就好比一个模板,当通过类创建对象时,就将类中的模板复制过去,使对象与类具有相同的成员。因此上例中 herdog 的 weight 值为 5。只有对对象中的变量进行赋值操作,对象才会创建只属于对象本身的变量,这样对象对该变量的修改就不会影响其他的对象了。因此修改 mydog 中的属性并没有影响 herdog 对象。需要注意的是,前面说的模板复制指的是类中变量地址的复制。也就是说,在上例中 herdog 对象中各个属性的地址与 Dog 类中对应的属性地址是一样的。为了更清楚地说明该问题,以下面的程序为例,具体为大家讲解,其中用到的 id() 函数能够获取对象的内存地址。

```
#<程序：模板复制是指地址的复制>
class A:
    w = 5              #属性
a1 = A()
print(id(a1.w))        #输出 1756720736,表示对象 a1 中 w 属性的地址
a1.w = 7
print(id(a1.w))        #输出 1756720800,表示修改属性后,对象 a1 中 w 属性的地址
a2 = A()
print(id(a2.w))        #输出 1756720736,表示对象 a2 中 w 属性的地址
```

在<程序：模板复制是指地址的复制>中,通过类 A 创建出两个对象 a1、a2,创建后,这两个对象都有自己的变量 w,但是它们开始都会与类 A 的 w 指向相同的地址,这个地址中保存数值 5,所以其 id() 是相同的。但是当修改了对象 a1 的 w 后,由于 w 是数值变量(不可变变量),a1.w 就会指向一个新的地址,这个地址中保存的是数值 7。

清楚了类与对象中属性的关系后,类和对象的对应属性具有相同的地址,对于字符串、元组和数值这些不可变的类型,在对象中修改它们的属性时,会在对象中重新创建对应的变量值。但是对于列表、字典这种可变的类型,就要特别注意了。其实,这个问题关乎对可变变量执行的是何种操作。以列表为例,如果在对象中采用的是赋值语句,那么对象中会创建一个新的列表;如果采用的是 append 操作,则会直接在对应的列表中修改。相关内容在第 3 章已经详细介绍过了,不清楚的同学,可复习第 3 章再自己做些试验。例如,将前面例子类 A 的 w 改为列表[1,2],然后 a1.w.append(0),检查 id(a1.w)有没有改变。再试试用 a1.w=[1,2,3]后,id(a1.w)有没有改变。

7.2.2 Python 中的 __init__()方法

类中的属性定义了对象的一般特征,我们通过类创建了对象,这些对象都会具有这些属性。但是在大部分情况下,类中的属性还不足以描述清楚对象的特征,因为有些特征是对象特有的。

例如,前面的 Dog 类,描述了小狗的一般特征,比如两只耳朵、四条腿、跑得很快等,通过该类创建出的对象都具有这些特征,不能区分出对象间的不同。因此,需要利用对象特有的特征将它们区分开来。例如,不同的小狗有不同的名字和主人,可以通过这些特征区分它们。因此在创建对象时,需要设置其特有特征。这就需要用到__init__函数。

注意：在类中定义的属性,最好是通用的属性。前面的 Dog 类中定义 weight=5 是个不很恰当的示范,每条狗的质量不同,狗的质量不应该定义在类中,应该是定义在对象中,也就是在对象的方法中,如__init__方法中定义才合适。

  __init__是个特殊的方法,在这个方法名称中,开头和末尾各有两个下画线,每当创建对象时都会自动调用它。该函数的参数根据需求定义,在本例中需要将小狗的名字和主人作为参数传进去。代码如<程序:__init__的使用方法>所示。

```
#<程序:__init__的使用方法>
class Dog:
    leg = 4; tail = 1; ear = 2
    def __init__(self,a,b):
        self.name = a
        self.owner = b
dog1 = Dog("大黄","阿珍")
dog2 = Dog("毛毛","兰兰")
print(dog1.owner,"的小狗叫",dog1.name)      #输出:阿珍 的小狗叫 大黄
print(dog2.owner,"的小狗叫",dog2.name)      #输出:兰兰 的小狗叫 毛毛
```

  我们在 Dog 类中添加了 __init__ 函数,它有 3 个参数,其中 a 和 b 分别为创建对象时要设置的名字和主人信息,而 self 参数是一个特殊的参数,具体会在 7.2.3 节介绍。通过 Dog 类,并在创建对象的过程中传入相应的参数,即可通过"对象.函数名"访问。这样就可以创建出具有自己名字和主人名字的对象了。

7.2.3　self 变量和 pass 关键字

  细心的同学可能会发现,在上面定义的小狗类(Dog)的内部方法中,都会有一个 self 参数,self 是什么呢？每个人都可以通过 Dog 类创建自己的小狗,它们的特征都差不多,但是它们有不同的主人,每个人只能喂养自己的小狗,self 就标识了它们的所有者,有了 self 就可以轻松找到自己的小狗了。

  类的所有实例方法都至少有一个名为 self 的参数,并且是方法的第一个参数,用于表示对象本身,但是在调用方法时不需要为这个参数赋值。由同一个类可以生成无数对象,当一个对象的方法被调用的时候,对象会将自身作为一个参数传给该方法,这样 Python 就知道需要操作哪些对象的方法了。代码如<程序:self 作用实例程序>所示,我们通过 Dog 类创建了两个对象 a、b,Dog 类中有两个方法:setOwner()和 getOwner(),分别为设置主人的姓名和获取主人的姓名。利用 self 参数,可以将对象本身与其主人关联起来,在调用 getOwner 时就可以知道其对应主人的名字了。

```
#<程序:self 作用实例程序>
class Dog:
    def setOwner(self,name):             #方法1:设置对象的主人姓名
        self.owner = name
    def getOwner(self):                  #方法2:获取对象的主人姓名
        print('我的主人是: %s'% self.owner)
    def run(self):                       #方法3
        pass

a = Dog()                                #创建了小狗对象 a
```

```
a.setOwner("小红")          #小红认领了小狗 a
b = Dog()                   #创建了小狗对象 b
b.setOwner("兰兰")          #兰兰认领了小狗 b
a.getOwner()                #输出：我的主人是：小红
b.getOwner()                #输出：我的主人是：兰兰
```

本例通过 setOwner() 函数创建了 owner 变量并给它赋值，这个变量是对象自身的变量，而非类中的变量，因为只有当创建了对象并调用 setOwner() 函数给变量赋值时才会产生该变量。这种变量可以在类中添加方法访问，如本例中的 getOwner() 函数，也可以通过"对象.成员"的方式进行访问。

讲到这里，有的同学可能会问：在 7.2.1 节中，我们将变量定义在类中，也可以通过"对象.成员"的方式访问和修改变量。为什么还要讲函数的这种方式呢？

虽然这两种定义和修改变量的方式看起来很相似，但我们更倾向于使用函数的方式。这是因为通过函数定义的变量才是**对象特有的变量**，对它的修改不会影响到其他对象。但是在类中定义的变量，很可能由于对某个对象不恰当的修改而影响了其他变量。代码如<程序：对象间的相互影响实例>所示。

```
#<程序：对象间的相互影响实例 >
class A:
    list = [1,2,3]

a1 = A(); a2 = A()                  #创建类 A 的两个对象
print(a1.list); print(a2.list)      #输出它们的 list 属性，均为[1,2,3]
a1.list.append(4)                   #对对象 a1 中 list 属性进行修改
print(a1.list); print(a2.list)      #输出两个对象的 list 属性，均为[1,2,3,4]
```

从上述实例中可以看到，对 a1 中列表属性的修改影响了 a2 中的属性。这也是 7.2.1 节强调过的可变与不可变的原因。

在<程序：self 作用实例程序>中可以看到有一个 run 方法，方法内部只有一行 pass 代码，好像并没有实现什么功能，pass 是 Python 提供的一个关键字，它代表空语句，目的是保持程序结构的完整性。当暂时没有确定如何实现方法时，可以使用该关键字来占位，例如下面的代码都是合法的，代码如<程序：pass 作用实例程序>所示。

```
#<程序：pass 作用实例程序>
class A:                    #暂时没有确定 A 类的功能，使用 pass 占位
    pass
def demo():                 #暂时没有确定函数 demo 功能，使用 pass 占位
    pass
if 5 > 3:                   #暂时没有确定判断为真该怎么处理，使用 pass 占位
    pass
```

7.2.4　Python 中"公有"和"私有"类型的定义方式

在任何编程语言中，都会规定某些值只能够在某个范围内访问，超出这个范围就不能访

问了,这是"公""私"之分。私有化的作用是对类中的一些属性、方法进行保护,使其不被外界访问到,起到对权限的控制作用。因为类中有一些核心的敏感内容不能被外界所知道,我们可以在类的内部私有化后,再把结果对外公开就行了。比如国家公开了每年的 GDP,这是对外公开的,但是各行业的产值是多少、是增高还是缩减等数据就属于内部数据了,外部是不能随意访问的。一般面向对象的编程语言都区分公有和私有的数据类型,大家以后可能会接触到其他的编程语言,如 C++、Java 等,它们是使用 public 和 private 关键字来声明数据类型的公有与私有。但是 Python 并没有提供类似的关键字,那么它是如何区别公有和私有的呢?

　　下面的 Dog 类中的 name 就是一个公有属性,我们可以通过"对象名. 成员"的方式来进行访问,代码如<程序: 公有属性 name>所示。

```
♯<程序: 公有属性 name>
class Dog:
    name = '大黄'                ♯属性
mydog = Dog()
print(mydog.name)              ♯输出: 大黄
```

　　其实 Python 定义私有类型的方式很简单,只需要在变量名前加上"__"(连续两个下画线),代码如<程序: 私有属性>所示,将 Dog 类中的 name 属性变成了私有属性。

```
♯<程序: 私有属性>
class Dog:
    __name = '大黄'        ♯私有属性
```

　　如果一个属性在类的内部定义为私有,在类的外部再通过"对象名. 成员"的方式来访问,就会报错,这样就对类内的属性起到了一定的保护作用,代码如<程序: 访问私有属性的错误方式>所示。

```
♯<程序: 访问私有属性的错误方式>
mydog = Dog()
print(mydog.__name)              ♯直接通过类名

♯程序报错
Traceback (most recent call last):
  File "C:\…\test1.py", line 4, in <module>
    print(mydog.name)
AttributeError: 'Dog' object has no attribute 'name'
```

　　那么该如何访问类的私有属性呢?在类的外部不能直接访问,但可以利用类内部的方法,通过"self. 私有成员"进行访问,代码如<程序: 访问私有属性>所示。

```
♯<程序: 访问私有属性>
class Dog:
```

```
        __name = '大黄'                    #私有属性
    def getName(self):                    #方法：获取私有属性值
        return self.__name
mydog = Dog()
print(mydog.getName())                    #输出：大黄
```

私有属性是为了数据的封装和保密设计的，一般只能在类的内部访问，公有属性是可以公开使用的，既可以在类的内部进行访问，也可以在外部程序中使用。

类中的方法也可以定义为私有的，私有方法与私有属性类似，它的名字也是以两个下画线开始的，可以在类的内部通过"self. 私有成员"调用来访问该私有方法。

下面给出了一个例子，见<程序：私有方法的使用>。__changeAge()为私有方法，可以实现对 Dog 对象年龄的更改，所以这个函数在类外的调用需要受到限制，我们可以通过类里面的一个公有函数 needChange()去调用它。请注意：在 needChange()函数中，首先对参数的类型进行了判定，因为只有当参数类型合法时，才能进行修改。在<程序：私有方法的使用>中假设年龄为整数时合法。通过 needChange()函数去调用私有函数__changeAge()。

```
#<程序：私有方法的使用>
class Dog:
    __age = 1                             #私有属性
    def getAge(self):
        return self.__age
    def __changeAge(self,age):
        self.__age = age
    def needChange(self,age):
        if type(age) == int:
            self.__changeAge(age)
        else:print("年龄更改不合法")
mydog = Dog()
print(mydog.getAge())                     #输出：小狗的年龄为 1
mydog.needChange("毛毛")                   #输出：年龄更改不合法
print(mydog.getAge())                     #输出：小狗的年龄为 1
```

7.3 了解面向对象的三大特性

面向对象具有**封装、继承、多态**三大特性，这些特性使面向对象拥有了重用的特点。所谓重用，就是指开发人员所编写的代码可以重复使用。当今一个小的项目就可以达到成千上万行的代码量，如果每个项目都是从零开始，一方面，在短时间内开发如此大代码量的项目，质量难以保证；另一方面，该项目的生产周期必定会远远大于预期，效率极低。面向过程也能进行重用，不过只能对函数进行简单的重复使用。如果要求对该函数的实现加以扩充，唯一能做的就是先复制再粘贴，最后对粘贴的代码进行改写，而面向对象编程中代码重用非常灵活，本节将详细介绍面向对象的三大特性。

7.3.1　封装

生活中处处都有封装(Package)的概念,比如家里的电视机,从开机、浏览节目、换台到关机,我们不需要知道电视机里面的具体细节,只需要在用的时候按下遥控器按钮就可以完成操作;又比如,在用支付宝进行付款的时候,只需要把付款的二维码提供给收款方扫一下就可以完成支付,不需要知道后台是怎样处理数据的,这都体现了一种封装的概念。在面向对象的编程语言中,"封装"就是将抽象得到的属性和行为相结合,形成一个有机的整体(即类)。

下面简单地对房间 Room 进行描述,体会"封装"的用法。一个房间有名称(name)、房间主人的名字(owner)、房间长(length)、宽(width)、高(height)等属性,我们构建了 Room 类并实例化了一个对象,现在若需要计算房间面积,可定义函数 area(),代码如<程序:Room 类>所示。

```
#<程序: Room 类>
class Room:                          #类的设计者:定义一个房间的类
    def __init__(self,n,o,l,w,h):
        self.name = n
        self.owner = o
        self.length = l        #房间的长
        self.width = w         #房间的宽
        self.height = h        #房间的高
#类的使用者
r1 = Room("客厅","阿珍",20,30,9)
def area(room):
    print("{0}的{1}面积是{2}".format(room.owner,room.name,
    room.length * room.width))
area(r1)                       #输出: 阿珍的客厅面积是 600
```

封装可以**简化编程**,使用者不必了解具体的实现细节。<程序:Room 类>中 area()函数在类外面实现了对房间面积的计算,如果类的使用者需要经常计算房间面积,则每次都要重新写 area()函数,十分麻烦! 既然实例本身就拥有这些数据,要访问这些数据,就没有必要从外面的函数去访问,可以直接在 Room 类的内部定义访问数据的函数。这样一来,对于类的使用者,就只需要知道创建实例时传入的属性参数,至于如何对数据进行计算,都是在Room 类的内部定义的,这些数据和逻辑被"封装"起来了,很容易通过"对象.成员"去访问里面的属性和方法,代码如<程序:对 Room 类的方法进行封装>所示。

```
#<程序: 对 Room 类的方法进行封装>
#类的设计者
class Room:                    #定义一个房间的类
    def __init__(self,n,o,l,w,h):
        self.name = n
        self.owner = o
        self.length = l        #房间的长
        self.width = w         #房间的宽
```

```
        self.height = h            #房间的高
    def area(self):                #求房间的平方的功能
        print("{0}的{1}面积是{2}".format(self.owner,self.name,
        self.length * self.width))

#类的使用者
r1 = Room("客厅","阿珍",20,30,9)
r1.area()                          #输出：阿珍的客厅面积是 600
```

封装带来的另一个好处是**增强安全性**。类中把某些属性和方法隐藏起来，即定义为私有，只在类的内部使用，外部无法访问，或者留下少量函数供外部访问。比如房子的长、宽、高一旦确定，就不能随意更改了，我们便可以将它们定义为私有属性。将 Python 中的属性或方法私有化也比较简单，我们在前面介绍过，即在准备私有化的属性或方法前面加两个下画线即可。

封装也提供了良好的**可扩展性**。封装在于明确区分内外，使得类的设计者可以修改封装内的东西而不影响外部调用者的代码；而对于外部的使用者来说，在函数名、参数不变的情况下，使用者的代码永远不需要改变。这就提供了一个良好的合作基础，类的设计者可以增加类的功能，比如在上述例子中增加了求体积的功能，只需增加一行代码就能简单实现，而且外部调用感知不到，仍然是 area() 方法，但功能增加了，代码如<程序：对 Room 类中的方法进行扩展>所示。

```
#<程序：对 Room 类中的方法进行扩展>
#类的设计者，轻松地扩展了功能，而类的使用者完全不需要改变自己的代码
class Room:                        #定义一个房间的类
    def _init_(self,n,o,l,w,h):
        self.name = n
        self.owner = o
        self._length = l           #房间的长
        self._width = w            #房间的宽
        self._height = h           #房间的高
    def area(self):                #此时增加了求体积的功能
        print("{0}的{1}面积是{2}".format(self.owner,self.name,
        self._length * self._width))
        print("体积是{0}".format(self._length * self._width * self._height))
#类的使用者
r1 = Room("客厅","阿珍",20,30,9)
r1.area()                          #输出：阿珍的客厅面积是 600,体积是 5400
```

兰　兰：封装使编程简化，还具有很好的安全性和可扩展性。

7.3.2　继承

如果简单地对动物进行分类，有狗、猫、鱼等，我们知道，大部分动物的属性和方法是相似的，比如都有嘴巴、眼睛等静态特征，可以吃东西、睡觉等动态特征，那么我们思考一个问

题,如果要构建这些动物类能不能不要每次从头到尾去重新定义一个新的类呢？如果有一种机制可以让这些相似的东西得以自动传递,就方便多了,Python 确实为我们提供了这样一种机制——继承(Inheritance)。

1. 掌握继承的基本知识

被继承的类称为父类,继承者称为子类,图 7-1 中的动物类为父类,狗、猫、鱼类为子类。Python 中的继承包括属性和方法的继承,即子类既可以继承父类的属性,也可以继承父类的方法。我们可以这样简单地理解：子类是父类的特殊化；子类继承了父类的特性,同时可以对继承到的特性进行更改,也可以拥有父类没有的特性,代码如<程序：继承的格式>所示。

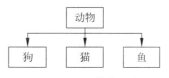

图 7-1 继承的类层次

```
#<程序：继承的格式>
class Animal:
    def run(self):
        print("run 为父类的方法")
class Dog(Animal):
    def run(self):
        print("run 为子类的方法")
    def eat(self):
        print("子类特有的方法")
class Cat(Animal):
    pass
```

上述例子中,Cat 类和 Dog 类继承了 Animal 类,可以看到类继承的写法是将父类类名写在 class 语句后的括号中。在这个例子中 Dog 继承了父类 Animal 的特性,并有自己的 run 方法,若子类中的方法与父类中的某一方法具有相同的方法名、返回类型和参数表,则新方法将覆盖原有的方法,这称为方法重写。<程序：继承测试示例 1>中子类重写了父类的 run 方法,调用时就执行子类的,Dog 类同时也添加了一个父类没有的 eat 方法,而 Cat 类完全继承了 Animal 的特性。

```
#<程序：继承测试示例 1>
cat = Cat()
cat.run()              #输出：run 为父类的方法
dog = Dog()
dog.run()              #输出：run 为子类的方法
dog.eat()              #输出：子类特有的方法
```

我们将这个例子丰富一下,代码如<程序：Animal 类的继承>所示。Animal 类增加了init 方法来初始化对象开始的位置信息,run 方法将对象位置的 x 坐标增加 1,表示对象在 x 方向上移动了 1,Dog 类的 init 方法初始化了对象的 hungry 属性,表示是否要吃东西。

```
#<程序：Animal 类的继承>
import random as r
class Animal:
```

```
        def __init__(self):
            self.x = r.randint(0,10)
            self.y = r.randint(0,10)
        def run(self):
            self.x += 1
            print("我的位置是：",self.x,self.y)
    class Cat(Animal):
        pass
    class Dog(Animal):
        def __init__(self):
            self.hungry = True
        def eat(self):
            if self.hungry:
                print("我正在吃东西")
                self.hungry = False
            else:print("我不想吃东西")
```

接着来测试一下，代码如<程序：继承测试示例 2>所示。可以发现，同样是继承 Animal 类，Cat 可以通过调用 run 方法改变自己的位置，而 Dog 一开始就报错了！

```
#<程序：继承测试示例 2>
cat = Cat()
cat.run();cat.run()
dog = Dog()
dog.eat();dog.run()
#输出：
我的位置是：7 1
我的位置是：8 1
我正在吃东西
Traceback (most recent call last):
  File "C:\….py", line 25, in <module>
    dog.run()
  File "C:\….py", line 7, in run
    self.x += 1
AttributeError: 'Dog' object has no attribute 'x'
```

其实抛出的异常已经说得很明白了，Dog 的对象没有属性 x。这是因为 Animal 中的 x 和 y 变量是__init__()函数中的变量，只有当执行这个函数时才能产生，并不属于类变量。因此 Dog 类在继承 Animal 类时，只会继承 Animal 中的__init__方法和 run 方法，而函数中的变量 x 和 y 并没有继承下来。因此调用 run 方法就会报错。

为了解决这个问题，可以在 Dog 类的__init__函数中调用 Animal 的__init__方法，产生 x 和 y 变量，这样使用 run()函数时就不会出错了。代码如<程序：继承测试示例 3>所示。

```
#<程序：继承测试示例 3>
class Dog(Animal):
    def __init__(self):
        Animal.__init__(self)
        self.hungry = True
```

这种方法虽然能够达到调用父类的目的,但这样做有一个缺点:当一个子类的父类发生变化时,必须遍历整个子类的定义,把定义中所有父类的类名替换成新的父类。例如,当类 B 的父类由类 A 变成类 C 时,需要将类 B 定义中的所有类 A 替换成类 C。本例代码简单,这样的改动或许还可以接受;但如果代码量大,这样的修改可能是灾难性的。因此,接下来介绍另一种调用父类函数的方法,即 super 方法。

在使用 Python 中引入的 super() 函数时,不需要明确地给出父类的名字,它就会自动帮我们找出父类中对应的方法。在本例中,可以在 Dog 类中的 __init__ 方法添加 super() 函数来调用父类的 __init__ 方法,然后再添加子类特有的属性,代码如<程序:继承测试示例 4 >所示。

```
#<程序:继承测试示例 4 >
class Dog(Animal):
    def __init__(self):
        super().__init__()
        self.hungry = True
```

从继承测试示例 3 和继承测试示例 4 中可以发现:使用 super() 函数并不需要传递参数,而用父类类名的方法需要在调用的函数中传入 self 参数。这是因为,super() 函数在调用的时候已经知道调用的对象是什么了,因此不需要再将 self 传入;而对于类 Animal 而言,它可能有多个子类,如果不传入 self 参数,就不知道是哪个对象在调用父类的函数了。

2. 熟练运用继承机制编程

在掌握了继承的基本知识后,下面通过"图的继承",带大家熟练掌握运用继承机制来编程。通过前面的学习,我们知道被继承的类称为父类,继承者称为子类,图 7-2 展示了图的继承的类层次,其中有向图类为二叉树类的父类,而二叉树类为二叉查找树类的父类。可能大家对有向图、二叉树、二叉查找树的概念不是很了解,对图的继承的类层次也没有太大体会,为了帮助大家理解其中的继承关系,下面先简单介绍相关概念。

图(Graph)是由节点(也可以称之为顶点)以及节点之间边的集合组成的,通常表示为:G(V,E),其中,G 表示一个图,V(Vertex)是图 G 中节点的集合,E(Edge)是图 G 中边的集合。如果图的任意两个节点之间的边都是无向边,则称该图为无向图;如果图的任意两个节点之间的边都是有向边,则称该图为有向图。图 7-3 给出了一个有向图的例子,每个节点上都记录了一个数值。

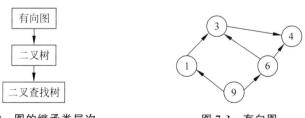

图 7-2　图的继承类层次　　　　　　图 7-3　有向图

树(Tree)也是由节点(在树中通常不称为顶点)和边组成,与图不同的是,树中一定存在一个特殊的、不被任何节点所指向的节点——根节点,且除了树的根节点外,树中的节点只能有一个节点指向它,我们将指向它的节点称为它的父节点。例如,节点 A 指向节点 B,则 A 是 B 的父节点,对应地,我们称 B 是 A 的子节点。而二叉树是一种特殊的树,如图 7-4 所示,每个节点最多有两棵子树,称为左子树和右子树。

二叉查找树(Binary Search Tree, BST)本质上还是一棵二叉树,只不过在其上定义了一些规则:一个节点的左子树中所有的节点值都小于该节点的值,而其右子树中的所有节点值都大于该节点的值。图 7-5 给出了一个二叉查找树的例子,其中根节点记录的数值为 5,可以看到,根节点左子树中的节点值都小于 5,根节点右子树中的节点值都大于 5。

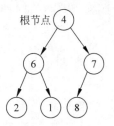
图 7-4　二叉树

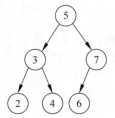
图 7-5　二叉查找树

通过上面的简单介绍可以发现,图、二叉树、二叉查找树有一些相同的属性,都有节点和边。但是图中的一个节点可以和多个节点相连,而二叉树中一个节点连接的节点数量就会有所限制,除根节点外与每个节点直接相连的最多有两个子节点、一个父节点。二叉查找树又对二叉树进行了特殊化,对节点的左右子节点的值做了要求。

了解了这些就不难理解图 7-2 所展示的类继承关系了。下面介绍如何用面向对象的思想描述图、二叉树、二叉查找树,以及它们之间的继承关系。

(1) 首先描述一个有向图类,先来分析有向图的静态特征,它有节点和边,在有向图 Graph 类的构建中我们利用两个字典结构 node 和 edge 分别记录节点和边的信息,其中 node 的格式为:｛节点编号:节点的值｝,edge 的格式为:｛节点编号:与该节点相邻节点的编号列表｝。图的动态特征有:插入一个节点、判断图中是否存在具有特定值的节点、查看图。我们分别定义了 insert、exist_val、show 方法来描述图的动态特征,代码如<程序:有向图类>所示。

```
#<程序:有向图类>
class Graph:
    def __init__(self,val):
        self.node_id = 0
        self.node = {self.node_id:val}              #保存节点的值
        self.edge = {self.node_id:[]}
    def insert(self,val,L1,L2):              #L1 保存的是该节点指向谁,L2 保存的是谁指向该节点
        self.node_id += 1
        self.node[self.node_id] = val            #保存节点记录的值
        for e in L2:self.edge[e].append(self.node_id)    #更新边的信息
        self.edge[self.node_id] = L1
    def exist_val(self,val):
        value = self.node.values()              #value 为字典中的所有值组成的列表
        return val in value
```

```
    def show(self):
        print("节点的信息",self.node)
        print("边的信息",self.edge)
```

在上述程序中,当需要插入一个节点时,可调用 insert()函数,它首先根据插入节点的顺序从小到大生成新节点的编号(node_id),并将节点的值存入 node 字典中,其次更新边的信息。当我们需要判断图中是否存在某个值(val)时,可调用 exist_val()函数,函数首先获取 node 字典中的所有值,进而判断 val 是否存在于其中,若存在则返回 True,否则返回 False。show()函数实现了打印图中所有的节点信息和边信息。

设计好了有向图类,下面进行实例化。创建一个有向图,代码如<程序:构建有向图>所示,在创建图对象时传入第一个节点的值是 2,对应的节点编号为 0,程序会将由该编号和该值组成的键值对加入字典 node 中,此时 node 为{0:2},该节点没有指向任何节点,所以此时边信息为{0:[]}。创建了图后,向图中插入两个节点,其中一个节点的值为 3,没有子节点,父节点编号为 0;另一个节点的值为 5,没有子节点,父节点编号为 1。接下来利用 show()函数查看构建的图信息,用 exist_val()函数判断是否存在值为 3 的节点。

```
#<程序:构建有向图 >
graph = Graph(2)
graph.insert(3,[],[0])          #参数分别为节点值、指向哪些节点、哪些节点指向该节点
graph.insert(5,[0],[1])
graph.show()
print("值为 3 的节点在图中是否存在?", graph.exist_val(3))
#输出:
节点的信息 {0: 2, 1: 3, 2: 5}
边的信息 {0: [1], 1: [2], 2: [0]}
值为 3 的节点在图中是否存在? True
```

根据 show()函数的信息,可以得到我们构建的图,如图 7-6 所示。

(2) 在构建了有向图类后,接着分析它的子类二叉树类的构建过程。由于二叉树的静态属性和图的类似,均由节点和边组成,所以可以直接继承图类的属性。但图中的节点可以指向多个节点,也可以被多个节点所指向,而二叉树的节点最多只能有两个子节点且只有一个父节点,因此需要重写图的 insert 方法,即判

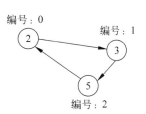

图 7-6 构建的有向图

断插入后是否满足二叉树的条件,若满足才能执行插入操作,否则插入失败。对于 exist_val 和 show 方法,它们没有对结构进行修改,因此可以直接从图类中继承。代码如<程序:二叉树类>所示。

```
#<程序:二叉树类>
class BinaryTree(Graph):
    def insert(self,val,parent):    #parent 为该节点的父节点的编号
        #首先检查是否满足二叉树的插入条件,即父节点的孩子个数是否小于 2
```

```
          if len(self.edge[parent])<= 1:
              #图的 insert 函数需给出 L1
              #本例中当父节点有空位置时才能插入新节点,因此 L1 为空
              super().insert(val,[],[parent])
          else:print("插入失败")
```

有了二叉树类之后,就可以创建二叉树对象了,代码如<程序:构建二叉树>所示。我们创建了二叉树对象,初始化根节点为 2,并向二叉树中插入两个节点:第一个节点的值为 3,它的父节点编号是 0;第二个节点记录的值为 4,它的父节点编号是 0。我们可以利用 show() 函数查看二叉树信息。

```
#<程序:构建二叉树>
tree = BinaryTree(2)
tree.insert(3,0)    #第一个参数是节点的值,第二的参数是父节点编号
tree.insert(4,0);
tree.show()
#输出:
节点的信息 {0: 2, 1: 3, 2: 4}
边的信息 {0: [1, 2], 1: [], 2: []}
```

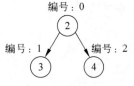

图 7-7　构建的二叉树

根据 show() 函数打印出的信息,我们构建的二叉树如图 7-7 所示。

(3) 构建了二叉树类后,接着分析它的子类二叉查找树类的构建过程。由前面的介绍可知,对于二叉查找树中的节点而言,其左子树中的所有节点值都应小于该节点的值,而其右子树中的所有节点值都大于该节点的值。因此,在二叉查找树的类定义中需要区分出节点的左右子节点。为了达到这个目的,我们重新定了它的边属性:每个节点指向的节点限定为两个,初始值为[−1,−1],分别存储左右子树根节点的编号。二叉查找树也具有 insert、exist_val 和 show 方法,其中 exist_val 和 show 不修改结构,可以直接从图中继承,我们只需重写 insert() 函数即可,代码如<程序:二叉查找树类>所示。

```
#<程序:二叉查找树类>
class BST(BinaryTree):
    def __init__(self,val):
        super().__init__(val)
        self.edge = {self.node_id:[-1,-1]}        #[-1,-1]表示没有子节点
    def insert(self,val):
        if super().exist_val(val) == 0:           #val 没有被插入过
            self.node_id += 1
            self.node[self.node_id] = val         #保存节点的值
            f_id,pos = self.find_pos(val,0)       #返回父节点的编号及左右位置
            self.edge[f_id][pos] = self.node_id   #更新父节点的边
            self.edge[self.node_id] = [-1,-1]
        else:print("该节点记录值已存在")
    def find_pos(self,val,node_id):
```

```
        if val < self.node[node_id]:              #找左子树
            if self.edge[node_id][0] == -1:       #找到空位置
                return node_id, 0                 #返回父节点编号,该节点为左节点
            node_id = self.edge[node_id][0]       #左子节点编号
            return self.find_pos(val, node_id)
        elif val > self.node[node_id]:            #找右子树
            if self.edge[node_id][1] == -1:
                return node_id, 1                 #返回父节点编号,该节点为左节点
            node_id = self.edge[node_id][1]       #右子节点编号
            return self.find_pos(val, node_id)
```

由于在插入时,首先需要根据规则为节点找一个正确的插入位置,因此新定义了 find_pos 方法供 insert 方法来调用。find_pos 方法的基本思想是:当要插入的节点值小于当前节点值时,在当前节点的左子树接着找插入位置;否则,在当前节点的右子树接着找插入位置。重复这一过程,直到找到一个正确的插入位置。

我们创建了二叉查找树对象,初始化第一个节点为 5,并向二叉树中插入 4 个节点,节点的值分别为 2、3、1、6。代码如<程序:构建二叉查找树>所示。我们利用 show()函数查看二叉查找树信息。

```
#<程序:构建二叉查找树>
bst = BST(5)
bst.insert(2)              #插入一个记录值为 2 的节点
bst.insert(3)
bst.insert(1)
bst.insert(6)
bst.show()
#输出:
节点的信息 {0: 5, 1: 2, 2: 3, 3: 1, 4: 6}
边的信息 {0: [1, 4], 1: [3, 2], 2: [-1, -1], 3: [-1, -1], 4: [-1, -1]}
```

根据 show()函数打印出的信息,构建的二叉查找树如图 7-8 所示。

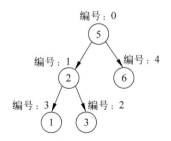

图 7-8　构建的二叉查找树

7.3.3　多态

什么是多态(Polymorphism)?顾名思义,多态就是多种表现形态的意思。它是一种机制、一种能力,而非某个关键字。在面向对象的编程中,多态在类的继承和类的方法调用中得

以体现。多态指的是在不清楚对象的具体类型时,根据引用对象的不同而表现出不同的行为方式。当不知道对象到底是什么类型,但又要让对象"做点儿什么"的时候,都会用到多态。

先看一个简单的例子,代码如<程序:对象中方法的多态表现>所示。

```
#<程序:对象中方法的多态表现>
from random import choice
class Dog:
    def move(self):
        print("飞快地跑!")
class Cat:
    def move(self):
        print("慢悠悠地走.")

dog = Dog()
cat = Cat()
obj = choice([dog,cat])        #choice 函数实现从列表中随机选择一个元素
print(type(obj))               #type 函数可以查看对象类型
obj.move()                     #若 obj 为 Cat,输出慢悠悠地走,若 obj 为 Dog,输出飞快地跑!
```

上述例子中有两个类:Dog 类和 Cat 类,它们都有方法 move,我们分别创建了 dog 对象和 cat 对象,然后利用函数 choice() 从两个对象中随机选取一个对象作为对象 obj,虽然不知道它的具体类型,但是可以对它进行相同的操作,即调用 move 方法;根据其类型的不同,它会表现出不同的行为,这就是对象中方法的多态。

方法多态的关键在于不需要检查类型,例如,本例中只需知道对象有个叫 move 的方法。如果还有其他的对象也有 move 方法,那也无所谓,只要像调用 dog 对象和 cat 对象的 move 方法一样使用该方法就行了。

其实,在 Python 中,并非只有对象方法中有多态,我们之前讲的函数和运算符都是多态的。先看一个简单的例子,代码如<程序:"+"的多态表现>所示。

```
#<程序:"+"的多态表现>
a = 1
b = 2
print(a + b)                   #输出:3
a = "Hello "
b = "world!"
print(a + b)                   #输出:Hello world!
```

我们不知道"+"运算符左右两个变量是什么类型,当给的是 int 类型时,它就进行加法运算;当给的是字符串类型时,它就返回两个字符串拼接的结果。也就是根据变量类型的不同,表现出不同的形态。

了解了运算符的多态,再来看看函数的多态。在前面介绍 list 和 string 的内置函数时,多态已经出现过,比如 count() 函数,见<程序:count 函数多态>。对于变量 x 来说,不需要知道它是字符串还是列表,就可以调用它的 count 方法。因为字符串和列表都有各自专属的 count 方法,只有在具体执行的时候才知道是谁调用了自己的 count 方法。通过本例,可以更直观地看到函数的多态。

```
#<程序：count 函数多态>
>>> from random import choice
>>> x = choice(["Hello world!",["o","a",1,2]])
>>> x.count("o")
1
```

运行后变量 x 可能被赋值为字符串"Hello world!"，也可能赋值为列表["o","a",1，2]，Python 不用关心 x 是什么类型，只需关心"o"在 x 中出现的次数，不管 x 是字符串还是列表，都可以使用刚才的 count()函数。

兰　兰：上面这个例子中我们不知道变量 x 的类型，却可以对它进行 count 操作，那万一 x 实际的数据类型没有自带的 count 方法呢？比如 x 是整数型，程序岂不是要报错？

沙老师：说得太对了！Python 和其他静态形态检查类的语言（如 C++等）不同，在参数传递时不管参数是什么类型，都会按照原有的代码顺序执行，这就很可能会出现因传递的参数类型错误而导致程序崩溃的现象，所以为安全起见，编程者需要自己编写代码来检验参数类型的正确性。

在 Python 中，变量在被赋值前是没有类型的，它的类型取决于其关联的对象。比如 a＝A()，首先 Python 创建一个对象 A，然后声明一个变量 a，再将变量 a 与对象 A 联系起来，a＝A()时，我们可以说 a 的类型与 A 相同，如果再将 3 赋值给 a，即 a＝3，此时 a 就是一个整型。在 Python 运行过程中，函数中的参数只是一个名称，没有类型可言，在给这个参数赋值之前并不知道参数的类型。所以在调用对象的方法或对变量做操作时可能会报错，因为我们无法确定一个对象是否有要调用的方法，也无法知道对变量执行某个操作是否合法。因此在编程过程中要特别小心。为了防止出现错误，应该做形态检查。例如，编写一个检查参数是否为奇数的函数，其方式是让传入的参数对 2 取余，看结果是否为 0，不是 0 就返回 True，代码如<程序：检查是否为奇数>中的 is_odd_number()函数所示。

```
#<程序：检查是否为奇数>
def is_odd_number(a):
    return not a % 2 == 0
a = 3
print("Is it an odd number?", a, is_odd_number(a))
#输出：Is it an odd number? 3 True
a = 2.1
print("Is it an odd number?", a, is_odd_number(a))
#输出：Is it an odd number? 2.1 True          #没报错,但结果是错的
a = [3]
print("Is it an odd number?", a, is_odd_number(a))          #程序报错
```

当将参数设置为整数 3 时，函数返回的结果为 True，表明它为奇数，与实际情况相符。但是假如输入的不是整数，而是小数或者一个列表时，该函数会正确判断吗？第一种情况，输入一个小数，如 2.1，那么这个函数正常执行，返回它是个奇数；第二种情况，输入一个不能做取余操作的变量，如列表[3]，那么程序就会崩溃。

为了避免上面这些情况的发生,我们要自己写代码来做类型检查。在 is_odd_number1() 函数中,先使用函数 type() 判断传进来的参数类型,只有参数类型是整型时,才进一步判断它是不是奇数。这样对于不合法的参数类型,如小数 2.1、列表[3],函数都会给出正确的判断,并且不会报错,代码如<程序:检查是否奇数前,检查数据类型>所示。

```
#<程序:检查是否奇数前,检查数据类型>
def is_odd_number1(a):
    if type(a)!= type(1): return -1        #类型不合法,直接返回-1
    return not a % 2 == 0
a = 2.1
print("Is it an odd number?", a, is_odd_number1(a))
#输出 Is it an odd number? 2.1 -1
a = [3]
print("Is it an odd number?", a, is_odd_number1(a))
#输出 Is it an odd number? [3] -1
```

7.4 初识小乌龟

小乌龟(turtle)是 Python 提供给开发者的一个绘图的标准库,我们可以利用小乌龟绘制出各种各样的有趣的图形。在图 7-9 中正方形的左上角可以看到一只小乌龟,其实图中的正方形就是这个小乌龟画出来的,代码如<程序:小乌龟画正方形>所示,先给大家一个直观的感受,相关的知识将在后续的内容中详细讲解。大家可以把小乌龟想象成一个机器人,它会按照我们的指令进行移动、画线,从而画出图像。

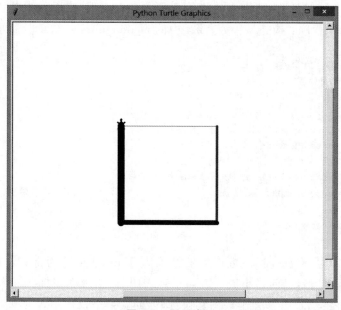

图 7-9 画正方形

```
#<程序：小乌龟画正方形>
from turtle import *                                #第1条语句
screensize(1600,800);p = Turtle()                   #第2~3条语句
p.shape("turtle");p.pencolor("red");p.pensize(1)    #第4~6条语句
p.forward(200);p.right(90);p.pencolor("green");     #第7~9条语句
p.pensize(5);p.forward(200);p.left(270);            #第10~12条语句
p.pencolor("purple");p.pensize(10);p.forward(200)   #第13~15条语句
p.setheading(90);p.pencolor("blue");p.pensize(15)   #第16~18条语句
p.forward(200)                                      #第19条语句
```

7.4.1 小乌龟的属性

上面的<程序：小乌龟画正方形>到底是如何画出正方形的呢？其实小乌龟的画图就像我们生活中拿笔画图一样，下面将以<程序：小乌龟画正方形>为例，讲解小乌龟是如何画图的。

1. 导入 turtle 模块

在用 turtle 开始画图之前，先要做一项准备工作，那就是导入 turtle 模块。在<程序：小乌龟画正方形>中的第一条语句是 from turtle import *，这条语句的作用正是导入 turtle 模块。turtle 是 Python 标准库中的模块，它有以下两种导入方式，这两种方式会将 turtle 中的所有方法导入：

（1）from turtle import *

（2）import turtle

第二种方式相比第一种更为麻烦，因为用第二种方式导入 turtle 模块后，当我们想用 turtle 中的方法如 function() 时，不能直接使用语句 function()，而必须用语句 turtle.function()，否则就会报错！下面在写示例代码时，默认都使用语句 from turtle import * 导入 turtle 模块。

2. 画布的建立

完成准备工作后，接下来要给自己一块画布。生活中我们的画布通常是一张画纸，而在 turtle 中的画布就是图 7-9 所示窗口中的空白区域，它就是我们用来画图的工作区。

那么如何建立这块画布呢？ turtle 中画布的生成是自动的，当运行代码后默认大小的画布就自动建立起来。可是在现实中可以用任意大小的画纸，相应地，我们也可以在 turtle 中用函数 turtle.screensize() 调整画布的大小，函数格式为：turtle.screensize(width，height)，其中 width 和 height 分别是画布的宽度和高度。

例如<程序：小乌龟画正方形>中的第二条语句是 turtle.screensize(1600,800)，表示建立一块长为 1600px、宽 800px 的画布，生成的画布如图 7-9 所示，可以看到横向和纵向的两个滚动条，这是因为长 1600px、宽 800px 的画布的大小已经超过我们的窗口大小了。有了 turtle.screensize() 这个函数，就可以根据需要生成适当大小的画布。

3. 小乌龟对象的创建

建立好了画布,接下来需要画笔,turtle 中的画笔就是前面讲到的"小乌龟",<程序:小乌龟画正方形>的第三条语句是 p＝Turtle(),这条语句的作用正是实例化一个小乌龟对象。实例化之后小乌龟的初始方向是水平向右的。

4. 小乌龟的形态

图 7-9 中画笔是以小乌龟的图案出现的,叫作小乌龟形态。实际上画笔有两种形态:一种是图 7-9 所示的形态,另一种则是箭头的形态。函数 turtle. shape() 可以切换小乌龟的这两种形态,当使用 turtle. shape("turtle")时,画布上会出现一只小乌龟;而当使用 turtle. shape("classic")时,画布上会出现一个箭头。若不希望任何形态的小乌龟出现在屏幕上,则可以用函数 turtle. hideturtle() 来隐藏小乌龟。

5. 小乌龟的画笔属性

经过前面 4 步,我们建立起了画布也实例化了一只小乌龟,这只小乌龟其实就是我们的画笔。现在开始给这支画笔"蘸颜料",也就是为画笔选择颜色。程序的第五条语句 p. pencolor("red")将小乌龟的颜色设置为红色,其中函数 pencolor()用来设置画笔的颜色,它的输入格式为:pencolor(colorstring)。例如 pencolor("brown"),括号内填写字符串来表示颜色,有 " red "、" yellow "、" green "、" yellow "、" brown "、" blue "、" purple "、" gray "、"black"和"white"等。

除了颜色以外,还可以利用 pensize(x)函数设置画笔粗细,其中参数 x 是一个表示画笔粗细的正数。例如,程序的第六条语句 p. pensize(1)将画笔的粗细设置为 1。

这两条语句设置好了画笔的属性,但是我们看不出效果,因为只有用画笔画图的时候才能看见它的粗细和色彩,下面将讲述如何用小乌龟画图。

6. 小乌龟的运动命令

设置好小乌龟的画笔属性后,就可以移动这支画笔了。首先怎么让小乌龟简单地前进呢? 程序的第七条语句 p. forward(200)可以使小乌龟沿当前所朝方向(此时为水平向右)前进 200px,其中函数 forward(distance)可以让小乌龟依照其当前所朝方向移动 distance 长度的距离,distance 可以是整数或浮点数。

小乌龟在向前移动的同时绘制了一条直线,我们可以这样理解:画笔在画布上移动,留下了它的运动轨迹,所以画出了一条红色的直线。那么当让画笔悬空时,是不是就不会留下轨迹了呢? 没错,turtle 为我们提供了可以使画笔悬空的函数 penup()。当不使用 penup()函数时,默认画笔是落下的,所以移动时会留下轨迹;而当使用 penup()函数后,画笔就悬空了;如果希望画笔再次落下,只需用函数 pendown()即可。注意,penup()函数可以简写为 up(),pendown ()函数可以简写为 down ()。

我们已经用语句 p. forward(200)画出了一条边,但是剩下的 3 条边和第一条边的方向是不同的,要先改变小乌龟的方向然后再画线。<程序:小乌龟画正方形>中的第八条语句 p. right(90)就实现了使小乌龟右转 90°。事实上,turtle 提供了 3 个改变方向的函数。

(1) right(angle)：将小乌龟向右转 angle 角度,角度的单位默认是度数,也可以设置为弧度。

(2) left(angle)：将小乌龟向左转 angle 角度,角度的单位默认是度数,也可以设置为弧度。

(3) setheading(to_angle)：将小乌龟的方向设置为某个角度,其中 0°的方向为水平向右,当 to_angle 为正角度(从 0°开始逆时针旋转的度数)时,小乌龟为逆时针旋转。

下面分别用这 3 个函数画剩下的 3 条边：

(1) 当前小乌龟的方向是水平向右,下一条边的方向是竖直向下,因此小乌龟应当右转 90°,即程序中的第八条语句 p. right(90)；接下来的 p. pencolor("green")语句将颜色设置为绿色,p. pensize(5)将画笔粗细设置为 5,p. forward(200)使画笔向前移动 200,这样小乌龟就向下移动画出第二条边。

(2) 当前小乌龟的方向是竖直向下,下一条边的方向是水平向左,因此小乌龟应当左转 270°,即程序中的第 12 条语句 p. left(270)；接下来的 p. pencolor("purple")语句将颜色设置为紫色,p. pensize(10)将画笔粗细设置为 10,p. forward(200)使画笔向前移动 200,这样小乌龟就向左移动画出了第三条边。

(3) 当前小乌龟的方向是水平向左,下一条边的方向是竖直向上,可以利用 setheading(to_angle)函数将小乌龟从水平向左转为竖直向上。前面已经讲过这个函数的 0°代表小乌龟的方向是水平向右,并且正角度的意思是从 0°开始逆时针旋转的度数。要画最后一条边,要将小乌龟的方向设为竖直向上,即角度为 90°,如程序中的第 16 条语句 p. setheading(90)。接下来的 p. pencolor("blue")语句将颜色设置为蓝色,p. pensize(15)将画笔粗细设置为 15,p. forward(200)使画笔向前移动 200,这样小乌龟就向上移动画出了第四条边,形成了正方形。

7. 小乌龟的位置属性

前面用相对移动的方法使小乌龟在画布上的移动、画图,也就是说,我们已经知道了当前位置和方向,并在此基础上画图。可不可以在不知道当前位置的情况下,用绝对位置的方法使小乌龟直接移动到我们期望的位置呢？答案是可以。我们可以把画布想象成二维平面直角坐标系,原点(0,0)是画布的中心,水平向右是 x 轴的正方向,竖直向上是 y 轴的正方向,小乌龟默认会出现在坐标系原点,同时 turtle 提供了一些函数可以使小乌龟移动到期望的坐标点上。

- turtle. pos()：返回小乌龟的当前位置(x,y)；
- turtle. setpos(x,y)：使小乌龟移动到设定的坐标点上；
- setx(x)：函数将小乌龟的横坐标设置为 x,纵坐标保持不变；
- setx(y)：函数将小乌龟的纵坐标设置为 y,横坐标保持不变。

我们可以用上述绝对位置的方法重新实现画正方形的例子。小乌龟初始位置应在(0,0)点,然后将小乌龟分别移动到正方形的右上角(200,0)、右下角(200,−200)、左下角(0,−200)、左上角(0,0),在移动的过程中小乌龟得到了一个完整的正方形,代码如下所示。

```
♯<程序：小乌龟画正方形四条边(绝对位置法)>
from turtle import *
p = Turtle()
p.setpos(100,0)              ♯小乌龟移动到正方形的右上角
p.setpos(100, - 100)        ♯小乌龟移动到正方形的右下角
p.setpos(0, - 100)          ♯小乌龟移动到正方形的左下角
p.setpos(0,0)                ♯小乌龟移动到正方形的左上角
```

在经过了多次移动之后,小乌龟的位置和方向都发生了变化,可以用 home() 函数将小乌龟移动到原点坐标(0,0),并将其方向设置为起始方向(即水平向右)。

7.4.2　基本图形的绘制

前面通过绘制正方形的例子介绍了小乌龟的基本属性,接下来将通过 3 个绘图例子来进一步介绍小乌龟的其他函数。

1. 正多边形的绘制

经过前面的学习,我们已经知道如何画出正方形了,现在我们将其扩展为画正多边形,其边数为大于或等于 3 的任意整数,思路如下。

(1) 首先我们考虑正方形的绘制方法：先用 forward() 函数画一条边；然后向左转 90°,然后用 forward() 函数画第二条边；再向左转 90°,用 forward() 函数画第三条边；最后再向左转 90°,然后用 forward() 函数画第四条边。总结起来就是 forward(),转动；forward(),转动；forward(),转动,直到画出正方形的 4 条边。

(2) 以此类推,任意边数的正多边形的绘制方法也可以按照上述过程,先用 forward() 函数画一条边；然后向左(或向右)转动某个角度,然后用 forward() 函数画第二条边……直到画完所有的 k 条边为止。这个过程可以用一个循环 k 次的 for 循环来实现,而每次所要转动的角度其实就是正多边形的外角,即 360/k。完整代码如<程序：画正多边形>所示,运行结果如图 7-10(a)所示。

```
♯<程序：画正多边形>
from turtle import *
def jumpto(x,y):
    up(); goto(x,y); down()
reset()
jumpto( - 25, - 25)
k = 10
for i in range(k):
    forward(50)
    left(360/k)
s = Screen(); s.exitonclick()
```

<程序：画正多边形>中用到了两个新函数。

① Screen()：返回 TurtleScreen 类的一个对象。运行语句 s = Screen()后得到当前屏

幕对象。

② exitonclick()：当屏幕上发生单击操作后，关闭 turtle 图形窗口。使用这个函数后，当我们要关闭 turtle 窗口时，不需要单击"关闭"按钮，直接在屏幕上单击鼠标左键即可。

程序中还有一个辅助函数 jumpto()，它的函数体很简单，就是"up()；goto(x,y)；down()"，该函数的作用是使小乌龟不留轨迹地跳到指定位置去，后面也会用到这个函数。

(a) 正多边形　　　　　　　(b) 五角星　　　　　　　(c) 聚合图案

图 7-10　基本图形绘制

2. 五角星的绘制

接下来画一颗五角星，思路如下：

（1）五角星其实就是由顺次连接起来的 5 条边组成的，相邻两边构成的外角为 144°（因为五角星的内角和是 180°，每个内角是 180°/5＝36°，我们知道外角＝180°－内角，所以外角＝180°－36°＝144°）。在纸上画五角星时，通常是先画水平边，再向左下角移动画第二条边，再向右上移动画出第三条边，再向右下角画出第四条边，最后向左上角画出第五条边。

（2）用小乌龟画五角星也可以按照这个顺序：小乌龟的初始方向水平向右，所以可以先用 forward() 函数画出水平的那条边，然后向右转动一个外角大小的角度（144°）；此时小乌龟指向了左下角的顶点，用 forward() 函数画出第二条边，然后向右再转动一个外角大小的角度（144°）；此时小乌龟指向了上方的顶点，forward() 画出第三条边，然后向右再转动一个外角大小的角度（144°）……这样循环 5 次，直到画出全部的 5 条边。完整代码如<程序：五角星的绘制>所示，运行结果如图 7-10(b)所示。

```
#<程序：五角星的绘制>
import turtle
turtle.pensize(20)
turtle.pencolor("black")
turtle.setheading(0)
length = 400
angle = 0
for i in range(5):
    turtle.forward(length)
    angle = angle - 144
    turtle.setheading(angle)
```

3. 聚合图案的绘制

接下来绘制图 7-10(c)中的聚合图案（聚合图案指由多个相同的图形构成的图案），该图案是由 20 个半径相同的圆组成的圆环,每个圆的周长都是 400px,圆环最内侧的小圆的周长是 200px。这个复杂的图案是如何绘制的呢?思路如下:

(1) 仔细观察这个圆环可以发现,这个圆环可以看作由一个初始圆顺时针旋转形成的,在旋转过程中初始圆的圆心在内圆上顺时针旋转。可以将正下方的圆看作初始圆,然后顺时针旋转一个角度画出第二个圆,第二个圆再顺时针旋转一个角度画出第三个圆……这样一直围绕着圆环内圆顺时针旋转 20 次,最后就形成了圆环图案,其中内圈的圆其实就是初始圆的圆心旋转形成的轨迹。

(2) 因此,先画初始圆,可以用边数很多的正多边形来近似画一个圆,此处选择正四十边形,代码与前面讲的正多边形的绘制类似,代码如<程序:画初始圆>所示。

```
#<程序:画初始圆>
IN_TIMES = 40
for j in range(IN_TIMES):
    right(360/IN_TIMES)
    forward (400/IN_TIMES)
```

(3) 画好初始圆后,开始在内圆上顺时针旋转初始圆的圆心,内圆也可以用正多边形来模拟,因为有 20 个圆所以可以用正二十边形来画内圆,由于内圆周长为 200,所以边长为200/20。

(4) 将上面两步整合,外层循环用来旋转圆,循环 20 次;内层循环用来画圆,循环 40次,整合后的代码如<程序:多个圆形的聚合>所示。

```
#<程序:多个圆形的聚合>
from turtle import *
speed('fast');IN_TIMES = 20;TIMES = 10
for i in range(TIMES):
    right(360/TIMES);forward(200/TIMES)
    for j in range(IN_TIMES):
        right(360/IN_TIMES);forward (400/IN_TIMES)
penup();setpos( - 100, - 200)
write("Click to exit", font = ("Courier", 12, "bold") )
s = Screen();s.exitonclick()
```

<程序:多个圆形的聚合>中用到了两个新函数。

① speed():用来控制画图速度,参数可以是 0~10 的任意数字(参数为 1~10 时数字越大画图速度越快,但是参数为 0 时表示速度最快),也可以是字符串(包括"fastest":0;"fast":10;"normal":6;"slow":3;"slowest":1)。

② write(arg, move=False, align="left", font=("Arial", 8, "normal")):使画笔写文本,参数依次为文字内容、设置画笔是否移动的布尔值(不常用)和字体设置。

7.4.3 递归图形的绘制

1. 雪花的绘制

如图 7-11(a)所示的"雪花"是一种名为科赫曲线的几何曲线,因为形似雪花所以又称为雪花曲线。科赫曲线可以由以下步骤生成。

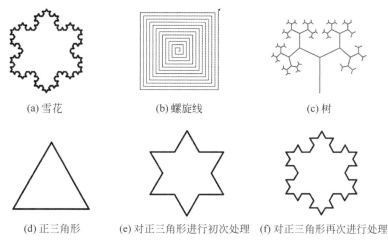

(a) 雪花　　　　　　　　(b) 螺旋线　　　　　　　　(c) 树

(d) 正三角形　　(e) 对正三角形进行初次处理　(f) 对正三角形再次进行处理

图 7-11　递归图形

（1）画一个正三角形，如图 7-11(d)所示。

（2）把每条边三等分，并以三等分后的中间一段为边向外作正三角形，并把这"中间一段"擦掉，得到图 7-11(e)。

（3）重复第(2)步，画出更小的三角形，得到图 7-11(f)。

（4）一直重复第(2)步，所画出的曲线叫作科赫曲线。图 7-11(a)的雪花是重复 3 次后形成的曲线。

下面思考如何用小乌龟画出这个曲线，一种方法是：按照上面的 4 步，把每条边三等分，以三等分后的中间一段为边向外作正三角形，并把这"中间一段"擦掉。这种边画边擦的方法会很麻烦。可以用另一种方法：先确定最终的曲线是什么样的并用某种数据结构把曲线的形状保存下来，然后依照这个结构直接画出这个曲线。

先写函数 koch_curve(n)用于确定重复 n 次时的曲线形状：从科赫曲线的生成步骤可以看出，要得到重复 3 次后的图形，可以先得到重复两次的图形，然后再重复一次即可。而要得到重复两次的图形，可以先得到执行步骤(2)一次的图形，然后再重复一次即可。这正是递归的思想，因此可以用递归的方法写 koch_curve(n)：

（1）首先保存初始三角形的形状，假设初始三角形边长为 size＝243，可以用字符串 "sftftf"来表示初始三角形，其中 s 表示左转 60°，f 表示向前 243，t 表示右转 120°。函数的返回值是"sftftf"。

（2）递归函数每次重复都会将表示当前形状的字符串中的字符 f 用 fsftfsf 替换，该替换操作等同于将当前形状中每条边三等分，以三等分后的中间一段为边向外作正三角形，并把这"中间一段"擦掉。函数的返回值是新字符串。

将上述递归函数执行 3 次，然后将图 7-11(a)的形状以字串的形式输出。

前面得到了表示形状的字符串，接下来根据这个字符串画出该曲线，方法如下。

用 draw()函数遍历该字符串：当遍历到字符 's'时，小乌龟左转 60°；遍历到字符 'f'时，小乌龟前进当前曲线的边长（本次递归时的边长＝上次递归时边长/3）；当遍历到字符 't'时，小乌龟右转 120°。

将上述两个函数结合,最终代码如<程序:雪花的绘制>所示。

```
#<程序:雪花的绘制>
from turtle import *
import time
def draw(s,size):
    for i in s:
        if i == 's': t.left(60)
        elif i == 'f': t.forward(size)
        else: t.left(-120)
def koch_curve(n):
    if n == 1: return "sftftf"
    else: return koch_curve(n-1).replace("f","fsftfsf")
t = Pen();size = 243
for i in range(1,5):
    time.sleep(3); t.reset();time.sleep(1)
    t.penup();t.goto(-200,200);t.pensize(5)
    t.pendown();t.write(i,font = ("Arial", 30, "normal"))
    t.hideturtle();t.penup();t.goto(-120, -70)
    t.pendown();s = koch_curve(i);draw(s,size);size = size/3
```

<程序:雪花的绘制>中用到了 3 个新函数。

① sleep(x):使程序停止 x 秒后再继续运行。上述程序中在每次绘制完一次科赫曲线后,都使用这个函数使程序暂停 3s,目的是留出 3s 的时间给同学们观察绘制好的科赫曲线,避免绘制太过匆忙无法看清楚。使用此函数前需要先使用语句 import time 导入时间库。

② reset():把屏幕上小乌龟已经画出的图删除,重新居中小乌龟,并将变量设置为默认值。在程序中依次画出重复 1 次、重复 2 次……一直到重复 5 次的科赫曲线,为了避免图案互相覆盖,每次绘制科赫曲线前,都使用该函数清空画布,将小乌龟移到初始位置(居中)以及将变量都恢复为默认值,方便下一次绘制。

③ goto(x,y):把小乌龟移动到坐标(x,y)处,其中(x,y)是上面介绍的绝对位置。

2. 螺旋线的绘制

如图 7-11(b)所示的螺旋线由 50 条线段组成,其中最短的线段长为 8,接下来每段都比上一段长 8,每两条相邻平行线的间隔也是 8。这个螺旋线也可以递归地绘制出,思路如下:

(1) 初始时小乌龟在画布中心向前移动 8(即 forward(8)),绘制出第一条线段。

(2) 递归函数每次都在前面绘制完的基础上左转 90°,然后向前移动比上一次移动的距离还要长 8 的距离。

根据上述思路,编写函数 draw(n)用于绘制有 n 条边的螺旋线,该函数会先递归调用 draw(n-1)绘制出有 n-1 条边的螺旋线,在此基础上左转 90°绘出第 n 条边。代码如<程序:螺旋线的绘制>所示。

```
#<程序：螺旋线的绘制>
from turtle import *
speed("fastest")
pensize(2)
def draw(n):
    if n == 1:
        forward(8 * n);left(90)
    else:
        draw(n - 1);forward(8 * n);left(90)
draw(50)
```

3. 树的绘制

如图 7-11(c)所示的树也是用小乌龟递归地画出的，其中树根的长度为 200，每层分支的长度都是上一层分支长度的 0.6375，最短的分支的长度大于 5。绘制思路如下：先用一个画笔画出最下面的树根；再将当前这一个画笔克隆成两个画笔，在树根的基础上，用这两个画笔画出第二层的两个分支；再将当前这两个画笔克隆成 4 个画笔，在第二层分支的基础上画出第三层的 4 个分支……一直画到使最后一次分支的长度小于 5 为止，结束绘制。如<程序：树的绘制>所示，其中最主要的绘制函数是 tree(plist，l，a，f)，plist 是存有当前所有画笔的列表，l 表示当前分支的长度，a 表示两个分支之间的夹角度数，f 是分支长度的缩短率。

```
#<程序：树的绘制>
from turtle import Turtle
def tree(plist, l, a, f):
    if l > 5:
        lst = []
        for p in plist:
            p.forward(l)              #沿着当前的方向画画
            q = p.clone()             #复制得到一个与画笔 p 的属性一模一样的画笔 q
            p.left(a)
            q.right(a)
            lst.append(p)             #将元素增加到列表的最后
            lst.append(q)
        tree(lst, l * f, a, f)
def main():
    p = Turtle();p.color("green");p.pensize(5)
    p.hideturtle();p.speed(1)
    p.left(90)
    p.penup()                         #拿起画笔
    p.goto(0, -200)                   #把小乌龟移动到绝对位置(0, -200)
    p.pendown()                       #放下画笔
    t = tree([p], 200, 65, 0.6375)
main()
```

前面学习了如何用小乌龟画各种静态的图像,那么如何让画布上的图像运动起来,成为动态图像呢? 下面通过两个例子来讲解如何绘制动图。

7.5.1　过河游戏

第 6 章介绍了过河游戏,现在将游戏过程用 turtle 展示出来。

1. 画河与两岸

河与两岸可以简单地用两条竖线表示,思路就是: 将小乌龟移到画布右上角,竖直向下画出一条竖线作为右岸,再将小乌龟移到画布左上角,竖直向下画出一条竖线作为左岸。根据这个思路写出画河与两岸的函数 SetupRiver(),代码如<程序: 过河游戏——画河与两岸>所示,其中 SetupRiver()函数将会建立河的外框,main()会调用 SetupRiver()函数,从而使小乌龟在画布上画出河与两岸。

```
#<程序: 过河游戏——画河与两岸>
from turtle import *
def SetupRiver():                 #建立河的外框
    pensize(6);penup();goto(300,300)
    pendown();right(90);forward(500)
    penup();goto(-300,300);pendown();forward(500)
def main():
    tracer(False)                 #使多个绘制对象同时显示
    SetupRiver()
    tracer(True)
if __name__ == "__main__":
    main()
```

<程序: 过河游戏——画河与两岸>中用到了两个新函数。

① tracer(False): 关闭动画开关,使接下来的绘图都不显示绘制的过程,直接显示绘制结果,故可使多个小乌龟的绘制结果同时出现在画布上。程序使用这个函数后,河与两岸会直接出现在画布上,而不显示绘制过程。

② tracer(True): 打开动画开关,使接下来的绘图都显示绘制的过程,从而形成动态的图像。

2. 在河上画小船

然后在河上方将小船画出来,思路如下:

(1) 首先创建一个小船的形状(turtle 中有 Shape 形状类,用该类创建出的对象可以代

表一种形状),给这个形状取名为 boat。

(2) 创建一个 turtle 对象,将这个 turtle 设置为 boat 形状,我们就将小船画了出来。

具体步骤如下:

(1) 首先创建一个空 Shape 形状对象,利用语句 s＝Shape("compound")创建一个类型为 compound 的空 Shape 对象,compound 表明这是一个复合 Shape 对象。接下来给这个对象添加小船多边形:想象在坐标系上有一个小船,分析其所有顶点的二维坐标是多少,用一个元组顺序存储所有坐标,这个元组就代表了小船的形状。然后用 addcomponent()函数将这个代表多边形的元组添加到空 Shape 对象中,这个 Shape 对象就有了一个多边形。最后给这个 Shape 取名,之后通过它的名字就可以获取这个小船图形。将上述步骤写成函数 setboat(name),该函数会将小船形状命名为 name。

(2) 接下来在函数 Init()中用语句 boat ＝ Turtle()创建了一个小乌龟对象 boat,然后用语句 boat.shape("boat")将小乌龟 boat 的形状设置为自定义的图形 boat。main()函数会调用 Init()使小船出现在画布上,同时 main()函数也调用了 SetupRiver()函数,故河与小船会同时出现在画布上。

这一部分的代码如<程序:过河游戏——画小船>所示,其中与<程序:过河游戏——画河与两岸>相同的部分代码已省略。

```
#<程序:过河游戏——画小船>
from turtle import *
def SetupRiver():          # 函数体与<程序:过河游戏——画河与两岸>相同,故省略
def main():                # 修改 main()函数
    tracer(False)          # 使多个绘制对象同时显示
    SetupRiver()
    Init()
    tracer(True)
def setboat(name):         # 定义函数 setboat(name)
    s = Shape("compound")
    poly1 = ((-229,270),(-250,295),(-250,220),
            (-325,220),(-260,195),(-260,220),(-250,220),
            (-250,145),(-225,170),(-225,270))  # 存储小船顶点的元组
    s.addcomponent(poly1, "white", "black")
    register_shape(name, s)
def Init():                                    # 定义函数 Init()
    global boat
    setboat("boat")
    boat = Turtle()
    boat.shape("boat")
if __name__ == "__main__":
    main()
```

3. 确定两岸的菜、鸡、狼

接下来画出两岸和船上的菜、鸡、狼,为了简便,用文字来表示菜、鸡、狼。首先要确定菜、鸡、狼在不同时间所处的位置,要画出 3 个地方的菜、鸡、狼——左岸、船上和右岸,在实

现前面的过河游戏之后,得到的结果是存储在列表中的字串,如下所示:[["狼,鸡,菜"],["船"],[],True,["狼,菜"],["船,鸡"],[],False,……],以此作为输入赋值给列表animals,animals 中每 4 个元素构成了游戏过程中的一个状态,例如,["狼,鸡,菜"]、["船"]、[]、True 四个元素表示河的左岸是菜、鸡、狼,小船上为空,右岸为空,小船当前方向是右岸到左岸,而["狼,菜"]、["船,鸡"]、[]、False 表示河的左岸是狼、菜,小船上有鸡,右岸为空,小船当前方向是左岸到右岸。因此每次只需要获取 animals 中的连续 4 个元素,故我们设计了函数 animal(t),t 表示需要获取第几个状态的数据,函数将返回第 t 个状态的数据,即 animals[4 * t:4 * t+4]。代码如<程序:过河游戏——确定两岸的菜、鸡、狼>所示。

```
♯<程序:过河游戏——确定两岸的菜、鸡、狼>
def animal(t):              ♯定义函数 animal(t)
    return animals[4 * t:4 * t + 4]
def Init():                 ♯在 Init()中添加如下代码
    …
    global animals
    animals = [["狼,鸡,菜"], ["船"],[],True,
              ["狼,菜"], ["船,鸡"],[],False,
              ["狼,菜"], ["船"],["鸡"],True,
              ["狼"], ["船,菜"],["鸡"],False,
              ["狼"], ["船,鸡"],["菜"],True,
              ["鸡"], ["船,狼"],["菜"],False,
              ["鸡"], ["船"],["狼,菜"],True,
              [], ["船,鸡"],["狼,菜"],False,
              [], ["船"],["狼,鸡,菜"],False]
    …
```

4. 画菜、鸡、狼

上一步已经确定了游戏中每一时期菜、鸡、狼的位置状态,现在可以在画布上画菜、鸡、狼了。由于要同时画出菜、鸡、狼在 3 个地方——左岸、船上和右岸的分布,所以需要创建 3 个 turtle 对象,代码如<程序:过河游戏——画两岸的菜、鸡、狼>所示。

```
♯<程序:过河游戏——画两岸的菜、鸡、狼>
def Init():                 ♯在 Init()中添加如下代码段
    global printer,printer1,printer2
    printer = Turtle()      ♯建立输出文字 Turtle——printer
    printer.hideturtle()
    printer.penup()
    printer1 = Turtle()     ♯建立输出文字 Turtle——printer1
    printer1.hideturtle()
    printer1.penup()
    printer2 = Turtle()     ♯建立输出文字 Turtle——printer2
    printer2.hideturtle()
    printer2.penup()
```

5. 动态显示

最后让所有的 turtle 对象动起来：按照输入的列表控制各个 turtle 对象，例如，animal(t) 返回的第一组数据是["狼，鸡，菜"]、["船"]、[]、True，那么表示左岸动物的 turtle 要写文字 "狼，鸡，菜"，表示小船的 turtle 写文字"船"，表示右岸的 turtle 不写文字，小船 turtle 从画布中河的右岸移向左岸；当 animal(t) 返回的第二组数据是["狼，菜"]、["船，鸡"]、[]、False 时，表示左岸动物的 turtle 要写文字"狼，菜"，表示小船的 turtle 写文字"船，鸡"，表示右岸的 turtle 不写文字，小船 turtle 从画布中河的左岸移向右岸。这部分动态功能由函数 Tick() 来实现，代码如<程序：过河游戏——动态显示>所示。

```
♯<程序：过河游戏——动态显示>
def Tick():
    animal_len = len(animals)//4
    for i in range (animal_len):
        tmpanimal = animal(i)
        tracer(False)                  ♯不显示绘制的过程,直接显示绘制结果
        printer.reset()
        printer.hideturtle()
        printer.up()
        printer.goto( - 350,190)
        if len(tmpanimal[0])> 0:
            printer.write(tmpanimal[0][0],align = "center",
            font = ("Courier",14,"bold"))
        printer.down()
        printer1.reset()
        printer1.hideturtle()
        printer1.up()
        printer1.goto(350,190)
        if len(tmpanimal[2])> 0:
            printer1.write(tmpanimal[2][0],align = "center",
            font = ("Courier",14,"bold"))
        printer1.down()
        tracer(True)
        if tmpanimal[3] == True:
            time.sleep(2)
            boat.up()
            boat.goto( - 441, - 0)
            printer2.reset()
            printer2.hideturtle()
            printer2.up()
            printer2.goto( - 250,190)
            if len(tmpanimal[1])> 0:
                printer2.write(tmpanimal[1][0],align = "center",
                font = ("Courier",14,"bold"))
            time.sleep(2)
            tmp = animal(i + 1)
            printer2.clear()
```

```
        printer.clear()
        if len(tmp[1])> 0:
            printer2.write(tmp[1][0],align = "center",
            font = ("Courier",14,"bold"))
        if len(tmp[0])> 0:
            printer.write(tmp[0][0],align = "center",
            font = ("Courier",14,"bold"))
    elif tmpanimal[3] == False:
        boat.up()
        boat.goto(0,0)
        printer2.reset()
        printer2.hideturtle()
        printer2.up()
        printer2.goto(250,190)
        if len(tmpanimal[1])> 0:
            printer2.write(tmpanimal[1][0],align = "center",
            font = ("Courier",14,"bold"))
        time.sleep(2)
        tmp = animal(i + 1)
        printer2.clear()
        printer1.clear()
        if len(tmp[1])> 0:
            printer2.write(tmp[1][0],align = "center",
            font = ("Courier",14,"bold"))
        if len(tmp[2])> 0:
            printer1.write(tmp[2][0],align = "center",
            font = ("Courier",14,"bold"))
    time.sleep(2)
```

将以上 5 个步骤的代码整合后的运行结果如图 7-12 所示。

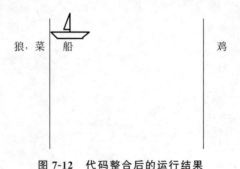

图 7-12　代码整合后的运行结果

7.5.2　小老鼠走迷宫

第 6 章讲了小老鼠走迷宫游戏,本节将以动图的方式展示小老鼠走迷宫的过程。

1. 迷宫的绘制

　　首先实现迷宫的绘制，迷宫如图 7-13(a)所示，该迷宫是根据输入的列表绘出的，代码如
<程序：迷宫输入>所示。观察输入列表与结果，不难发现，当输入的某位为 1 时，迷宫中对
应位置为一堵墙；当输入为 0 时，迷宫中对应位置为通道。因此，要绘制该迷宫，最基本的
步骤为绘制墙与通道。思路如下：

　　要根据输入列表绘制迷宫，首先要对列表进行遍历，列表中的每个 1 或 0 代表了迷宫中
的一个方块，根据当前方块所在行数与列数，计算出每个方块各自的起始位置，然后就可以
绘制方块了。如果当前方块的表示为 1 则画墙，否则画通道。其中墙用一个正方形加"×"
表示，通道用没有封闭的正方形表示，如图 7-13(a)所示。

```
#<程序：迷宫输入>
m = [[1,1,1,0,1,1,1,1,1,1],
[1,0,0,0,0,0,0,0,1,1],
[1,0,1,1,1,1,1,0,0,1],
[1,0,1,0,0,0,0,1,0,1],
[1,0,1,0,1,1,0,0,0,1],
[1,0,0,1,1,0,1,0,1,1],
[1,1,1,1,0,0,0,0,1,1],
[1,0,0,0,0,1,1,1,0,0],
[1,0,1,1,0,0,0,0,0,1],
[1,1,1,1,1,1,1,1,1,1]]
```

　　根据上述思路，我们写出了绘制迷宫的函数 draw_myth()，它会对输入的迷宫列表进
行遍历，根据遍历到的 1 或 0 调用 drawBox(x,y,size,blocked)函数绘制相应的墙或通道，
其中参数 x 和 y 表示当前方块的起始位置(x,y)，size 表示方块的大小，blocked 表示此处是
墙还是通道(1 表示墙，0 表示通道)，如果 blocked 是 1 则画墙，如果 blocked 是 0 则画通道。
　　最后得到的代码如<程序：迷宫中的墙与通道绘制>所示。

```
#<程序：迷宫中的墙与通道绘制>
m = [[1,1,1,0,1,1,1,1,1,1],[1,0,0,0,0,0,0,0,1,1],[1,0,1,1,1,1,1,0,0,1],
[1,0,1,0,0,0,0,1,0,1],[1,0,1,0,1,1,0,0,0,1],[1,0,0,1,1,0,1,0,1,1],
[1,1,1,1,0,0,0,0,1,1],[1,0,0,0,0,1,1,1,0,0],[1,0,1,1,0,0,0,0,0,1],
[1,1,1,1,1,1,1,1,1,1]]
def jumpto(x,y):
    up();goto(x,y);down()
def drawBox(x,y,size,blocked):
    color("black");jumpto(x,y)
    if blocked:
        color("red")
        for i in range(4):forward(size);right(90)
        goto(x + size,y − size);jumpto(x,y − size);goto(x + size,y)
    else:
        for i in range(4):
            forward(size/6);up();forward(size/6 * 4);down()
            forward(size/6);right(90)
```

```
from turtle import *
def draw_myth():
    global m;reset();speed('fast');size = 40
    for i in range(0,len(m)):
        for j in range(0,len(m[i])):
            drawBox( - 200 + j * size,200 - i * size,size,m[i][j])
```

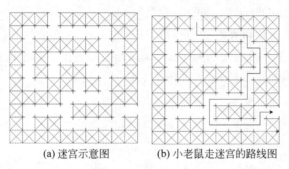

(a) 迷宫示意图   (b) 小老鼠走迷宫的路线图

图 7-13　小老鼠走迷宫

运行程序,便能看到小乌龟在努力地为我们绘制迷宫了。

2. 绘制小老鼠走迷宫

接下来在已经画好的迷宫的基础上画出小老鼠的轨迹,这一部分功能是在第6章代码的基础上加以修改,将小乌龟找寻出口的过程(包括走错路的过程)动态展示出来。方法是:小老鼠每搜索一个方块,就走到相应点的位置,此时会留下黑色的运动轨迹;当发现当前方块不可行时,就走回当前方块的上一个方块(即遍历当前方块之前遍历的方块),此时会留下白色的轨迹,故之前的错误轨迹就被擦除了。

在第1步画好迷宫的基础上添加代码,如<程序:小老鼠走迷宫绘制>所示。

```
♯<程序:小老鼠走迷宫绘制>
sta1 = 0;sta2 = 3;fsh1 = 7;fsh2 = 9; success = 0
path = [ ]
size = 40
r = (size - 10)/2
global mouse
mouse =  Turtle()
x = - 200 + 3 * size + size/2
y = 200 - 0 * size - size/2
mouse.up()
mouse.goto(x,y)
mouse.speed(1)
mouse.down()
from turtle import *
def LabyrinthRat():
    global m
    print("显示迷宫: ")
```

```
    for i in range(len(m)):
        print(m[i])
    print("入口:m[%d][%d]:出口:m[%d][%d]"%(sta1,sta2,fsh1,fsh2))
    if (visit(sta1,sta2,sta1,sta2)) == 0:
        print("没有找到出口")
    else:print("显示路径:")
    for i in range(10):print(m[i])
def visit(i,j,p,q):
    global m
    m[i][j] = 2;x = -200 + j * size + size/2;y = 200 - i * size - size/2;
    mouse.pencolor("black");mouse.goto(x,y)
    global success,path
    path.append([i,j])
    if(i == fsh1)and(j == fsh2): success = 1
    if(success!= 1)and(m[i-1][j] == 0): visit(i-1,j,i,j)
    if(success!= 1)and(m[i+1][j] == 0): visit(i+1,j,i,j)
    if(success!= 1)and(m[i][j-1] == 0): visit(i,j-1,i,j)
    if(success!= 1)and(m[i][j+1] == 0): visit(i,j+1,i,j)
    if success!= 1:
        m[i][j] = 3; x = -200 + q * size + size/2;
        y = 200 - p * size - size/2;mouse.pencolor("white");
        mouse.goto(x,y)
    return success
if(__name__ == "__main__"):
    tracer(False);draw_myth();tracer(True);LabyrinthRat()
    print(path)
```

将两部分代码整合,运行结果如图 7-13(b)所示。

练习题 7.6.1　Life。

【问题描述】　Life(生命游戏)又称细胞自动机,这个游戏由一个二维矩形世界构成(如图 7-14 所示),矩阵中的每个方格居住着一个活着或死了的细胞。一个细胞在下一个时刻的生死取决于相邻 8 个方格中活着或死了的细胞的数量,具体规则如下。

(1) 人口过少:任何活细胞如果活邻居少于 2 个,则死掉。

(2) 正常:任何活细胞如果活邻居为 2 个或 3 个,则继续活。

(3) 人口过多:任何活细胞如果活邻居大于 3 个,则死掉。

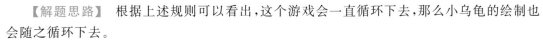

图 7-14　Life 游戏界面

(4) 复活:任何死细胞如果活邻居正好是 3 个,则活过来。

现在请用小乌龟绘制细胞自动机的游戏过程。

【解题思路】　根据上述规则可以看出,这个游戏会一直循环下去,那么小乌龟的绘制也会随之循环下去。

具体绘制思路如下:首先绘制一个二维矩阵世界,假设它由 ROW 行、COL 列个方块组成,那么就绘制一个 ROW 行、COL 列的二维方格表;然后再随机产生这个二维矩阵世界的初始状态,也就是在矩阵方格中随机产生活细胞(每个方格中可能产生一个活细胞或者没有活细胞),用 1 表示有活细胞的方块,0 表示没有活细胞的方块,把所有 1 和 0 用一个二维列表存储起来,接下来根据这个列表把活细胞在画布的二维矩阵上画出;根据当前二维矩阵世界的状态,依照上述 4 条规则,计算出下一时刻二维矩阵世界的状态,把下一时刻的状态存储到列表中,根据这个列表把活细胞在画布的二维矩阵上画出;下下一时刻又会重复这一过程……

根据上述思路,可以把游戏过程的绘制细分为以下 4 个步骤:

(1)产生一个二维矩阵世界(此时还没有添加细胞进去),即用直线画出一个 ROW 行、COL 列的二维方格表。然后转到第(2)步。

(2)随机产生二维矩阵世界的初始状态,即在每个小方格内随机产生一个活细胞或没有活细胞,并将该状态保存在当前状态列表 cur_life 中。二维世界的状态是这样描述的:如果 cur_life 列表的相应位置为 1,就表示小方格内有活细胞;如果 cur_life 列表的相应位置为 0,就表示小方格内没有活细胞。同时把过去状态列表 old_life 初始化为全 0(表示过去没有活细胞),下一时期状态列表 nxt_life 初始化为全 0。然后转到第(3)步。

(3)根据第(2)步得到的当前二维矩阵世界的状态和过去矩阵世界的状态,在前面绘出的二维矩阵世界基础上绘出新的矩阵世界,具体步骤是:从第一行第一列的方格开始,根据 cur_life 和 old_life 两个列表在方格中画细胞,一直画到最后一行最后一列的方格为止,用黑色圆点表示过去产生的活细胞,红色圆点表示新产生的活细胞,用白色圆点掩盖原来的圆点表示旧细胞已死亡。

(4)根据当前二维矩阵世界的状态,依照前面的 4 条规则,计算出下一时刻二维矩阵世界的状态存储到下一时刻状态列表 nxt_life,并将当前状态列表 cur_life 赋值给过去状态列表 old_life,将下一时刻状态列表 nxt_life 赋值给当前状态列表 cur_life,返回第(3)步(由第(3)步在前面绘出的二维矩阵世界基础上绘出新的矩阵世界)。

前面实现了游戏的 4 个基本步骤,接下来用 main()函数调用上述 4 个步骤,即可实现整个游戏过程。

练习题 7.6.2 函数图像的绘制。

【问题描述】 写一个 turtle 程序,用户希望画出输入函数的图像,其中 x 轴的范围是(−100,100),y 轴范围不限制,用户输入对应项系数来表示函数。例如,用户希望画出 $y = x^2 + 2x$ 的图像,那么在键盘输入对应项系数"0,2,1"即可,输入的系数可以是浮点数也可以是整数,第一个数表示 x^0 项的系数,最后一个数是最高次项的系数;回车后程序将画出函数 $y = x^2 + 2x$ 的图像,如图 7-15 所示。

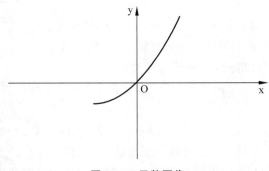

图 7-15 函数图像

【解题思路】 该程序的具体实现过程如下：

（1）首先要画出 x 轴和 y 轴，建立好坐系。画 x 轴比较简单，就是画一条范围是（−100,100）的水平线，再在 x 轴正方向画出箭头；画 y 轴之前要先计算出 y 轴的范围，然后画出相应范围的竖直线（此处事先计算出函数的 y 值范围，是为了根据 y 值范围动态调整 y 轴长度，以避免部分函数图像超出画布），再在 y 轴正方向画箭头，即可完成 x、y 轴的绘制。

（2）画好了坐标系，接下来就要在坐标系上画出函数图像了。函数图像的绘制可以用点连线的方法：先把小乌龟放在函数 x 值取−100 的点处，然后再让小乌龟移动到函数值 x 取−99 的点处，就这样把小乌龟向每个点依次移动，最后让小乌龟移动到函数值 x 取 100 的点处，这样小乌龟的移动轨迹就近似是函数图像了。

习题

习题 7.1 从静态特征和动态特征两方面对"汽车"对象进行描述。

习题 7.2 设计汽车 Car 类，进行实例化并调用其中的方法。

习题 7.3 设计 Person 类，其中 __init__ 方法可以接收参数 name、age 和 birth，请实例化 Person 类。

习题 7.4 对于上题中的 Person 类，要求其中的 name 属性一经录入，便不可随意修改，可以查看。

习题 7.5 对 7.1.2 节例子中通过面向过程实现的学生信息，编写函数实现对于每个学生求各科的平均成绩。

习题 7.6 构建 7.1.2 节例子中的学生对象，对于每个学生可以求平均成绩，体会封装相对于面向过程对编程的简化以及安全性、可扩展性。

习题 7.7 一个班级考完试后，每个学生的平均成绩可以确定，请写一段程序将该班学生的平均成绩按从高到低进行排序，按排序后的顺序打印出学生信息。

习题 7.8 设计一个三维向量类，并实现向量的加法、减法以及向量与标量的乘法和除法运算。

习题 7.9 定义一个字典类（dict class），完成下面的功能。

（1）删除某个 key：del_dict(key)。

（2）判断某个 key 是否在字典中，如果在则返回 key 对应的 value，否则返回 not found。

（3）返回字典中所有 key 组成的列表：get_key()。

习题 7.10 简单解释 Python 中以双下画线开头的变量名的特点。

习题 7.11 下面 Python 语句的程序运行结果是什么？

```python
class Parent():
    x = 1
class Child1(Parent):
    pass
class Child2(Parent):
```

```
    pass
print (Parent.x, Child1.x, Child2.x)
Child1.x = 2
print (Parent.x, Child1.x, Child2.x)
Parent.x = 3
print (Parent.x, Child1.x, Child2.x)
```

习题 **7.12** 利用继承机制实现求多边形(圆、正三角形、正方形)的周长,其中通过super()函数调用父类的__init__方法。

习题 **7.13** 继承机制实现求多边形(圆、正三角形、正方形)的周长,用另一种方法调用父类的__init__方法,体会两种方式的不同。

习题 **7.14** 写一个函数实现统计一个列表中有多少个元素是奇数,该函数接收一个列表类型的参数,为了避免传入函数的参数不是列表类型而报错,要做参数类型的检查。

习题 **7.15** 用小乌龟画如图 7-16 所示的 sin()函数。

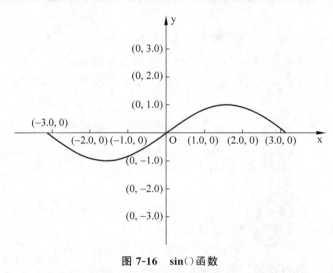

图 **7-16** sin()函数

习题 **7.16** 用小乌龟画一颗如图 7-17(a)所示的心(心内应填充为粉色)。

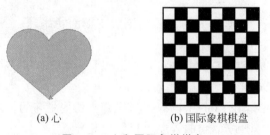

(a)心　　　　　　　　(b)国际象棋棋盘

图 **7-17** 心和国际象棋棋盘

习题 **7.17** 用小乌龟绘制如图 7-17(b)所示的国际象棋棋盘(棋盘方格应为黑白相间)。

习题 **7.18** 用小乌龟画一个如图 7-18(a)所示的正六边形(正六边形内部用黄色填充)。

习题 7.19　用小乌龟绘制如图 7-18(b)所示的奥运五环(五环的颜色依次为蓝、黑、红、黄、绿)。

(a) 正六边形　　　　　　(b) 奥运五环

图 7-18　正六边形和奥运五环

习题 7.20　用小乌龟画一道如图 7-19 所示的波浪线(波浪线为绿色)。

图 7-19　波浪线

习题 7.21　用小乌龟画一个如图 7-20(a)所示的太阳花(太阳花的边是红色,内部填充是黄色)。

习题 7.22　用小乌龟画一台如图 7-20(b)所示的小汽车(车身填充为红色,车轮填充为黑色)。

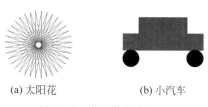

(a) 太阳花　　　　　　(b) 小汽车

图 7-20　太阳花和小汽车

习题 7.23　用小乌龟画一个如图 7-21(a)所示的星星(星星边框为黑色且无填充)。

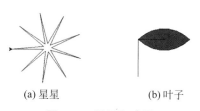

(a) 星星　　　　　　(b) 叶子

图 7-21　星星和叶子

习题 7.24　用小乌龟画一片如图 7-21(b)所示的叶子(叶子的叶片填充为绿色)。

第 **8** 章 掌握编程的精华——算法

引 言

算法是编程的核心。好的算法与不好的算法,其执行时间的差距可能是天壤之别。好的算法可以在一秒钟内完成程序的执行,不好的算法可能千万年都完成不了。对此我们在第 5 章求解最大公因数时已经有了清晰的讲解。在前几章的学习中,已经潜移默化地介绍了许多重要的算法思维方式。例如,第 4 章排序问题所展示的分治法,第 5 章的二分法,第 6 章的搜寻法等,归根结底,这些方法都是递归求解方式的运用。

第 8 章所展示的算法,是递归求解的精彩显现,是算法的精华。本章首先通过简单的例子向大家介绍什么是算法以及算法执行时间的复杂度;其次介绍算法的重要工具——图以及图上重要的解题技巧——深搜法。再从深搜法引导出最短路径问题的各种解法。最后从最短路径问题的通用解法中引导出算法的利器——动态规划。

深入浅出之算法

由于各类专业都需要利用计算机来解决问题,对于广大的非计算机专业或者没有受过较严格的计算机科学教育的人而言,"计算思维"(Computational Thinking)成为他们必须要掌握的知识,也就是如何用计算机来解决问题。而对于计算机科学专业的人来说,几十年来,计算机科学很少强调"计算思维"这个名词,因为"计算思维"是理所当然的,在计算机科学血脉里是根深蒂固的。发展多年,我们将之称为算法(Algorithm)。计算机专业的人不需要去刻意区分这两个名词。在本章中,当讲到较大的概念时会不免俗套地用"计算思维"这个名词,当谈到具体的实现方法时,就用"算法"代之。

算法是对解决问题的方法与步骤进行准确而完整的描述。也就是说,对于给定的问题,算法能够在有限的时间内获得所要求的输出。同一个问题可能会有各种各样的算法,但不同的算法可能会用不同的时间、空间来完成该任务,我们需要学会在这些算法中找出最优的算法来解决问题。一个算法的优劣可以用空间复杂度与时间复杂度来衡量。

8.1.1 算法时间复杂度分析

在前面章节的学习中,我们知道解决同一个问题可以有很多种算法,而一个算法的优劣将影响算法乃至整个程序的效率,那么最终要选择哪一种算法来保证程序的高效率呢?

显然,像本书之前的章节一样把每种算法都实现一遍,然后比较运行速度是不可行的,这样会极大地增加工作量,做一些烦琐而无用的事情。因此,有一种衡量算法优劣的机制显得尤为重要。有了衡量机制才能让我们在众多的算法中选择出较优的算法来。

本节引入算法的时间复杂度这一概念,它是从运行时间的角度去衡量算法的优劣。当然评判算法的优劣还有其他一些标准,比如空间复杂度,我们就不过多介绍了。

在计算机科学中,算法的时间复杂度是一个关于输入规模的函数,它定性描述了算法的运行时间。我们常用 O 符号来表示一个算法时间复杂度的上界。

如何计算算法的时间复杂度呢?我们给出以下两个步骤:

(1) 找出算法的基本操作,然后根据相应的语句确定它的执行次数,最后进行合并得到关于输入规模 n 的某个函数,用 T(n) 表示。

(2) 找一个辅助函数 f(n),使得当 n 趋近于无穷大时,T(n)/f(n) 的极限值为不等于零的常数,即:

$$\lim_{n \to \infty} \frac{T(n)}{f(n)} \neq 0$$

则称 f(n) 是 T(n) 的同数量级函数,记作 T(n)＝O(f(n)),O(f(n)) 称为算法的渐进时间复杂度,简称时间复杂度。

有了时间复杂度的概念,就可以分析算法的效率了:由上式可知,随着输入规模 n 的增大,算法执行的时间的增长率和 f(n) 的增长率成正比,所以 f(n) 越小,算法的时间复杂度越低,算法的效率越高。

例如,求两个 n 阶矩阵相乘的关键步骤,代码如<程序:矩阵相乘关键程序段>所示。程序中有 3 个 for 循环,并且是嵌套的,对于每个 i 和 j 要遍历 n 次,对于每个 j 和 k 要遍历 n 次,因此需要执行 n^3 次 C[i][j]=C[i][j]+A[i][k] * B[k][j],同理,还需要执行 n^2 次 C[i][j]=0。因此,$T(n)=n^3+n^2$。找到一个 $f(n)=n^3$,$T(n)/f(n)=1+1/n$,当 n 趋近无穷大时值为常数 1。因此,该算法的时间复杂度为 $T(n)=O(n^3)$。

```
# <程序:矩阵相乘关键程序段>
for i in range(1,n+1):                 # 把 i 遍历 n 次
    for j in range(1,n+1):             # 把 j 遍历 n 次
        C[i][j] = 0
        for k in range(1,n+1):         # 把 k 遍历 n 次
            C[i][j] = C[i][j] + A[i][k] * B[k][j]
```

根据上面的举例,同学们可能看出了一些技巧:看程序中有几层 for 循环,只有一层则时间复杂度为 O(n),二层则为 $O(n^2)$,以此类推,如果有二分(如快速幂运算、二分查找等),则为 $O(\log_2 n)$,如果一个 for 循环套一个二分,那么时间复杂度则为 $O(n\log_2 n)$。

时间复杂度可以按数量级递增排列进行分类,常见的时间复杂度有:常数阶 O(1),对数阶 $O(\log_2 n)$,线性阶 O(n),线性对数阶 $O(n\log_2 n)$,平方阶 $O(n^2)$,立方阶 $O(n^3)$,……,k 次方阶 $O(n^k)$,指数阶 $O(2^n)$。随着问题规模 n 的不断增大,上述时间复杂度依次增大,算法的执行效率依次降低。

8.1.2　图的基本介绍

了解了算法是什么以及如何衡量算法优劣后,本节介绍算法中一个很重要的工具——图(Graph),特别是对于后面即将要学习的深度优先搜索算法,图能够将待解决的问题形象化、具体化,更有利于设计出解决问题的算法。下面首先了解什么是图,然后通过一些例子来体会图的重要性。

1. 什么是图

一提起"图"这个概念,同学们可能立刻就会想到《蒙娜丽莎的微笑》《向日葵》等著名画作,也可能想到课本上生动的插图或者地图等。但是,本书所说的图并不是上面的任何一种,而是图论中的图,是计算机科学里极为常用的模型。其实我们在第 7 章也简单地为大家介绍过,它是由若干顶点以及连接两个顶点的边所构成的图形,如图 8-1 所示。

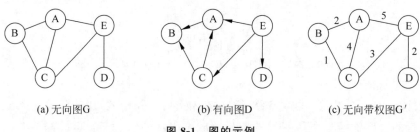

(a) 无向图G　　　　　(b) 有向图D　　　　　(c) 无向带权图G′

图 8-1　图的示例

图论中的图通常用来描述事物与事物之间某种特定的关系,用顶点代表事物,用连接两顶点的边表示相应两个事物间具有的某种关系。例如,图 8-1(a)为一个无向图的示例,它共有 5 个顶点和 6 条边。如果用每个顶点表示一个城市,那么边就可以代表它所连接的两个城市之间的相邻关系,例如,图中城市 A 和城市 B 是相邻的,因为有一条边 AB 将它们连接。但是 A 和 D 不是相邻的,因为没有边将它们直接相连。

如果边表示的是两个城市之间是否有飞机航班的关系,那么可能城市 A 到城市 B 有直接航班,城市 B 到城市 A 没有直接航班。如此,就需要在边 AB 上加一个方向,A→B 就表示从城市 A 到城市 B 之间有直接航班,但城市 B 到城市 A 之间就不一定了,除非有一条有向边是 B→A。图 8-1(b)就是一种城市间航班关系图,这种图称为**有向图**。

如果每条边都给定一个数值,那么这个数值就可以表示城市与城市之间的距离,当然也可以是别的度量单位,比如过路费等,图 8-1(c)就是一种城市间距离图,这种图称为**加权图**。有向图和无向图都可以是加权图,这里只给出了无向加权图的示例,同学们可以想象一下有向加权图是什么样子。加权图的作用非常大,以图 8-1(c)为例,如果要设计一个算法来找到任意两个城市之间的最短路径,用图 8-1(c)这个模型来表示城市之间的路径关系是最为清晰形象的,有利于设计求最短路径的算法。至于求最短路径问题的算法,在本章后面会有具体的介绍。

2. 图在程序中的表示

通过 2.3 节的学习,我们知道要将模型运用到编程中去解决问题,首先要设计一种数据结构来表示该模型。那么在程序中应当用什么数据结构表示图这个模型呢?

在经典图论学中,图用两个集合来表示,图 G=(V,E),其中 V 是所有顶点的集合,E 是所有边的集合。以图 8-1(a)为例,V={A,B,C,D,E},E={AB,AC,AE,BC,CE,DE}。如果是加权图还会加入一个函数 w(e)表示每条边的权值,其中 e∈E。

这种方式显然不适合作为计算机语言中的数据结构,因此,我们给出了两种在计算机语言中常用的表示方式,即**邻接表**(Adjacency List)和**邻接矩阵**(Adjacency Matrix)。这两种方式既可以用于有向图也可以用于无向图,为简单起见,我们以无向图为例进行介绍,如图 8-2(a)所示。

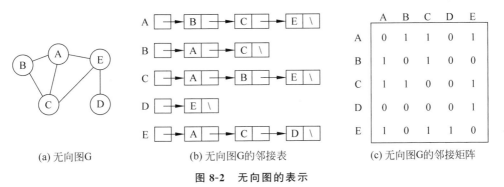

| | (a) 无向图G | (b) 无向图G的邻接表 | (c) 无向图G的邻接矩阵 |

图 8-2 无向图的表示

(1) 邻接表形式:如图 8-2(b)所示,其中包含的链表个数为|V|,即 5 个,每个链表的头部对应图中的一个顶点,链表后面连接的每个单元格保存的是与该顶点相邻的顶点,顶点的

顺序可以是任意的。

(2) 邻接矩阵形式:如图 8-2(c)所示,该矩阵为一个 |V|×|V| 的矩阵 A＝(a_{ij}),它满足:

$$\begin{cases} a_{ij}=1, & \text{顶点 i 与顶点 j 相邻} \\ a_{ij}=0, & \text{其他} \end{cases}$$

其中 a_{ij} 表示顶点 i 到顶点 j 是否有边,a_{ij} 等于 1 表示有边,否则无边。对于有向图,以上两种方法同样适用,只是邻接表所链接的单元格保存的是以该顶点为起点的边所指向的顶点。邻接矩阵同样如此,当且仅当有一条边从 i 连接到 j 时,矩阵中 $a_{ij}=1$。

对于加权图(见图 8-3(a)),邻接表要稍作改动,即每个链表所链接的单元格多加一个单元保存每条边相应的权值,如图 8-3(b)所示。邻接矩阵同样可以表示加权图,如果两顶点 u 和 v 有一条边相连,那么其权值 w 可以简单地存储在邻接矩阵相应的第 u 行第 v 列中;如果两顶点之间没有边相连,则可以在相对应的矩阵单元中存储无穷大;如果是顶点与自己本身,则相对应的矩阵单元中存储 0,如图 8-3(c)所示。

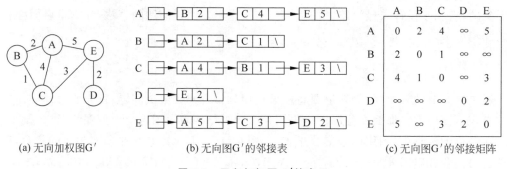

(a) 无向加权图G′　　　　　(b) 无向图G′的邻接表　　　　(c) 无向图G′的邻接矩阵

图 8-3　无向加权图 G′ 的表示

以上两种表示方法各有优势与局限。比如邻接表表示稀疏图(稀疏图指图中边的条数远小于顶点平方数的图)能够节省空间,不会像邻接矩阵一样开辟多余的空间保存不必要的信息。但是对于稠密图或者需要很快判断两顶点之间是否存在边时,邻接表需要在相应的链表中一个个搜索,效率太低了。这就需要通过图的邻接矩阵来弥补。

了解了图的两种表示方法,接下来需要根据上述方法确定数据结构,以便能够很好地在程序中保存图以及使用图中的信息资源。下面给出几种数据结构供参考。

(1) 二维列表存储图的邻接矩阵和邻接表。

对于邻接表而言,可以利用元素的下标来标识顶点,并将与该顶点相邻的顶点列表存储在对应的位置上。如图 8-2(b)中的邻接链表就可以表示[[1,2,4],[0,2],[0,1,4],[4],[0,2,3]],节点 A、B、C、D、E 分别对应外层列表的下标 0、1、2、3、4,由于顶点 A 与顶点 B、C、E 相连(对应的下标为 1、2、4),因此,0 号位置存储的列表为[1,2,4],以此类推,即可得到上述的二维列表。对于邻接矩阵,可以利用一个 n×n 的二维列表 A 表示(n 为节点个数),若节点 i 与节点 j 之间有边,则将 A[i][j]设为 1 或者边的权值。如图 8-2(c)中的矩阵就可以表示为[[0,1,1,0,1],[1,0,1,0,0],[1,1,0,0,1],[0,0,0,0,1],[1,0,1,1,0]]。同学们可以尝试用列表来表示图 8-3 中无向加权中的邻接表和邻接矩阵。

（2）字典存储图的邻接表。

对于邻接表而言，可以很方便地使用字典来存储：以图中所有的顶点为键（Key），而每个键的 Value 就是该顶点所连接的顶点的集合（也就是邻接表中链接的对应单元格里存储的值）。连接的顶点集合分为如下两种情况。

① 对于无权图，在字典中可以仅仅保存子节点的编号（如 A、B 等），可以用列表、元组等表示。图 8-2(b)所示的无向无权图的数据结构如下：

```
G = { 'A':['B','C','E'],'B':['A','C'],'C':['A','B','E'],'D':['E'],'E':['A','C','D']}
```

② 对于加权图，需要保存子节点编号以及对应的权值，可以用二维列表、元组或者字典等表示。图 8-3(b)所示的无向加权图的数据结构如下：

```
G = { 'A':[['B',2],['C',4],['E',5]],'B':[['A',2],['C',1]],'C':[['A',4],['B',1],['E',3]],
'D':[['E',2]],'E':[['A',5],['C',3],['D',2]]}
```

或

```
G = { 'A':{'B':2,'C':4,'E':5},'B':{'A':2,'C':1},'C':{'A':4,'B':1,'E':3},'D':{'E':2},'E':{'A':5,'C':3,
'D':2}}
```

以上就是 Python 中用来表示图的几种数据结构，很显然，字典的表示方法更加清晰明了，若图发生了变动，则该数据结构修改起来也较为方便，所以本章中所涉及图的数据结构均采用字典的表示方法。

当然，图在程序中的表示方法不限于上述数据结构，这需要同学们根据不同的问题、不同的要求来设计更为合理、更加方便的数据结构来表示图。

3. 图的作用

通过上面的学习，我们认识了算法中一个重要的模型——图，还学会了图的表示方法。可能同学们会有一些问题——图到底有什么作用呢？它怎样来帮助我们解决问题呢？

图模型可以帮助我们解决很多问题，如第 1 章介绍的过河问题就可以抽象成图。假设农夫为 F、狼为 W、鸡为 C、菜为 V，四者之间的任意不同组合共有 $C_4^0 + C_4^1 + C_4^2 + C_4^3 + C_4^4 =$ 16 种，其中狼、鸡和菜，狼和鸡，鸡和菜这 3 种组合是不允许出现的，所以相对应的农夫、农夫和狼、农夫和菜这 3 种情况也不会出现。余下共有 10 种情况，假设农夫、狼、鸡和菜这种状态用 FWCV 表示，那么剩下 9 状态分别为 FWC、FWV、FCV、FC、WV、W、C、V、O(空)，用节点代表每种状态，用边表示相邻两个节点可以进行状态转移，得到其状态转移关系如图 8-4 所示。

如此，问题从而归结为：寻求顶点 FWCV 到顶点 O 的路线。将图 8-4 改成图 8-5，从图中可以很明显地看出共有两种过河方案。

图在其他方面的应用也十分广泛，如在时间（任务）安排问题上，图就是一个非常有用的工具。接下来具体看几个问题，了解图在时间安排问题上的应用以及检查死锁问题上的应用。

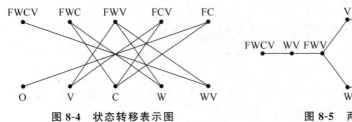

图8-4 状态转移表示图

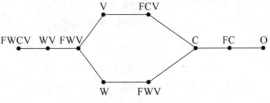

图8-5 两种过河方案表示图

程序示例

【问题描述】 同学们在上学期间应该选修过一些课程,即在学校给定的几门课程中选择一门或一门以上进行学习。教务人员需要根据每个学生所选学的课程,制定一个课程表,尽可能地让每名学生所学的课程不会发生时间上的冲突,这就是一个艰巨的任务。

【问题举例】 假设学校给定了5门选修课,分别是图论(G)、计算机科学导论(C)、数据结构(D)、计算机网络(N)和信息安全(I)。全校学生选课之后,教务人员通过整理,得出有些同学同时选择了两门课,导致两门课程的时间不能安排在同一时间段上,否则课程会冲突。例如,小明既选了图论课又选了数据结构课程,若两门课程排在同一时间段上,小明只能放弃一门课程,这并不是一个合理的方案。经过统计,发现 G 与 I、G 与 C、G 与 N、G 与 D、C 与 I、C 与 D 这些课程之间互相冲突。那么,教务人员如何用尽可能少的时间段安排这5门课的时间表,使得所有同学的课程不发生冲突呢?

【解题思路】 如果单凭题目中给出的信息,不借助任何工具去思考,同学们脑海中肯定已经一片乱麻了。但是借助图这个工具,一切就清晰明了,问题迎刃而解了。首先,用图的顶点代表课程,那么图中会有 5 个顶点;然后,用图的边表示连接的两个顶点在时间上有冲突关系,那么图中会有 6 条边;可以用图 8-6(a)来表示题目中给出的信息。将问题转化为图模型后,就来思考如何解决该问题。只要给每个顶点编一个号,保证有边相连的顶点的标号不相同即可,找到最少的编号方式就是题目中所求的最少时间段(一个标号表示一个时间段),如图 8-6(b)所示,课程 I、D、N 安排在时间段 1;课程 G 安排在时间段 2;课程 C 安排在时间段 3(输出不唯一,只要保证有边相连的两门课程标号不相同即可)。

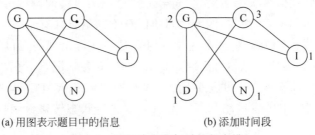

(a) 用图表示题目中的信息　　　　(b) 添加时间段

图8-6 课程冲突图与时间段安排

程序示例

图还可以帮助我们检查死锁问题。

【问题描述】 有 5 个任务 A、B、C、D 和 E,任务与任务之间的关系是:执行 B 任务之前

A 任务必须已经完成；执行 C 任务之前 B 任务必须已经完成；执行 D 任务之前 C 任务必须已经完成；执行 A 或 E 任务之前 D 任务必须已经完成。请安排一个执行任务的顺序，保证所有任务正常执行。

【解题思路】 这其实是一个死锁问题，但从文字描述中是很难发现死锁的，当将该问题用图表示之后，死锁就一目了然了。我们用图的顶点表示任务，当任务与任务之间有先后关系时用有向边表示，例如，A→B 表示执行 B 任务之前必须要完成 A 任务，如图 8-7 所示。

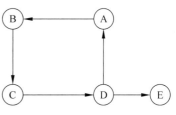

图 8-7 死锁示意图

从图中，可以很明显地看到 A、B、C 和 D 之间形成的环，如此就无法决定哪个任务先执行，哪个任务后执行。如果同学们不信，不如来尝试一下：假设先安排 A 任务执行，但是 D 任务没有完成则 A 任务无法正常执行，那么就先执行 D 任务，但是 C 任务没有完成则 D 任务也无法正常执行，以此类推，将会一直循环下去无法停止，因此形成了一个死锁。

8.2 深度优先搜索

掌握了图模型的重要性后，本节介绍一种经典的图算法——深度优先搜索（DepthFirstSearch），该算法一般用于图的搜索和遍历。接下来通过几个具体的例子带领大家了解何为深搜，并运用深搜算法解决图的一系列问题：图的遍历、图的连通性以及最长路径问题。

8.2.1 何为深搜

深度优先搜索简称"深搜"，顾名思义，它所遵循的搜索策略是尽可能"深"地搜索。在上面的通俗定义中，能够找出两个关键词：搜索和深度，了解了这两个概念，就能更为深刻地理解"深搜"。

1. 何为搜索

搜索技术是一种解决问题的重要方法，当遇到一些问题，而不能够确切地找出一种直接求解的方法时，一般就采用搜索技术。搜索就是将问题所有可能的解按照一定的顺序、规则，通过不断地去试探，直到找到问题的正确解，如果试完了所有可能的解都不能解决该问题，则说明该问题无解。

在"过河问题"中，我们提到了"状态"一词，其实，搜索中经常会用到这个概念，一种状态就是一种可能的解或者是在产生解的过程中的中间解。对于问题的第一个状态，我们一般称之为初始状态，要求的最终结果（最后一个状态）称为目标状态。搜索就是把规则应用于初始状态并产生新的状态，检查新状态是否为目标状态，是则结束，否则再通过规则产生新状态，直到得到目标状态。

我们还是以"鸡兔同笼"问题作为例题,来具体了解搜索的要点。

【问题描述】 一个笼子里装着若干只鸡和兔子,在上面数共有 k 个头,在下面数共有 n 只脚,请问笼子里有几只鸡几只兔子?

搜索过程如下。

(1)初始状态:鸡 a=1 只,兔子 k−a 只;

目标状态:鸡 x 只,兔子 k−x 只,满足 2x+4(k−x)等于 n。

(2)产生新状态:鸡 a=a+1 只,兔子 k−a 只。

(3)判断新状态是否满足目标状态,是则输出结果,并结束搜索,否则执行步骤(2)。

注意,上述搜索过程不能无止境地继续下去,所以要事先确定鸡的数量范围,即 $1 \leqslant a \leqslant k$,如果 a 超出了该范围都没有找到满足目标状态的解,则说明该问题无解。

综上所述,搜索就是利用计算机的高性能来有目的地穷举一个问题解空间的部分或所有的可能情况,从而求出解的一种方法。

2. 何为深度

了解了什么是搜索技术,接下来再来学习深度的概念,进而学习深度优先搜索算法。

深度这一概念,它是相对于树提出来的,表示树中节点的层次,其中最大层次也就是树的深度了。对于树的根节点称其深度为 0,它的子节点深度为 1,子节点的子节点深度为 2,以此类推,直到叶子节点为止,图 8-8 就是一棵深度为 3 的树。

深度优先搜索的思想就是尽可能往下一个深度的节点搜索,直到深度达到最大或者下一个深度的节点都已经搜索过才返回上一深度。重复这一过程,直到所有节点都搜索过才结束。

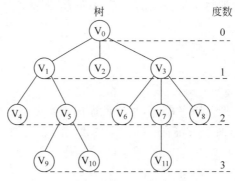

图 8-8 树的示意图

下面以图 8-8 中的树为例,向大家展示用深度优先搜索遍历树的具体过程,步骤如下:

(1)深搜前,需要将所有节点都设置为"未访问"状态。

(2)开始深搜:以根节点 V_0 为起始点进行搜索,它有 3 个子节点 V_1、V_2、V_3 且均为"未访问",随机选择一个节点访问,假设先访问 V_1 并将其标记为"已访问"。

(3)V_1 有两个子节点 V_4 和 V_5 且均为"未访问",不妨先访问 V_4,并将其标记为"已访问"。

(4)访问 V_4 之后,由于它没有"未访问"的子节点,则返回到上一节点 V_1,再次搜索 V_1 的子节点状态,根据以上规则,依次访问 V_5、V_9,并将它们标记为"已访问"。

(5)访问 V_9 之后,由于它没有"未访问"的子节点,则返回到 V_5,并搜索 V_5 其他"未访问"的子节点……

继续进行下去,一直到从起始点 V_0 的所有可达节点均为"已访问"为止,由此得到访问的顺序为

$$V_0 \rightarrow V_1 \rightarrow V_4 \rightarrow V_5 \rightarrow V_9 \rightarrow V_{10} \rightarrow V_2 \rightarrow V_3 \rightarrow V_6 \rightarrow V_7 \rightarrow V_{11} \rightarrow V_8$$

图 8-9 所示为深搜遍历该树的过程,线段上的数值代表搜索的顺序。

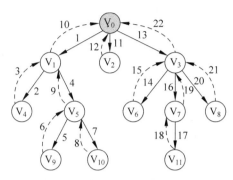

图 8-9　深搜遍历树的过程

从如图 8-9 所示的深搜树中不难看出,这种搜索的次序体现了向纵向发展的趋势,所以称之为深度优先搜索。深度优先搜索作为一种非常重要的算法,它能够解决很多一般算法难以解决的问题,主要有:

(1) 求所有解问题,比如前文中介绍的组合数、全排列等问题,都用到了深搜的思想来求所有解。

(2) 求最优解问题,也就是找出问题所有解中最优的解,例如,后面要介绍的最长路径问题就是利用深搜求最优解的问题。

下面通过一个例子具体体会如何利用深度优先搜索解决问题。

程序示例

【问题描述】　期末考试后,老师购买了 n 本不同的书,打算奖励给班上总成绩前 n 名的同学,为了让所有人都能分到自己喜欢的书,老师事先让同学们将自己喜欢的几本书列出来。汇总了所有人的喜好后,老师将表格给了兰兰,希望她能设计一个算法,找出所有可能的方案使得每个人都能拿到自己喜欢的书。

【问题举例】　有 A、B、C、D、E 共 5 本不同的书,要分给班上前 5 名同学:兰兰、小明、小丽、小美、阿珍。每个人喜爱的书如表 8-1 所示。需要找出所有方案使得每个人都能拿到自己喜欢的书。

表 8-1　书本喜好表(Y 表示喜欢)

	A	B	C	D	E
兰兰	Y	Y		Y	
小明		Y	Y		Y
小丽		Y			
小美	Y		Y		
阿珍				Y	Y

下面介绍两种解决本问题的方法。

【解法一】　根据题目要求我们要将 5 本书分给 5 名同学,如果不考虑每个人的喜好来给同学们分配书,则这 5 本书的一种全排列就是一种分法。

例如,EDCBA 表示书 E 分给兰兰,书 D 分给小明……书 A 分给阿珍。但是,如果考虑每个人的喜好,这种分法显然不是一种合理的方案,因为根据表格我们知道兰兰不喜欢书 E,小明也不喜欢书 D 等。所以,为了让所有人都能得到自己喜欢的书,每次程序产生一种全排列的方案就要对照表格,判断是否满足所有人的喜好,满足则输出该全排列,不满足则不做任何操作,然后继续产生全排列重复上述操作,直到产生全部全排列为止,就能求得所有合理方案。

上述算法在产生全排列时,势必会产生很多不合理的方案,比如,兰兰只喜欢书 A、B 和 D,也就是说,以 C 开头的全排列的分法都不符合条件。为了尽可能减少这种不合理的安排,我们给出了另一种解决问题的方法。

【解法二】　接下来介绍如何利用深度优先搜索法解决本问题。

在前面的介绍中,我们知道能够利用深搜法遍历树。请同学们思考,从树的根节点到叶子节点的一条路径中,若路径上的每个节点分别代表分配给某个人的书的情况,那么该路径则可以表示一种分配方案。以长度(边的条数)为 4 的路径 A→E→B→C→D 为例,假设节点分别代表分配给兰兰、小明、小丽、小美和阿珍的书的名称,根据题意,该路径则代表一种可行的分配方案使他们每个人拿到自己喜欢的书。请注意,并不是每种分配方案均能满足要求,因为有的路径的长度会小于 4,以路径 A→B 而言,兰兰和小明分别获得了他们喜欢的书 A 和 B,但由于小丽只喜欢 B 这本书,因此没有其他的书分配给她,即没有新的节点加入,因此该路径长度为 1,对应的分配方案不能满足要求。

综上所述,我们可以利用深搜的思想构造出这样一棵深搜树,树的某一深度代表分配给某个人的书。假设以兰兰、小明、小丽、小美和阿珍的顺序依次分配,由于兰兰喜欢 3 本书,因此当深度为 0 时会有 3 个顶点,即会产生 3 棵树。为了便于理解,同学可以假想出一个虚拟顶点作为这 3 个顶点的父节点,那么这 3 棵树就是同一棵树的子树了,如图 8-10 所示。有了深搜树后,树中所有长度为 4 的路径所对应的分配方案即为合理的分配方案。具体的深搜过程如下。

输入:整数 n,表示书本数和人数。

(1) 确定每本书对于每个人的初始状态:均为“未分配”状态。

(2) 开始分配,分配策略为依次给每个人分配一本处于“未分配”状态的并且是他喜欢的书,分配之后将该书标记为“已分配”。分配时会产生两种情况:

① 若分配完最后一个人(即搜索的路径长度为 4),则说明产生了一个合理的分配方案,输出该方案并返回到上一次分配状态,继续产生新的分配方案;

② 若分配到中间某一个人时没有“未分配”状态的书可供选择(搜索的路径长度小于 4),则说明该种分配方案不符合,返回上一次的分配状态并按上述策略重新分配。

(3) 直到返回到最开始的分配状态,且没有可以分配的书时,深搜结束。

基于如图 8-10 所示的深搜树,可以知道算法 2 相较于算法 1,在产生分配方案的过程中已经将不可能的解去掉(即“剪枝”),所以省去了大量的时间,接下来就依据解法二,具体讨论如何编写深搜程序求出问题的所有解。

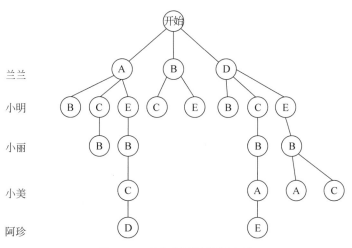

图 8-10 书的分配过程示意图

可以用前面学过的字典来表示喜好表,则本题的数据结构如下:

学生集合 Student = ['Lanlan', 'Ming', 'Li', 'Mei', 'Zhen']
书本集合 Book = ['A', 'B', 'C', 'D', 'E']
书本喜好表:Like = {'Lanlan':['A', 'B', 'D'], 'Ming':['B', 'C', 'E'], 'Li':['B'], 'Mei':['A', 'C'], 'Zhen':['D', 'E']}

此外,还需要用一个标记列表 Flag 表示书本的分配情况(0 为"未分配"、1 为"已分配")以及列表 L 记录深搜过程中产生的分配方案。同学们可以记住该方法,在以后的很多问题中都可以使用。

对于如何深搜产生分配方案是解决本问题至关重要的一个环节。也请同学们记住下面介绍的伪代码,因为深搜解题一般都使用这种模板。算法伪代码如下:

```
#<伪代码:用深搜产生分配方案>
def Book_DFS(L,k):                    #L记录分配方案,k表示当前给第几位同学分配书
    if k == n:                        #表示已经分配完 n 位同学
        打印方案 L
    else:
        for j in range(n):
            if 第 k 个同学喜欢第 j 本书,且第 j 本书"未分配":
                L[k] = Book[j]        #第 j 本书分配给第 k 位同学
                第 j 本书标记为"已分配"
                Book_DFS(L,k + 1)     #递归调用,给下一位同学分配书
                第 j 本书标记为"未分配" #返回上一个状态
```

根据上述伪代码,在编写深搜函数之前需要解决以下几个问题:

(1) 如何判断"第 k 个同学喜欢第 j 本书"? 可以用一个函数 Judge(j,k)来判断,函数代码如<程序:判断书本分配是否合理>所示。

```
#<程序:判断书本分配是否合理>
def Judge(j,k):
```

```
            name = Student[k]
            book = Book[j]
            if book in Like[name]: return True
            else: return False
```

(2) 如何打印方案 L？代码如<程序：方案打印>所示。当然同学们也可以自行设计输出形式。

```
#<程序：方案打印>
def Answer(L):
    print('\n 一种分配方案为：')
    for i in range(n):
        print(Student[i],'->',L[i])
```

综上所述，我们给出求解该问题的深搜代码及主函数，如<程序：分书问题>所示。

```
#<程序：分书问题>
def Book_DFS(L,k):
    if k == n: Answer(L)                         #求得一种方案,打印方案
    else:
        for j in range(n):
            if Judge(j,k) and visited[j] == 0:   #判断第 j 本书是否合理
                L[k] = Book[j]                   #第 j 本书分配给第 k 位同学
                visited[j] = 1                   #第 j 本书标记为"已分配"
                Book_DFS(L,k + 1)                #递归调用,给下一位同学分配书
                visited[j] = 0                   #返回上一个状态
#以下为主函数
n = 5                                            #人数与书本数
Student = ['Lanlan', 'Ming', 'Li', 'Mei', 'Zhen']
Book = ['A', 'B', 'C', 'D', 'E']
Like = {'Lanlan':['A', 'B', 'D'], 'Ming':['B', 'C', 'E'], 'Li':['B'], 'Mei':['A', 'C'], 'Zhen':['D', 'E']}
                                                 #喜好表
visited = [0 for i in range(n)]                  #书本状态初始化,0 为"未分配",1 为"已分配"
L = ['' for i in range(n)]                       #分配方案初始化,''为未分得书
Book_DFS(L,0)                                    #调用递归函数开始分书
```

8.2.2　图的深搜

8.2.1 节通过对树的遍历向大家介绍了深度优先搜索这一算法，而树是一种特殊的图，因此接下来将深搜算法推广到图的领域。

深度优先搜索作为一个经典的图算法，它能够解决图的一系列问题，如图的遍历、图的连通性以及图中最长路径问题等。下面具体介绍这 3 类问题，并锻炼同学们对深搜算法的理解与使用能力。

1. 图的遍历问题

所谓图的遍历，就是从图中某一顶点出发，按照某种既定的方式访遍图中其余各顶点，

且使每个顶点恰好被访问一次，这一过程就叫作**图的遍历**（Traverse Graph）。

图的遍历最常用的方式就是深度优先搜索，思想是：设定一个起始点，从起始点出发访问图中所有可以被访问到的顶点并打上标记，直到访问完所有起点可达的顶点为止。若此时图中还有未访问的顶点，则设置一个未访问的顶点为

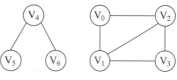

起点，按照同样的方式访问其他未访问且起点可达的顶点。重复上述过程，直到图中所有顶点均被访问（注：某点可达的顶点表示两点之间有一条路径，通过该路径两个顶点可以互相到达对方位置）。

图 8-11　图的遍历示例

以图 8-11 为例，学习如何使用深搜遍历该图。

（1）设置顶点 V_0 到 V_6 均为"未访问"状态；

（2）以 V_0 为起点开始遍历，依次访问 V_0、V_1、V_2、V_3（顺序不唯一），并将它们设置为"已访问"；

（3）访问完 V_3 后，与 V_3 相邻的顶点均为"已访问"状态，但是图中仍有"未访问"的顶点，所以不妨设置"未访问"顶点 V_4 为起点再次开始遍历，V_4 的相邻顶点 V_5、V_6 均为"未访问"状态，我们不妨先访问 V_5，之后由于 V_5 的邻接点均已访问，所以返回到 V_4 再访问邻接点 V_6。访问完 V_6 后，图中所有顶点均已访问，表示已经遍历完所有顶点，停止遍历。

综上所述，顶点访问顺序为：$V_0 \rightarrow V_1 \rightarrow V_2 \rightarrow V_3 \rightarrow V_4 \rightarrow V_5 \rightarrow V_6$。

图的深度优先遍历类似于树的遍历，采用的搜索方法的特点是尽可能先对纵向方向进行搜索。显然，这是一个递归的过程。为了在遍历过程中便于区分顶点是否已经被访问，需用到一个访问标志列表 visited＝[False for i in range(n)]，其初始值为 False，一旦某个顶点被访问，则其相应位置赋值为 True。整个图的遍历算法的伪代码如<伪代码：图的深度优先搜索>所示。

```
# <伪代码：图的深度优先搜索>
def G_DFS(v):
    visited[v] = TRUE              # 标记顶点 v 为"已访问"
    for 所有与顶点 v 邻接的顶点 u:
        if !visited[u]: G_DFS(u)   # 对 v 未访问的邻接顶点 u 递归调用 G_DFS
# 主函数
for 任意顶点 v:
    if !visited[v]:                # 选择一个"未访问"的顶点作为起点
        G_DFS(v)                   # 对未访问的顶点调用 G_DFS
```

在了解了图的遍历基本思路与算法后，下面通过"马走日"这个例题来学习如何思考图的遍历问题，以及如何解决图的遍历。

程序示例

【问题描述】　喜欢下象棋的同学们都知道，象棋中马走"日"的规则，如图 8-12 所示，一个在中间位置的马可以跳到标号从 0～7 的任意一个位置上，例如，马从当前位置走到 1 号位置所形成的图形是一个"日"字，这就是所谓的"马走日"。

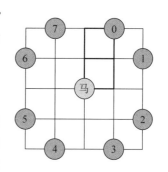

图 8-12　马走日的图示

给定一个 n×m 大小的棋盘(左上角坐标为(0,0)),已知马的初始位置为(x,y),0≤x≤ n−1,0≤y≤m−1。找出所有方案使得马从初始位置出发,不重复地走遍棋盘上的所有格子,并将马行走的路线输出。若是无法遍历,则输出提示语句"无法遍历"。

输入:第一行两个整数 n 和 m,分别表示棋盘的行数和列数;

第二行两个整数 x0 和 y0,表示马的初始位置。

输出:遍历棋盘的所有方案,每种方案用一个列表表示,列表中包含 n×m 个子列表,每个子列表包含两个整数 x 和 y,表示棋盘中的一个位置坐标。第 i 个子列表就表示该方案中第 i 步马到达的位置。例如,图 8-12 中的马,初始位置为[2,2],假设第一步跳到了编号为 0 的位置即[0,3],第二步跳到了[2,4]……则用列表表示行走路线为:[[2,2], [0,3], [2,4],…]。

【算法思路】 首先明确本题可以用深搜来求解,因为题目中要求的是走遍棋盘的所有方案,在前面分析过深搜能够解决求所有解以及求最优解的问题。但是,同学们可能还会有一些犹疑,比如真实棋盘与上文中的图相差甚远,没有顶点,没有边,进而不知道如何使用所学的深搜算法来解决问题。这就需要同学们有良好的逻辑思维能力,将棋盘的每一位置想象成图的顶点,马在任意位置上跳一步所能到达的位置就是与之相邻的顶点,如此就能将本题抽象成图的遍历问题来解决。

对本题模型有了初步印象,接下来需要思考如何进行深搜。根据马走日的特点,我们知道马在棋盘上任意一点最多能够跳到 8 个位置(见图 8-12),即从一个点开始,深搜的方向有 8 种,若马在棋盘的边缘则有一些方向是不能够进行的,这就需要我们在深搜的时候进行剪枝。

为了方便搜索,需要设计数据结构来表示棋盘、马的位置、马行进的方向。首先可以使用列表来表示棋盘,一个整数对(x,y)表示马的位置,例如,一个 4×5 的棋盘(0 表示马没有走过,1 表示马已经走过)马的初始位置为(0,0),则棋盘用如下数据结构表示:

$$
\begin{aligned}
\text{visited}=[&[1,0,0,0,0],\\
&[0,0,0,0,0],\\
&[0,0,0,0,0],\\
&[0,0,0,0,0]]
\end{aligned}
$$

接下来,需要思考马行进的 8 个方向如何表示。假设图 8-12 中马的位置为(x,y),则按 8 个方向行进后的坐标变化如表 8-2 所示。

表 8-2　马走日方向表

方向	0	1	2	3	4	5	6	7
坐标	(x−2,y+1)	(x−1,y+2)	(x+1,y+2)	(x+2,y+1)	(x+2,y−1)	(x+1,y−2)	(x−1,y−2)	(x−2,y−1)
结构	[−2,1]	[−1,2]	[1,2]	[2,1]	[2,−1]	[1,−2]	[−1,−2]	[−2,−1]

表 8-2 中第三行表示在程序中存储的 8 个方向的数据结构,即一个列表 dir,列表中有 8 个子列表,每个子列表表示当马在任意位置向该方向行进时坐标的变化。例如,马从(x,y)向方向 0 行进,那么坐标就变为(x+dir[0][0],y+dir[0][1])。由于棋盘大小以及深搜条

件限制,在一些位置马不能随意选择方向,需满足如下两个条件:

(1)向某一方向 i 行进后,需保证马还在棋盘上,即 $0 \leqslant x + dir[i][0] \leqslant n-1$,$0 \leqslant y + dir[i][1] \leqslant m-1$;

(2)向某一方向 i 行进时,需保证到达的位置之前没有走过,即要保证 visited[x+dir[i][0]][y+dir[i-1][1]] 等于 0。

设计出以上数据结构之后,可以设计出以下算法伪代码。

```
#<伪代码:马走日>
def horse(x, y, step):                    #(x, y)表示当前位置, step 表示步数
    if 遍历了整个棋盘:
            打印路径,统计方案数
    for i in range(8):                    #尝试 8 个方向
        if 新坐标满足条件(即没有超出棋盘且未被访问):
                记录新坐标
                标记棋盘上新坐标元素为 1      #表示该位置已经走过
                horse(x_temp, y_temp, step + 1)   #搜索下一步
                标记棋盘上新坐标元素为 0      #退回到上一个状态
```

根据上面的伪代码,Python 程序实现见<程序:马走日问题>。

```
#<程序:马走日问题>
dir = [[-2,1],[-1,2],[1,2],[2,1],[2,-1],[1,-2],[-1,-2],[-2,-1]]
#8 个方向
def draw():
    print("第", ans, "种方案: ", History)
def horse(x, y, step):                    #当前走到位置(x, y),走到第 step 步
    if step == num:                       #已经遍历所有位置
        global ans, Found
        ans = ans + 1                     #记录方案数
        Found = True                      #找到方案
        draw()                            #绘制路径
    else:
        for i in range(8):                #遍历 8 个方向
            x_temp = x + dir[i][0]; y_temp = y + dir[i][1]   #马走日后所到达的位置
            if 0 <= x_temp < n and 0 <= y_temp < m and visited[x_temp][y_temp] == 0:
                History[step] = [x_temp, y_temp]      #记录第 step 步所到位置
                visited[x_temp][y_temp] = 1           #标记(x_temp, y_temp)已访问
                horse(x_temp, y_temp, step + 1)       #递归调用,深搜下一步
                visited[x_temp][y_temp] = 0           #标记(x_temp, y_temp)未访问
#以下是主函数
n = int(input("请输入棋盘的行数: "))
m = int(input("请输入棋盘的列数: "))
x = 0; y = 0                              #马的起始位置
num = n * m                               #棋盘位置数
ans = 0                                   #方案数
Found = False                             #标记是否找到方案
History = [[-1, -1] for i in range(num)]  #记录行进路线, -1 表示未走
visited = [[0 for i in range(m)] for j in range(n)]   #0: 未访问, 1: 已访问
```

```
History[0] = [x,y]; visited [x][y] = 1        ♯初始状态
horse(x,y,1)                                  ♯调用函数,开始深搜
if not Found: print("无法遍历!")
```

2. 图的连通问题

图的深搜算法既可以遍历图,还可以判断图是否连通。在图论中,所谓连通,就是在一个无向图 G 中,若从顶点 i 到顶点 j 有路径相连(当然从 j 到 i 也一定有路径),则称 i 和 j 是连通的。如果图中任意两点都是连通的,那么图被称作连通图,如图 8-13(a)所示,否则称为非连通图,如图 8-13(b)所示。图的连通性是图的基本性质,有向图也有连通性,读者可以自行推演。

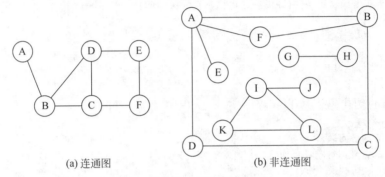

(a) 连通图　　　　　　　　　(b) 非连通图

图 8-13　连通图与非连通图

在前面遍历图时,我们会选择某一"未访问"的顶点作为起点遍历图,并会重复上述操作,这是由于考虑到有些图是非连通的。但是,对于连通图,仅需从图中任意一个顶点出发,进行深度优先搜索便可访问到图中的所有顶点。

以图 8-13 为例,具体讨论深搜过程中非连通图与连通图的区别。例如,图 8-13(a)是一个连通图,从 A 点出发进行深度优先搜索,依次访问 B、C、D、E、F(访问顺序可以不一样),如此就完成了图的遍历。图 8-13(b)是一个非连通图,我们不妨先从顶点 A 出发,依次访问 B、C、D、E、F。在访问完 F 之后,没有 A 可达且"未访问"的顶点了,但图中仍有"未访问"的顶点,所以需要再次选定一个"未访问"顶点作为起始点继续深搜。因此,需要 3 次调用 G_DFS 函数(分别从 A、G、I 出发)得到顶点的访问序列如下:

$$A→B→C→D→E→F　　G→H　　I→K→L→J$$

因此,如果想判断一个无向图是否为连通图,只需从任意顶点为起点出发深搜遍历该图,若起点可达的顶点均被访问,但图中仍有未访问的顶点,则说明该图为非连通图,否则为连通图。

3. 最长路径问题

在图论和理论计算机科学中,最长路径问题是指在给定图中找到最大长度的简单路径。所谓简单路径,是指该路径中没有经过任何重复的顶点。在非加权图中,路径的长度可以通过路径中边的数目来衡量;在加权图中,可以通过路径中所有边的权重总和来度量路径的

长度。

在**有向无环图**（Directed Acyclic Graph，DAG）中，可以在多项式时间内求解最长路径问题。所以下面以有向无环图为例，介绍如何用深搜算法求该图的最长路径。

【问题描述】 给定一个有 n 个顶点、m 条边的有向无环图 G＝<V，E>，每条边有一个权值，请找出该图中的最长路径并计算最长路径值。例如，图 8-14 为一个有向无环图，图中最长路径为 $v_0 \rightarrow v_2 \rightarrow v_3 \rightarrow v_5$，最长路径值为 8。

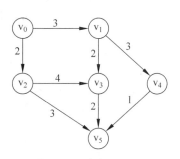

图 8-14 有向无环图

【解题思路】 根据第 2 章介绍的编程基本思路，首先需要设计数据结构用来在程序中表示图，本题中选用字典存储的邻接表，图 8-14 就可以表示为

$$G＝\{0:\{1:3,2:2\},1:\{3:2,4:3\},2:\{3:4,5:3\},3:\{5:2\},4:\{5:1\},5:\{\}\}$$

其中每个键表示顶点，Value 表示该顶点的邻接顶点和权值（同样用字典表示，即〈顶点：权值〉）。例如，Key 为 0 表示顶点 v_0，Value 为字典\{1:3,2:2\}，表示 v_0 的邻接顶点为 v_1、v_2，权值分别为 3 和 2。

确定了数据结构，还需要能够从数据结构中提取一些信息，比如如何取得某一顶点的邻接顶点？如何取得两相邻顶点之间的权值？由于上述数据结构为字典，所以可使用字典的一些专有方法取得上述信息，代码如<程序：图的操作>所示。

```
#<程序：图的操作>
def Next_Node(u):              #求顶点 u 的所有邻接顶点
    return G[u].keys()
def Weight(u,v):               #求顶点 u 到顶点 v 的权值
    return G[u][v]
```

接下来就需要设计算法来求最长路径，算法的主要思路就是递归：定义 W(u)是以 u 为起点到任意顶点的最长路径值。很明显，出度为 0 的顶点（不指向其他顶点的顶点）最长路径值为 0；对于出度为非 0 的顶点 u，假设已经求得以 u 的所有子节点为起点的最长路径值，那么以 u 为起点的最长路径就是 u 到任一子节点的权值加上该子节点的最长路径值之和的最大值。因此算法的递归关系式为

$$W(u)=\begin{cases} 0, & u \text{ 的出度为 } 0 \\ \max\{Weight(u,v)+W(v)\}, & u \text{ 的出度大于 } 0, v \text{ in Next\_Node}(u) \end{cases}$$

根据上述递归关系式可以求得以任意顶点 u 为起点的最长路径值 W(u)。注意，在求 W(u)时为方便最后回溯求得最长路径，需记录下使 W(u)取最大值的子节点，称为：顶点的 u 最长路径后继，用 L[u]表示。代码如<程序：求顶点 u 的最长路径值>所示。

```
#<程序：求顶点 u 的最长路径值>
def Relaxed(u):
    for v in Next_Node(u):
        if W[u]< W[v] + Weight(u,v):
            W[u] = W[v] + Weight(u,v)
            L[u] = v              #记录顶点 u 取最大路径值的后继顶点
```

有了以上关系式,就能够依次求得各顶点的最大路径值 W,对于顶点计算顺序需要运用深搜来解决。深搜的主要思路为:当深搜到某一个顶点 u 后,所有子节点都"已访问",说明 u 的所有子节点的最长路径值已经求得,则跳出循环,并根据上述递归关系式求得以 u 为起点的最长路径值 W(u)。代码如<程序:深搜求最长路径值>所示。

```
#<程序:深搜求最长路径值>
def longest_path(u):                 #求最长路径
    visited[u] = 1                   #标记顶点 u"已访问"
    for v in Next_Node(u):           #搜索顶点 u 的所有邻接顶点
        if visited[v] == 0:
            longest_path(v)          #深搜"未访问"的邻接顶点 v
    Relaxed(u)                       #通过关系式求顶点 u 的最长路径值
```

当求得所有顶点到其余各顶点之间的最长路径值时,由于所有的边均为正整数,所以不难得出入度为 0 的顶点(不被其他顶点所指向的顶点)W 值最大,则求得所有入度为 0 的顶点的 W 值中的最大值,也就是我们要求的图的最长路径值,最后从该点出发进行回溯即可求得最长路径,回溯求最长路径代码如<程序:回溯打印路径>所示。

```
#<程序:回溯打印路径>
def Print_path(s):                   #打印最长路径
    print(s,end = '')
    next = L[s]
    while next != -1:
        print('->',next,end = '')
        next = L[next]
```

同学们可能会问:图中一定会有入度为 0 的顶点吗? 由于这是一个**有向无环图**,所以在图中至少会存在一个入度为 0 的顶点以及一个出度为 0 的顶点,同学们可以任意画一些图来验证一下。根据上述算法思路,我们不妨将入度为 0 的顶点设置为起始点。求各顶点的入度如<程序:提取顶点入度信息>所示。

```
#<程序:提取顶点入度信息>
def In_degree(u):                    #顶点 u 的入度
    d = 0
    for v in Node:
        if u in Next_Node(v): d = d + 1
    return d
def In_degree_zero():                #入度为 0 的顶点集合
    S = []
    for v in Node:
        if In_degree(v) == 0:S.append(v)
    return S
```

综上所述,有向无环图的最长路径问题的核心部分已经解决,下面需要对上述所有函数进行总结归纳,并进行测试,代码如<程序:有向无环图的最长路径问题主函数>所示。

```
#<程序：有向无环图的最长路径问题主函数>
n = 6;m = 8                              #顶点数 n 和边数 m
Node = [i for i in range(n)]             #顶点集合
G = {0:{1:3,2:2},1:{3:2,4:3},2:{3:4,5:3},3:{5:2},4:{5:1},5:{}}      #图的邻接表
W = [0 for i in range(n)]                #初始化各顶点的最长路径值
L = [-1 for i in range(n)]               #初始化顶点最长路径后继
visited = [0 for i in range(n)]          #初始化所有顶点为"未访问"状态

In0 = In_degree_zero()                   #入度为 0 的顶点集合
max = 0;s = -1                           #初始化图最长路径值及起点
for v in In0:                            #从入度为 0 的顶点出发深搜
    longest_path(v)
    if W[v]> max: max = W[v];s = v       #求最长路径值及起点

print('最长路径值为：',W[s])              #输出最长路径值
Print_path(s)                            #输出最长路径
```

8.2.3 拓扑排序问题

在学习图的深搜时，提到了一个特殊的图——有向无环图（DAG）。该图是描述一项工程的进行过程的有效工具。对于整个工程来说，它可以分成若干相互依赖的小任务依次进行，我们主要关心两个方面的问题：一是整个工程完成最多需要多长时间；二是工程能否顺利完成。这两个问题对应于有向图，即为求最长路径以及进行拓扑排序的操作。求最长路径已经在前面介绍过了，下面讨论如何进行拓扑排序。

1. 什么是拓扑排序

简单来说，拓扑排序就是将一个有向无环图（DAG）的顶点进行排序得到该图所有顶点的一个线性序列，在该序列中图的任意边的起点永远在终点之前。通常，这样的线性序列称为满足拓扑次序的序列，简称**拓扑序列**（Topological Order）。从上述定义中可以发现两个关键点：

（1）拓扑排序不同于之前学习的通常意义上的排序；

（2）拓扑序列仅存在于无环图中。

对于第一点，可以很容易得出该结论，因为通常意义上的排序是对一个序列按照数值大小进行排序，而拓扑排序是对图中的顶点按照边的指向进行排序得到一个线性序列。

对于第二点，同学们不妨尝试一下，假设一个有向图中有环 u→v,v→u，那么在拓扑序列中顶点 u 是放在 v 之前还是之后呢？很明显，无论是之前还是之后都不会满足拓扑排序的条件，所以一个图能够进行拓扑排序的充分必要条件为它是一个有向无环图。

了解了拓扑排序的定义以及充要条件，那么拓扑排序有什么作用呢？拓扑排序常用来确定一个依赖关系集中事件发生的顺序；也可以用来判断若干具有依赖关系的事件能否顺利进行。

例如，某个工程可能会拆分成 A、B、C、D 这 4 个任务来完成，但 B、C 依赖于 A，而 D 依赖于 B、C。为了得到这个工程完成的顺序，可对这个任务关系集进行拓扑排序，得到一个线

性的序列,排在前面的任务就是需要先完成的任务。直观地看,可以将这种依赖关系用有向图来表示,如图 8-15(a)所示,而图 8-15(b)就是这 4 个任务的拓扑序列,所以 4 个任务的完成顺序应为 A、B、C、D。

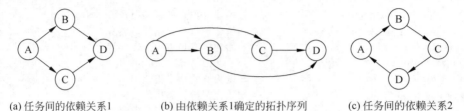

(a) 任务间的依赖关系1   (b) 由依赖关系1确定的拓扑序列   (c) 任务间的依赖关系2

图 8-15　拓扑排序示例图

又比如,该工程拆分的 4 个任务之间的依赖关系为:B 依赖于 A,C 依赖于 B,D 依赖于 C,而 A 又依赖于 D。将该依赖关系用有向图表示,如图 8-15(c)所示。很明显,这 4 个任务之间形成了一个环,则该有向图不能进行拓扑排序,所以整个工程不能顺利进行。

此外,拓扑排序问题在日常生活中也会有很多应用,例如,同学们经常会面临的选课问题、早上起床穿衣等一系列活动安排问题都与拓扑排序息息相关。注意:这里得到的拓扑序列并不是唯一的,就好像早上穿衣服可以先穿上衣也可以先穿裤子,只要里面的衣服在外面的衣服之前穿就行。

了解了什么是拓扑排序,下面来学习拓扑排序的算法思路。

2. 拓扑排序算法思路

如何进行拓扑排序? 方法很简单,主要进行以下两步:

(1)在有向图中选择一个入度为 0 的顶点并将之输出;

(2)从图中删除选择的顶点以及该顶点的所有出边。

重复上述两个步骤,直到图中不存在入度为 0 的顶点为止。若所有顶点均已输出,则表明顶点的输出顺序即为拓扑序列;若输出的顶点数小于图中的顶点数,则表明图中存在回路,输出"有回路"信息。

我们以图 8-16(a)的 DAG 图为例,图中入度为 0 的顶点为 v0 和 v4(蓝色标记),可任选一个输出并删去,不妨先输出 v0,再删去 v0 以及以 v0 为起点的边< v0,v1 >、< v0,v2 >、< v0,v3 >,如图 8-16(b)所示,入度为 0 的顶点增加了 v2,不妨输出 v4 并删除 v4 和以该点为起点的边,如图 8-16(c)所示。以此类推,任选一个入度为 0 的顶点继续进行,直到删除了所有入度为 0 的顶点。整个拓扑排序的过程如图 8-16 所示,最终得到的拓扑序列为 v0→v4→v1→v2→v3。

了解了算法思路,那么如何在程序中实现呢? 下面分别介绍两种典型的算法——Kahn算法以及 DFS 算法。

3. 典型实现算法 1——Kahn

这里先介绍一种直观的算法,称为 Kahn 算法。

首先,需要设计数据结构。

(1)字典 G:以邻接表的形式保存图。

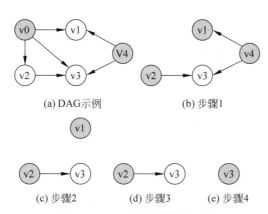

图 8-16 DAG 图拓扑排序过程

（2）列表 Node：保存各个顶点名称或编号。

（3）列表 Indeg：保存各个顶点的入度（indegree），那么，当某个顶点的父节点删去后只需将该顶点的入度减 1 即可。

（4）列表 S：暂存所有入度为 0 的顶点，避免重复检测入度为 0 的顶点。

（5）列表 L：输出的拓扑序列。

至此，数据结构已经设计好了，接下来就是算法设计，根据上面的步骤，很容易写出一种算法，伪代码如<伪代码：拓扑排序 Kahn 算法>所示。

```
♯<伪代码：拓扑排序 Kahn 算法>
while not S == []:
  v←S.pop()                             ♯S中移除任一顶点 v,这里是删除 S 的第一个顶点
  L.append(v)                           ♯将 v 插入 L 的尾部
  for 任意节点 u,满足从 v 到 u 有一条边 e:
    G[v].remove(u); Indeg[u]←Indeg[u]-1   ♯从图中将边 e 移除
    if Indeg[u] == 0:                    ♯判断顶点 u 的入度是否为 0
      S.append(u)                       ♯将入度为 0 的顶点 u 插入列表 S 中
if 图的边集不为空:
  print("图为有环图")                     ♯图中至少有一个环
else: print("拓扑序列为",L)               ♯图为无环图,打印拓扑序列
```

不难看出，该算法的实现十分直观，完全是按照上面的拓扑排序步骤设计而成的。算法的关键在于需要维护一个入度为 0 的顶点的列表 S，大致分为 3 步：

（1）从列表 S 中取出一个顶点。没有特殊的取出规则，可以随机取出，也可以从第一个元素取出，这里为了方便就使用了列表专有方法 pop 取出第一个顶点，用 v 表示，并将 v 放入保存结果的列表 L 中。

（2）在图中删除以 v 为起点的所有边。这里使用 for 循环遍历由 v 引出的所有边 e，从图中移除边 e，使得边 e 的终点 u 的入度减 1，如果 u 的入度在减 1 之后为 0，那么将顶点 u 存入列表 S 中。for 循环结束，继续执行步骤（1）。

（3）重复步骤（1）、（2），直到列表 S 为空，检查图中是否还存在任何边，如果存在，则说明图中至少存在一条环路；如果不存在，则返回结果列表 L，此时列表 L 中的顺序就是对图进行拓扑排序的结果。

请自行完成 Python 程序,实现<程序:拓扑排序 Kahn 算法>。

4. 典型实现算法 2——深度优先搜索(DFS)

除了使用上面直观的算法之外,还能够借助深度优先搜索来实现拓扑排序。

与上述算法一样,首先需要对数据结构进行定义:字典表示的邻接表 G、拓扑序列 L 均和入度为 0 的列表 S 与算法 1 相同,只是在深搜过程中需要用一个标记列表 visited[i] 来表示顶点 i 是否被访问,若"已访问",则 visited[i] 为 1;若"未访问",则 visited[i] 为 0。

算法的主要思想是:以入度为 0 的顶点为起点开始深搜,每深搜完成一个顶点(即将离开深搜函数前),将此节点 append 入列表 L 中,我们知道,顶点 v 完成深搜时肯定 v 的所有子顶点都已经完成深搜了,也就是 v 的所有子顶点都已经在 L 中了。大家想想第一个 append 入 L 的顶点,一定是出度为 0 的顶点,而最后一个加入 L 的顶点一定是一个根顶点(入度为 0)。因此深搜图完成后,最终得到的 L 就是拓扑序列的逆序,将其逆序输出即可。伪代码如<伪代码:拓扑排序 DFS 算法>所示。

```
♯<伪代码:拓扑排序 DFS 算法>
def Topo_DFS(v):
    标记顶点 v 为"已访问"
    for u in Next_Node(v):              ♯搜索顶点 v 的所有邻接顶点 u
        if not visited[u]:Topo_DFS(u)   ♯递归深搜"未访问"顶点 u
    将顶点 v 存入列表 L
```

这个算法的实现看起来非常简单,但是理解起来就相对复杂一点。该算法利用深度优先搜索递归实现拓扑排序,需要注意的是,将顶点 v 添加到结果 L 中的时机是在 for 循环结束,且 Topo_DFS() 函数即将退出之时。

那么,为什么在 Topo_DFS() 函数的最后将该顶点添加到结果列表 L 中,就能保证这个序列是拓扑排序的结果呢?

因为 Topo_DFS() 函数本身是个递归函数,在 for 循环中只要当前顶点 v 还存在任何"未访问"的邻接节点,就会一直递归调用 Topo_DFS() 函数,而不会退出循环。因此,退出循环就意味着当前顶点 v 没有"未访问"的邻接顶点了,这个时候将顶点 v 放入列表 L 中最终得到的就是拓扑序列的逆序。

以图 8-16(a)的 DAG 图为例,图中入度为 0 的顶点为 v0 和 v4(蓝色标记),则 S=[0,4]。依次以 S 中的顶点为起点深搜,深搜过程如下:

(1) 首先访问顶点 v0,然后访问 v0 的邻接顶点 v1,由于 v1 没有邻接顶点,所以将 v1 存入列表 L。

(2) 返回到 v0,然后依次访问 v2、v3,由于 v3 没有"未访问"的邻接顶点,则将 v3 存入 L。

(3) 返回到 v2,由于 v2 没有"未访问"的邻接顶点,则将 v2 存入 L。

(4) 返回到 v0,由于 v0 已经没有"未访问"的邻接顶点,则将 v0 存入 L。

(5) 重新选取入度为 0 的顶点 v4 为起点开始深搜,由于 v4 没有"已访问"顶点,则将 v4 存入 L。

(6) 由于入度为 0 的顶点都已经访问了,所以深搜结束,此时 L=[1,3,2,0,4]正好是拓扑序列的逆序。最终得到的拓扑序列为：v4→v0→v2→v3→v1。

代码如<程序：拓扑排序 DFS 算法>所示。

```
#<程序：拓扑排序 DFS 算法>
def Topo_DFS(v):
    visited[v] = 1
    for u in Next_Node(v):
        if visited[u] == 0:Topo_DFS(u)
    L.append(v)
#以下为主函数
n = 5                              #顶点数 n
Node = [i for i in range(n)]       #顶点集合
G = {0:[1,2,3],1:[],2:[3],3:[],4:[1,3]}   #图的邻接表
W = [0 for i in range(n)]          #初始化各顶点的最长路径值
L = []                             #初始化结果列表
visited = [0 for i in range(n)]    #标记所有顶点为"未访问"
S = In_degree_zero()               #入度为 0 的顶点集合
for v in S:
    Topo_DFS(v)                    #以入度为 0 的顶点为起点开始深搜
L.reverse()                        #求列表 L 的逆序
print('拓扑序列为',L)               #打印拓扑序列
```

注意：由于本题保存图邻接表的字典 G 中的 Value 是一个列表，而在最长路径中 G 的 Value 是一个字典，所以需要修改最长路径中的 Next_Node() 函数，代码如<程序：求邻接顶点>所示。

```
#<程序：求邻接顶点>
def Next_Node(u):                  #求顶点 u 的所有邻接顶点
    return G[u]
```

5. 检测图是否有环

以上采用深搜的拓扑排序算法仅仅能够求有向无环图的拓扑序列，因为上述算法无法判断输入的图中是否有环。下面讨论在上述算法的基础上加以改进，使得算法能够检测出图中的环并输出 Error。

【解题思路】 由于深搜的思路是尽可能深地访问当前节点的子节点，所以一旦深搜到某一顶点，该顶点存在一个子节点已经访问过了，且该子节点没有存入最终的拓扑序列 L 中，则该顶点及其子节点必定在某一个环上。也就是说，该图至少存在一个环。以图 8-17 所示的有环图为例，图中入度为 0 的顶点为 A，所以以顶点 A 为起点开始深搜，然后依次访问顶点 B、C、D、E。由于 E 的子节点 C 在之前已经访问过了，但是却没有放入结果列表 L 中，所以 C、E 必定在某个环上。由图 8-17 可知，顶点 C、D、E 确实形成了一个环。

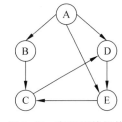

图 8-17 有环图的拓扑排序深搜示例

算法代码如<程序：有向图拓扑排序 DFS 算法（可检测环

路)>所示。

```
#<程序: 有向图拓扑排序 DFS 算法(可检测环路)>
def Topo_DFS(v):
    visited[v] = 1                     #访问顶点 v
    for u in Next_Node(v):
        if visited[u] == 1 and u not in L: print('Error');exit(99)
        elif visited[u] == 0:Topo_DFS(u)
    L.append(v)                        #顶点 v 放入 L
```

对于无向图,如何使用深搜判断图是否有环?其实很简单,只要在深搜时有顶点被访问过,就说明该无向图有环。算法代码如<程序:无向图检测环路>所示。

```
#<程序: 无向图检测环路>
def Topo_DFS(v):
    visited[v] = 1                     #访问顶点 v
    for u in Next_Node(v):
        if visited[u] == 1: print('Circle')
        elif visited[u] == 0:Topo_DFS(u)
```

8.2.4　一个有趣的迷宫例子

下面通过一个有趣的例子向大家介绍在遇到具体问题时,应当怎么分析并解决。

【问题描述】　$m \times n$ 个小方块组成的一个长方形(长 m 宽 n),每个小方块用一条对角线分隔开,我们称对角线为"墙"。这些墙就组成了一个迷宫。现在给定迷宫,请求出这些墙围成的独立的(不包含其他封闭区域的)封闭区域的个数以及最大区域的面积(为了简单起见,每个小方块的边长为1)。

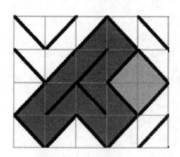

图 8-18　迷宫示例

【问题举例】　根据小方块中对角线方向的不同形成了图 8-18 所示的 5×4 的迷宫。可以看出共有两个封闭区域,其中一个为中间 T 字形的闭区域,另一个为右方的方形闭区域,注意两个封闭区间是分隔的。两个封闭区域的面积分别为 8 和 2,因此最大封闭区域的面积为 8。

我们知道在解决这类问题之前需要将问题用数学的形式重新表达,以便于利用计算机求解问题。在本题中小方块的对角线有两种方向("\"和"/"),为了区分两种方向,可以用 0 表示"\",1 表示"/",因此可以得到如下所示的矩阵 A 以及对应的列表 M 来表示图 8-18 中的迷宫。

$$A = \begin{bmatrix} 0 & 1 & 1 & 0 & 0 \\ 0 & 1 & 1 & 1 & 0 \\ 1 & 1 & 0 & 0 & 1 \\ 0 & 1 & 0 & 1 & 1 \end{bmatrix} \quad M = [[0,1,1,0,0],[0,1,1,1,0],[1,1,0,0,1],[0,1,0,1,1]]$$

根据矩阵 A 还不能轻易求得有几个闭区间,还需要将迷宫进一步地转换成前面介绍的图模型再求解。请同学们思考：怎样转换成图模型呢？

【转换成图模型的方法】

每个小正方形的对角线将正方形分成了两个三角形，将每个三角形看成一个顶点。此外，将顶点分成两类：一类是在迷宫边界上的点，用实心的顶点表示；一类是不与边界相连的内部顶点，用空心的顶点表示。当图中两个相邻的三角形没有被对角线分隔时，在两个三角形所对应的顶点上连一条边。可以得到如图 8-19 所示的模型。在该模型下，同样可以利用 DFS 搜寻图中的封闭区域（用 DFS 搜索得到的路径中不含实心顶点即代表有封闭区域），得到两个封闭区域如图 8-19 中用蓝色标记的圈。在计算每个封闭区域的面积时，我们知道每个顶点代表一个小三角形且可以算出三角形的面积，因此可以统计该区域中包含的顶点的个数即可得到封闭区域的面积。

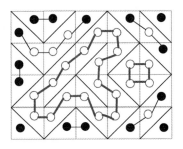

图 8-19 迷宫图模型

大致了解了基本思想后，就可以编程解决这个问题了。根据前面的分析，我们知道程序应该包含两部分：一是将迷宫地图转换成上述图模型；二是利用 DFS 搜寻图中的圈，并计算圈的面积。同学们可根据上述思想自行写程序来完成。

8.3 最短路径问题

最短路径问题（Shortest Path），顾名思义就是在所有路径中找一条距离最短的路径。注意，这里的距离最短，不仅仅指物理意义上的距离，还可以引申到其他度量单位，如花费的时间、费用、罚款、损失或者任何其他沿着一条路径积累的和。

现在，根据不同的已知条件，最短路径问题主要可分为四大类：①确定起点的最短路径问题，又称为**单源最短路径问题**；②确定终点的最短路径问题；③确定起点和终点的最短路径问题；④全局最短路径问题。这其中，单源最短路径问题更具有普遍意义，现有的算法多且较为成熟，因此，本节将从单源最短路径入手，深入学习各种解决最短路径问题的算法。

由于不同的图会有不同的高效最短路径算法，下面从无环图与有环图、无负权值图和有负权值图这 4 种图出发，具体考量每种图对应的算法难易程度。

1. 无环图与有环图的算法考量

对于无环图，求最短路径的算法比较简单，思路为：从起点开始，按照边的数目一层一层排成层次图（每个顶点的层数就是其到起点的最长路径的边的数目）。形成层次图后，求最短路径就非常简单了，规则是：第 k 层顶点的最短路径可以由第 k−1 层中与该顶点有边相连的顶点求得。

对于有环图，该算法思路就不适用了。因为环中的顶点到起点没有最长路径，也就无法形成层次图，需要另想算法。因此，无环图的算法相对于有环图会较为简单。

2. 无负权值图与有负权值图的算法考量

对于无负权值图,有一种典型算法为 Dijkstra 算法,该算法的核心思想是 k+1 条边的最短路径是由 k 条边的最短路径衍生而来的,即最短路径的子路径仍为最短路径。Dijkstra 采用了贪心的策略,每次都选取一个距源点最近的点,然后将该距离定义为这个点到源点的最短路径。

若图中含有负权值的边,那么就有可能先通过并不是距源点最近的一个次优点,再通过这个负权边使路径之和更小,所以 Dijkstra 算法无法求有负权值图的最短路径,这就需要一种更为有力的算法,即动态规划算法,而该算法比较难以理解,我们会将其放在 8.4 节单独进行介绍。

因此,我们能够得出无负权值图的算法相对于有负权值图的算法较为简单。但是,请注意每种算法并不是仅仅只能够解决某一种图的问题,而是相对较难的算法能够求解较为简单的图的最短路径问题。如动态规划算法还能够求无环图、无负权值图的最短路径;Dijkstra 算法也能够解决无环图的最短路径问题。

综上所述,本节主要介绍单源最短路径的几种常用算法,组织结构如下:8.3.1 节介绍有向无环图的最短路径算法;8.3.2 节介绍权值非负的有环图的最短路径算法;至于带负权值的有环图的最短路径算法,由于要用到动态规划的知识,因此会在后面具体介绍。

8.3.1　有向无环图的最短路径问题

有向无环图(Directed Acyclic Graph),以下简称为 DAG,即不存在起点和终点为同一个顶点的路径的有向图。在一个 DAG 中最短路径是一定会存在的,因为即使图中有权值为负的边,也不可能存在负权回路。

求有向无环图的单源最短路径问题,一个简单而高效的算法就是通过拓扑排序来得到 DAG 的拓扑序列,然后从源点开始依次更新邻接节点的最短路径,最终可求得源点到其他所有节点的最短路径。该算法称为 SSSP(Single-Source Shortest Path) On DAG。

下面通过一个具体实例向大家介绍该算法的思想与具体实现。

【问题描述】　给定一个 n 个顶点的有向无环图 G,图的每条边都带有一个权值(权值可正可负)。用 V 代表图的顶点集,E 代表图的边集合,W 代表对应边的权值集合。单源最短路径问题即为对于给定的起点 s,求 s 到其他各个顶点的总权值最小的路径。

【问题举例】　以图 8-20 为例,有 6 个顶点,7 条边,每条边上有对应的权值即边上的数(可正可负)。给定起点 s 为 V_0,求起点到其余各顶点之间的一条最短路径。例如,从图中可以得出起点到 V_3 的最短距离为 4,对应的路径为:$V_0 \rightarrow V_2 \rightarrow V_3$。

【解题思路】　若要求起点 s 到其他顶点的最短距离,最直接的方法就是使用深搜。但是,若直接使用前面图的遍历中的深搜算法,则结果是不对的。因为该深搜算法有一个特点就是访问过的顶点不会再重新访问。

以图 8-20 为例,深搜函数首先会沿着 $V_0 \rightarrow V_1 \rightarrow V_3 \rightarrow V_4 \rightarrow V_5$ 这条路径依次求起点 V_0 到各顶点的距离(即 2、5、9、6)并将各顶点标记为"已访问"。然后会返回到 V_0,接着访问 V_2,求得 V_0 到 V_2 的最短距离为 5。若此时能够接着访问 V_3 得到的路径值为 4,比之前

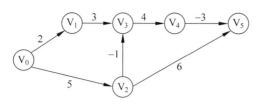

图 8-20 DAG 示例图

求得的 5 小,但这是不可能的,因为 V_3 已经标记为"已访问",该深搜算法不会搜索已经访问过的顶点。同理,V_0 到 V_4、V_5 的最短距离应该为 8 和 5,但是,该深搜算法却得不到该值。

如果修改该深搜算法使得其能够搜索已访问的顶点,那么会造成大量的重复计算。同样以图 8-20 为例,深搜首先会沿着 $V_0 \rightarrow V_1 \rightarrow V_3 \rightarrow V_4 \rightarrow V_5$ 这条路径依次起点 V_0 到各顶点的距离(即 2、5、9、6),然后会返回到 V_0 沿着 $V_0 \rightarrow V_2 \rightarrow V_3 \rightarrow V_4 \rightarrow V_5$ 这条路径再次求起点 V_0 到各顶点的距离(即 5、4、8、5)。其中 $V_3 \rightarrow V_4 \rightarrow V_5$ 的部分就会重复计算两次。本图只是一个非常简单的 DAG 图,若图中每个顶点的子节点非常多,则会进行大量的重复计算,并不是一种高效的算法。

根据上述分析,可以发现一旦起点 s 到某一点 v 的最短路径已经求得,那么 v 的所有父节点的最短路径一定都已经求得,所以求得起点到其他各顶点之间的最短路径的顺序满足拓扑序列顺序。

以图 8-20 为例,该图的一种拓扑序列为 V_0、V_1、V_2、V_3、V_4、V_5,按照上述顺序依次求起点到各顶点之间的最短路径。当我们要求 V_0 到 V_3 的最短路径时,拓扑序列中 V_0、V_1、V_2 都在 V_3 的前面,所以它们的最短路径都已经计算过了。那么,V_3 的所有父节点 u 的最短路径值分别加上 $Weight(u, V_3)$,然后取最小值即起点到 V_3 的最短路径值,即 $\min\{d[u] + Weight(u, V_3)\}$,$d[u]$ 表示起点到顶点 u 的最短路径值。

综上所述,求 DAG 图的单源最短路径问题的算法思路如下:

(1) 对 DAG 图进行拓扑排序,获得顶点的拓扑序列。

(2) 对序列中的每个顶点按顺序求起点到该顶点的最短路径。

拓扑排序的算法在之前的章节已经学习过了,此处不再赘述,关键是如何根据拓扑序列依次对每个顶点进行求最短路径操作。该操作的伪代码如<伪代码:求最短路径操作>所示。

```
♯<伪代码:求最短路径操作>
数据结构:列表 d,d[v]表示起点 s 到顶点 v 之间的最短路径值;
        列表 L,保存求得的 DAG 的拓扑序列;
        列表 f,f[v]保存起点到顶点 v 的最短路径中 v 的前一顶点.
初始化:d[s]←0,d[v]←∞, ∀v∈V 且 v≠s;
for u in L:    ♯按拓扑序列顺序依次求各顶点最短路径
    for  u 的任意子节点 v:
        if d[v]>d[u] + Weight(u,v):
            d[v]←d[u] + Weight(u,v);f(v)←u
输出 d[v], ∀v∈V,也就是起点 s 到各顶点之间的最短路径距离;
根据 f 可以回溯找到最短路径.如果要求得图中从起点出发的最短路径,则只需比较列表 d 的每个元素的大小.
```

以上就是利用拓扑排序对 DAG 图求单源最短路径的算法 SSSP On DAG。为了方便起见,将拓扑排序封装成函数 Toposort(),代码如<程序:拓扑排序>所示。

```
#<程序:拓扑排序>
def Toposort():
    L = []                              #初始化拓扑序列
    visited = [0 for i in range(n)]     #初始化标记列表
    def Topo_DFS(v):                    #深搜拓扑排序函数
        visited[v] = 1
        for u in Next_Node(v):
            if visited[u] == 0:Topo_DFS(u)
        L. append(v)
    S = In_degree_zero()                #入度为 0 的顶点集合
    for v in S:
        Topo_DFS(v)                     #以入度为 0 的顶点为起点开始深搜
    L. reverse()                        #求列表 L 的逆序
    return L                            #返回拓扑序列
```

求得最短路径后,需将源点到每个顶点的最短路径及最短距离打印出来。由于打印时需根据列表 f 回溯求得路径,与前面给出的最长路径打印有所不同,所以不能直接引用之前的 Print_path()函数。打印函数如<程序:最短路径打印函数>所示。

```
#<程序:最短路径打印函数>
def Print_shortest_path(f,u):          #绘制最短路径
    print('源点',s,'到顶点',u,'的最短距离为: ',d[u])
    print('最短路径为: ',end = '')
    path = []
    while f[u] != -1:
        path. append(u)
        u = f[u]
    path. reverse()
    print(s,end = '')
    for i in path:
        print('->',i,end = '')
    print('\n')
```

其他函数均可引用前面的程序,则最短路径 SSSP On DAG 算法的主函数代码如<程序:最短路径 SSSP On DAG 算法>所示。

```
#<程序:最短路径 SSSP On DAG 算法>
n = 6                                  #顶点数 n
Node = [i for i in range(n)]           #顶点集合
G = {0:{1:2,2:5},1:{3:3},2:{3:-1,5:6},3:{4:4},4:{5:-3},5:{}}
s = 0                                  #源点
d = [Max] * n                          #最短路径估计值
```

```
f = [-1] * n                        #最短路径中各顶点的父节点
d[s] = 0                            #源点最短路径估计值为0

L = Toposort()                      #调用拓扑排序函数生成拓扑序列,程序见上一节
for u in L:                         #按顺序对拓扑序列中的顶点进行求最短路径操作
    for v in Next_Node(u):
        if d[v]> d[u] + Weight(u,v):
            d[v] = d[u] + Weight(u,v)
            f[v] = u

for u in Node:                      #输出源点s到各顶点之间的最短路径
    Print_shortest_path(f,u)
```

8.3.2 权值非负的有环图的最短路径问题

8.3.1节介绍了求有向无环图(DAG)的最短路径的算法,那么,对于有环图该如何求最短路径呢?

首先需要明确一点:一旦图中的环上的权值之和为负值(负权环路),则该图一定不存在最短路径。因为沿着环一直走下去一定会得到更短的最短路径,同学们不妨画几个带负权环路的图试验一下。

通过上述规律,可以将有环图分为两类:无负权值的有环图,带负权值的有环图。其中无负权值的有环图一定不存在负权环路,因此无负权值的有环图一定存在最短路径。而带负权值的有环图在求最短路径时则需要判断图中是否存在负权环路,算法较为复杂,所以,为了简单起见,我们在本节只研究求无负权值的有环图的最短路径,该类图的最短路径算法有很多,其中最经典的就是Dijkstra算法。

Dijkstra算法的基本思想为:最短路径存在最优子结构,即最短路径的子路径仍为最短路径。我们可以将求最短路径的过程看作一棵以s为根的最短路径树的生长过程。由于图中不存在负权值,则最短路径树的生长过程中的各顶点将按照距离s的远近以及顶点的相邻关系,依次加入最短路径树中,先近后远直到所有顶点都在树中。其具体步骤如下。

(1) 数据结构。

顶点列表S,表示从源点s到列表S中的顶点的最短路径已经确定,即加入最短路径树中的顶点集合。

列表f,f(v)表示顶点v在最短路径中的父节点。

列表d,d[v]表示从s到v的最短路径。

(2) 输入:顶点数n,图的数据结构字典G(与前文相同)。

(3) 初始化 $S \leftarrow \{s\}, u \leftarrow s, d[s] \leftarrow 0, \forall v \in V$ 且 $v \neq s, d[v] \leftarrow \infty$。

(4) 对任意属于V-S的顶点,即 $\forall v \in V\text{-}S$,如果 $d[v] > d[u] + Weight(u,v)$,则 $d[v] \leftarrow d[u] + Weight(u,v), f(v) \leftarrow u$。

(5) 选择 $d[v]$ 最小的 $v \in V-S$,设为 $v*$,则 $S \leftarrow S \cup \{v*\}, u \leftarrow v*$。

(6) 如果 V−S≠∅,执行第(4)步,否则结束。

接下来以图 8-21(a)所示的有向图为例具体介绍 Dijkstra 算法的过程。假设要求顶点 A 到各个顶点的最短路径。初始情况下,最短路径树中只有根节点 A,其余各个顶点到 A 的距离为无穷大,见表 8-3 中的步骤 1;接下来对于任意的与 A 相邻的顶点(B,D,E),判断它们到 A 的距离是否小于当前距离,若小于则更新该距离,对应于表 8-3 中的步骤 2,此时最短路径树中包含 A、B、D、E 4 个顶点;下面在 B、D、E 中选择与 A 距离最小的顶点 B,以它为根节点继续更新,判断其邻接顶点 C 到 B 的距离与 B 到 A 的距离之和是否小于当前记录的 A 到 C 的距离,若小于则更新,见表 8-3 中的步骤 3,此时可以将顶点 C 加入最短路径树中;接下来,在 C、D、E 中选择与 A 距离最小的顶点 C 为根节点按照上述方法继续更新……最终得到的顶点 A 到各个顶点的最短路径如表 8-3 中的步骤 6 所示,得到的最短路径树如图 8-21(b)所示。

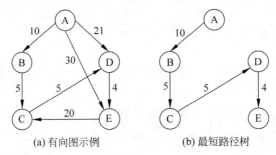

(a) 有向图示例　　　　(b) 最短路径树

图 8-21　带有非负权值的有向图以及对应的最短路径树

表 8-3　最短路径的生成过程

步骤	A	B	C	D	E
步骤 1	0	∞	∞	∞	∞
步骤 2	0	10	∞	21	30
步骤 3	0	10	15	21	30
步骤 4	0	10	15	20	30
步骤 5	0	10	15	20	24
步骤 6	0	10	15	20	24

了解了 Dijkstra 的求解过程后,对于任意顶点 v,可以利用 f(v)回溯得到 v 到 s 的最短路径,其中最短路径距离为 d[v],代码如<程序:无负权值有环图的最短路径问题 Dijkstra 算法程序段>所示。

```
#<程序: 无负权值有环图的最短路径问题 Dijkstra 算法程序段>
Max = 1000000                    #表示无穷大
def Dijkstra(V,G,s):
    d = [Max] * len(V)           #最短路径估计值,初始时无穷大
    f = [-1] * len(V)            #最短路径中各顶点的上一节点
    d[s] = 0                     #源点最短路径估计值为0
    S = [s]                      #存放最终标记的顶点
```

```
u = s                    #初始化
Q = V[:]                 #待标记的顶点集合
Q.remove(s)              #集合 V - S
while len(Q)> 0:         #Q 不为空则执行
    for v in Q:          #对于 S 中顶点处边进行求最短路径操作
        if v in Next_Node(u):
            if d[v]> d[u] + Weight(u,v):
                d[v] = d[u] + Weight(u,v)
                f[v] = u
    min = Max            #标记量
    for i in Q:
        if d[i]< min:
            u = i;min = d[i]
    S = S + [u]          #将永久标记的量存放进 S
    Q.remove(u)          #将永久标记的量从队列 Q 中移除
return d,f
```

因为 Dijkstra 算法每次都是在 V-S 中选择权值最小的顶点插入 S 中,所以这又是一种贪心算法。贪心算法并不总是能获得全局意义上的最优解,但 Dijkstra 却是真实地算出了最短路径。

8.4 动态规划算法

在第 5 章熟练递归编程中,我们提到过分治法,它的思想就是"分而治之",即先将待解决的问题分成相互"独立"的子问题分别进行处理,然后再进行合并。"独立"是指这些子问题的解是相互没有关系的,例如,对长度为 n 的序列做归并排序,求解 mergesort(1,n/2)和 mergesort(n/2,n)互不影响。

本节将会学习一种新的解题方法——动态规划(Dynamic Programming)。动态规划与分治法的思想类似,也是将待求解问题分解成若干子问题,先求解子问题,然后从这些子问题的解得到原问题的解。与分治法不同的是,适合于用动态规划求解的问题,经分解得到的子问题往往不是互相独立的,即子问题之间具有重叠的部分。在这种情况下,如果用分治法求解会做许多不必要的工作,它会重复地求解这些重叠的部分。而动态规划只会对这些重叠的部分求解一次,并将这些解存储在表格中,无须重新计算。以 def F(k);if k<=0;return 0;if k==1;return 1;return F(k-1)+F(k-2)为例,来测试它在 k=20、30、40 的执行时间,就会发觉它的执行时间会以指数方式增长。而其实我们只要用一个列表来记录 k 从小到大的 F 值,F(k)能很快速地计算得到。为了更清楚地说明动态规划,下面以拦截导弹问题为例详细介绍利用动态规划解决问题的过程。

8.4.1 拦截导弹问题

【问题描述】 某国为了防御敌国的导弹袭击,发明了一种导弹拦截系统。但是这种导弹拦截系统有一个缺陷:它在第一次拦截导弹时,能拦截到任意高度的导弹,但是之后的每一次拦截,高度都不能高于前一次的拦截高度。某天,雷达捕捉到敌国的导弹来袭,由于该系统还在试用阶段,所以只有一套系统,因此有可能不能拦截所有的导弹。若给定导弹依次飞来的高度,问这套系统最多能拦截多少导弹?

【抽象问题】 根据问题描述,当给定一个飞来的导弹高度序列时,根据题意,我们知道被拦截的导弹应该按飞来的高度组成一个非递增序列。那么系统最多拦截多少导弹的问题实际上就是要在导弹依次飞来的高度序列中寻找一个最长非递增子序列,即对于一个序列的非递增子序列$[a_1, a_2, a_3, \cdots, a_k]$而言,需满足$a_1 \geqslant \cdots \geqslant a_i \geqslant \cdots \geqslant a_k (1 \leqslant i \leqslant k)$,而最长非递增子序列就是所有非递增子序列中长度最大的那个。

【问题举例】 举例来说,假设列表 L 依次存储了导弹飞来的高度:L=[389,207,155,300,299,170,158,65],L 的非递增子序列可能有多种,如[158, 65]、[155, 65]、[207,170,158,65]等,其中 L 的最长非递增子序列为[389, 300, 299, 170, 158, 65],因此 L 的最长非递增子序列的长度为6。

【解题思路】 动态规划求解问题的基本思路是:将原问题分解成小问题,用小问题的解构筑成原问题的解。因此,我们需要考虑的是"怎么分,怎么合"的问题。最长非递增子序列问题的"怎么分"就是考虑怎么将 n 个数的最长非递增子序列问题划分成 n−1 个数的最长非递增子序列问题;"怎么合"就是考虑怎么用 n−1 个数的最长非递增子序列问题的解构筑 n 个数的最长非递增子序列问题的解。

我们知道,最长非递增子序列的最后一个元素一定在序列 L 中,因此若知道以序列 L 中的每个数为结尾的最长非递增子序列的长度(子问题),那么 L 的最长非递增子序列的长度就可以通过对这些子问题的解求最大值得到。同理,还有第二种方式,即若知道以每个数为起始的最长非递增子序列(子问题),那么 L 的最长非递增子序列也就得到了。

这里以 L(i)是以第 i 个数为结尾的最长非递增子序列的长度为例,具体介绍求解过程。

首先考虑最简单的情况,即 i=1,此时的子问题只有一个数,因此 L(1)=1。当 i=2时,根据 L(i)的定义我们知道 L(2)一定包括a_2,若$a_1 \geqslant a_2$,可知a_1也在最长非递增子序列中,因此 L(2)=2;若$a_1 < a_2$,则 L(2)=1。当 i=3时,a_3一定在 L(3)中,对于a_1和a_2,若a_3比它们都大,则 L(3)=1;若a_3只比它们其中的一个值大(假设该值为a_2),那么 L(3)=L(1)+1;若a_3比它们两个的值都小,那么需要选择 L(1)和 L(2)中较大的那个作为 L(3)的序列,即 L(3)=max(L(1), L(2))+1。以此类推,假设已知 L(1),L(2),$\cdots$,L(i−1)的值,可以利用以下数学表达式求得 L(i)的值:

$$L(i) = \begin{cases} 1, & i=1 \\ \max(L(k))+1, & \forall k(1 \leqslant k \leqslant i-1),\text{其中 } a_k \geqslant a_i \end{cases} \quad (8\text{-}1)$$

根据式(8-1),在求得了所有的 L(i)后,最长非递增子序列的长度则转化为求最大的 L(i),即:

$$\text{最长非递增子序列} = \max(L(i)), \quad (1 \leqslant i \leqslant n)$$

到目前为止,我们已经详细介绍了解决最长非递增子序列问题的基本思想,其中主要包括两大部分:

(1) 求解 L(i)的值(1≤i≤n)。

（2）求 Max(L(i))即为最后的解。

接下来以 List＝[389,207,155,300,299,170,158,65]为例,为大家具体分析求解过程。

本例中共有 8 枚导弹,根据式(8-1),首先分别求出 L(1)到 L(8)的值:

L(1)＝1；

L(2)＝ L(1)＋1＝2；

L(3)＝max(L(1)，L(2))＋1＝3；

L(4)＝max(L(1))＋1＝2；

L(5)＝max(L(1)，L(4))＋1＝3；

L(6)＝max(L(1)，L(2)，L(4)，L(5))＋1＝4；

L(7)＝max(L(1)，L(2)，L(4)，L(5),L(6))＋1＝5；

L(8)＝max(L(1)，L(2)，L(4)，L(5),L(6)，L(7))＋1＝6。

最后取 L(1)~L(8)中的最大值 6 作为序列的最长非递增子序列的长度。

在解决最长非递增子序列问题的时候,可以利用前面已经解决的 L(1),L(2),…,L(n-1)构造 L(n)的解。因此可以将这些解用一个表格保存起来,这样在解决后面的问题的时候就不用重复计算了,从而提高解题的速度。

根据上面的计算虽然得到了最长非递增子序列的长度,但是我们并不知道这个最长非递增子序列是什么,因此需要利用一个辅助列表 Tra(i)(1≤i≤n)记录 L(i)的生成过程。例如前面的例子,L(7)是通过 L(6)+1 得到的,记 Tra(7)=6,表示以第 7 个数为结尾的最长非递增子序列中,第 7 个数的前一个数为原序列中的第 6 个数。

应用上述方法,求解 List＝[389,207,155,300,299,170,158,65]的最长非递增子序列问题,可以得到如表 8-4 所示的 L(i)和 Tra(i)。

表 8-4　最长非递增子序列问题中的 L(i)和 Tra(i)

i	1	2	3	4	5	6	7	8
ai	389	207	155	300	299	170	158	65
L(i)	1	2	3	2	3	4	5	6
Tra(i)	0	1	2	1	4	5	6	7

其中 L(8)是 L 中的最大值,因此序列 List 的最长非递增子序列长度为 6。

但是到这里还没有结束,还要回溯 L 的生成过程得到这个最长非递增子序列。如表 8-4 所示的 Tra 就是用来记录 L 的生成过程的列表。

由 L(8)=6,可知这个最长非递增子序列的最后一个元素是 a_8；根据 Tra(8)=7,可知 L(8)是由 L(7)+1 得到的,因此 a_8 前面的元素是 a_7；同理,根据 Tra(7)=6,得到 a_7 前面的元素是 a_6；以此类推,直到 Tra(1)=0,得到 a_1 是这个最长非递增子序列的第一个元素。因此这个最长递增子序列为[a_1,a_4,a_5,a_6,a_7,a_8],即[389,300,299,170,158,65]。

以上就是解决本问题的核心思想,下面考虑如何编写程序解决该问题。根据上述分析,可知求解本问题主要包含两部分:

（1）构造表格,即求出 L(i)和 Tra(i)；

（2）根据 Tra 找出最长非递增子序列。

具体步骤如下:

(1) 构造表格,即求出 L(i) 和 Tra(i)。

根据前面的例子,可以看出 L(8) 取决于 L(1)、L(2)、L(4)、L(5)、L(6)、L(7) 的最大值;L(7) 取决于 L(1)、L(2)、L(4)、L(5)、L(6) 的最大值……因此求解 L(8) 和 L(7) 均要知道 L(1)、L(2)、L(4)、L(5)、L(6) 的值,这就是前面提及的子问题的重叠部分。若直接采用递归求解的方式计算 L(7) 和 L(8),会重复计算它们。因此根据动态规划的思想,采用自底向上的方式求解,即先分别求出 L(1),L(2),…,L(i) 的值,并存储在列表 L 的对应位置上。这样在后续的求解中,当要用到之前求过的解时,直接去列表中读取即可,无须再重复计算。

根据式(8-1)可以知道 L(i) 取决于 L(k)((1≤k≤i−1)并且 $a_k \geq a_i$),因此在求解 L(i) 时,首先获得序列中第 i 个数之前的所有大于或等于 a_i 的数的下标,将其存储于列表 X 中。然后再根据这些值计算 L(i) 并更新 Tra(i),L(i) 中的最大值即为问题的解,代码如<程序:最长非递增子序列的完整程序>所示。

注意:Python 中序列的下标索引是从 0 开始的,即序列为 $[a_0, a_1, a_2, \cdots, a_n]$,而在分析中下标以 1 开始是为了简化说明。但以 0 开始或者以 1 开始对前面分析得出的性质是没有影响的。

(2) 根据 Tra 找出最长非递增子序列。

求得列表 L 和 Tra 的值后,就可以构造最长的非递增子序列了。首先根据 L 获得存储最长非递增子序列长度的下标,假设为 k。我们知道最长非递增子序列是以第 k+1 个数为结尾的(即子序列中的倒数第一个数为原序列中的第 k+1 个数),根据 Tra(k) 可以获得所求子序列中倒数第二个数在原序列中的位置,以此类推,直到遍历到最长非递增子序列的第一个数为止,代码如下所示。

```python
#<程序:最长非递增子序列的完整程序>
def LNIS(List):                              # Longest non - increasing sub
    L = [1] * len(List); Tra = [ - 1] * len(List)    # 设定起始值
    #L[i]存放从 L[0]到 L[i]的且以 L[i]为结尾的最长非递增子序列的长度
    #Tra[i]存此最长序列的前一个索引,以后好连起整个非递增序列
    for i in range(1,len(List)):
        X = []
        for j in range(0,i):
            if List[j] > = List[i]:
                X.append(j)                  # 所有比 List[i]大的数的下标存到 X 中
        for k in X:
            if L[i] < L[k] + 1:
                L[i] = L[k] + 1
                Tra[i] = k
    print("L:", L)
    print("Tra:", Tra)
    max = 0                                  # 找 L 中的最大值
    for i in range(1,len(L)):
        if L[i] > L[max]:
            max = i
    print("最长子序列的长度是:", L[max])
    X = [List[max]]                          # 将最长递增数列存到 X 中
    i = max
```

```
    while (Tra[i] >= 0):
        X = [List[Tra[i]]] + X
        i = Tra[i]
    print("最长非递增子序列: ",X)
List = [389,207,155,300,299,170,158,65]
LNIS(List)
```

运行上面的程序,可以得到如下结果:

```
L: [1,2,3,2,3,4,5,6]
Tra: [-1,0,1,0,3,4,5,6]
```

最长非递增子序列的长度为:6。

最长非递增子序列为:$[389,300,299,170,158,65]$。

到目前为止,我想同学们已经掌握了如何用动态规划求解最长非递增子序列问题了。为了加深印象,在此对动态规划做个总结。动态规划是求解最优化问题的一种方法。例如,在最长非递增子序列问题中,可以找到很多不同长度的非递增子序列,最长非递增子序列问题是要找到长度最大的那个非递增子序列。动态规划的思想就是找到递归关系(本例中如式(8-1)),由局部解求得全局解。首先要计算出一个个局部解,并用表格保存起来,这样就可以避免重复的计算,是一种以空间换时间的方式。用动态规划的方法求解问题时,一般分为如下几个步骤:

(1) 找出递归关系或递归结构(其实是用表格实现)。

(2) 列出递归表达式。

(3) 用第(2)步中计算过程的信息构造最优解。

(4) 整个问题最优解的值如何从表格求出。

以最长非递增子序列问题为例:

(1) 定义递归的结构 L(i),即 L(i)是以第 i 个数 $a_i(1 \leqslant i \leqslant n)$为结尾的最长非递增子序列的长度。

(2) 推导递归表达式 L(i),即 $L(i) = \max(L(k)) + 1, \forall a_k \geqslant a_i (0 \leqslant i \leqslant n-1)$。

(3) 按照 $L(0), L(1), \cdots, L(n)$这种自底向上的方式计算 L。根据 L 的生成过程信息 Tra 构造最优解。

求出所有的 L(i)后,整个问题的答案是 $\max(L(i), 0 \leqslant i \leqslant n-1)$。

练习题 8.4.1　多米诺骨牌问题。

【问题描述】　现有 n 块多米诺骨牌$(s_1, s_2, s_3, \cdots, s_n)$水平放成一排,每张多米诺骨牌包含左右两部分,每部分赋予一个非负的整数值。每张骨牌可做 $180°$的旋转来交换两边的值,但不能改变骨牌间的顺序。假设对于第 i 个骨牌 s_i而言,不论它如何旋转,列表 L[i]存储骨牌左边的值,列表 R[i]存储骨牌右边的值。请设计一个动态规划算法,求出每张骨牌的状态(即是否翻转),使得下面公式中的结果达到最大值。

$$\sum_{i=1}^{n-1} R[i] \times L[i+1]$$

【问题举例】　有 5 张多米诺骨牌如图 8-22(a)所示放置,根据问题描述,可知 L=

[8,4,9,3,6],R=[5,2,6,9,11]依次存储了初始状态下每张骨牌左边或右边的数值。经过计算,当6张骨牌的状态图 8-22(b)所示放置时,上面的公式能达到最大值 170。

| 8 5 | 4 2 | 9 6 | 3 9 | 6 11 |

(a) 6张多米诺骨牌的摆放情况

| 5 8 | 4 2 | 6 9 | 3 9 | 11 6 |

(b) 获得最优解的骨牌摆放情况

图 8-22　多米诺骨牌示例

【解题思路】　若要用动态规划求解此问题,只需考虑如何用前 i−1 张骨牌的最大值构造出前 i 张骨牌的最大值。由于每张骨牌都有翻转和不翻转两种情况,为了便于讲解,用 C(i,0) 和 C(i,1) 表示当第 i 张骨牌不翻转或翻转时,前 i 张骨牌能得到的最大值。

首先以 C(i,0) 为例,在假设已知 i−1 张骨牌的最优解的情况下考虑 C(i,0) 的求解方式。虽然已知第 i 张骨牌不翻转,但是对于第 i−1 张骨牌 s_{i-1} 仍有两种情况可以选择:若 s_{i-1} 不翻转,那么与 s_i 相邻的数字是 R[i−1];否则是 L[i−1]。因此需要比较这两种情况的结果,从而得到公式的最大值。因此可以得到 C(i,0) 的递归式:

$$C(i,0)=\max\{L[i]\times R[i-1]+C(i-1,0),L[i]\times L[i-1]+C(i-1,1)\}$$

同理,可以得到 C(i,1) 的递归式:

$$C(i,1)=\max\{R[i]\times R[i-1]+C(i-1,0),R[i]\times L[i-1]+C(i-1,1)\}$$

有了 C(i,0) 和 C(i,1),那么前 i 张骨牌的最优解为

$$\max\{C(i,0),C(i,1)\}$$

请注意,当只有一张骨牌时(初始条件):

$$C(1,0)=C(1,1)=0$$

有了问题的递归表达式,就可以根据算法思想自行编写 Python 程序来求解这个问题了。

8.4.2　背包问题

【问题描述】　n 个物品,每个物品具有重量和价值两个属性。有一个能承受一定重量的背包。需要将物品装入背包中,问如何选择物品能使背包的价值最大化。

【问题举例】　为了让同学们更清楚地理解背包问题,将问题具体化:假设有 5 个物品和一个背包。每种物品的重量和价值如表 8-5 所示。背包最大承重为 8kg。若每个物品最多只可以选择一次,问选择哪些物品装入背包,能实现背包所背物品价值的最大化。

表 8-5　物品的重量和价值

物品	编号 i	重量 w(i)/kg	价值 v(i)/万元
A	1	4	45
B	2	5	57
C	3	2	22
D	4	1	11
E	5	6	67

有一种最简单的方法,就是找出所有能够放入背包使得总重量不超过 W＝8kg 的物品组合。这样的组合可以找到{A}、{B}、{C}、{D}、{E}、{A,C}、{A,D}、{B,C}、{B,D}、{C,D}、{C,E}、{D,E}、{A,C,D}、{B,C,D},其中组合{B,C,D}能使背包的总价值 V 最大(V＝90 万元)。上述穷举法虽然可以找到最大总价值的物品组合,但是当物品的种类很多时,显然是非常耗时的。假设物品种类为 n,共有 2^n-1 种组合,要在这 2^n-1 种组合中找到价值最大的组合。

【解题思路】 若要采用动态规划求解问题,关键仍是"怎么分,怎么合"的问题,也就是如何将大问题转换成小问题。为了方便表述,首先对 n 个物品从 1～n 进行编号,并用 w(i) 和 v(i) 分别表示第 i 个物品的重量和价值。对于第 i 个物品,只有装和不装两种情况。如果物品 i 不装入背包,那么该背包问题就转换成了 i－1 个物品的背包问题;反之,背包的最大承重变为 W－w(i),该背包问题将会转换成将 i－1 个物品装入最大承重为 W－w(i)的背包的问题。最后比较这两种情况得到的最大值,即为最优解。

不失一般性,定义 V(i,j)为:考虑前 i(1≤i≤n)个物品,装入容量为 j 的背包的物品组合的最大价值。

假设已经知道了 i－1 个物品的最优解 V(i－1,j),要求 i 个物品的最优解 V(i,j)会出现如下情况:

(1) 若背包的容量 j 比第 i 个物品的重量小,即 j<w(i),则表明物品 i 不能装入背包中,此时背包的价值与前 i－1 个物品装入背包的最大价值是一样的,即 V(i,j)＝ V(i－1,j)。

(2) 若背包的容量 j 大于或等于第 i 个物品的重量,即 j≥w(i)。如果将物品 i 装入背包中,背包的容量变为 j－w(i),价值增加了 v(i),再加上前 i－1 个物品装入容量为 j－w(i)的最大价值便可求得 V(i,j),即 V(i,j)＝V(i－1,j－w(i))＋v(i)。

(3) 若背包的容量 j 大于或等于第 i 个物品的重量,即 j≥w(i)。可以考虑不放进第 i 个物品。在这种情况下,背包的最大价值为 V(i－1,j)。

由于在 j≥w(i)时,分为(2)、(3)两种情况,为了获得背包的最大值,需要对两种情况进行比较,选择价值较大的情况,即 max(V(i－1,j), V(i－1,j－w(i))＋v(i))。

通过上述分析,可以得到背包问题的递归式如下:

$$V(i,j)=\begin{cases} 0, & i=0 \text{ 或 } j=0 \quad ① \\ V(i-1,j), & j<w(i) \quad ② \\ \max(V(i-1,j),V(i-1,j-w(i))+v(i)), & j≥w(i) \quad ③ \end{cases} \quad (8\text{-}2)$$

假设有 n 个物品,背包可承受 m 千克的重量,那么整个问题的最优解即为 V(n,m)的值了。

接下来就可以通过填表的方式求得最优解了。由式(8-2)可以看出,前 i 个物品装入背包的最大价值取决于前 i－1 个物品的最大价值。因此以行序优先的顺序填表,即先填只有一个物品时,背包容量分别为 1～8 的最大价值,然后再计算有前两个物品时,不同的背包容量能装下的最大价值,以此类推,直到获得所有物品装入背包的最大价值。

需要注意的是,对于 i＝0 或 j＝0 的情况而言,V(0,j)＝V(i,0)＝0 为初始条件。例如,在本例中只有第一个物品时,由于其重量为 4kg,当背包容量为 1～3 时,都无法装入物品,因此价值为 0(公式②);当背包容量为 4～8 时,只能装入唯一的物品,获得其价值 45 万(公式③)。当有前两个物品时,由于两个物品的最小重量为 4kg,所以当背包容量为 1～3 时,背包的最大价值仍为 0(公式②);当背包容量为 4 时,根据公式③可得背包的最大价值为 45 万元;当背包容量为 5~8 时,可以发现 $V(1,j-5)+v(2)$ 大于 $V(1,j)$,因此用物品 2 替换物品 1 装入背包中,获得更多的价值 57 万元(公式③),以此类推,直到计算出在有 5 件物品时,背包最大承重为 8kg 的情况下的最大价值,即 $V(5,8)$。

有了背包的最大价值,还需要知道获得最大价值时,装入背包的物品有哪些,这里利用回溯的方法找出背包里装入的物品。从式(8-2)中可以看出,当计算 $V(i,j)$ 时,只有一种情况会装入第 i 个物品,即 $V(i-1,j-w(i))+v(i)$ 大于 $V(i-1,j)$。因此,对于价值 $V(i,j)$,若想判断是否装入的第 i 个物品,则只需判断 $V(i,j)$ 和 $V(i-1,j)$ 的大小。若前者较大,则说明装入了第 i 个物品,且装入物品前的状态为 $V(i-1,j-w(i))$;否则说明没有装入第 i 个物品,且上一个状态为 $V(i-1,j)$。在本例中,我们得到了最大价值 $V(5,8)=90$,由于 $V(4,8) \geqslant V(5,8)$,所以第 5 个物品(物品 E)没有放入背包中;回溯到 $V(4,8)$,由于 $V(3,8) < V(4,8)$,所以第 4 个物品(物品 D)被放入背包中;以此类推,直到回溯到 $V(1,0)$,由于 $V(1,0)=0$,则第一个物品(物品 A)没有放入背包中。因此,得到放入背包中的物品为 B、C 和 D。回溯的路线表如表 8-6 的箭头所示。

表 8-6　装物品的动态规划表

i\j	0	1	2	3	4	5	6	7	8
0	0	0	0	0	0	0	0	0	0
1	0	0	0	0	45	45	45	45	45
2	0	0	0	0	45	57	57	57	57
3	0	0	22	22	45	57	67	79	79
4	0	11	22	33	45	57	68	79	90
5	0	11	22	33	45	57	68	79	90

下面用 Python 实现背包问题的动态规划算法。可以利用一个二维列表 V 存储上述表格中的内容以及一个列表 x 存储物品是否被装入背包中,x[i]为 True 表示物品 i 装入背包;否则表示没有装入。上面按照行序优先的顺序进行填表,因此在编程时,用两个 for 循环完成对二维列表 V 的计算任务,外层 for 循环控制物品的个数,内层 for 循环控制背包的容量。代码见<程序:背包问题的完整程序>,其中参数 w 和 v 分别是存储每个物品重量以及价值的列表,数值 m 代表了背包的容量。

```python
#<程序:背包问题的完整程序 >
def bin_packing(w,v,m):
    n = len(w) - 1
    x = [False for i in range(n+1)]     #x[i]为 True,表示把物品 i 放入背包
    V = [[0 for col in range(m+1)] for raw in range(n+1)]
    #V[i][j]表示前 i 个物品中能够装入容量为 j 的背包的物品所能形成的最大价值
    for i in range(1,n+1):
        for j in range(1,m+1):
            if (j >= w[i] and V[i-1][j-w[i]] + v[i] > V[i-1][j]):
                V[i][j] = V[i-1][j-w[i]] + v[i]
            else:
                V[i][j] = V[i-1][j]
```

```
        j = m
        for i in range(n,0, - 1):
            if(V[i][j] > V[i-1][j]):
                x[i] = True
                j = j-w[i]
        print("最大价值为: ",V[n][m])
        print("物品的装入情况为: ",x[1:])


w = [0,4,5,2,1,6]                      #w[i]为第 i 个物品的重量,物品编号从 1 开始
v = [0,45,57,22,11,67]                 #v[i]为第 i 个物品的价值,物品编号从 1 开始
m = 8                                  #m 为背包的容量
bin_packing(w,v,m)
```

运行程序,可以得到:

最大价值为 90。

物品的装入情况为[False,True,True,True,False]。

到目前为止,已经介绍完了如何使用动态规划算法求解背包问题。再来回顾一下解题过程:首先根据动态规划的思想将 n 个物品背包问题转换成 n−1 个物品的背包问题。接下来,列出背包问题的递归表达式。然后通过填表法获得最优解的值。最后根据表中的信息构造出满足最优解的组合。

练习题 8.4.2　矩阵相乘问题。

【问题描述】　给定 n 个矩阵:$A_1, A_2, \cdots, A_n$,矩阵 A_i 的规模为 $p_{i-1} \times p_i (1 \leqslant i \leqslant n)$,请确定矩阵乘法的计算次序,使得在该次序下计算矩阵乘法所需的数乘次数最少。

【问题举例】　有 3 个矩阵 A_1、A_2、A_3,它们的规模分别为 10×100、100×5、5×50。若采用$((A_1 \times A_2) \times A_3)$的顺序计算,首先需要 $10 \times 100 \times 5 = 5000$ 次数乘运算计算 $A_1 \times A_2$(结果的规模为 10×5),再与 A_3 相乘又需要做 $10 \times 5 \times 50 = 2500$ 次数乘运算,因此共需 7500 次数乘运算。同理,若采用$(A_1 \times (A_2 \times A_3))$的顺序计算,则需要 $10 \times 100 \times 50 + 100 \times 5 \times 50 = 75\,000$ 次数乘运算。由此可见,不同的计算顺序在运算的次数上会有如此大的差异。因此,需要找到一个最好的运算顺序使数乘运算的次数最少。

【解题思路】　从问题举例中可以看出,确定矩阵的计算顺序也就是在矩阵间加括号。为不失一般性,考虑有矩阵 $A_i, A_{i+1}, \cdots, A_j$,需要在这些矩阵中添加括号使其分成两部分(每部分内加括号的方式与之类似),可以得到如下所示的加括号方式:

$$((A_i \cdots A_k) \times (A_{k+1} \cdots A_j)), \quad (i \leqslant k \leqslant j)$$

若我们知道 $A_i \cdots A_k$ 和 $A_{k+1} \cdots A_j$ 两部分分别需要的数乘运算的数量,记为 $m[1,k]$ 和 $m[k+1,j]$,那么就可以通过计算较为容易地得出共需要执行的数乘运算数量:$m[1,k] + m[k+1,j] + p_0 \times p_k \times p_j$,由于 k 的取值可以为 i~j 的任意值,因此需要遍历 k 的所有取值从而得到最少的数乘运算次数。

根据上面的思想,可以定义 $m[i,j]$ 表示计算矩阵 $A_i \sim A_j$ 所需数乘运算的最小值,并得到如下所示的递归式:

$$m[i,j] = \begin{cases} 0 & i=j \\ \min_{i \leqslant k \leqslant j}\{m[i,k]+m[k+1,j]+p_{i-1}p_k p_j\} & i<j \end{cases}$$

请根据上述思想,编写 Python 程序求解矩阵乘法问题。

8.4.3　最短路径问题

8.3节已经介绍了两种求最短路径问题的方法,其中深度搜索可以用来解决无环图中的最短路径问题,Dijkstra 算法用来解决有环图中权值非负的最短路径问题。在本节将介绍如何利用动态规划求解带负权值的有环图中的最短路径问题。

【问题描述】　给定一个 n 个顶点的有向图,图的每条边都带有一个权值(权值可正可负)。用 V 代表图的顶点集,E 代表图的边集合。最短路径问题即为对于给定的起点 a,求 a 到其他各个顶点的总权值最小的路径。

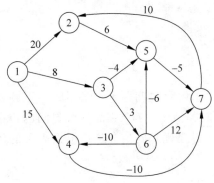

图 8-23　最短路径问题示例图

【问题举例】　以图 8-23 为例,有 7 个顶点,12 条边,每条边上有对应的权值,给定起点 1,求 1 号顶点到 7 号顶点的最短路径。从图中可以得出最短距离为 −9,对应的路线为 1→3→6→4→7。

【解题思路】　若要采用动态规划求解最短路径问题,还是需要考虑"怎么分,怎么合"。首先以一个简单的例子来分析:假设要求 1~4 的最短距离,可以看出图中共有两条从 1~4 的路径(1→4 和 1→3→6→4),可以发现 1 和 4 是直接相连的(路径长度为 1),此时我们认为 1~4 的最短距离为 15。但是随着路径长度的增加,可以从顶点 1 出发通过顶点 3 到达顶点 6 再到达顶点 4(路径长度为 3),这时 1~4 的最短距离为 1。由于只有这两条路径能够到达顶点 4,因此从 1~4 的最短距离为 1。从这个例子中可以发现在寻找最短路径问题的时候,在某一时刻计算出来的最短距离并不是最后的结果,随着路径长度的增加,可能会得到距离更短的路线。因此,可以将最短路径问题划分成路径最多有 k 条边(路径长度为 k)的最短路径问题。

根据上述分析,假设 D(k,u) 表示从顶点 a 到顶点 u 路径长度最长为 k 的最短距离。有了递归结构后再来思考递归表达式是什么。

首先考虑初始情况,当 k=0 时,顶点 a 不能到达除 a 以外的任何一个顶点,因此 D(0,a)=0,D(0,u)=∞(其中 u≠a)。

其次,当 k≠0 时,考虑如何利用 k−1 条边的最短距离构造出 k 条边的最短距离。分两种情况进行讨论:当无法通过增加一条边更新到顶点 u 的最短距离,那么 D(k,u)=D(k−1,u);否则,需要比较通过 k−1 条边和 k 条边到达 u 的距离,选取最小值,即 D(k,u)=min{D(k−1,u), D(k−1,v)+A[v][u]},其中 v 代表直接连接顶点 u 的顶点,而 A[v][u] 表示从 v 到 u 的距离。

综上所述,可以得到最短路径问题的递归式:

$$D(k,u)=\begin{cases}0,(k=0,u=s)\\\infty,(k=0,u\neq s)\\\min\{D(k-1,u),D(k-1,v)+A[v][u]\},(k=1,2,\cdots,n-1,(v,u)\,in\,E)\end{cases}$$

有了递归式后,就可以通过填表的方式求顶点 a 到各个顶点的最短距离。以行序优先的顺序填表,即先填最多经过一条边时,从顶点 a 到各个顶点的最短距离,然后再计算最多经过两条边时,从顶点 a 到各个顶点的最短距离,以此类推,直到获得最多经过 n−1(n 为顶点的个数)条边时到各顶点的最短距离。

需要注意的是,对于 k=0 时,D(0,u)=∞(u≠a);当 u=a 时,D(k,u)=0 为初始条件。以图 8-23 为例,要求顶点 1 到各个顶点的最短距离,当 k=0 时,到各顶点的距离为无穷大;当 k=1 时,顶点 1 可以到达顶点 2,距离为 20,因此 D(1,2)=20,同理,顶点 3 和顶点 4 的距离也会随之更新,而对于顶点 5、6、7 而言,不能从顶点 1 经过一条边到达,因此最短距离仍为无穷大。当 k=2 时,由于顶点 1 没有长度为 2 的路径到达顶点 2、3、4,因此它们的最短距离与 k=1 时相同,而对于顶点 5、6、7 而言,顶点 1 存在长度为 2 的路径到达各点,因此它们的最短路径长度由 k=1 时的无穷大分别更新成了两条边的权值之和,以此类推,直到得到 k=6 时,顶点 1 到每个顶点的最短距离,即为问题的解,如表 8-7 所示。

表 8-7 最短路径问题的动态规划表

k\u	1	2	3	4	5	6	7
0	0	∞	∞	∞	∞	∞	∞
1	0	20	8	15	∞	∞	∞
2	0	20	8	15	4	11	5
3	0	15	8	1	4	11	−9
4	0	9	8	1	4	11	−9
5	0	1	8	1	4	11	−9
6	0	1	8	1	4	11	−9

但是到这里还没有结束,还要获得从顶点 1 到每个点的最短路径的路线。利用一个列表 R 存储最短路线的信息,其中 R[i] 表示从顶点 1 到顶点 i+1(因为 Python 中数组的下标是从 0 开始的,而图中顶点的下标是从 1 开始的)的最短路径中,顶点 i+1 的前一个顶点的编号。因此,本例中的列表 R 的值为[−1,7,1,6,3,3,4](−1 表示对应的顶点为起始点)。由此就可以得到顶点 1 到其他任何顶点的最短距离的路线了。以 1 号顶点到 6 号顶点的最短路线为例,首先获得 R[5]=3,即 6 号顶点的前一个顶点为 3 号顶点;接下来,去找 3 号顶点的前一个顶点,R[2]=1,表示 3 号顶点的前一个顶点为 1 号顶点;而 R[0]=−1,表示已经找到了起始顶点,因此从 1 号顶点到 6 号顶点的最短路线为 1→3→6。

掌握了解决最短路径问题的基本思想后,编写程序求解最短路径问题。根据前面的分析,需要用到两个列表:列表 D 和列表 R,其中 D[i] 存储了顶点 1 到顶点 i 的最短路径,R[i] 代表从顶点 a 到顶点 i+1 的最短路线中,i+1 号顶点前一个顶点的编号。代码如<程序:最短路径问题的完整程序>所示,参数 V 和 E 分别表示图的顶点集合和边集合,a 表示起始顶点。

```
#<程序:最短路径问题的完整程序>
def shortest_path(V,E,a):
    index = a−1
    D = [[999 for i in range(len(V)) ] for j in range(len(V))]
    #D[i][j]表示从 a 到 j 最多经过 i 条边的最短路径的长度
    #假设 999 代表两顶点间不可达
```

```
        for i in range(0,len(V)):
            D[i][index] = 0                    #初始化起始点的值
        R = [-1 for i in range(len(V))]
        #R[i]代表从顶点 a 到顶点 i+1 的最短路线中,i+1 号顶点前一个顶点的编号
        N = len(V)
        for k in range(1,N):
            for u in V:
                index_u = u-1
                D[k][index_u] = D[k-1][index_u]
                for key,val in E.items():
                    if key[1] == u and D[k-1][key[0]-1]!= 999 and (D[k][index_u]) > (D[k-1]
[key[0]-1] + val):
                        D[k][index_u] = D[k-1][key[0]-1] + val
                        R[index_u] = key[0]
        print("从顶点 %d 出发到各个顶点的最短距离为: %s" % (a, D[k]))
        for i in range(len(V)):
            if(i+1 != a):
                Route = [i+1]
                temp = R[i]
                while(temp != a):
                    Route = [temp] + Route
                    temp = R[temp-1]
                Route = [a] + Route
                print("顶点%d 到顶点%d 的最短路线为: %s" % (a,i+1,Route))
V = [1,2,3,4,5,6,7]                    #图的顶点集合
E = {(1,2):20,(1,3):8,(1,4):15,(2,5):6,(3,5):-4,(3,6):3,(4,7):-10,(5,7):-5,(6,4):
-10,(6,5):-6,(6,7):12,(7,2):10}
#图的边集合以及每条边对应的权值
shortest_path(V,E,1)
```

运行上述程序,可得如下结果。

从顶点 1 出发到各个顶点的最短距离为: $[0,1,8,1,4,11,-9]$。

顶点 1 到顶点 2 的最短路线为: $[1,3,6,4,7,2]$。

顶点 1 到顶点 3 的最短路线为: $[1,3]$。

顶点 1 到顶点 4 的最短路线为: $[1,3,6,4]$。

顶点 1 到顶点 5 的最短路线为: $[1,3,5]$。

顶点 1 到顶点 6 的最短路线为: $[1,3,6]$。

顶点 1 到顶点 7 的最短路线为: $[1,3,6,4,7]$。

在 8.3.2 节曾提到过,带有负环路的图中一定没有最短路径,因为只要沿着环一直走下去一定会得到更短的最短路径。可以通过修改<程序: 最短路径问题的完整程序>,使其能够检测出图中是否具有负环路。大致思想为: 在获得了 $|V|-1$ 条边的最短路径后(即第一个 for 循环结束),尝试是否能够再添加一条边,使到某个顶点的距离减少,若可以,则证明有负环路,否则没有负环路。

到目前为止,我们已经介绍完了如何利用动态规划求解最短路径问题了。在此总结一下: 首先将问题分解成 k 条边的最短路径问题,定义 D(k,u)为从顶点 a 到顶点 u 路径长度

最长为 k 的最短距离。接下来,思考如何利用 k−1 条边的最短距离构造 D(k,u),即得出递归式。然后根据递归式计算最优解。最后用回溯法确定最优解的值是如何得出的。

习题 8.1 请用邻接矩阵及邻接表的形式表示图 8-24,并用字典设计图的数据结构。

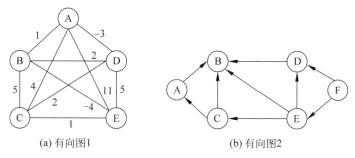

(a) 有向图1　　　　　　　　(b) 有向图2

图 8-24　有向图示例

习题 8.2 给定一个有向图的邻接表表示,计算该图中每个顶点的出入度分别需要多少时间?

习题 8.3 现有 n 个整数,用列表 L 表示,以及一个整数 k(k<n)。从 n 个整数中任选出 k 个数进行求和,可分别得到一系列的和,请编程求出所有和为素数的组合以及它们的和。

习题 8.4 有一个 n×n 的棋盘,一开始上面每一格都放有一张纸片,纸片非黑即白,而且其反面是另外一种颜色。问:最少翻动多少次,才能使得棋盘的颜色统一?

输入:第一行一个整数 n,表示棋盘大小;

　　　第二行到第 n+1 行,每行有 n 个英文字母,w 为白色,b 为黑色。

输出:如果可以使棋盘颜色统一,则输出最少翻动顺序,否则输出 Impossible。

习题 8.5 哈夫曼编码是一种可变字长编码(VLC)算法,其主要思想是:出现频率越大的符号将获得越短的比特,反之出现频率越小的符号获得越长的比特,使得平均比特率($\sum$(码长×概率))最小。如此,能够提高数据压缩率,以及传输效率。具体编码步骤主要如下:

(1) 将符号按照概率由小到大排队,编码时,从最小概率的两个符号开始(也就是队列中前两个元素),选其中一个支路为 0,另一支路为 1。

(2) 将已编码的两支路的概率合并,并重新按照概率由小到大排队。

(3) 重复步骤(2)直至合并概率归一时为止。

(4) 由任意符号开始一直走到最后的 1,将路线上所遇到的 0 和 1 按最低位到最高位的顺序排好,就是该符号的哈夫曼编码。

例如,有一种信号源产生 5 种符号 a1、a2、a3、a4 和 a5,对应概率及求得的一种哈夫曼编码如表 8-8 所示(注意所有符号的概率和为 1)。

表 8-8　哈夫曼编码示例

符号	a1	a2	a3	a4	a5
概率 P	0.4	0.1	0.2	0.2	0.1
编码	00	10	11	010	011

其中,平均比特率为 $2\times0.4+2\times0.1+2\times0.2+3\times0.2+3\times0.1=2.3$。

请编写 Python 程序实现哈夫曼编码,输入为 n 种符号及其出现的概率;输出为每种符号的哈夫曼编码。

习题 8.6　请说明深度优先搜索在习题 8.1 中的图上是如何进行的,假设 DFS 过程中是按照字母表顺序访问各个顶点,且邻接表每个单元格都是按照字母表顺序排序的。说明每个顶点的发现时间(第一次访问到该顶点)和完成时间(最后一次返回到该顶点)。

习题 8.7　<程序:马走日问题>中的 History,假若一开始设定为空列表,然后 append 起始位置,在 horse()中,改为 History.append([x_temp,y_temp])。请问整个程序要如何改动?

习题 8.8　在 8.2.2 节马走日的例子中,如果棋盘不止有马还有其他棋子,这就造成有些位置不能走,如图 8-25 所示。那么能否找出遍历方案,使得马从某个位置出发走遍棋盘上的所有位置有且仅有一次? 能则输出所有方案路线,不能则输出"无法遍历"。(不用满足蹩脚的规则)

习题 8.9　在 8.2.2 节马走日的例子中,如果给出马的初始位置以及终止位置,能否编程找出马的行走路线,使得其从初始位置走到终止位置(每个位置只能走一次)? 如图 8-26 所示,为在一个 5×6 的棋盘上,马从(0,0)走到(3,5)的一条路线。

输入:n 棋盘的宽,m 棋盘的长,(x0,y0)初始位置,(x1,y1)终止位置。

输出:所有可能的行走路线,若没有则输出"无法到达"。

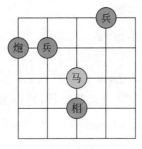

图 8-25　有阻挡的棋盘图示

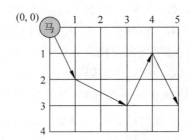

图 8-26　马行走路线示意图

习题 8.10　若图的某个子图的任意两点是连通的,则称该子图为连通子图。在带权图中,若某个连通子图的所有边权之和大于图中其他任意连通子图的边权之和,则称该子图为最大连通子图。请编写 Python 程序,求出给定的带权图的最大连通子图。

习题 8.11　若图的某个子图为连通图,且图中其他任意顶点都不与该子图中的顶点连通,则称该子图为极大连通子图,极大是指子图中包含的顶点个数极大。请编写 Python 程序,计算给出的图的极大连通子图的个数。

习题 8.12 给定一个有向无环的带权重图,计算从所有根顶点到任意顶点 u 的最长路径。请写出递归关系式,应避免重复搜索。

习题 8.13 给出 N(4≤N≤20)根长度不一的木棍,问能不能摆成一个正方形。

输入:第一行为整数 N 表示有 N 根棍子。第二行有 N 个整数,表示每根木棍的长度。

输出:如果能构成一个正方形,则输出 yes 以及 4 个列表,分别表示由哪些木棍组成一条边;否则输出 no。

习题 8.14 有 K 头牛(1≤K≤100),一开始分布在 N 个牧场(1≤N≤1000)中,这些牧场之间由 M 条(1≤M≤10000)有向边连接。问:最多可以有多少奶牛聚集到一起?

输入:第一行有 3 个整数 K、N 和 M。接下来有 K 行,每行有一个整数,表示一只奶牛在那个牧场。下面有 M 行,每行有两个整数,表示两个牧场之间的一条单向边。

输出:一行,一个整数,即最多可以有多少奶牛聚集到一起。

习题 8.15 请完成 Python 程序,实现<程序:拓扑排序 Kahn 算法>。

习题 8.16 给定一个有向无环图 G 和任意两个顶点 u、v,请求出图中从顶点 u 到顶点 v 之间通路的数目。

习题 8.17 一个矩形框由 n 个小的矩形拼成,现在要把每个小矩形涂上一种颜色 c(可相同可不同)。由于颜料没干时会流下来,所以每个小矩形必须等其正上方相邻的小矩形都涂完了颜料才可以涂。但用同一种颜色的话就没有关系,可以一次涂两个或多个小矩形(只要下面的小矩形正上方的小矩形都是同一种颜色)。涂不同的颜色需要换不同的刷子,同一种颜色先后涂也要换刷子,问最少需要多少把刷子。

输入:第一行有一个整数 t,表示有 t 组测试数据。每组测试数据第一行有一个整数 n(1≤n≤15)。接下来有 n 行,每行有 5 个整数 y1、x1、y2、x2 和 c,前 4 个表示一个矩形的左上角和右下角坐标。最小的左上角坐标是(0,0),最大的右下角坐标不会超过(99,99)。c 是颜色编号。

输出:每一组测试数据输出一行,包含一个整数,即最少需要多少把刷子。

[提示]与拓扑排序算法类似。由题意,可以根据上下关系建立一个有向边表和入度表,每涂一个小矩形就把这个点和出边拿掉,每一次涂的小矩形都是入度为 0 的。然后就是深搜,每次枚举一个入度为 0 的小矩形,搜索下去即可。

习题 8.18 在讲解最长非递增子序列的问题时,给出了两种假设,其中一种是已知以每个数为结尾的最长非递增子序列的长度作为子问题,另一种是已知以每个数为起始的最长非递增子序列作为子问题。我们已经给出了第一种情况的动态规划算法,请给出第二种情况的解法。

习题 8.19 $F(k)=F(k-1)+F(k-2)$;$F(0)=0$,$F(1)=1$。计算 $F(k)$,当 $k=20$、30、40、50 时,测试用直接递归的方式的执行时间,再比较用列表存储 k 从小到大的 F 值的执行时间,分析为什么直接递归的方式很慢。

习题 8.20 找零钱问题。假设有 4 种硬币,它们的面值分别为 2 角 5 分、1 角、5 分和 1 分。现在要找给某顾客 6 角 3 分钱。问怎样找零钱才能使给顾客的硬币个数最少?请写出用动态规划求解找零钱问题的基本思想。

动态规划求解找零钱问题的基本思想:已知有 4 种硬币,根据其面值从小到大排序,如表 8-9 所示。求找给顾客 63 分的最少硬币个数。

表 8-9　硬币种类和面值

硬币 i	面值 v(i)/分	硬币 i	面值 v(i)/分
1	1	3	10
2	5	4	25

习题 8.21　请编写用动态规划求解找零钱问题的 Python 程序。

习题 8.22　最长公共子序列问题。给定两个序列 $X=< x_1\ x_2\cdots\ x_m >$和 $Y=< y_1\ y_2\cdots\ y_n >$，X 和 Y 的子序列是指从给定字符序列中随意去掉若干字符后形成的序列，而 X 和 Y 的公共子序列指子序列既是 X 的子序列也是 Y 的子序列。最长公共子序列指的是 X 和 Y 的子序列中长度最长的序列。例如，X=<A,B,C,B,D,A,B>，Y=<B,D,C,A,B,A>，请利用动态规划的思想求解最长公共子序列问题。

习题 8.23　由于乳制品产业利润很低，所以降低原材料(牛奶)价格就变得十分重要。帮助 Marry 乳业找到最优的牛奶采购方案。Marry 乳业从一些奶农手中采购牛奶，并且每位奶农为乳制品加工企业提供的价格是不同的。此外，因为每头奶牛每天只能挤出固定数量的奶，所以每位奶农每天能提供的牛奶数量也是一定的。每天 Marry 乳业可以从奶农手中采购到小于或等于奶农最大产量的整数数量的牛奶。给出 Marry 乳业每天对牛奶的需求量，还有每位奶农提供的牛奶单价和产量。计算采购足够数量的牛奶所需的最小花费。注：每天所有奶农的总产量大于 Marry 乳业的需求量。请用 Python 编写程序解决上述问题。输入：需要的牛奶总量 N($1\leqslant N\leqslant 2\,000\,000$)，奶农数量 M($1\leqslant M\leqslant 5000$)，以及每位奶农提供牛奶的单价 P_i($1\leqslant P_i\leqslant 1000$)和产量 A_i($1\leqslant A_i\leqslant 2\,000\,000$)；输出：拿到所需牛奶的最小花费。

习题 8.24　公司购买长钢条，将其切割为短钢条出售，切割工序本身没有成本支出，不同长度的钢管的出售价格不同，希望得到最佳的切割方案使得收益最大。如表 8-10 所示，给定一段长度为 n=10 米的钢条和一个价格表 p_i(i=1,2,…,n)，请编写程序求切割钢条方案，使得销售收益 r_n 最大。

表 8-10　钢条价格表

长度 i/米	1	2	3	4	5	6	7	8	9	10
价格 p_i/元	1	5	8	9	10	17	17	20	24	30

习题 8.25　对钢条切割问题进行一点修改，除了切割下的钢条段具有不同的价格 p_i 外，每次切割还要付出固定的成本 c。这样，切割方案的收益就等于钢条段的价格之和减去切割的成本。请编写程序使用动态规划算法解决修改后的钢条段切割问题。

习题 8.26　合唱队形问题。N 位同学站成一排，音乐老师要请其中的(N−K)位同学出列，使剩下的 K 位同学排成合唱队形。合唱队形是指这样的一种队形：设 K 位同学从左到右依次编号为 1,2,…,K，他们的身高分别为 $T_1,T_2,…,T_K$，则他们的身高满足 $T_1<T_2<\cdots<T_{i-1}<T_i>T_{i+1}>\cdots>T_K$，其中 $1\leqslant i\leqslant K$。已知所有 N 位同学的身高，计算最少需要几位同学出列，可以使剩下的同学排成合唱队形？(提示：用动态规划找最长上升子序列和最长下降子序列)。

习题 8.27　根据练习题 8.4.1 的解题思路，请编写程序解决多米诺骨牌问题。

习题 8.28　最长回文序列问题。回文（palindrome）是正序与逆序相同的非空字符串。例如，所有长度为 1 的字符串、civic、racecar、aibohphobia 都是回文。请设计高效的算法，求出给定输入字符串的最长回文子序列。例如，给定输入 character，算法应该返回 carac。

习题 8.29　根据练习题 8.4.2 的解题思路，请编写程序解决矩阵相乘问题。

习题 8.30　考虑整齐打印问题，即在打印机上用等宽字符打印一段文本。输入文本为 n 个单词的序列，单词长度分别是 $L_1, L_2, L_3, \cdots, L_n$ 个字符。我们希望将此段文本整齐地打印在若干行上，每行最多 M 个字符。"整齐"的标准是这样的。如果某行包括含第 i 到第 $j(i \leqslant j)$ 个单词，且单词间隔为一个空格符，则行尾的额外空格符数量为 $M - j + i - \sum_{k=i}^{j} L_k (i \leqslant k \leqslant j)$，此值必须为非负的，否则一行内无法容纳这些单词。我们希望能最小化所有行的（除最后一行外）额外空格数的立方之和。请编写程序使用动态规划算法，通过打印机整齐地打印一段 n 个单词的文本。

第9章

设计有趣的游戏

引 言

　　本章将带领大家利用 Pygame 模块设计简单有趣的小游戏。Pygame 是专为开发电子游戏设计的 Python 程序模块,该模块简单易用。本章首先介绍 Pygame 模块的安装及环境配置,接着以坦克大战游戏为例来介绍 Pygame 模块中常见函数的使用,最后讲解五子棋游戏的实现,展示五子棋人人对弈模式的设计,以及在人机对弈模式下计算机是如何做出落子决策的。本章的重点在于使读者能够熟练使用 Pygame 设计小游戏,同时能够理解游戏设计中的"头脑"部分,即游戏的精华、思想。

开发环境介绍

Pygame 是一组用来开发游戏软件的 Python 模块，允许使用者在 Python 程序中创建功能丰富的游戏和多媒体程序。因为 Pygame 是一个跨平台模块，可以支持多个操作系统，所以它非常适合用来开发小游戏。下面首先介绍游戏开发环境的配置以及 Pygame 模块的安装。

1. Python 的安装和配置

在浏览器中搜索"Python 下载"，找到需要下载的 Python 版本，下载并安装。安装完成后需要设置环境变量，做法是：右击【计算机】图标，在弹出的菜单中选择【属性】→【高级系统设置】→【环境变量】命令，在第二个文本框"系统变量"中找到变量名为 path 的一行，双击打开。先在变量值最后添加英文分号";"作为与前面的间隔，然后把 Python 的安装目录添加到变量值中，单击【确定】按钮即可。例如，作者将 Python 软件安装到了 E:\Python 文件夹下，所以作者的 Python 安装目录是 E:\Python，只需将该目录添加到 path 的变量值中就可以了。

最后，需要检验一下 Python 是否安装和配置成功。做法是：打开 cmd 命令行窗口，输入 Python，如果出现 Python 版本相关信息，如图 9-1 所示，则说明 Python 已安装成功。

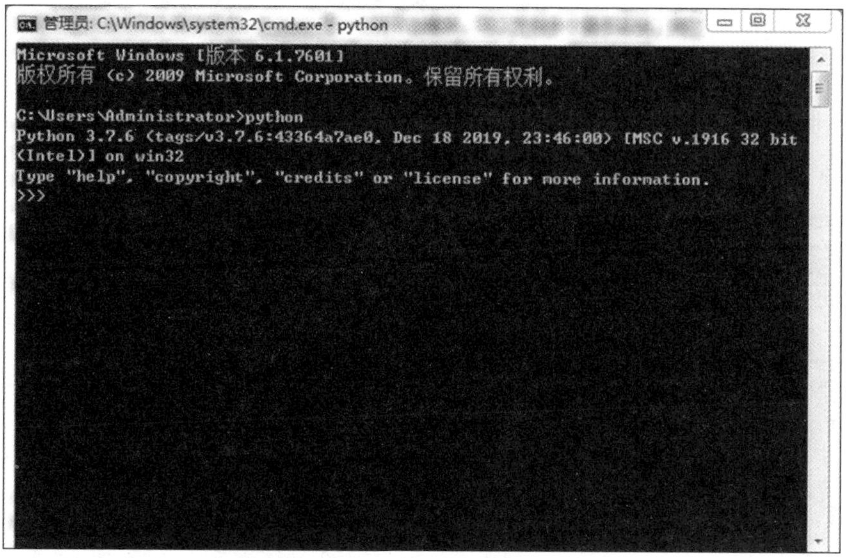

```
管理员: C:\Windows\system32\cmd.exe - python

Microsoft Windows [版本 6.1.7601]
版权所有 (c) 2009 Microsoft Corporation。保留所有权利。

C:\Users\Administrator>python
Python 3.7.6 (tags/v3.7.6:43364a7ae0, Dec 18 2019, 23:46:00) [MSC v.1916 32 bit
(Intel)] on win32
Type "help", "copyright", "credits" or "license" for more information.
>>>
```

图 9-1 Python 安装测试图

2. Pygame 的安装

Pygame 是跨平台 Python 模块，专为电子游戏设计。安装 Pygame 模块的过程与安装其他模块的过程类似，通过 pip 安装。pip 是 Python 包管理工具，该工具提供了对 Python 包的查找、下载、安装、卸载等功能。Python 2.7.9 及后续版本，Python 3.4 及后续版本已经默认安装了 pip。如果不是必须使用某个较早的 Python 版本,建议在 Python 官网下载安装最新的 Python 版本。

为了便于安装 Pygame,需要先设置 pip 的环境变量,也就是把 pip 的安装目录加入系统变量 path 中,之后便可以通过 pip 来安装 Pygame 了。配置 pip 环境变量的步骤和配置 Python 的环境变量类似,将 pip 的安装目录添加到系统变量中 path 的变量值中。pip 默认安装在 Python 安装目录的 Scripts 文件夹下,例如,将 Python 安装到了 E 盘的 Python 文件夹下,那么 pip 的安装目录就是 E:\Python\Scripts。pip 的环境变量配置完成之后,打开 cmd 窗口,输入 pip,如果出现如图 9-2 所示界面,说明 pip 的环境变量配置成功。

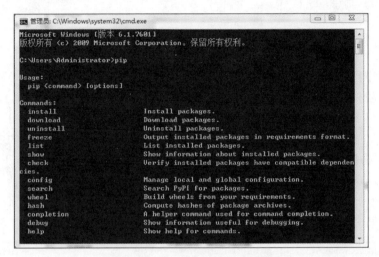

图 9-2　　pip 环境变量配置图

接下来使用 pip 安装 Pygame 模块。输入命令 pip install pygame,Pygame 的安装包会被自动下载,如图 9-3 所示,下载完成之后会自动安装。

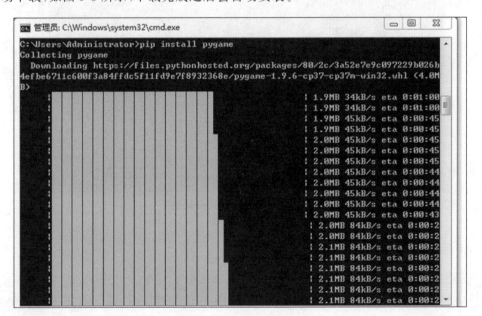

图 9-3　Pygame 下载图

3. PyCharm 中 Pygame 的配置

PyCharm 是一款 Python 的集成开发环境（Integrated Development Environment，IDE），可以帮助用户在使用 Python 语言开发时提高效率。PyCharm 提供了一整套完整的开发工具，诸如调试、语法高亮、代码跳转、智能提示、自动补全、单元测试、版本控制、项目管理等。本章选择 PyCharm 作为开发工具，读者可在 PyCharm 官网下载此软件的社区免费版。安装完成之后，要使用 PyCharm 开发小游戏，还需要在 PyCharm 中配置 Python 解释器（即 python. exe）。

在 PyCharm 中配置 Python 解释器的步骤：打开 PyCharm 软件，然后选择 File→Settings→Project Interpreter 命令，进入 Project Interpreter 界面，如图 9-4 所示。单击 Project Interpreter 右侧的小三角下拉框，PyCharm 会显示已有的 Python 解释器，也可以选择 Show All→"＋"，添加自己安装的 Python 解释器（python. exe 安装路径），这样，Python 解释器就配置成功了。

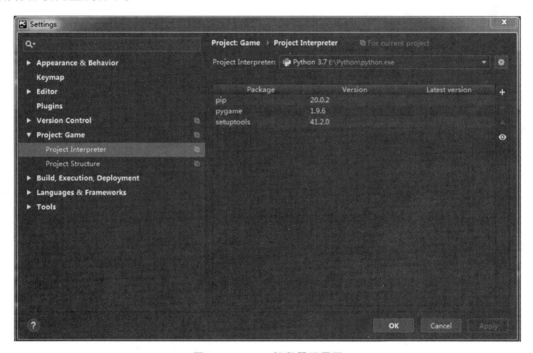

图 9-4 Python 解释器配置图

坦克大战游戏的设计

9.1 节已经介绍了 Pygame 开发游戏的环境配置，接下来介绍如何使用 Pygame 写游戏。Pygame 常用模块概览如表 9-1 所示，更详细的模块介绍请参考 Pygame 的官方文档（https://www.pygame.org/docs/ref/event.html）。

表 9-1 Pygame 常用模块概览

模　块　名	功　　　能	模　块　名	功　　　能
pygame. display	控制显示窗口和屏幕	pygame. mixer	加载和播放声音
pygame. event	管理事件	pygame. mouse	使用鼠标
pygame. font	使用字体	pygame. music	播放音频
pygame. image	加载和存储图片	pygame. Color	描述颜色
pygame. key	读取键盘按键		

本节以坦克大战游戏为例介绍如何使用 Pygame 设计游戏。在坦克大战游戏中,游戏的主要对象为我方坦克、敌方坦克、两方子弹。玩家通过键盘的上、下、左、右键来控制我方坦克的移动,空格键发射子弹。游戏过程中,玩家需要躲避敌方坦克,同时,需要发射子弹来消灭敌方坦克,当敌方坦克全部被消灭,则通关成功,如若玩家阵亡,按 Esc 键可以复活。

9.2.1　界面的创建

在使用 Pygame 模块之前,需要做一些初始化工作,如导入 Pygame 模块、导入 Pygame 中的所有常量以及 sys 包中的 exit()函数等,其他模块可按需导入。代码如下:

```
import pygame              ♯ 导入 Pygame 模块
from pygame.locals import *  ♯ 导入 pygame 中的所有常量
from sys import exit        ♯ 需要 sys 中 exit()函数,用来退出程序
```

接下来将介绍如何绘制游戏主界面。首先需要绘制一个游戏窗口,并修改窗口的标题为游戏的名称,接着在窗口内画出敌方坦克和我方坦克,并且绘制文字。Pygame 用 pygame. display 模块来控制界面的显示,此模块提供了控制 Pygame 显示界面(display)的各种函数,以下是几个常用函数:

- pygame. display. init()——初始化 display 模块。
- pygame. display. set_mode()——初始化一个准备显示的窗口。
- pygame. display. set_caption()——设置当前窗口的标题。
- pygame. display. update()——更新显示屏幕的部分图像。
- pygame. display. flip()——更新显示整个屏幕的图像。

pygame. display. init()函数的作用是初始化 display 模块,在使用 display 模块之前都需要先调用此函数进行初始化。

pygame. display. set_mode(resolution=(0,0),flags=0,depth=0)函数的作用是创建一个准备显示的窗口,返回一个特定大小和属性的 Surface 对象。该函数接收三个参数,最常用的是 resolution,用来控制生成窗口的大小(窗口的分辨率);flags 表示显示模式;depth 表示颜色的位数(不推荐设置)。在 Pygame 中,窗口和图像都使用 Surface 对象表示,所谓 Surface 对象,在 Pygame 中就是用来表示图像的对象,图像是由像素组成的,所以 Surface 对象具有固定的分辨率和像素格式。

pygame. display. set_caption(title)函数的功能是将窗口的名称设置为 title,其中参数 title 为字符串。若不设置游戏窗口的名称,窗口标题会显示为默认的 pygame window。

pygame. display. update()和 pygame. display. flip()函数都可以将准备显示的内容更新到屏幕上。不同的是,pygame. display. flip()将全部内容更新显示到屏幕上,而 pygame. display. update()在指定参数的情况下将部分内容更新显示到屏幕上,不指定参数时与 flip 功能相同。

对于坦克大战游戏,首先使用 pygame. display. set_mode()函数创建了一个分辨率为 1000×500 的窗口,并创建名为 window 的窗口对象,以便后续对该窗口的操作;然后使用 set_caption()函数设置窗口的名称为"坦克大战 1.01"。创建游戏窗口的代码如<程序:创建游戏窗口>所示。

```python
#<程序:创建游戏窗口>
import pygame
from pygame.locals import *                    #导入 pygame 中所有常量
from sys import exit

SCREEN_WIDTH = 1000                            #设置窗口的宽度
SCREEN_HEIGHT = 500                            #设置窗口的高度

pygame.display.init()                          #初始化 display 模块
window = pygame.display.set_mode([SCREEN_WIDTH,SCREEN_HEIGHT])
pygame.display.set_caption('坦克大战 1.01')      #设置窗口名称
```

以上程序可以简单地创建一个游戏窗口,但是当运行程序时,会发现窗口打开后立刻就关闭了,这是因为程序已经运行结束了。一个游戏窗口应该是不断循环,直到玩家关闭窗口。解决这个问题的方法是添加循环语句,并检测事件,只有当玩家关闭窗口时才退出游戏。更新后的具体代码如<程序:创建检测事件的窗口>。

```python
#<程序:创建检测事件的窗口>
import pygame
from pygame.locals import *
from sys import exit

SCREEN_WIDTH = 1000
SCREEN_HEIGHT = 500
BG_COLOR = pygame.Color(0,0,0)                 #设置背景颜色为黑色

pygame.display.init()
window = pygame.display.set_mode([SCREEN_WIDTH,SCREEN_HEIGHT])
pygame.display.set_caption('坦克大战 1.01')

while True:
    window.fill(BG_COLOR)                      #将窗口填充为黑色
    pygame.display.flip()
    eventList = pygame.event.get()             #获取事件存放到 eventList 中
    for event in eventList:
        if event.type == pygame.QUIT:
            print('谢谢使用,欢迎再次使用')
            exit()                             #结束游戏
```

当添加好循环结构后,再次运行程序,可以发现弹出一个黑色的窗口并且窗口不会闪退,当单击右上角关闭按钮时,游戏窗口才会被关闭。以上代码中使用到的 pygame. event. get()是一个事件获取函数,关于游戏事件的处理后面将会介绍。

在<程序:创建检测事件的窗口>中还使用到了颜色对象 Color,使用 pygame. Color(r, g,b,a)函数来创建 Color 对象,该对象中存放着表示颜色的 RGBA 值。接着使用 pygame. surface. fill(color)对 surface 对象填充颜色,主要是对背景实现填充,在该程序中,是将窗口背景填充为黑色。这里的 surface 是对所有 surface 对象的统称,例如,上面代码中创建的 window 就是一个 surface 对象。

9.2.2　类的实现

坦克大战游戏的设计使用面向对象编程的方式。因此设计游戏类 MainGame()、坦克类 Tank()、子弹类 Bullet()以及爆炸对象类 Explode()对该游戏进行实现。

1. 游戏类的实现

游戏类 MainGame()中主要创建了 startGame()方法,该方法用来控制坦克大战游戏的启动与关闭(退出)。将上述创建窗口的代码放在游戏类 MainGame()中,通过在程序主函数中调用游戏类的 startGame()方法来运行游戏。如下为坦克大战中游戏类 MainGame()的部分代码。

```python
import pygame
from pygame.locals import *
from sys import exit

SCREEN_WIDTH = 1000
SCREEN_HEIGHT = 500
BG_COLOR = pygame.Color(0,0,0)
# 游戏类
class MainGame():
    window = None
    def __init__(self):
        pass
    def startGame(self):
        pygame.display.init()
        MainGame.window = pygame.display.set_mode([SCREEN_WIDTH,SCREEN_HEIGHT])
        pygame.display.set_caption('坦克大战 1.01')
        while True:
            MainGame.window.fill(BG_COLOR)
            pygame.display.flip()
            eventList = pygame.event.get()
            for event in eventList:
                if event.type == pygame.QUIT:
                    print('谢谢使用,欢迎再次使用')
                    exit()

if __name__ == '__main__':
    MainGame().startGame()
```

2. 坦克类的实现

在坦克大战游戏中，游戏的主要对象为我方坦克、敌方坦克、我方子弹以及敌方子弹。我方坦克、敌方坦克都有共同的坦克属性，所以先创建坦克类 Tank()，然后我方坦克类 MyTank() 和敌方坦克类 EnemyTank() 都继承此类。定义坦克类 Tank() 时，首先定义坦克共有的属性和方法，例如，坦克的方向、坦克的移动速度、坦克的移动方向等。Tank() 的实现代码如下所示。

```python
class Tank():
    def __init__(self,left,top):                      # 初始化坦克
        self.images = {
            'U': pygame.image.load('p2tankU.png').convert(),
            'D': pygame.image.load('p2tankD.png').convert(),
            'L': pygame.image.load('p2tankL.png').convert(),
            'R': pygame.image.load('p2tankR.png').convert()
            }
        self.direction = 'L'                          # 设定坦克初始朝向为左
        self.image = self.images[self.direction]
        self.rect = self.image.get_rect()             # 获得 image 对象的 rect
        self.rect.left = left
        self.rect.top = top
        self.speed = 5                                # 坦克移动的速度
        self.stop = True                              # 控制坦克移动
        self.live = True
        # 保持原来的位置
        self.oldLeft = self.rect.left
        self.oldTop = self.rect.top
    # 坦克移动
    def move(self):
        self.oldLeft = self.rect.left                 # 保持原来的状态
        self.oldTop = self.rect.top
        # 判断坦克的方向进行移动
        if self.direction == 'L':
            if self.rect.left > 0:
                self.rect.left -= self.speed
        elif self.direction == 'U':
            if self.rect.top > 0:
                self.rect.top -= self.speed
        elif self.direction == 'D':
            if self.rect.top + self.rect.height < SCREEN_HEIGHT:
                self.rect.top += self.speed
        elif self.direction == 'R':
            if self.rect.left + self.rect.height < SCREEN_WIDTH:
                self.rect.left += self.speed
    def shot(self):
        return Bullet(self)                           # 创建子弹对象
    def stay(self):                                   # 保持原来的位置
        self.rect.left = self.oldLeft
```

```
            self.rect.top = self.oldTop
        def displayTank(self):                          #画出坦克
            self.image = self.images[self.direction]
            MainGame.window.blit(self.image,self.rect)
```

接下来对以上代码使用到的 pygame 模块进行介绍。

(1) img = pygame.image.load(filename) 表示读取文件名为 filename 的图像文件,一般支持 JPG、PNG、GIF 等多种图片类型,此函数返回一个包含图像的 Surface 对象。convert()函数对载入的图片进行转换,是一种优化处理,否则每次显示的时候,系统都需要转换一次。Tank()类通过 pygame.image.load 读取我方坦克 4 个不同方向的图像,并存放到字典中,以便后续使用。

(2) image.get_rect()函数获取 image 对象的矩形区域的位置,以 rect 对象的形式返回,这个矩形的位置总是从窗口的(0,0)处开始,宽度和高度与图像的宽度及高度相同。rect 包含 rect.top、rect.bottom、rect.left、rect.right、rect.center 属性,分别表示矩形的上、下、左、右和中心位置,可以通过给 rect 的属性赋值来指定图像显示的位置。

(3) blit(source, dest, area=None, special_flags=0)函数的功能是将图片绘制到屏幕相应坐标上。source 是待显示的图片对象;dest 是待显示图片的位置;后面两个参数存在默认值,可以不传。传入的 dest 可以是以左上角为原点的一对坐标,也可以是 rect,当传入的 dest 是 rect 时,将会把 rect 的 top 和 left 的值作为待显示图片的位置。调用 blit()这个动作的必须是一个 Surface 类的实例,比如代码中的 window,blit 的作用就是把 source 这个 Surface 对象画在 window 这个 Surface 对象上面。

坦克可以上、下、左、右移动,根据坦克的朝向,可形成 4 种形态。把坦克的 4 种形态的图片加载到 image 字典中,U、D、L、R 分别对应坦克的朝向为上、下、左、右。"self.direction = 'L'"先初始化坦克的朝向为左,也就是游戏刚开始时坦克的朝向,然后获取相应 image 的矩形对象 rect,利用 rect 的属性 rec.top 和 rec.left 来设置坦克的初始位置。接着定义了坦克类的一些方法,move()方法来表示坦克的移动,shot()方法来表示坦克发射子弹,其中 Bullet()是子弹类,将在后面介绍。

坦克类创建完成之后,我方坦克和敌方坦克就可以继承坦克类。我方坦克和敌方坦克类的代码分别如下。

```
#我方坦克类
class MyTank(Tank):                                     #继承坦克类
    def __init__(self,left,top):
        super(MyTank,self).__init__(left,top)           #初始化我方坦克的位置
    #检查我方坦克与敌方坦克发生碰撞
    def myTank_hit_enemyTank(self):
        for enemyTank in MainGame.enemyTankList:
            if pygame.sprite.collide_rect(self,enemyTank):
                self.stay()                             #停止当前方向的运动,而不是互相穿过
#敌方坦克类
class EnemyTank(Tank):                                   #继承坦克类
    def __init__(self,left,top,speed):                  #初始化敌方坦克类
```

```
        super(EnemyTank,self).__init__(left,top)
        self.images = {
            'U': pygame.image.load('p3tankU.png').convert(),
            'D': pygame.image.load('p3tankD.png').convert(),
            'L': pygame.image.load('p3tankL.png').convert(),
            'R': pygame.image.load('p3tankR.png').convert()
            }                                       #加载敌方坦克的4种形态的图片
        self.direction = self.randDirection()       #随机生成敌方坦克方向
        self.image = self.images[self.direction]
        self.rect = self.image.get_rect()
        self.rect.left = left
        self.rect.top = top
        self.speed = speed
        self.step = 60
#检测敌方坦克与我方坦克的碰撞
def enemyTank_hit_myTank(self):
        if pygame.sprite.collide_rect(self,MainGame.my_tank):
            self.stay()                             #停止当前方向的运动,而不是互相穿过
    #随机产生一个方向
    def randDirection(self):
        num = random.randint(1,4)
        if num == 1:
            return 'U'
        elif num == 2:
            return 'D'
        elif num == 3:
            return 'L'
        elif num == 4:
            return 'R'
    def randMove(self):
        if self.step <= 0:
            self.step = 60
            self.direction = self.randDirection()
        else:
            self.move()
            self.step -= 1                          #坦克移动的速度递减
    def shot(self):
        num = random.randint(1,100)
        if num < 3:
            return Bullet(self)
```

以上代码使用了一个新的函数 pygame.sprite.collide_rect(left,right),此函数的功能是测试两个图像之间是否发生了碰撞,函数返回值是 False 或 True,True 表示坦克之间产生了碰撞,False 表示没有产生碰撞。

3. 子弹类和爆炸对象类的实现

前面已经介绍了坦克类、我方坦克类以及敌方坦克类的实现,接下来介绍子弹类以及爆炸对象类的设计。

首先展示子弹类的实现代码,如<程序:子弹类>所示。

```python
#<程序:子弹类>
class Bullet():
    def __init__(self,tank):
        self.image = pygame.image.load('steels.png').convert()
        #坦克的方向决定子弹的方向
        self.direction = tank.direction
        self.rect = self.image.get_rect()
        #根据子弹射出的方向来设定子弹射出的左上角的位置
        if self.direction == 'U':
            self.rect.left = tank.rect.left + tank.rect.width / 2 - self.rect.width / 2
            self.rect.top = tank.rect.top - self.rect.height
        elif self.direction == 'D':
            self.rect.left = tank.rect.left + tank.rect.width / 2 - self.rect.width / 2
            self.rect.top = tank.rect.top + tank.rect.height
        elif self.direction == 'L':
            self.rect.left = tank.rect.left - self.rect.width / 2 - self.rect.width / 2
            self.rect.top = tank.rect.top + tank.rect.width / 2 - self.rect.width / 2
        elif self.direction == 'R':
            self.rect.left = tank.rect.left + tank.rect.width
            self.rect.top = tank.rect.top + tank.rect.width / 2 - self.rect.width / 2
        self.speed = 6                                    #子弹的速度
        self.live = True                                  #子弹的状态
    def move(self):
        if self.direction == 'U':
            if self.rect.top > 0:
                self.rect.top -= self.speed
            else:
                self.live = False
        elif self.direction == 'R':
            if self.rect.left + self.rect.width < SCREEN_WIDTH:
                self.rect.left += self.speed
            else:
                self.live = False
        elif self.direction == 'D':
            if self.rect.top + self.rect.height < SCREEN_HEIGHT:
                self.rect.top += self.speed
            else:
                self.live = False
        elif self.direction == 'L':
            if self.rect.left > 0:
                self.rect.left -= self.speed
            else:
                self.live = False
    #我方子弹和敌方坦克的碰撞
    def myBullet_hit_enemyTank(self):
        for enemyTank in MainGame.enemyTankList:
            if pygame.sprite.collide_rect(enemyTank,self):
                enemyTank.live = False                    #修改敌方坦克的状态
```

```
                    self.live = False                            #修改子弹的状态
                    explode = Explode(enemyTank)                  #产生一个爆炸对象
                    MainGame.explodeList.append(explode)
        #画出子弹
        def displayBullet(self):
            MainGame.window.blit(self.image,self.rect)
        #敌方子弹与我方坦克的碰撞
        def enemyBullet_hit_myTank(self):
            if MainGame.my_tank and MainGame.my_tank.live:
                if pygame.sprite.collide_rect(MainGame.my_tank,self):
                    explode = Explode(MainGame.my_tank)
                    MainGame.explodeList.append(explode)
                    self.live = False
                    MainGame.my_tank.live = False
```

实现子弹类时，首先初始化子弹的方向、发射子弹的位置、子弹的速度和状态。move()
方法是根据子弹的方向和速度来计算子弹的位置，进而实现子弹的运动，displayBullet()方法
的功能是把子弹画在屏幕上。enemyBullet_hit_myTank()和 myBullet_hit_enemyTank()分别
是检测敌方子弹与我方坦克、我方子弹与敌方坦克的碰撞，当敌方子弹与我方坦克碰撞或我
方子弹与敌方坦克碰撞时都会产生爆炸，因此创建了爆炸类 Explode()，同时修改坦克和子
弹的状态。<程序：爆炸类>为爆炸类的实现代码。

```
#<程序：爆炸类>
class Explode():
    def __init__(self,tank):
        #爆炸的位置由当前子弹打中的位置确定
        self.rect = tank.rect
        self.images = [
                        pygame.image.load('blast1.gif').convert(),
                        pygame.image.load('blast2.gif').convert(),
                        pygame.image.load('blast3.gif').convert(),
                        pygame.image.load('blast4.gif').convert(),
                        pygame.image.load('blast5.gif').convert(),
                    ]
        self.step = 0
        self.image = self.images[self.step]
        self.live = True
    #显示爆炸效果
    def displayExplode(self):
        #根据索引获取爆炸对象
        if self.step < len(self.images):
            self.image = self.images[self.step]
            self.step += 1
            MainGame.window.blit(self.image,self.rect)
        else:
            self.live = False
            self.step = 0
```

9.2.3 图像的显示

前文已经实现了我方坦克类、敌方坦克类、子弹类、爆炸类,接下来介绍如何利用这些类来实例化对象,并把这些对象画在屏幕上。对于游戏图像的绘制都是在游戏类 MainGame()中实现的,所以在该类中添加创建这些对象的方法。首先,利用坦克类来创建出我方坦克和敌方坦克对象,相关代码如下所示。

```python
# 游戏类
class MainGame():
    window = None
    my_tank = None                              # 我方坦克
    enemyTankCount = 6                          # 敌军坦克的数量
    enemyTankList = []                          # 存储敌方坦克的列表
    myBulletList = []                           # 存储我方坦克子弹的列表
    enemyBulletList = []                        # 存储敌方坦克子弹的列表
    explodeList = []                            # 爆炸列表
    def __init__(self):
        pass
    def startGame(self):
        pygame.display.init()
        MainGame.window = pygame.display.set_mode([SCREEN_WIDTH, SCREEN_HEIGHT])
        pygame.display.set_caption('坦克大战 1.01')
        self.createMyTank()                     # 创建我方坦克
        self.createEnemyTank()                  # 创建敌方坦克
        while True:
            time.sleep(0.02)
            MainGame.window.fill(BG_COLOR)
            eventList = pygame.event.get()
            for event in eventList:
                if event.type == pygame.QUIT:
                    print('谢谢使用,欢迎再次使用')
                    exit()                      # 结束游戏

    # 创建我方坦克对象
    def createMyTank(self):
        MainGame.my_tank = MyTank(350, 300)
    # 创建6个敌方坦克对象
    def createEnemyTank(self):
        top = 100
        for i in range(MainGame.enemyTankCount):
            left = random.randint(68, 500)
            speed = random.randint(1, 4)
            enemy = EnemyTank(left, top, speed)
            MainGame.enemyTankList.append(enemy)
```

在游戏类代码中,createMyTank()方法用来创建我方坦克对象,同时需要传入我方坦克所处的初始位置。createEnemyTank()方法先随机产生坦克的速度、位置以及方向,然后使用循环来创建 enemyTankCount 个敌方坦克对象,并初始化每个敌方坦克对象的位置、速度、方向等属性,代码中会将每个坦克对象存储到 enemyTankList 列表中。这样就创建了 enemyTankCount 个具有不同位置、不同方向、不同速度的敌方坦克对象。

到现在已经实现了坦克对象的创建,如何把这些坦克对象,也就是所谓的图像显示在屏幕上呢? 将坦克对象、子弹对象以及爆炸对象画在屏幕上,也就是将一个 Surface 对象画在另外一个 Surface 对象上,blit()函数可以实现这个功能。在画坦克前,需要先判断坦克的当前状态,只有依然存活的坦克才需要调用坦克类中的 display()函数把坦克画在屏幕上,具体代码如下。

```python
class MainGame():
    window = None
    my_tank = None
    enemyTankCount = 6                          # 敌军坦克的数量
    enemyTankList = []                          # 存储敌方坦克的列表
    myBulletList = []                           # 创建存储我方坦克子弹的列表
    enemyBulletList = []                        # 创建存储敌方坦克子弹的列表
    explodeList = []                            # 创建爆炸列表
    def __init__(self):
        pass
    def startGame(self):
        pygame.display.init()
        MainGame.window = pygame.display.set_mode([SCREEN_WIDTH,SCREEN_HEIGHT])
        pygame.display.set_caption('坦克大战 1.01')
        self.createMyTank()
        self.createEnemyTank()
        while True:
            time.sleep(0.02)
            MainGame.window.fill(BG_COLOR)
            eventList = pygame.event.get()
            for event in eventList:
                if event.type == pygame.QUIT:
                    print('谢谢使用,欢迎再次使用')
                    exit()                      # 结束游戏
            self.blitMyTank()                   # 画出我方坦克
            self.blitEnemyTank()                # 画出敌方坦克
            self.blitEnemyBullet()              # 画出敌方坦克的子弹
            self.blitMyBullet()                 # 画出我方坦克的子弹
            self.blitExplode()                  # 展示爆炸现象
            pygame.display.update()             # 将所画图形显示到屏幕上

    def createMyTank(self):
        MainGame.my_tank = MyTank(350, 300)
    def createEnemyTank(self):
        top = 100
        for i in range(MainGame.enemyTankCount):
            left = random.randint(68,500)
            speed = random.randint(1,4)
            enemy = EnemyTank(left,top,speed)
```

```
                MainGame.enemyTankList.append(enemy)
    # 画出我方坦克
    def blitMyTank(self):
        if MainGame.my_tank and MainGame.my_tank.live:
            MainGame.my_tank.displayTank()                    # 画出我方坦克
        else:
            del MainGame.my_tank                              # 删除 my_tank 实例对象
            MainGame.my_tank = None
    # 画出敌方坦克
    def blitEnemyTank(self):
        for enemyTank in MainGame.enemyTankList:
            if enemyTank.live:
                EnemyTank.displayTank(enemyTank)
                enemyTank.randMove()
                if MainGame.my_tank and MainGame.my_tank.live:
                    enemyTank.enemyTank_hit_myTank()
                enemyBullet = enemyTank.shot()                # 创建敌方子弹对象,放到列表
                if enemyBullet:
                    MainGame.enemyBulletList.append(enemyBullet)
            else:                                             # 敌方坦克被消灭,删除
                MainGame.enemyTankList.remove(enemyTank)
    # 画出我方坦克子弹
    def blitMyBullet(self):
        for myBullet in MainGame.myBulletList:
            if myBullet.live:
                myBullet.displayBullet()
                myBullet.move()
                myBullet.myBullet_hit_enemyTank()             # 检测碰撞
            else:
                MainGame.myBulletList.remove(myBullet)
    # 画出敌方坦克的子弹
    def blitEnemyBullet(self):
        for enemyBullet in MainGame.enemyBulletList:
            if enemyBullet.live:
                enemyBullet.displayBullet()
                enemyBullet.move()
                enemyBullet.enemyBullet_hit_myTank()
            else:
                MainGame.enemyBulletList.remove(enemyBullet)
    # 画出爆炸对象
    def blitExplode(self):
        for explode in MainGame.explodeList:
            if explode.live:
                explode.displayExplode()
            else:
                MainGame.explodeList.remove(explode)
```

在游戏类 MainGame 中定义并调用了 5 种方法：blitMyTank()、blitEnemyTank()、blitMyBullet()、blitEnemyBullet()、blitExplode()，分别用来画出我方坦克、敌方坦克、我方

子弹、敌方子弹以及爆炸效果。在调用了以上 5 种方法之后,必须要使用函数 pygame. display. update()将所画图形显示到屏幕上,否则屏幕上不会出现图形。

　　游戏进行到这里已经基本实现了坦克随机移动、子弹发射、爆炸等效果,但是目前我方坦克还不能移动,只能在初始位置发射子弹。由于我方坦克的运动是由玩家通过键盘控制的,所以需要添加对键盘事件的处理,使得玩家能够通过键盘控制我方坦克的移动。

9.2.4　事件的处理

　　这里的事件是指单击、按键等操作,比如单击鼠标、按下键盘的某个按键、关闭窗口等都是一个事件。Pygame 通过事件队列控制所有的事件消息,pygame. event 模块是用来处理事件与事件队列的 Pygame 模块,该模块中 pygame. event. get()函数从队列中获取游戏当前发生的事件,并做出响应。常见的几种事件如表 9-2 所示。

表 9-2　常见事件

事　　件	产　生　途　径	参　　数
QUIT	用户单击关闭按钮	none
KEYDOWN	键盘按下	unicode、key、mod
KEYUP	键盘释放	key、mod
MOUSEMOTION	鼠标移动	pos、rel、buttons
MOUSEBUTTONDOWN	鼠标按下	pos、button
MOUSEBUTTONUP	鼠标放开	pos、button

　　坦克大战游戏中涉及的事件有鼠标事件、键盘事件。玩家使用鼠标单击界面退出游戏即产生鼠标事件;玩家使用键盘的上、下、左、右键来控制我方坦克的移动,用空格(SPACE)键来控制我方坦克发射子弹即产生键盘事件。

1. 处理键盘事件

　　处理事件时,首先遍历事件列表,判断事件的类型,然后根据不同的事件类型做出不同的响应。键盘事件包括键盘按下和键盘释放,分别对应 pygame. KEYDOWN 和 pygame. KEYUP 两个事件。对键盘按下事件的判断也就是判断事件类型是不是 pygame. KEYDOWN,如果是,再进一步判断键值是不是控制坦克需要用到的键位,然后执行对应的操作。Pygame 中用 event. type 标记事件类型,event. key 标记键盘事件对应的按键值,K_xxx 来表示键盘所有按键,通过比较两个值来判断是否某个按键被按下,例如,event. key＝＝pygame. K_w,表示按下了 W 键,event. key＝＝pygame. K_ESCAPE,则表示按下了 Esc 键。

　　为了让同学们能够更好地理解以及使用事件处理的函数,下面介绍一个键盘事件小案例。此案例实现的是按下 W 键(也可以设置成其他键)后屏幕上显示一只小狗的图片。你也可以显示其他图片,只需要更换文件名,并把图片放到当前文件夹下即可。实现代码如<程序:键盘事件小案例>所示。

```
♯<程序：键盘事件小案例>
import pygame
from pygame.locals import *
from sys import exit

pygame.init()
screen = pygame.display.set_mode((500,800))
pygame.display.set_caption("键盘事件小案例")
while True:
    for event in pygame.event.get():
        if event.type == QUIT:              ♯ 游戏退出事件
            exit()
        if event.type == KEYDOWN:           ♯ 键盘按下事件
            if event.key == pygame.K_w:     ♯ 按下 W 键时在屏幕上显示出小狗的图片
                print("The button is pressed")
                image = pygame.image.load("dog.jpg").convert()
                rect = image.get_rect()
                screen.blit(image,rect)
                pygame.display.update()
```

2. 处理鼠标事件

鼠标事件包括单(右)击、双击左(右)键、释放左(右)键、滚轮及滑动等事件。对于鼠标事件,pygame.event 模块还会返回鼠标当前所在的坐标值(pos),这个值是相对窗口左上角来说的,窗口的左上角坐标值为(0,0)。现在使用一个鼠标事件小案例进一步介绍,这个小案例会判断是否有鼠标单击事件,如果有单击,则打印出鼠标的坐标值,这个坐标值会通过 event.pos 返回。实现代码如<程序：鼠标事件小案例>所示。

```
♯<程序：鼠标事件小案例>
import pygame
from pygame.locals import *
from sys import exit

pygame.init()
screen = pygame.display.set_mode((600,500))
pygame.display.set_caption("鼠标事件小案例")

while True:
    for event in pygame.event.get():
        if event.type == QUIT:
            exit()
        if event.type == MOUSEBUTTONDOWN:
            mouse_x,mouse_y = event.pos
            print(mouse_x,mouse_y)
```

3. 坦克大战游戏中键盘事件的处理

接下来介绍坦克大战中对于键盘事件的处理。坦克大战游戏中涉及的所有事件的处理都在 getEvent()方法中进行实现,并将 getEvent()方法封装在游戏类 MainGame 中。玩家在玩游戏过程中,程序会循环调用该方法,持续监听是否有事件发送,一个游戏循环(也可以称为主循环)主要做以下 3 件事:处理事件、更新游戏状态、绘制游戏状态到屏幕上。由于代码过长,只展示 MainGame 类中 getEvent()方法的代码,其他功能已经在前面内容中展示,请学生查阅。坦克大战游戏中键盘事件的处理代码如<程序:事件处理>所示。

```python
#<程序:事件处理>
class MainGame():
window = None
    my_tank = None
    enemyTankCount = 6
    enemyTankList = []
    myBulletList = []
    enemyBulletList = []
    explodeList = []
    def __init__(self):
        pass
    def startGame(self):
        pygame.display.init()
        MainGame.window = pygame.display.set_mode([SCREEN_WIDTH,SCREEN_HEIGHT])
        pygame.display.set_caption('坦克大战 1.01')
        self.createMyTank()
        self.createEnemyTank()
        while True:
            time.sleep(0.02)
            MainGame.window.fill(BG_COLOR)
            self.getEvent()                              #调用事件函数
            self.blitMyTank()
            self.blitEnemyTank()
            self.blitEnemyBullet()
            self.blitMyBullet()
            self.blitExplode()
            if MainGame.my_tank and MainGame.my_tank.live:
                if not MainGame.my_tank.stop:#坦克可以移动
                    MainGame.my_tank.move()
                    MainGame.my_tank.myTank_hit_enemyTank()
            pygame.display.update()
     ……(此处省略之前展示过的代码)
     ……
    #事件处理函数
    def getEvent(self):
        eventList = pygame.event.get()                   #获取事件
        for event in eventList:
            if event.type == pygame.QUIT:
                print('谢谢使用,欢迎再次使用')            #结束游戏
                exit()
            if event.type == pygame.KEYDOWN:              #键盘事件
                if len(MainGame.enemyTankList) == 0:
                    if event.key == pygame.K_ESCAPE:
                        self.createEnemyTank()
```

```
            if not MainGame.my_tank:
                if event.key == pygame.K_ESCAPE:
                    self.createMyTank()
            if MainGame.my_tank and MainGame.my_tank.live:
                #判断上下左右
                if event.key == pygame.K_LEFT:
                    MainGame.my_tank.direction = 'L'
                    MainGame.my_tank.stop = False
                    print('按下左键,坦克向左移动')
                elif event.key == pygame.K_RIGHT:
                    MainGame.my_tank.direction = 'R'
                    MainGame.my_tank.stop = False
                    print('按下右键,坦克向右移动')
                elif event.key == pygame.K_UP:
                    MainGame.my_tank.direction = 'U'
                    MainGame.my_tank.stop = False
                    print('按下上键,坦克向上移动')
                elif event.key == pygame.K_DOWN:
                    MainGame.my_tank.direction = 'D'
                    MainGame.my_tank.stop = False
                    print('按下下键,坦克向下移动')
                elif event.key == pygame.K_SPACE:
                    print('发射子弹')
                    if len(MainGame.myBulletList)< 3:
                        myBullet = Bullet(MainGame.my_tank)
                        MainGame.myBulletList.append(myBullet)
            if event.type == pygame.KEYUP:          #释放键盘事件
                if MainGame.my_tank and MainGame.my_tank.live:
                    #判断释放键是上、下、左、右键才停止
                    if event.key == pygame.K_UP or event.key == pygame.K_DOWN or event.key ==
pygame.K_LEFT or event.key == pygame.K_RIGHT:
                        MainGame.my_tank.stop = True
```

添加了事件处理函数之后,坦克便可以通过键盘的控制移动了。此时坦克大战的游戏就基本完成了。

9.2.5　文字的绘制

游戏的设计往往少不了文字的说明,文字说明可以让玩家更容易理解游戏的规则,那么如何在屏幕上展现文字呢？首先看一个绘制文字的小案例,代码如下。

```
#<程序：绘制文字小案例>
import pygame
from pygame.locals import *
from sys import exit
TEXT_COLOR = pygame.Color(255,255,255)          #定义字体的颜色为白色
```

```
pygame.init()
screen = pygame.display.set_mode((500,300))
pygame.display.set_caption("绘制字体")
font = pygame.font.SysFont('kaiti',24)                    #创建一个字体对象
#创建文本 Surface 对象
textSurface = font.render("I Love Python",True,TEXT_COLOR)
while True:
    for event in pygame.event.get():
        if event.type == QUIT:
            exit()
    screen.blit(textSurface,(150,150))                    #将文本 Surface 对象画到屏幕上
    pygame.display.update()
```

在绘制文字小案例中,主要实现的是在指定的位置(150,150)处绘制文本内容 I Love Python,并且将字体的颜色设置为白色。绘制文字时,首先使用字体模块 pygame.font. SysFont(name, size, bold=False, italic=False)从系统字体库创建一个 Font 对象(是一个 Surface 对象),其中第一个参数 name 是字体类型;第二个参数 size 是字体大小;第三个参数 bold 表示加粗字体,默认为 False;第四个参数 italic 表示设置斜体,默认为 False。pygame 没有提供直接在一个现有的 Surface 对象上绘制文本的方式,取而代之的是使用 render()方法创建一个渲染了文本内容的图像(Surface 对象),然后将这个图像绘制到目标 Surface 对象上,但是仅支持渲染一行文本(注:"换行"字符不会被渲染)。因此,创建好 Font 对象之后,需要使用 render(text, antialias, color, background=None)方法来显示文本内容。该方法会创建一个新的 Surface 对象,并在 Surface 对象上渲染指定的文本,其中第一个参数 text 表示要写的文字内容;第二个参数 antialias 是个布尔值,表示是否开启抗锯齿,当设置为 True 的时候,字体会比较平滑;第三个参数 color 是字体颜色;第四个参数 background 是背景色。

对于坦克大战游戏,可以用方向键控制坦克运动,可以用 Space 键发射子弹,可以用 Esc 键复活或者重新开始游戏,这些规则只有游戏设计者知道,玩家却不知道,所以需要把这些文字绘制在屏幕上,让玩家了解游戏规则。因此,在游戏类 MainGame 中增加 getTextSurface()方法用于获取文本对象,然后在游戏主循环中使用 blit()函数将文本对象画在屏幕上的指定位置处。除此之外,当我方坦克被歼灭时,会在屏幕上显示"您的坦克已被敌方消灭,是否复活?"的文字提示;当敌军坦克全部被歼灭时,会出现"游戏胜利,是否重新开始?"的文字提示。具体实现代码如<程序:坦克大战文字的绘制>所示。

```
#<程序:坦克大战文字的绘制>
SCREEN_WIDTH = 1000
SCREEN_HEIGHT = 500
BG_COLOR = pygame.Color(0,0,0)
TEXT_COLOR = pygame.Color(255,255,255)                    #设置文字的颜色

class MainGame():
    window = None
    my_tank = None
    enemyTankCount = 6
```

```
        enemyTankList = []
        myBulletList = []
        enemyBulletList = []
        explodeList = []
        def __init__(self):
            pass
        def startGame(self):
            pygame.display.init()
            MainGame.window = pygame.display.set_mode([SCREEN_WIDTH,SCREEN_HEIGHT])
            pygame.display.set_caption('坦克大战 1.01')
            self.createMyTank()
            self.createEnemyTank()
            while True:
                time.sleep(0.02)
                MainGame.window.fill(BG_COLOR)
                self.getEvent()
                #显示文字,把文字写在游戏窗口上
                MainGame.window.blit(self.getTextSurface('游戏说明: '),(820,10))
                MainGame.window.blit(self.getTextSurface('方向键: 控制坦克'),(820,30))
                MainGame.window.blit(self.getTextSurface('Esc 键: '),(820,50))
                MainGame.window.blit(self.getTextSurface('复活/重新开始'),(820,70))
                MainGame.window.blit(self.getTextSurface('Space 键: 开炮'), (820, 90))
                if not MainGame.my_tank:
                    MainGame.window.blit(self.getTextSurface('您的坦克已被敌方消灭,是否复活?'),
(300, 0))
                if len(MainGame.enemyTankList) == 0:
                    MainGame.window.blit(self.getTextSurface('游戏胜利,是否重新开始?'),(300,0))
                self.blitMyTank()
                self.blitEnemyTank()
                self.blitEnemyBullet()
                self.blitMyBullet()
                self.blitExplode()
                if MainGame.my_tank and MainGame.my_tank.live:
                    if not MainGame.my_tank.stop:
                        MainGame.my_tank.move()
                        MainGame.my_tank.myTank_hit_enemyTank()
                pygame.display.update()                  #将绘制的图像显示在屏幕上
……(省略部分展示过的代码)
……
def getTextSurface(self,text):
    pygame.font.init()                          #初始化字体模块
    font = pygame.font.SysFont('kaiti',25)      #从系统字体库创建一个 Font 对象
    #在一个新 Surface 对象上绘制文本
    textSurface = font.render(text,True,TEXT_COLOR)
    return textSurface
```

综上,坦克大战游戏已经设计完成了。在介绍坦克大战游戏设计的同时,也向大家介绍了 Pygame 中一些模块以及函数的使用,希望大家能够掌握并利用 Pygame 进行自己的小游戏设计与实现。最终的游戏效果如图 9-5 所示。

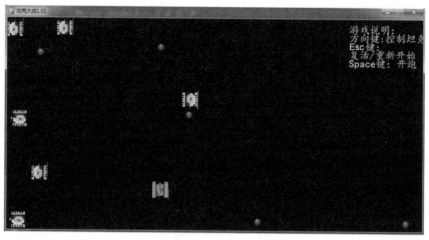

图 9-5 坦克大战游戏效果图

这个游戏有个小缺点,由于敌方坦克随机移动以及子弹随机发射,可能会导致游戏开始时我方坦克就被敌方子弹击中。所以读者可以根据自己的设计再对这个小游戏进行完善,也可以添加一些背景音乐以及爆炸时的特效音乐等。

9.3 五子棋游戏的设计

9.3.1 五子棋游戏简介

五子棋是全国智力运动会竞技项目之一,是一种两人对弈的纯策略型棋类游戏。通常双方分别使用黑、白两色的棋子,下在棋盘直线与横线的交叉点上,先形成五子连线者获胜。

1. 棋盘

五子棋专用棋盘为 15×15 ,即为 15 条横线与 15 条竖线等距排列交叉组成的一个大正方形棋盘。每条竖线与横线交叉的点即为下棋的点,共形成了 225 个下棋点。

2. 棋型和下棋规则

五子棋的基本棋型大体有以下几种:连五、活四、冲四、活三、冲三。接下来一一介绍这些棋型。

连五:五颗同色棋子连在一起,这样的棋型表示该色棋方胜利。如是五颗黑色棋子连在一起,表示黑棋胜,如图 9-6 所示。

活四:有两个连五点(即在活四基础上有两个点可以形成连五),通俗讲就是 4 颗相同颜色的棋子连在一起,且两端均无棋子,如图 9-7 所示。当活四出现的时候,如果对方只是单纯进行防守的话,是已经无法阻止形成连五了。

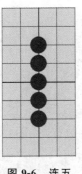
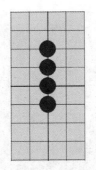

图 9-6　连五　　　　　　　　图 9-7　活四

　　冲四：有一个连五点的棋型均为冲四棋型(即在冲四的基础上只有一个点可以形成连五),如图9-8所示。相比于活四来说,冲四的威胁性就小了很多,因为这个时候,对方只要跟着防守在那个唯一的连五点上,冲四就没法形成连五。

　　活三：可以落一子形成活四的棋形称为活三,如图9-9所示。活三棋型是我们进攻中最常见的一种,因为形成活三之后,如果对手不予理会,棋手便可以将活三变成活四,而我们知道活四已经防守不住了。所以,当面对活三的时候,需要非常谨慎对待。如果无法在对手将活三变成活五之前获胜的话,需要对其进行防守,以防止其形成可怕的活四棋型。

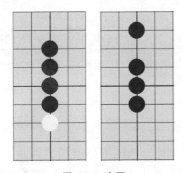
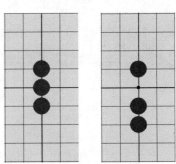

图 9-8　冲四　　　　　　　　　图 9-9　活三

　　冲三：落一子只能够形成冲四的棋形称为冲三。冲三的棋型与活三的棋型相比,危险系数相对较小,因为冲三棋型即使不去防守,下一手也只能形成冲四,而对于单纯的冲四棋型,我们知道,是可以防守住的。

9.3.2　绘制棋盘界面

　　9.3.1节介绍了棋盘、棋型和五子棋的基本游戏规则,本节将介绍五子棋游戏的具体实现。本节展示给大家的五子棋游戏主要包含两个界面:游戏主界面和棋盘界面。游戏主界面较为简单,主要是进行模式选择。主界面提供了两个模式:人人对弈模式和人机对弈模式,其中,人人对弈模式是两个真人玩家轮流下棋,人机对弈模式是一个真人玩家和计算机轮流下棋。当单击任意一种对弈模式,就会进入下棋界面,也就是棋盘界面。接下来讲解如何绘制棋盘。

　　五子棋棋盘界面的构成主要包括两部分：棋盘和按钮，如图 9-10 所示。五子棋的棋盘是由横向和纵向各 15 条等距且垂直交叉的平行线构成，在棋盘上有 5 个比较特殊的交叉点，被称为"星"，即图 9-10 中的五个黑点，其中棋盘正中央的星一般被称为天元。将棋盘左上角的坐标定为(0,0)，那么五个星的坐标（从左到右、从上到下）分别为(3,3)，(3,11)，(7,7)，(11,3)，(11,11)。除棋盘外，棋盘界面还提供了 Start（开始游戏）、GiveUp（放弃游戏）以及 Menu（返回主界面）这三种功能的按钮。

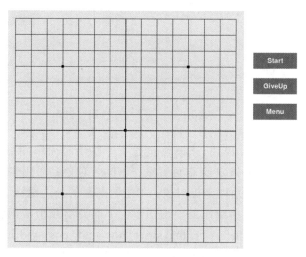

图 9-10　五子棋棋盘界面

　　<程序：绘制棋盘界面>展示了绘制棋盘界面的代码、棋盘界面的绘制主要包括绘制棋盘、绘制棋盘中的五个"星"以及绘制按钮。在代码中，使用了三个全局变量，分别为 REC_SIZE、MAP_WIDTH 以及 MAP_HEIGHT。其中，REC_SIZE 表示棋盘中每个方格的大小，MAP_WIDTH、MAP_HEIGHT 分别表示棋盘的宽度和高度。接下来介绍在此过程中使用到的 pygame 函数。

```
#<程序：绘制棋盘界面>
def draw_background(self):
    color = (0, 0, 0)                               #用黑色绘制棋盘线
    for y in range(self.height):
    #绘制水平线,y 坐标相等
        start_pos, end_pos = (REC_SIZE // 2, REC_SIZE // 2 + REC_SIZE * y), \
                    (MAP_WIDTH - REC_SIZE // 2, REC_SIZE // 2 + REC_SIZE * y)
        if y == self.height // 2:                   #棋盘中间线为粗线
            width = 2
        else:
            width = 1
        pygame.draw.line(self.screen, color, start_pos, end_pos, width)
    for x in range(self.width):
    #绘制垂直线,x 坐标相等
        start_pos, end_pos = (REC_SIZE // 2 + REC_SIZE * x, REC_SIZE // 2), \
                    (REC_SIZE // 2 + REC_SIZE * x, MAP_HEIGHT - REC_SIZE // 2)
```

```
        if x == self.width // 2:                 #棋盘中间线为粗线
            width = 2
        else:
            width = 1
        pygame.draw.line(self.screen, color, start_pos, end_pos, width)
    #绘制棋盘上 5 个特殊点,即"星"
    rec_size = 8
    pos = [(3, 3), (11, 3), (3, 11), (11, 11), (7, 7)]
    for x, y in pos:
        pygame.draw.rect(self.screen, color,
                        (REC_SIZE // 2 + REC_SIZE * x - rec_size // 2,
                        REC_SIZE // 2 + REC_SIZE * y - rec_size // 2,
                        rec_size, rec_size))
    self.draw_button()                            #绘制按钮
```

首先介绍 pygame 的 draw 模块,该模块包含了一些绘制简单图形的函数,这些函数通常需要以下一些参数:①用来指定绘制目标的 Surface 对象;②用来表示颜色的 color 对象;③绘制起点和终点等的一系列坐标对象;④绘制图形的外边缘线条的宽度 width,单位为像素,值为 0 时,表示要填充所绘制的整个图形。下面介绍几个常用的函数:

(1) pygame. draw. line(surface,color,start_pos,end_pos,width=1),该函数用于在 Surface 上绘制直线段,start_pos 和 end_pos 以坐标的形式分别表示该线段的起点和终点的位置;width 默认值为 1。

(2) pygame. draw. circle(surface,color,pos,radius,width),该函数用于在 Surface 上绘制圆,参数 pos 是圆心的位置坐标;radius 指定了圆的半径。

(3) pygame. draw. rect(surface,color,rect,width=0),该函数用于在 Surface 上绘制矩形,参数 color 是线条(或填充)的颜色,参数 rect 的形式为((x,y),(width,height)),表示所绘制矩形的区域,其中元组(x,y)表示的是该矩形左上角的坐标,元组(width,height)表示的是矩形的宽度和高度。

对于游戏界面的绘制,使用 pygame. draw. line()函数来绘制棋盘线,pygame. draw. rect()绘制"星"。绘制完棋盘之后,开始绘制棋盘界面的按钮部分。按钮的绘制代码参见本书资源中的五子棋游戏代码文档,此处不再列出。

9.3.3　人人对弈模式

五子棋人人对弈模式是两个真人玩家轮流下棋,玩家每次落子之后都需要根据当前棋局判断是否产生了赢家。如果产生了赢家,游戏结束,打印出赢家信息;如果没有则继续轮流落子。当玩家单击鼠标落子时,需要将鼠标单击位置转换成棋盘上的坐标,并在棋盘界面绘制出相应颜色的棋子。下面将逐一介绍坐标转换、绘制棋子以及判断输赢的过程。

当玩家单击鼠标进行落子时,首先需要判断鼠标单击坐标的范围,也就是判断鼠标单击坐标是否位于棋盘内,只有当鼠标单击坐标位于棋盘内,才会将鼠标单击坐标转换成棋盘坐标,并记录当前玩家的落子位置。判断鼠标单击坐标的范围代码如下所示,其中,map_x, map_y 表示鼠标单击棋盘窗口的坐标,MAP_WIDTH 和 MAP_HEIGHT 表示棋盘的宽度和高度。

```
# 判断鼠标单击的范围
def is_in_map(map_x, map_y):
    return 0 < map_x < MAP_WIDTH and 0 < map_y < MAP_HEIGHT
```

在 Pygame 的游戏窗口中的每个点都有其相对于游戏窗口的真实坐标,而棋盘坐标对应的是一个 15×15 大小的二维坐标系。因此,我们需要获取玩家鼠标单击的真实坐标,然后将其转换为棋盘坐标。定义函数 MapPosToIndex()来完成这个功能,代码如<示例程序:坐标转换>所示。

```
# <示例程序:坐标转换>
def map_pos_to_index(map_x, map_y):
    return map_x // REC_SIZE, map_y // REC_SIZE
```

在<示例程序:坐标转换>的代码中,全局变量 REC_SIZE 表示一个棋格的大小。为了判断玩家在单击棋盘时的区域是属于哪一个落子点,设置了一个同样大小的错位棋盘。如图 9-11 所示的蓝色线条构成的棋盘即为错位棋盘。错位棋盘的每个格子作为一个判断区域,当鼠标单击该区域时,返回位于当前错位棋盘格中黑色棋盘的顶点坐标。例如,当鼠标单击第一行、第一列错位棋盘格时,返回(0,0),表示单击了真实棋盘的(0,0)落子点;当鼠标单击第一行、第二列错位棋盘格时,返回(0,1),表示单击了真实棋盘的(0,1)落子点。因此,鼠标单击的坐标(map_x,map_y)分别除以 REC_SIZE 得到商的整数部分,即为棋盘格上的顶点坐标(x , y)。

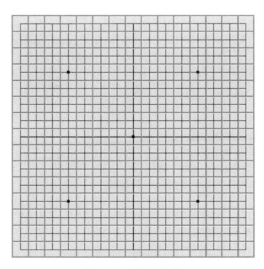

图 9-11 错位棋盘

将玩家鼠标单击坐标转换成棋盘上的坐标之后,在棋盘上画出对应颜色的棋子,即可绘制出当前棋局。这里利用 steps 列表存储棋盘上已经落子的坐标,利用 map[y][x]来标记(x,y)位置处是黑棋还是白棋。绘制棋子时,遍历 steps 列表,将落子点的棋盘坐标转换成屏幕上对应的位置坐标,在相应的位置画出棋子即可。绘制棋子的代码如<示例程序:绘制棋子>所示。

```python
#<示例程序:绘制棋子>
def draw_chess(self, screen):
    player_color = [PLAYER_ONE_COLOR, PLAYER_TWO_COLOR]
    for i in range(len(self.steps)):
        x, y = self.steps[i]
        map_x, map_y, width, height = ChessMap.get_map_unit_rect(x, y)
        pos, radius = (map_x + width // 2, map_y + height // 2), CHESS_RADIUS
        turn = self.map[y][x]
        pygame.draw.circle(screen, player_color[turn - 1], pos, radius)
```

接下来将介绍如何判断输赢。在每次落子结束后,需要对当前棋局的输赢情况进行判断,有一个简单粗暴的方法是,遍历当前棋盘上的每个落子点,以该点为中心沿着横向、纵向、两个对角线方向搜索是否有连五的情况,也就是判断是否有五个相同颜色的棋子连成一线。每次玩家落子之后,都对当前棋盘上的所有落子点进行一次遍历来查找连五是没有必要的,而且效率也很低。显然,无论是玩家落子还是电脑落子,其目的必然是围绕当前落子点构建一个五子相连的胜利条件,所以判断胜负只需要围绕当前落子点进行即可,而不需要遍历当前棋局的所有落子点。以当前落子点为中心进行横向、纵向、两个对角线方向搜索时,如果出现连五就终止对弈,结束游戏。在<示例程序:游戏结果的判定>中,is_win()函数实现了判断输赢的功能,其中利用 WhetherExistLiveFive()函数来判断是否存在连五。

```python
#<示例程序:游戏结果的判定>
def is_win(self, board, mine, x, y):
    dir_offset = [(1, 0), (0, 1), (1, 1), (1, -1)]        #direction
    for i in range(4):
        result = self.WhetherExistLiveFive(board, x, y, dir_offset[i], mine)
        if result:
            return True
    return False


#判断是否有连五的情况
def WhetherExistLiveFive(self, board, x, y, dir, mine):
    #获取 dir 方向上的落子情况
    line = self.getLine(board, x, y, dir)
    #对(x, y)点的 dir 方向的 5 个五元组进行遍历
    flag = True
    for i in range(5):
        left_idx, right_idx = 3, 5

        while left_idx >= i:
            if line[left_idx] != mine:
                flag = False
                break
            left_idx -= 1
```

```
            while right_idx <= i + 4 and flag == True:
                if line[right_idx] != mine:
                    flag = False
                    break
                right_idx += 1

        if flag:
            return True
        else:
            flag = True
    return False
```

在<示例程序：游戏结果的判定>中，is_win()函数中的 dir_offset 表示要查找的每个落子点的四个方向，横向、纵向、两个对角线方向。判断输赢时，以当前落子点为中心分别对横向、纵向、两个对角线方向这四个方向搜索，看是否有连五的情况。对于是否有连五的情况的判断，首先调用 getLine()函数获得当前方向 dir 上以(x,y)为中心的 9 个位置的落子情况，存放于 line 列表中，其中 line 的大小为 9。然后根据 line 列表，对(x, y)点的 dir 方向的 5 个五元组进行遍历，判断每个五元组中黑子和白子的数量情况，当存在一个五元组都是黑子或者白子的时候，就产生了赢家。对于五元组和 line 列表的解释如图 9-12 所示。

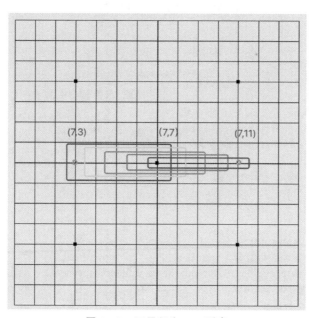

图 9-12　五元组和 line 列表

如图 9-12 所示，假设当前玩家落子点为(7,7)，中间的黑点表示(7,7)，两边的点表示(7,3)和(7,11)。当判断横向这个方向是否有连五时，首先把以(7,7)为中心的 9 个点的落子情况存到列表 line 中。也就是会把横向从(7,3)到(7,11)这一条线段上的 9 个点的落子情况存到列表 line 中。例如，当(7,3)位置是个黑子，则 line[0]＝1；当(7,4)位置对应的是白子，则 line[1]＝2；当某个位置没有落子时，对应的 line 就是 0。然后将列表中每 5 个连续的位置看作 1 个五元组，那么以(7,7)为中心的 9 个点就组成了 5 个五元组，分别是[(7,

3),(7,4),(7,5),(7,6),(7,7)],[(7,4),(7,5),(7,6),(7,7),(7,8)],[(7,5),(7,6),(7,7),(7,8),(7,9)],[(7,6),(7,7),(7,8),(7,9),(7,10)],[(7,7),(7,8),(7,9),(7,10),(7,11)]。每个五元组中黑子和白子的数量可能都不一样,判断输赢时,就分别判断这5个五元组中的数字是否相同即可。这个例子是横向搜索时的情况,其他三个方向与此类似。

9.3.4　人机对弈模式

接下来介绍五子棋游戏的人机对弈模式。人机对弈模式就是真人玩家和计算机轮流下棋,每次落子之后,都要根据当前落子位置来判断输赢。人机对弈模式和人人对弈模式判断输赢的方法一样,都是使用 is_win() 函数,9.3.2 节已经介绍过。那么,计算机下棋时是如何确定它的落子位置的呢? 接下来介绍最重要的部分——计算机落子决策,也就是计算机是如何选择落子位置的。

计算机落子决策的基本思想是对棋局的有效位置进行评分,根据某个有效位置的得分来决定落子位置。本节介绍普通难度下的落子决策,即计算机只考虑当前局面下的最优解来落子,我们称之为评分表策略。计算机落子的基本步骤是,首先获得棋盘上的所有空位坐标,也就是棋盘上的所有未落子点;然后对每个空位进行打分,找到所有空位中分数最高的空位,记录这个最高分数的空位的坐标,即是计算机的落子位置。实现代码如<示例程序:电脑落子>所示。

```python
#<示例程序：电脑落子>
def find_best_chess(self, board, turn):
    moves = self.getEmpty(board)                    #获得棋盘中未落子点坐标
    bestmove = None
    max_score = - 0x7fffffff
    if turn == MapEntryType.MAP_PLAYER_ONE:
        mine = 1
        opponent = 2
    else:
        mine = 2
        opponent = 1
    for score, x, y in moves:
        #对每个空位进行打分
        score = self.evaluatePoint(board, x, y, mine, opponent)
        if score > max_score:
            max_score = score
            bestmove = (x, y)                        #记录取得最高分数的坐标
    return bestmove
```

那么,如何计算每个空位的分数呢? 每个空位的得分是这个空位的横向、纵向、两个对角线方向共四个方向所包含的五元组的得分之和,每个五元组的得分是根据黑白子数量查找预先设定的得分表得到的,不同的黑白子数量对应不同的分数。以某个空位点为中心,每个方向上都包含了 5 个五元组。针对五元组中不同数量的黑子和白子,评分表会给出不同的分数。所以,需要计算出四个方向上 20 个五元组的得分,累加就是这个空位的得分。

计算空位点分数的过程如图 9-13 所示,对于空位点 1,先统计以该点为右端的矩形圈起来的五元组,即图中最小的矩形,然后矩形依次向右移位,直到空位点 1 处于矩形的左端,这样我们就计算出了空位点 1 横向的分数。接着计算纵向和斜向的分数,相加即得到了空位 1 在当前棋局下的得分。

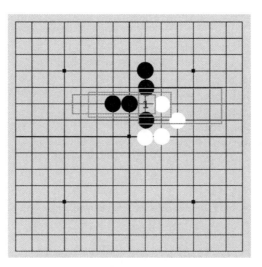

图 9-13 计算空位点分数示意图

计算空位得分的代码如<示例程序:计算空位的得分>所示。

```
#<示例程序:计算空位的得分>
def evaluatePoint(self, board, x, y, mine, opponent):
    dir_offset = [(1, 0), (0, 1), (1, 1), (1, -1)]          #direction
    score = 0
    for i in range(4):
        #四个方向上的得分累加
        score += self.analysisLine(board, x, y, dir_offset[i], mine, opponent)
    return score


#计算每个方向上的得分
def analysisLine(self, board, x, y, dir, mine, opponent):
    line = self.getLine(board, x, y, dir)
    score_count = 0                              #存放 dir 方向上 5 个五元组的评分总和

    #对(x, y)点的 dir 方向的 5 个五元组进行遍历
    #mine_chess_sum 为该五元组中白色棋子的数目
    #opponent_chess_num 为该五元组中黑色棋子的数目
    for i in range(5):
        left_idx, right_idx = 3, 5
        mine_chess_num = 0
        opponent_chess_sum = 0

        while left_idx >= i:
            if line[left_idx] == MapEntryType.MAP_NONE:
```

```
                      break;
            if line[left_idx] == mine:
                mine_chess_num += 1
            if line[left_idx] == opponent:
                opponent_chess_sum += 1
            left_idx -= 1

        while right_idx <= i + 4:
            if line[right_idx] == MapEntryType.MAP_NONE:
                break;
            if line[right_idx] == mine:
                mine_chess_num += 1
            if line[right_idx] == opponent:
                opponent_chess_sum += 1
            right_idx += 1

        ♯根据评分表进行评分
        score_count += self.getScore(mine_chess_num, opponent_chess_sum)

    return score_count
```

在<示例程序：计算空位的得分> 中，analysisLine()函数是用来计算每个方向上的五元组的得分。分别遍历每个五元组，用变量 mine_chess_sum 和 opponent_chess_num 来记录每个五元组中包含的白子和黑子的数量，然后根据 mine_chess_sum 和 opponent_chess_num 的关系查找评分表，对五元组评分。最后将每个五元组的得分累加即得到了某个方向上的得分。

如何根据每个五元组的黑白棋数量打分呢？这个分数就是根据我们制定的评分表来打的。评分表的分数是可以自己设定的，分数需要区分不同局势的差异，不同的评分机制可能带来不同的效果，<示例程序：评分表>展示了本节预设的评分表。

```
♯<示例程序：评分表>
class SCORE2(IntEnum):
    SCORE_NONE = 7,
    SCORE_ONE_BLACK = 35,              ♯只有一个黑子
    SCORE_TWO_BLACK = 800,
    SCORE_THREE_BLACK = 15000,
    SCORE_FOUR_BLACK = 800000,
    SCORE_ONE_WHITE = 15,              ♯只有一个白子
    SCORE_TWO_WHITE = 400,
    SCORE_THREE_WHITE = 8000,
    SCORE_FOUR_WHITE = 100000,
    SCORE_BOTH = 0,                    ♯黑白子混合
    SCORE_MAX = 0x7fffffff,
    SCORE_MIN = -1 * 0x7fffffff,
```

评分表中，SCORE_NONE(设置为 7 分)对应五元组没有棋子时的得分，之所以没有设定为 0 分，是因为没有棋子并不是最糟糕的局势，例如，五元组中有黑白子混合的情况要比

没有棋子更糟糕。不同个数的黑子和白子对应不同的得分,如 SCORE_TWO_BLACK＝400 表示五元组中只有 2 个黑子的得分为 400,SCORE_BOTH＝0 代表黑白子共存时的得分,即五元组中有黑白子混合时得分为 0。所以,根据评分表就可以对五元组中的不同的黑白子数量进行评分。评分代码如<示例程序:五元组评分>所示。

```
#<示例程序:五元组评分>
def getScore(self, white_chess_count, black_chess_count):

    #没有子
    if white_chess_count == 0 and black_chess_count == 0:
        return SCORE2.SCORE_NONE
    #黑白子共存
    if white_chess_count != 0 and black_chess_count != 0:
        return SCORE2.SCORE_BOTH
    #仅含有黑子
    if black_chess_count == 1 and white_chess_count == 0:
        return SCORE2.SCORE_ONE_BLACK
    if black_chess_count == 2 and white_chess_count == 0:
        return SCORE2.SCORE_TWO_BLACK
    if black_chess_count == 3 and white_chess_count == 0:
        return SCORE2.SCORE_THREE_BLACK
    if black_chess_count == 4 and white_chess_count == 0:
        return SCORE2.SCORE_FOUR_BLACK
    #仅含有白子
    if white_chess_count == 1 and black_chess_count == 0:
        return SCORE2.SCORE_ONE_WHITE
    if white_chess_count == 2 and black_chess_count == 0:
        return SCORE2.SCORE_TWO_WHITE
    if white_chess_count == 3 and black_chess_count == 0:
        return SCORE2.SCORE_THREE_WHITE
    if white_chess_count == 4 and black_chess_count == 0:
        return SCORE2.SCORE_FOUR_WHITE
```

至此,普通模式下五子棋的计算机落子决策介绍完毕,尽管评分表策略简单且表现不错,但是它只考虑了当前棋局中最好的情况,只进行了一层搜索。在现实中,每步的选择很有可能会影响到未来几步的棋局情况,需要更深层次的搜索,下一节将会介绍 Alpha-Beta 剪枝搜索算法,学习利用博弈的思想来解决落子决策问题。

9.3.5 Alpha-Beta 剪枝搜索算法

Alpha-Beta 剪枝搜索算法是一种在博弈树上搜索最优解的加速搜索算法,那么首先介绍一下什么是博弈树。举个例子,现有两个钱包,每个钱包里面都放了两张纸币,第一个钱包放 1 元和 100 元,第二个钱包放 10 元和 20 元,Max 和 Min 两个人合作从两个钱包里取出一张纸币送给 Max,Max 希望取出的纸币尽量大,但是 Min 希望取出的纸币尽量小。现取纸币规则为先由 Max 决定从哪个钱包里取,Min 决定取哪张纸币。问 Max 该如何选择才能使自己拿到的纸币面额尽量大,那么就构建出一棵博弈树,如图 9-14 所示。

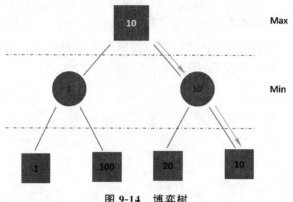

图 9-14　博弈树

为了更好地讲解博弈树,现在将图 9-14 中这棵博弈树进行分层,Max 层代表 Max 做选择,Min 层代表 Min 做选择,最后一层的叶子节点代表纸币面额。这个例子里面 Max 方肯定会选择第二个钱包,获得 10 元,否则只能获得 1 元,这样也就找到了一条博弈搜索树的最优解路径,如图中蓝色线条所示。

对于对弈问题来说,我们希望每次落子不仅要考虑当前局面,还要考虑接下来几步对方可能会怎样落子,而我又应该怎样应对,这个考虑的过程就构成了一棵博弈树,例如,一棵深度为 5 的博弈树就代表了接下来 5 步的所有可能落子情况,每层代表某一方一次落子,每层不同节点代表落在不同位置,对弈双方交替落子。叶子节点会根据不同局面给出不同的估值分数,通过搜索算法找到分值尽可能高的最优路径,也就确定了当下的最优落子点(最优路径对应的根节点的子节点),所以每次落子之前都要生成这样一棵博弈树并搜索最优路径,同样一棵博弈树只能确定一个最优落子点。

Min-Max 搜索算法是博弈树搜索的基本方法。首先确定一个评价函数对不同局面给出分数,分数为正数且越高对我方越有利;反之,分数为负数且越低对我方越不利。Min-Max 搜索算法基本过程如下:

(1)我方落子之前生成一棵固定深度 d 的博弈树,代表接下来 d 步的所有落子可能情况,并对叶节点做出估值,然后从 d−1 层开始反向计算每个中间节点的值。

(2)Min 层取子节点的最小值,Min 代表对方落子,对方希望我的得分越低越好,因为越低对我越不利。

(3)Max 层取子节点的最大值,因为 Max 代表我方落子,我方希望得到尽可能高的分数。

(4)反向推导直到根节点,与根节点取值一样的那条路径即为最优路径,对应的子节点即为最优落子点。

对于图 9-15 所示的例子,Min 方在[1,6,10]中选出 1,在[2,5,6]中选出 2,在[3,7,9]中选出 3,得到 Min 层的[1,2,3]。此后,Max 在[1,2,3]中选出 3。蓝色框对应的节点即为最优落子点。

经过以上介绍,我们知道 Min-Max 搜索算法需要先构建一棵博弈树,然后搜索整棵树进行评估,效率相对较低。Alpha-Beta 剪枝算法是一个基于剪枝的深度优先搜索算法,裁剪搜索树中不需要搜索的树枝以减少上述 Min-Max 搜索算法中需要做评估的节点数,提高搜索速度。

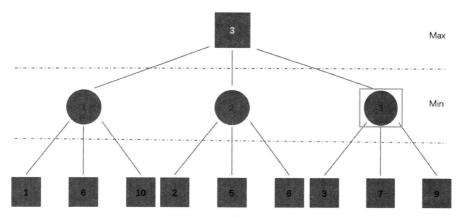

图 9-15 Min-Max 搜索

在搜寻时，Max 节点所记录的当前最大值称为 Alpha 值，Min 节点所记录的当前最小值称为 Beta 值。因为 Max 总是取最大值，Min 总是取最小值，所以 Alpha、Beta 值可能会随着搜寻而改变，当子节点有新的值比当前的 Alpha 值大时，Alpha 值会取较大值。明显的，Alpha 值只会随着搜寻变大或不变，而 Beta 值只会变小或不变。Alpha-Beta 剪枝算法的基本原理如下：

（1）当一个 Min 节点的 Beta 值小于或等于其任何一个父节点（Max 节点）的 Alpha 值时，减掉该节点的所有子节点。

（2）当一个 Max 节点的 Alpha 值大于或等于任何一个父节点（Min 节点）的 Beta 值时，减掉该节点的所有子节点。

对于图 9-16 所示的例子，先从 E、F、G 中选出最小值 3，作为 B 的 Beta 值，继续向上更新到根节点，所以这里 A 的 Alpha 值也为 3。之后考察根节点 A 的下一棵子树 C 的叶子节点 H，因为 C 要取子节点最小值，所以 C 最大为 2，同时 A 要取最大值。但是 A 已经取到比 2 大的 3 了，所以 C 子树已经不会再对 A 产生影响，因此不需要再去考察 C 子树的 I、J 子节点，剪枝 I、J。同样根据 K 得到 D 最大值为 1，小于 A 当前的 Alpha 值 3，因此 D 子树也不会对 A 产生影响，所以剪枝 L、M。

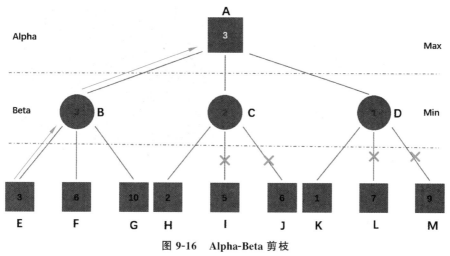

图 9-16 Alpha-Beta 剪枝

剪枝算法的原理是很简单的,对 Max 节点而言,假如其某一个子节点的效用值 Beta 比其父节点的 Alpha 值小,由于 Beta 值仅可能会变小,所以它将来没有可能大于父节点的 Alpha 值了。我们就不需要持续搜索此子节点下面的任何分枝了,称为"裁剪"此分枝。同理,对 Min 节点而言,也可以比较子节点的 Alpha 值和自己的 Beta 值来作裁剪。这两类裁剪将会大量减少搜索量。

　　至此,Alpha-Beta 剪枝搜索算法介绍完毕,在该算法中,计算节点效用值的函数称为评估函数,节点的分数不是固定的,不同的分数代表着不同的棋局局势,9.3.1 节中介绍了几种不同的棋型:活三、冲三、活四、冲四等,在评分时,有"越靠近 5 越好、越活越好"的规律。请同学们思考,Alpha-Beta 剪枝搜索算法中的评估函数应该如何设计?

　　习题 9.1　利用 Pygame 绘制移动的矩形。利用 pygame.draw.rect()函数绘制出一个矩形,并使该矩形在游戏窗口范围内随机移动。当该矩形遇到窗口边界时,使其弹回继续随机移动。

　　习题 9.2　利用 Pygame 的 draw 模块绘制如图 9-17 所示的小丑脸图形。其中,眼睛是两个实心圆形,填充为蓝色;鼻子是椭圆形,填充为粉红色;嘴巴处是弧形,填充为红色。

　　习题 9.3　利用 Pygame 的 mouse 模块实现下面的游戏效果:①当鼠标经过窗口时,窗口背景颜色会随着鼠标的移动而发生改变;②当单击窗口时,在控制台打印出"The left button is pressed!";当右击窗口时,在控制台输出"The right button is pressed!";当按下鼠标滚轮时,在控制台输出"The wheel button is pressed!"。

　　习题 9.4　绘制小游戏满天星。随机产生 100 颗小星星,小星星从窗口的左上角到右下角循环移动,使得小星星的颜色随机变换并闪烁,同时在窗口左上角绘制出月亮。效果图如图 9-18 所示。

图 9-17　小丑脸

图 9-18　满天星

　　习题 9.5　使用 Pygame 制作一个不断移动的小球。在游戏窗口中创建一个不断斜向移动的小球,并在小球移动至窗口边缘时使其弹回并继续移动。

　　习题 9.6　在习题 9.5 的基础上添加鼠标和键盘控制事件,使用键盘加快小球移动的速度；使用鼠标控制小球的位置。

习题 9.7　利用 Pygame 绘制烟花。

习题 9.8　9.2 节中详细介绍了坦克大战游戏的设计过程，请在该游戏的基础上添加背景音乐。

习题 9.9　利用 Pygame 开发一个贪吃蛇小游戏，通过键盘的方向键"上""下""左""右"来控制贪吃蛇的移动。

习题 9.10　使用 Pygame 实现一个任意类型的迷宫类游戏。

习题 9.11　2048 小游戏简单又有趣，玩家选择上、下、左、右四个方向中的一个滑动数字块，每次滑动会使所有数字块朝着滑动的方向靠拢，系统在空白的地方生成一个值为 2 或 4 的数字方块，相同数字的方块在靠拢、相撞时会相加。玩家需要想办法在 16 格范围中凑出值为 2048 的数字块，若 16 格填满还未凑出 2048 则判定游戏失败。游戏界面如图 9-19 所示，请使用 Pygame 实现 2048 小游戏。

图 9-19　2048 小游戏

习题 9.12　在 9.3.4 节介绍了计算空位分数的评分表策略，空位分数需要体现出当前局势的好坏，请设计自己的评分表和空位分数计算方式，实现五子棋游戏。

习题 9.13　在 9.3.5 节介绍了 Alpha-Beta 剪枝搜索算法，其中计算节点效用值的评估函数的设计是非常重要的，它需要体现不同的局势，请利用 Alpha-Beta 剪枝搜索算法设计一种评估函数。

习题 9.14　请应用你设计的评估函数，来实现五子棋游戏的人机对弈模式。

习题 9.15　请从游戏开发者的角度谈谈，一个有趣的游戏需要具备哪些特征？在设计游戏时需要注意什么？请发挥你的想象力，试着设计一个新颖且有趣的游戏吧。

参 考 文 献

[1] 沙行勉. 计算机科学导论——以 Python 为舟[M]. 北京：清华大学出版社，2014.

[2] 沙行勉. 计算机科学导论——以 Python 为舟[M]. 2 版. 北京：清华大学出版社，2016.

[3] MARTELLI A，RAVENSCROFT A，ASCHER D. Python Cookbook［M］. 2nd ed. New York：O'Reilly Media，Inc.，，2005.

[4] 肖建. Python 编程基础[M]. 北京：清华大学出版社，2003.

[5] LUTZ M. Python 编程[M]. 邹晓，瞿乔，任发科，译. 北京：中国电力出版社，2015.

[6] CHUN W J. Python 核心编程[M]. 宋吉广，译. 2 版. 北京：人民邮电出版社，2008.

[7] LUTZ M. Python 学习手册[M]. 侯靖，译. 北京：机械工业出版社，2009.

[8] CORMEN T H. 算法导论[M]. 殷建平，译. 北京：机械工业出版社，2013.

[9] 卢开澄. 计算机算法导论[M]. 北京：清华大学出版社，1996.

[10] 徐绪松. 数据结构与算法导论[M]. 北京：电子工业出版社，1998.

[11] OLIPHANT T E. Python for Scientific Computing[J]. Computing in Science & Engineering，2007，9(3)：10-20.

[12] SANNER M F. Python：A Programming Language for Software Integration and Development[J]. Journal of Molecular Graphics & Modelling，1999，17(1)：57-61.

[13] BIRD S，KLEIN E，LOPER E. Natural Language Processing with Python[M]. 南京：东南大学出版社，2010.

[14] CORMEN T H，LEISERSON C E，RIVEST R L，et al. Introduction to Algorithms［M］. 2nd Ed. Cambridge：MIT Press，2005.

[15] 邻接链表法[EB/OL]. (2013-07-08)[2018-01-02]. http://blog. csdn. net/luoweifu/article/details/9270895.

[16] The Python Tutorial[EB/OL]. [2018-01-07]. http://docs. python. org/3/tutorial/index. html.

[17] C++动态规划算法之拦截导弹[EB/OL]. (2017-06-11)[2018-01-07]. http://blog. csdn. net/c20190413/article/details/73072107.

[18] HOWARD R A. Dynamic Programming[J]. Management Science，1966，12(5)：317-348.

[19] BELLMAN R E，DREYFUS S E. Applied Dynamic Programming［M］. New Jersey：Princeton University Press，1962.

[20] turtle—Turtle graphics[EB/OL]. [2018-01-04]. https://docs. python. org/3/Library/turtle. html.

[21] 利用 Python 的标准库 turtle 画正弦函数［EB/OL］. (2014-03-02)[2018-01-03]. https://www. douban. com/note/333529755/.

[22] WIRTH N. Algorithms＋Data Structure＝Programs[M]. New Jersey：Prentice-Hall，1976.